国家出版基金项目
NATIONAL PUBLICATION FOUNDATION
国 家 出 版 基 金 资 助 项 目
“十四五”时期国家重点出版物出版专项规划项目
“双一流”建设精品出版工程

新能源先进技术研究与应用系列

能量成型控制在新能源系统中的应用

Energy Shaping Control Applications in New Energy Systems

宋蕙慧　曲延滨　侯　睿　著

哈爾濱工業大學出版社
HARBIN INSTITUTE OF TECHNOLOGY PRESS

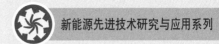

内 容 简 介

本书旨在对作者所在团队近几年在新能源领域能量成型控制技术方向形成的研究成果进行系统性论述。全书内容共分8章。第1章对比介绍了传统线性控制技术所基于的信号处理观点和能量成型非线性控制技术所基于的能量观点，分析了两种观点下控制设计思想产生的区别和特点；第2章论述了在能量观点下能量成型控制设计所需的系统模型描述方法；第3章论述了能量成型控制设计的实现思路，在实现思路发展过程中涉及的不同方法，并总结了能量成型控制的基本设计流程及特性分析。前3章形成对能量成型控制技术较为系统的理论体系阐述，后5章则对能量成型控制技术给出应用性研究成果。第4～8章论述了能量成型控制在双馈风力发电系统中、储能系统、微电网中的应用。本书特色在于结合不同能量转换系统、不同实际工况、不同应用策略给出能量成型控制技术实现方法的示例性说明和控制效果分析，从实例学习运用理论，再由实例变化发展理论。

本书可供从事新能源领域控制理论和应用的科研工作者、高校教师和研究生学习及参考，也可作为新能源系统控制领域工程技术人员的参考用书。

图书在版编目(CIP)数据

能量成型控制在新能源系统中的应用/宋蕙慧，曲延滨，侯睿著.—哈尔滨：哈尔滨工业大学出版社，2024.6
(新能源先进技术研究与应用系列)
ISBN 978-7-5767-0512-6

Ⅰ.①能… Ⅱ.①宋… ②曲…③侯… Ⅲ.①新能源—控制系统 Ⅳ.①TK01

中国国家版本馆CIP数据核字(2023)第016474号

策划编辑 王桂芝 陈雪巍
责任编辑 马毓聪 薛 力
出版发行 哈尔滨工业大学出版社
社 址 哈尔滨市南岗区复华四道街10号 邮编150006
传 真 0451-86414749
网 址 http://hitpress.hit.edu.cn
印 刷 辽宁新华印务有限公司
开 本 720 mm×1 000 mm 1/16 印张18 字数353千字
版 次 2024年6月第1版 2024年6月第1次印刷
书 号 ISBN 978-7-5767-0512-6
定 价 106.00元

国家出版基金资助项目

新能源先进技术研究与应用系列

总　序

能源是人类社会生存发展的重要物质基础，攸关国计民生和国家安全。当前，随着世界能源格局深刻调整，新一轮能源革命蓬勃兴起，应对全球气候变化刻不容缓。作为世界能源消费大国，牢固树立和贯彻落实创新、协调、绿色、开放、共享的发展理念，遵循能源发展“四个革命、一个合作”战略思想，推动能源生产和利用方式发生重大变革，建设清洁低碳、安全高效的现代能源体系，是我国能源发展的重大使命。

由于煤、石油、天然气等常规能源储量有限，且其利用过程会带来气候变化和环境污染，因此以可再生和绿色清洁为特质的新能源和核能越来越受到重视，成为满足人类社会可持续发展需求的重要能源选择。特别是在“双碳”目标下，构建清洁、低碳、安全、高效的能源体系，加快实施可再生能源替代行动，积极构建以新能源为主体的新型电力系统，是推进能源革命，实现碳达峰、碳中和目标的重要途径。

“新能源先进技术研究与应用系列”图书立足新时代我国能源转型发展的核心战略目标，涉及新能源利用系统中的“源、网、荷、储”等方面：

(1)在新能源的“源”侧，围绕新能源的开发和能量转换，介绍了二氧化碳的能源化利用，太阳能高温热化学合成燃料技术，海域天然气水合物渗流特性，生物质燃料的化学㶲，能源微藻的光谱辐射特性及应用，以及先进核能系统热控技术、核动力直流蒸汽发生器中的汽液两相流动与传热等。

(2)在新能源的“网”侧，围绕新能源电力的输送，介绍了大容量新能源变流器并联控制技术，面向新能源应用的交直流微电网运行与优化控制技术，能量成型控制及滑模控制理论在新能源系统中的应用，面向新能源发电的高频隔离变流技术等。

(3)在新能源的“荷”侧，围绕新能源电力的使用，介绍了燃料电池电催化剂的电催化原理、设计与制备，Z 源变换器及其在新能源汽车领域中的应用，容性能量转移型高压大容量电平变换器，新能源供电系统中高增益电力变换器理论及其应用技术等。此外，还介绍了特色小镇建设中的新能源规划与应用等。

(4)在新能源的“储”侧，针对风能、太阳能等可再生能源固有的随机性、间歇性、波动性等特性，围绕新能源电力的存储，介绍了大型抽水蓄能机组水力的不稳定性，锂离子电池状态的监测和状态估计，以及储能型风电机组惯性响应控制技术等。

该系列图书是哈尔滨工业大学等高校多年来在太阳能、风能、水能、生物质能、核能、储能、智慧电网等方向最新研究成果及先进技术的凝练。其研究瞄准技术前沿，立足实际应用，具有前瞻性和引领性，可为新能源的理论研究和高效利用提供理论及实践指导。

相信本系列图书的出版，将对我国新能源领域研发人才的培养和新能源技术的快速发展起到积极的推动作用。

2022 年 1 月

前　言

新时代我国能源转型与革命的核心战略目标是构建清洁低碳、安全高效的能源体系，以实现最大限度地开发利用可再生能源、最高程度地提高能源利用效率。可再生能源具有不确定性强、随机扰动大的共性特点，如何对其进行大规模、高效利用对线性控制技术提出了巨大挑战。本书绕过现代控制理论以线性代数和微分方程为主要数学工具、基于状态空间分析与设计控制系统的传统思路，尝试开辟一种针对新能源系统动态能量转换本质，以能量观点为基础，围绕能量传递、存储、消耗过程，从整体系统能量平衡角度对其进行分析和控制的思路。本书将聚焦新能源背景下的能量转换系统，以及多元化能量转换系统构成微电网的运行控制问题，为新能源大规模消纳和高效率发电应用领域的控制研究技术注入新活力。

本书旨在对作者所在团队近几年在新能源领域能量成型控制技术方向形成的研究成果进行系统性论述。全书内容共分 8 章。第 1 章对比介绍了传统线性控制技术所基于的信号处理观点和能量成型非线性控制技术所基于的能量观点，分析了两种观点下控制设计思想产生的区别和特点；第 2 章论述了在能量观点下能量成型控制设计所需的系统模型描述方法；第 3 章论述了能量成型控制设计的实现思路，在实现思路发展过程中涉及的不同方法，并总结了能量成型控制的基本设计流程及特性分析。前 3 章形成对能量成型控制技术较为系统的理论体系阐述，后 5 章则对能量成型控制技术给出应用性研究成果。第 4～8 章论述了能量成型控制在双馈风力发电系统、储能系统、微电网中的应用，结合双馈风力发电系统、混合储能系统和含分布式发电及储能单元的微电网系统的应用背景实例，给出能量成型控制技术实现方法的示例性说明和控制效果分析。

书中所总结和概括的研究成果，是在新能源领域工程控制实践与非线性控制理论结合的需求下，在国家自然科学基金委员会信息科学部四项自然科学基金及各省部级科研基金的持续支持下，在历时近 10 年的博硕士培养过程和近 30 余篇的高水平 SCI 学术成果产出的积淀下，形成的新能源领域一种针对能量转换系统的鲁棒非线性控制技术，建立的一套较为系统的实施方法，形成的一条解决新能源工程控制问题的有效途径。为推进新时代背景下我国能源系统可持续发展，作者根据自己在科研项目中所形成的对能量成型控制的理解和实践认知，结合国内外专家学者的最新能量成型控制理论研究与应用成果著成此书，希望抛砖引玉，激起广大学者对此种控制方法更大的兴趣与关注，推动新能源领域控制技术更迅速的发展，并对初学者有所裨益。

特别感谢科研团队的共同支撑、曲延滨教授的指导和柳佳逸博士的助力，感谢博士/硕士研究生张琪、高乐、王铱、焦平洋、李朝东对研究成果的贡献，感谢后期成稿过程中李宏姗、姜帅豪、吕文茜、刘乃铭、徐晴、李立、崔咏梅、吴旭、潘广劲、李牧远的辛勤付出。

限于作者的理论水平和实践经验，书中难免存在不妥和待改进之处，敬请读者批评指正。

宋蕙慧
2024 年春于威海

目　录

第1章

基于能量观点的控制思想

本章对基于信号处理观点和能量观点下的控制思想进行简要介绍，并对物理系统的耗散性、无源性及能量平衡进行了分析，从能量观点的角度分析系统。通过控制能量，系统的能量会按照期望的能量函数分布，系统的物理状态就能得以控制。能量成型控制方法是一种基于无源性理论的控制方法。无源性理论为分析非线性系统提供了一种有力的工具，将系统李雅普诺夫稳定性和输入输出稳定性联系起来。综合分析研究现状表明，基于端口受控的哈密顿系统模型的能量成型控制方法具有独特鲜明的能量控制观点，该观点非常适用于本质为能量转换的物理系统。

1.1　信号处理观点和能量观点下的控制思想

1.1.1　信号处理观点下的控制思想

控制设计问题传统上是从信号处理的角度来探讨的，即把被控对象和控制器看作将某些输入信号转化为输出信号的信号处理设备，尽管存在一些未建模的动态，但控制目标是保持某些误差信号很小，减少某些扰动输入对给定调节输出的影响。

比例积分微分（proportional integral derivative，PID）控制是最早发展起来的控制策略之一，从信号变换的角度而言，超前校正、滞后校正、滞后－超前校正可以总结为比例、积分、微分三种运算及其组合。PID 控制器就是根据系统的误差利用比例、积分、微分计算出控制量进行控制的。由于其算法简单、鲁棒性好和可靠性高，被广泛应用于工业过程控制，尤其适用于可建立精确数学模型的确定性控制系统。

对于线性时不变系统，这种“信号控制范式”是非常成功的，因为有用信号多处在低频段，少量的扰动和未建模的动态可通过信号在频域的滤波方法来区分，降低高频信号增益就可有效降低扰动，手段简洁、清晰。然而，非线性系统在频域呈现了频率覆盖宽的特点，有用信号也会出现在高频段。这样，频域区分的手段适用性降低。

为了解决这个问题，在一些非线性控制中，采取现代控制方法，例如反步设计法来解决。反步设计法是一种由前向后递推的设计方法，并通过逐步迭代设计李雅普诺夫函数，最终实现系统稳定或实现系统跟踪。但是这种方法与系统的物理特性关系不大，它与李雅普诺夫函数的特殊选择有关，并且处理复杂系统时计算量大、时效性差，更重要的是，不能整合系统的结构信息，阻碍了实践者和控制理论家的交流，严重危及现代基于模型的非线性控制系统设计的未来。

1.1.2 能量观点下的控制思想

能量是科学和工程实践中的基本概念，把动态系统，不论是被控对象还是控制器，都视为能量转换装置，通过一种能量保持的方式互联，在能量交互过程中实现期望的行为。这种观点在研究复杂非线性系统时特别有用。Takegaki 和 Arimoto 于 1981 年在对机器人的控制中首次提出以能量的观点将控制器视为动态系统中的制动器，控制器通过互联方式为受控系统提供能量来改变整个闭环动态以达到期望的状态。这种控制观点后来被称为能量成型。此种控制的设计方法一个重要特点在于基于系统无源性的输入输出属性，无须通过观测系统状态变量来达到控制目标。这种方法是无源性控制(PBC)的本质，为机械领域中非常著名的控制器设计技术。

更准确地说，值得感兴趣的是满足能量平衡原理的集总参数系统，其中与环境的连接是通过电源端口变量建立的。功率端口变量是共轭的，它们的乘积以功率为单位，例如，电路中的电流和电压或机械系统中的力和速度。在物理网络建模中，这是可以实现的。用能量的观点实现控制，既可以决定系统的静态行为，又可以通过系统之间的能量传递决定瞬态行为；既可以促进实践者和控制理论家的沟通，又可以为控制行为提供物理解释。

1.2 物理系统的耗散性、无源性与能量平衡

系统中各物理量的变化实质都是系统能量出现了变化，包括系统从环境吸收能量，系统内部能量的转换转化，以及系统内部的能量消耗。例如，直线(旋转)运动物体的速度(角速度)变化体现了动能变化，流过电感的电流变化体现了磁场能变化，电容两端的电压变化体现了电场能变化。因此，从能量的观点研究物理系统，只要能量得以控制，物理系统的能量函数能按照期望的能量函数分布，物理系统的物理量就能得以控制。物理系统的耗散性和无源性是物理系统的能量变化属性。

1.2.1 物理系统的耗散性

耗散性(dissipativity)是与能量损失或耗散现象紧密相关的物理系统的基本性质。典型的耗散系统的例子是电路，电路中的部分电能和磁场能在电阻中以热的形式耗散。在机械系统中，摩擦也起到类似的作用。要精准地定义耗散性，

需引入两个能量函数，其一为表征系统与环境交互的能量，其二为表征系统内部存储的能量。这两个能量函数通过耗散不等式联系在一起。耗散不等式的物理意义为，系统在一段时间$[0, T]$中内部能量的变化不会超过与外界交互的总能量。这就表明耗散系统描述的是一类内部没有能量产生的系统，系统内部能量的变化与系统和环境间交互能量的差异为系统内部耗散的能量。

利用状态空间描述方法和输入输出描述方法对物理系统进行分析。考虑系统 S：

$$\begin{cases} \dot{\boldsymbol{x}} = f(\boldsymbol{x}, \boldsymbol{u}) \\ \boldsymbol{y} = h(\boldsymbol{x}, \boldsymbol{u}) \end{cases} \tag{1.1}$$

式中，$f: \mathbf{R}^n \times \mathbf{R}^p \to \mathbf{R}^n$ 满足局部利普契兹条件；$h: \mathbf{R}^n \times \mathbf{R}^p \to \mathbf{R}^p$ 是连续的，且 $f(0, 0) = 0$，$h(0, 0) = 0$，系统的输入端口数和输出端口数相同。若存在函数 $V(\boldsymbol{x})$：$\mathbf{R}^n \to \mathbf{R}$ 使得

$$V(\boldsymbol{x}(T)) - V(\boldsymbol{x}(0)) \leqslant \int_0^T w[\boldsymbol{u}(\tau), \boldsymbol{y}(\tau)] \mathrm{d}\tau, \quad \forall T > 0 \tag{1.2}$$

则系统 S 相对于供给率 $w(\boldsymbol{u}, \boldsymbol{y})$ 是耗散的。

1.2.2 物理系统的无源性

无源性是与物理系统的输入输出有关的概念，如果一个系统所具有的能量总是小于或等于初始时刻系统内部能量与外部所提供的能量之和，则表明系统中没有内部能量源，系统运动总是伴随着能量的损耗，那么称该系统是无源的。在无源系统中，外界供给能量的速率要不小于系统自身存储能量的速率。

定义 当系统是耗散的，且供给率 $w(\boldsymbol{u}, \boldsymbol{y}) = \boldsymbol{y}^{\mathrm{T}} \boldsymbol{u}$，则系统 S 是无源的。

显然，无源性是耗散性的特例。更具体地讲，对于式(1.1) 所示系统来说，如果函数 $V(\boldsymbol{x})$ 是连续可微半正定函数，使得

$$V(\boldsymbol{x}(T)) - V(\boldsymbol{x}(0)) \leqslant \int_0^T \boldsymbol{y}^{\mathrm{T}}(\tau) \boldsymbol{u}(\tau) \mathrm{d}\tau, \quad \forall T > 0 \tag{1.3}$$

成立，称式(1.1) 所示系统是无源的。$V(\boldsymbol{x})$ 称为能量存储函数，式(1.3) 称为耗散不等式。若将 $V(\boldsymbol{x})$ 视为系统在 t 时刻所具有的总能量，则耗散不等式即式(1.3) 左端代表系统从初始时刻 $t=0$ 到 $t=T$ 时刻总能量的变化。如进一步将输入信号 $\boldsymbol{u}(t)$ 和输出信号 $\boldsymbol{y}(t)$ 的内积 $\boldsymbol{y}^{\mathrm{T}} \boldsymbol{u}$ 视为由外界环境通过输入输出端口注入系统内部的能量供给率，则式(1.3) 右端即为从 $t=0$ 到 $t=T$ 时刻外界注入系统的能量和。

由上述内容可知，无源性是与系统外部输入、输出相关的概念，因此，耗散不等式的物理意义在于表示系统的能量由初始时刻到目前时刻的增长量总要小于

或等于外部注入系统的能量总和。这就意味着系统中没有内部能量源，无法产生能量，则系统可称为无源系统，无源系统的运动总伴随着能量的损失。

1.2.3 物理系统的能量平衡

能量平衡考察一个系统的输入能量与有效能量、损失能量之间的平衡关系，它的理论依据是热力学第一定律。在能量的利用过程中，其利用率不可能达到100%，输入的能量一部分被有效利用了，其余部分则损失掉了。根据能量守恒的原理，输入的能量必然等于被有效利用的能量与损失能量之和。

系统端口受控哈密顿(Hamilton)建模理论源自具有独立储能元件的保守多参数物理系统网络建模领域，它将更多的系统结构信息融入对系统的动态描述中，对系统所存在的阻耗项及系统对能量函数的依赖性都有着清晰的表达。端口受控哈密顿系统模型的结构为

$$\Sigma:\begin{cases}\dot{\boldsymbol{x}}=[\boldsymbol{J}(\boldsymbol{x})-\boldsymbol{R}(\boldsymbol{x})]\dfrac{\partial \boldsymbol{H}}{\partial \boldsymbol{x}}(\boldsymbol{x})+\boldsymbol{g}(\boldsymbol{x})\boldsymbol{u}\\ \boldsymbol{y}=\boldsymbol{g}^{\mathrm{T}}(\boldsymbol{x})\dfrac{\partial \boldsymbol{H}}{\partial \boldsymbol{x}}(\boldsymbol{x})\end{cases}\tag{1.4}$$

式中 $\boldsymbol{J}(\boldsymbol{x})$、$\boldsymbol{g}(\boldsymbol{x})$—— 系统内联结构矩阵，$\boldsymbol{J}(\boldsymbol{x})$ 为 $n\times n$ 反对称矩阵，即 $\boldsymbol{J}(\boldsymbol{x})=-\boldsymbol{J}^{\mathrm{T}}(\boldsymbol{x})$，$\boldsymbol{g}(\boldsymbol{x})$ 为 $n\times m$ 矩阵；

$\boldsymbol{R}(\boldsymbol{x})$—— 系统阻尼矩阵，$\boldsymbol{R}(\boldsymbol{x})=\boldsymbol{R}^{\mathrm{T}}(\boldsymbol{x})\geqslant 0$；

$\boldsymbol{x}$—— 系统能量变量，$\boldsymbol{x}\in\mathbf{R}^n$；

$\boldsymbol{H}(\boldsymbol{x})$—— 系统能量函数，即哈密顿函数，$\boldsymbol{H}(\boldsymbol{x}):\mathbf{R}^n\rightarrow\mathbf{R}$；

$\boldsymbol{u}$、$\boldsymbol{y}$—— 分别为系统输入、输出端口变量，$\boldsymbol{u}$、$\boldsymbol{y}\in\mathbf{R}^m$，两者为共轭变量，其二元积表示系统与外界交互的功率流。

其中，所有矩阵对于状态变量 $\boldsymbol{x}$ 光滑。如果将式(1.4)所示系统中能量变量变化率方程左右两边乘能量函数对 $\boldsymbol{x}$ 的导数，可得到

$$\begin{aligned}\frac{\mathrm{d}\boldsymbol{H}}{\mathrm{d}t}&=\left(\frac{\partial \boldsymbol{H}}{\partial \boldsymbol{x}}\right)^{\mathrm{T}}[\boldsymbol{J}(\boldsymbol{x})-\boldsymbol{R}(\boldsymbol{x})]\frac{\partial \boldsymbol{H}}{\partial \boldsymbol{x}}+\left(\frac{\partial \boldsymbol{H}}{\partial \boldsymbol{x}}\right)^{\mathrm{T}}\boldsymbol{g}(\boldsymbol{x})\boldsymbol{u}\\&=-\left(\frac{\partial \boldsymbol{H}}{\partial \boldsymbol{x}}\right)^{\mathrm{T}}\boldsymbol{R}(\boldsymbol{x})\frac{\partial \boldsymbol{H}}{\partial \boldsymbol{x}}+\boldsymbol{y}^{\mathrm{T}}\boldsymbol{u}\end{aligned}\tag{1.5}$$

对式(1.5)两边从0到 t 时刻积分，可得到哈密顿系统所描述的能量平衡方程：

$$\begin{aligned}&\int_0^t \boldsymbol{y}^{\mathrm{T}}(s)\boldsymbol{u}(s)\mathrm{d}s=\\&\boldsymbol{H}(\boldsymbol{x}(t))-\boldsymbol{H}(\boldsymbol{x}(0))+\int_0^t\left(\frac{\partial \boldsymbol{H}}{\partial \boldsymbol{x}}(\boldsymbol{x}(s))\right)^{\mathrm{T}}\boldsymbol{R}(\boldsymbol{x}(s))\frac{\partial \boldsymbol{H}}{\partial \boldsymbol{x}}(\boldsymbol{x}(s))\mathrm{d}s\end{aligned}\tag{1.6}$$

其物理意义为外界环境在 $0 \sim t$ 时间段为系统提供的能量等于系统 $0 \sim t$ 时间段内部存储能量的变化量加上系统耗散掉的能量。如果系统能量函数 $\boldsymbol{H}(\boldsymbol{x})$ 为非负，则系统满足式(1.3)，即为无源系统。

Ortega 等还指出：根据能量平衡方程式(1.6)，若系统的输入信号在 $0 \sim t$ 时间段恒为零，即 $\boldsymbol{u}(t) \equiv 0$，则说明外界未向系统提供能量，那么系统内部能量会由于阻耗项耗散能量而逐渐减少。如果系统能量函数有下界，系统最终将静止在能量的最低点。如果进一步通过输入输出端口从系统中提取能量，即 $\boldsymbol{u}(t) = -\boldsymbol{K}_v \boldsymbol{y}(t)$，其中 $\boldsymbol{K}_v = \boldsymbol{K}_v^{\mathrm{T}} > 0$，那么，式(1.5) 可写成

$$\begin{aligned}\frac{\mathrm{d}\boldsymbol{H}}{\mathrm{d}t} &= -\left(\frac{\partial \boldsymbol{H}}{\partial \boldsymbol{x}}\right)^{\mathrm{T}} \boldsymbol{R}(\boldsymbol{x}) \frac{\partial \boldsymbol{H}}{\partial \boldsymbol{x}} - \boldsymbol{y}^{\mathrm{T}} \boldsymbol{K}_v \boldsymbol{y} \\ &= -\left(\frac{\partial \boldsymbol{H}}{\partial \boldsymbol{x}}\right)^{\mathrm{T}} (\boldsymbol{R}(\boldsymbol{x}) + \boldsymbol{K}_v \boldsymbol{g}(\boldsymbol{x}) \boldsymbol{g}^{\mathrm{T}}(\boldsymbol{x})) \frac{\partial \boldsymbol{H}}{\partial \boldsymbol{x}}\end{aligned} \tag{1.7}$$

因此，可以把这种负反馈控制视为对系统的实际阻耗项的改变，$\boldsymbol{K}_v$ 因此可称为阻尼注入增益。通过该种控制，系统收敛到能量最低点的速度加快。然而，在实际情况中，通常并不关心系统的能量最低点，而是希望通过控制使系统稳定在某些非零的平衡点 $\boldsymbol{x}^*$ 处。那么，就需要寻找闭环反馈控制 $u(t) = -\boldsymbol{K}(\boldsymbol{x})\boldsymbol{y}(t) + \boldsymbol{v}$，使系统的闭环动态满足新的能量平衡方程：

$$\boldsymbol{H}_{\mathrm{d}}(\boldsymbol{x}(t)) - \boldsymbol{H}_{\mathrm{d}}(\boldsymbol{x}(0)) = \int_0^t \boldsymbol{z}^{\mathrm{T}}(s)\boldsymbol{v}(s)\mathrm{d}s - d_{\mathrm{d}}(t) \tag{1.8}$$

式中　$\boldsymbol{H}_{\mathrm{d}}(\boldsymbol{x})$—— 系统期望的总存储能量，在 $\boldsymbol{x}^*$ 处具有局部最小值；

$\boldsymbol{z}$—— 对应输入 $\boldsymbol{u}(t) = -\boldsymbol{K}(\boldsymbol{x})\boldsymbol{y}(t) + \boldsymbol{v}$ 的新的系统输出；

$d_{\mathrm{d}}(t)$—— 包含系统阻尼注入因素后新的系统能量阻耗项。

构造期望能量函数 $\boldsymbol{H}_{\mathrm{d}}(\boldsymbol{x})$，使其在 x^* 处有局部最小值的过程，即为能量成型过程，输入 $\boldsymbol{u}(t)$ 中 $-\boldsymbol{K}(\boldsymbol{x})\boldsymbol{y}(t)$ 部分对系统自然能量耗散过程的改变，则被视为阻尼注入。

可见，基于无源性理论设计的能量成型控制方法为了实现系统稳定，是从系统的物理属性出发，以能量的观点来研究系统的控制问题的。首先构建系统端口受控哈密顿模型，并在确定系统稳定时期望达到的平衡点后，利用能量成型和阻尼注入手段，通过能量平衡方程得到系统控制，最终达到使系统快速稳定收敛到期望状态的目标。

1.3　能量观点下的控制实现——能量成型

能量成型控制方法是一种基于无源性理论的控制方法。无源性理论为分析

非线性系统提供了一种有力的工具，将系统李雅普诺夫稳定性和输入输出稳定性联系起来。如果一个系统是无源系统，在系统没有外部能量供给的情况下，系统最终必会由于系统耗散运行到能量最低点。如果希望系统运行到期望的平衡点或具有期望的动态性能而非能量最低点，则需要通过外界能量输入的方式补充系统能量至期望能量，这个过程即能量成型过程。与其他几种非线性控制方法不同的是，此种控制方法不再用一组微分方程描述系统状态变量随时间的变化，而采用输入输出映射来对系统进行描述，主要基于欧拉一拉格朗日（Euler-Lagrange）模型或系统端口受控哈密顿模型。这种非线性控制方法目前主要应用在机械系统、电动机控制等方向。

基于欧拉一拉格朗日模型，能量成型控制方法设计的关键是找到欧拉一拉格朗日模型中的反对称形式的矩阵。该矩阵反映了系统中无功力项。无功力不影响系统能量平衡，所以对这种不影响系统稳定特性的具体项在闭环反馈过程中无须进行抵消或补偿，一定程度上简化了控制设计并增强了控制的鲁棒性。然而，拉格朗日（Lagrange）量通常为系统的动能减去势能，这种物理意义在分析能量守恒和系统稳定性上并不具有优势。Ortega 等针对这一问题，用哈密顿方程替代欧拉一拉格朗日方程，哈密顿量是系统动能和势能的加和，可以直接作为系统的总能量函数，具有明确直观的物理意义。Ortega 和 Spong 于 1989 年把通过无源性来实现系统稳定的一系列控制设计的方法统一定义为基于无源性的控制。近十年来，在经典欧拉一拉格朗日模型、标准哈密顿模型之后，Ortega 等借鉴具有独立储能元件的网络系统建模方法，建立了系统端口受控哈密顿模型，提出了基于无源性的互联和阻尼配置控制方法。该方法更强调系统的能量函数、互联模式和耗散阻尼这些本质特征，更方便进行能量成型和注入阻尼以加快实现系统稳定。能量成型控制方法的独特优势在于一方面从能量平衡的新角度提供了对系统稳定机制的解释，另一方面不依赖于系统中某些特定的结构属性，而是与更为广义的系统无源特性相联系，因此具有更宽泛的应用空间。

基于电气系统与力学系统的相似性，互联和阻尼配置能量成型控制方法在机器人控制器、高性能飞行器、水下或空间的运载工具等方向得到较好地应用后，近年来又成为电气传动与非线性控制领域的一个新的研究热点。在电动机控制方面，Rios-Bolivar 等建立了直流电动机的端口受控哈密顿系统模型，并利用互联和阻尼配置的能量成型控制方法实现了电动机负载渐近输出反馈的位置调节问题。Gonzalez 等应用能量成型控制方法控制感应电动机，选择能量作为闭环反馈，在电动机控制过程中无须进行磁场定向。有学者通过对同步电动机的端口受控哈密顿建模和能量成型控制使其可以稳定在由实际状态变量估计出的平衡点处。还有学者采用能量成型方法研究了永磁电动机在负载转矩已知与未知的情况下使转速渐近稳定在平衡点处的控制性能。虽然电机的种类各异，能量成型方法在电动机控制上的应用大致都由电机的能量方程入手，根据系统平衡点，设计反馈镇定控制，使闭环系统满足新的能量平衡方程。在电力变换器控制方面，Rodriguez 等为 DC－DC 升压变换器设计了互联和阻尼配置的能量成型控制器实现静态非线性输出反馈，这种控制方法可通过简单的相平面方法确定状态变量吸引域。Gaviria 等在广义状态空间平均模型基础上，建立了单相全桥整流器的端口受控哈密顿结构，并通过互联和阻尼配置的能量成型控制方法对负载电压和交流侧的单位功率因数进行调节。Tang 等对三相升压 AC/DC 变换器模型进行能量成型控制，并辅以积分控制来减小直流电压的稳态误差。需要注意的是，为电力变换器设计能量成型控制策略有其突出的自身特点，即对其的控制主要需确定开关管的工作状态，因此控制变量将出现在端口受控哈密顿模型的结构矩阵中，而非端口变量处。在电力系统控制方面，鉴于电力系统是强非线性复杂系统，且系统中存在能量产生，因此无源性前提无法满足。程代展等提出了广义哈密顿系统概念，广义即指模型所描述的系统包括能量的生成、交换和耗散过程，并以伪泊松流形和广义泊松结构为广义哈密顿系统提供了几何架构。程代展、王玉振等应用广义哈密顿函数方法，研究了单机、多机电力系统基于能量的控制设计等问题，导出了发电机基于动态原理的哈密顿控制模型，并对带有超导储能设备的同步发电机应用能量成型方法进行了控制。

端口受控哈密顿建模和能量成型控制在风力发电上的应用还是一个较新的领域。以风电系统为例，Fernandez 等将该方法应用到风电场控制，属于风力发电系统的上层控制，为多风机间功率分配和调度提供参考。Battista 等针对风力发电的机械部分采用能量成型的控制方法，主要针对系统变桨距控制，以减少由风机塔影及尾流效应带来的机械传动部分的转矩振荡。A. Monroy 等率先建立了变速恒频双馈风力发电系统的端口受控哈密顿模型，研究了系统电气部分结构，但该哈密顿模型建立在发电机两相静止的微分方程基础上，由于发电机两相静止模型不能实现电机耦合项的完全解耦，并且引入了相位角的正余弦运算，基于该端口受控哈密顿模型的能量控制器计算复杂度大大增加。风电系统电气部分控制的时效性要求较高，因此对风电系统电气部分的哈密顿建模和能量成型控制方法还需进一步改进和提高。除了以上提及的研究外，Batlle 等在粒子加速器领域应用端口受控哈密顿建模和能量成型控制的工作也值得关注。虽然粒子加速系统的控制目的与风力发电系统的控制目的迥异，但该系统与双馈风力发电系统有较为相似的结构，其采用的双馈感应电机与旋转风轮同轴，电机转子端通过背靠背变换器连接单相电源，电机定子端和电网相连。当需要加速粒子时，相当于需要增大电网负载，由风轮释放其存储的机械能转化为定子端电能，与电网电能共同为负载提供一个功率高峰。此项研究对风力发电系统的能量成型控制具有较大参考价值。上述这些研究成果为风电系统端口受控哈密顿建模和能量成型控制方法的实现提供了有力的理论支撑，也提供了重要的经验和借鉴。

考虑到双馈风力发电系统的非线性、多扰动、工作范围宽等特点，对该系统采用非线性建模和鲁棒非线性控制是保证系统更稳定运行，达到满意控制效果的必然趋势。在目前多种非线性控制方法中，基于端口受控哈密顿模型的能量成型控制方法具有独特鲜明的能量控制观点，该观点非常适用于本质为能量转换系统的风力发电系统。但由于现阶段对非线性系统的哈密顿实现问题并没有形成理论体系，如何针对双馈风力发电系统设计哈密顿实现结构，使其哈密顿模型既具有清晰的物理意义，又可方便基于此模型的能量成型控制的设计和求解，降低控制策略计算复杂度是双馈风力发电系统实现能量控制的关键问题。本书针对此问题展开研究，在分析双馈风力发电系统各阶段能量流动过程的基础上，旨在建立双馈风力发电系统的基于能量的控制新方法，该方法的端口受控哈密顿模型将充分利用风电系统的结构特性，能量成型控制器力图形式简单、易于实现，并且对系统的非线性、多扰动、高耦合等因素具有较强鲁棒性。系统的无源性为系统在非零平衡点稳定提供了前提保证，改变系统能量函数以使其在指定平衡点处具有最小值即为能量成型过程。

第2章

能量成型控制的数学模型

本章首先从牛顿力学基本原理出发，依次推导出拉格朗日系统和哈密顿系统的基本形式，在此基础上考虑与外界有能量交换的哈密顿系统，得到有输入控制的哈密顿系统基本形式，即端口受控哈密顿系统模型，并给出能量状态变量与端口变量选择基本原则与结构矩阵设计方法。其次，本章进一步分析端口受控哈密顿系统的基本级联方式串联、并联及反馈互联，讨论端口受控哈密顿子系统在不同互联方式下所具有的特殊性质，并在现有能量成型控制方法的基础上介绍了一种新型的针对反馈互联结构的方法——能量控制法。该方法的主要特点是：反馈互联除了可以保证级联后系统仍保持端口受控哈密顿结构外，还能够充分体现复杂系统子系统间能量的传递过程，从而对受控系统中的能量进行控制。在端口受控哈密顿系统的结构矩阵中，对电力电子器件的拓扑变化的处理会更容易，也更容易实现后续的无源控制。

2.1　牛顿力学、拉格朗日系统、哈密顿系统

牛顿力学、拉格朗日系统、哈密顿系统都是对力学系统的一种描述，相互等效，但使用场景各不相同。牛顿力学是采用直观的加速度分析，对质点进行单独的、物理意义明确的分析；拉格朗日系统是采用广义坐标形式，从整个系统视角分析系统运动状态，大大减少了系统动力学方程的数目；哈密顿系统将拉格朗日系统的二阶微分方程等效变换为一阶方程，转变了拉格朗日系统在位形空间描述的方式，实现了在真实运动与可能运动的相空间对系统运动进行描述。

2.1.1　由牛顿力学到拉格朗日系统

为方便理解，先从保守系统分析入手。保守系统意味着物体受到的力都是保守力。保守力是指物体在该力的作用下做功的大小与路径无关，仅与起点和终点位置相关。由牛顿第二定律

$$m\boldsymbol{a}=\boldsymbol{F} \tag{2.1}$$

式中，m 为物体质量；$\boldsymbol{a}$ 为物体加速度；$\boldsymbol{F}$ 为力。记 $\boldsymbol{q}$ 为坐标，$\boldsymbol{p}$ 为动量，$\boldsymbol{v}$ 为速度，K 为动能，P 为势能，则有

$$\frac{\partial K}{\partial \boldsymbol{v}}=\frac{\partial\left(\dfrac{1}{2}m\boldsymbol{v}^2\right)}{\partial \boldsymbol{v}}=m\boldsymbol{v}=\boldsymbol{p}=\frac{\partial K}{\partial \dot{\boldsymbol{q}}} \tag{2.2}$$

那么

$$\frac{\mathrm{d}\boldsymbol{p}}{\mathrm{d}t}=\frac{\mathrm{d}}{\mathrm{d}t}\frac{\partial K}{\partial \dot{\boldsymbol{q}}}=m\boldsymbol{a} \tag{2.3}$$

另外，势能 P 随着力 $\boldsymbol{F}$ 的作用逐渐变小，满足关系

$$\boldsymbol{F}=-\frac{\partial P}{\partial \boldsymbol{q}} \tag{2.4}$$

代入式(2.1)有

$$\frac{\mathrm{d}}{\mathrm{d}t}\frac{\partial K}{\partial \dot{\boldsymbol{q}}}+\frac{\partial P}{\partial \boldsymbol{q}}=0 \tag{2.5}$$

由于拉格朗日函数是系统的动能与势能之差，记$L=K-P$，且由于动能与位移无关，势能与速度无关，因此代入式(2.5)得

$$\frac{\mathrm{d}}{\mathrm{d}t}\frac{\partial L}{\partial \dot{\boldsymbol{q}}}-\frac{\partial L}{\partial \boldsymbol{q}}=0 \tag{2.6}$$

式(2.6)即为拉格朗日方程，是位移q的二阶微分方程。同时，该方程各变量具有广义性。速度可以是线速度、角速度或其他，动量可以是线动量、角动量或其他。在保守系统中，拉格朗日方程左边两项是广义惯性力。

2.1.2 由拉格朗日系统到哈密顿系统

拉格朗日系统和哈密顿系统是等价系统。通过勒让德变换将以广义位移和广义速度为自变量的拉格朗日函数，转变为以广义位移和广义动量为自变量的哈密顿函数，即换了一种方式描述同一系统，且保证信息无丢失。

对于拉格朗日函数有

$$L(\boldsymbol{q},\dot{\boldsymbol{q}})=K-P=\frac{1}{2}\dot{\boldsymbol{q}}^{\mathrm{T}}M(\boldsymbol{q})\dot{\boldsymbol{q}}-P(\boldsymbol{q}) \tag{2.7}$$

式中　$M(\boldsymbol{q})$——广义质量。

因此

$$\mathrm{d}L=\frac{\partial L}{\partial \boldsymbol{q}}\mathrm{d}\boldsymbol{q}+\frac{\partial L}{\partial \dot{\boldsymbol{q}}}\mathrm{d}\dot{\boldsymbol{q}}\Rightarrow \mathrm{d}L=\frac{\partial L}{\partial \boldsymbol{q}}\mathrm{d}\boldsymbol{q}+\left[\mathrm{d}\left(\frac{\partial L}{\partial \dot{\boldsymbol{q}}}\cdot\dot{\boldsymbol{q}}\right)-\dot{\boldsymbol{q}}\mathrm{d}\left(\frac{\partial L}{\partial \dot{\boldsymbol{q}}}\right)\right] \tag{2.8}$$

由式(2.7)可知

$$\frac{\partial L}{\partial \dot{\boldsymbol{q}}}=M(\boldsymbol{q})\dot{\boldsymbol{q}}=\boldsymbol{p} \tag{2.9}$$

由式(2.6)可知

$$\frac{\partial L}{\partial \boldsymbol{q}}=\frac{\mathrm{d}}{\mathrm{d}t}\frac{\partial L}{\partial \dot{\boldsymbol{q}}}=\dot{\boldsymbol{p}} \tag{2.10}$$

将式(2.9)与式(2.10)代入式(2.8)可得

$$\dot{\boldsymbol{q}}\mathrm{d}\left(\frac{\partial L}{\partial \dot{\boldsymbol{q}}}\right)-\frac{\partial L}{\partial \boldsymbol{q}}\mathrm{d}\boldsymbol{q}=\mathrm{d}\left(\frac{\partial L}{\partial \dot{\boldsymbol{q}}}\cdot\dot{\boldsymbol{q}}-L\right) \tag{2.11}$$

而哈密顿函数是系统动能与势能之和，如

$$H(\boldsymbol{q},\boldsymbol{p})=K+P=\frac{1}{2}\boldsymbol{p}^{\mathrm{T}}M^{-1}(\boldsymbol{q})\boldsymbol{p}+P(\boldsymbol{q}) \tag{2.12}$$

因此，式(2.11)右侧为

$$\mathrm{d}\left(\frac{\partial L}{\partial \dot{\boldsymbol{q}}} \cdot \dot{\boldsymbol{q}} - L\right) = \mathrm{d}(M\dot{\boldsymbol{q}}\dot{\boldsymbol{q}} - L) = \mathrm{d}(2K - K + P) = \mathrm{d}H \tag{2.13}$$

将式(2.9)、式(2.10)、式(2.13) 代入式(2.11)，则有

$$\dot{\boldsymbol{q}}\mathrm{d}\left(\frac{\partial L}{\partial \dot{\boldsymbol{q}}}\right) \quad \frac{\partial L}{\partial \boldsymbol{q}}\mathrm{d}\boldsymbol{q} - \dot{\boldsymbol{q}}\mathrm{d}\boldsymbol{p} - \dot{\boldsymbol{p}}\mathrm{d}\boldsymbol{q} = \mathrm{d}H \tag{2.14}$$

可得哈密顿系统方程为

$$\begin{cases} \dot{\boldsymbol{q}} = \dfrac{\partial H}{\partial \boldsymbol{p}} \\ \dot{\boldsymbol{p}} = -\dfrac{\partial H}{\partial \boldsymbol{q}} \end{cases} \tag{2.15}$$

对比式(2.6) 与式(2.15)，哈密顿系统将拉格朗日系统(以广义位移和广义速度为自变量) 的 n 个二阶微分方程转化为 $2n$ 个一阶微分方程(以广义位移和广义动量为自变量)。注意:因为系统是保守系统，系统中只有广义惯性力，无外力做功，因此系统能量不变，即

$$\frac{\mathrm{d}H}{\mathrm{d}t} = 0 \tag{2.16}$$

进一步扩展，若系统不局限于保守系统，定义 u 为广义主动力，y 为系统输出，R 为系统耗散函数，则

$$\begin{cases} \dot{\boldsymbol{q}} = \dfrac{\partial H}{\partial \boldsymbol{p}} \\ \dot{\boldsymbol{p}} = -\dfrac{\partial H}{\partial \boldsymbol{q}} - R\dfrac{\partial H}{\partial \boldsymbol{p}} + \boldsymbol{u} \\ \boldsymbol{y} = \dot{\boldsymbol{q}} \end{cases} \tag{2.17}$$

式(2.17) 的第一式描述广义速度，即真实的运动，第二式描述广义力，表征物体可能的运动。

哈密顿系统可转变为

$$\begin{cases} \dot{\boldsymbol{x}} = (\boldsymbol{J} - \boldsymbol{R})\dfrac{\partial H}{\partial \boldsymbol{x}} + \boldsymbol{g}\boldsymbol{u} \\ \boldsymbol{y} = \boldsymbol{g}^{\mathrm{T}}\dfrac{\partial H}{\partial \boldsymbol{x}} \end{cases} \tag{2.18}$$

式中　$\boldsymbol{J}$—— 内部结构矩阵，$\boldsymbol{J} = \begin{bmatrix} 0 & \boldsymbol{I}_n \\ -\boldsymbol{I}_n & 0 \end{bmatrix}$，$\boldsymbol{I}_n$ 为 n 维的单位 1 矩阵；

$\boldsymbol{R}$—— 耗散结构矩阵，$\boldsymbol{R} = \boldsymbol{R}^{\mathrm{T}} \geqslant 0$；

$\boldsymbol{x}$—— 系统状态变量，$\boldsymbol{x} = \begin{bmatrix} \boldsymbol{p} \\ \boldsymbol{q} \end{bmatrix}$；

$\boldsymbol{g}$—— 端口结构矩阵，$\boldsymbol{g}=\begin{bmatrix}0\\ \boldsymbol{I}_m\end{bmatrix}$，$\boldsymbol{I}_m$ 为 m 维的单位 1 矩阵。

因此，式(2.18) 可展开为

$$\begin{cases}\begin{bmatrix}\dot{\boldsymbol{q}}\\ \dot{\boldsymbol{p}}\end{bmatrix}=\begin{bmatrix}0 & \boldsymbol{I}_n\\ -\boldsymbol{I}_n & -\boldsymbol{R}\end{bmatrix}\begin{bmatrix}\dfrac{\partial H}{\partial \boldsymbol{q}}\\ \dfrac{\partial H}{\partial \boldsymbol{p}}\end{bmatrix}+\begin{bmatrix}0\\ \boldsymbol{I}_m\end{bmatrix}u\\ y=\boldsymbol{g}^{\mathrm{T}}\begin{bmatrix}\dfrac{\partial H}{\partial \boldsymbol{q}}\\ \dfrac{\partial H}{\partial \boldsymbol{p}}\end{bmatrix}\end{cases} \tag{2.19}$$

2.2 端口受控哈密顿系统模型

2.2.1 端口受控哈密顿系统模型基本结构

在上一节讨论了孤立哈密顿系统。在这一节中，考虑与外界有能量交换的哈密顿系统。例如用如下 Euler-Lagrange 方程表示的力学系统：

$$\frac{\mathrm{d}}{\mathrm{d}t}\left(\frac{\partial L}{\partial \dot{\boldsymbol{q}}}(\boldsymbol{q},\dot{\boldsymbol{q}})\right)-\frac{\partial L}{\partial \boldsymbol{q}}(\boldsymbol{q},\dot{\boldsymbol{q}})=\boldsymbol{\tau} \tag{2.20}$$

式中　$\boldsymbol{q}$——n 自由度的广义坐标，$\boldsymbol{q}=[q_1,q_2,\cdots,q_n]^{\mathrm{T}}$；

L—— 拉格朗日函数，动能 K 和势能 P 之差 $K-P$；

$\boldsymbol{\tau}$—— 作用于系统的广义力向量，$\boldsymbol{\tau}=[\tau_1,\tau_2,\cdots,\tau_n]^{\mathrm{T}}$。

若取$[p_1,p_2,\cdots,p_n,q_1,q_2,\cdots,q_n]^{\mathrm{T}}$ 为系统的状态向量，仍取系统哈密顿函数如式(2.12) 的形式，即

$$H(\boldsymbol{q},\boldsymbol{p})=K+P=\frac{1}{2}\boldsymbol{p}^{\mathrm{T}}M^{-1}(\boldsymbol{q})\boldsymbol{p}+P(\boldsymbol{q})$$

则式(2.20) 的动态方程可变换为如下具有输入控制的哈密顿系统的形式：

$$\begin{cases}\dot{\boldsymbol{q}}=\dfrac{\partial H}{\partial \boldsymbol{p}}(\boldsymbol{q},\boldsymbol{p})\\ \dot{\boldsymbol{p}}=-\dfrac{\partial H}{\partial \boldsymbol{q}}(\boldsymbol{q},\boldsymbol{p})+\boldsymbol{\tau}\end{cases} \tag{2.21}$$

哈密顿函数 $H(\boldsymbol{q},\boldsymbol{p})$ 仍然可以表示受控系统的总能量，由式(2.21) 可得到

能量平衡方程

$$\frac{\mathrm{d}}{\mathrm{d}t}H=\frac{\partial^{\mathrm{T}}H}{\partial \boldsymbol{q}}(\boldsymbol{q},\boldsymbol{p})\dot{\boldsymbol{q}}+\frac{\partial^{\mathrm{T}}H}{\partial \boldsymbol{p}}(\boldsymbol{q},\boldsymbol{p})\dot{\boldsymbol{p}}=\frac{\partial^{\mathrm{T}}H}{\partial \boldsymbol{p}}(\boldsymbol{q},\boldsymbol{p})\boldsymbol{\tau}=\dot{\boldsymbol{q}}^{\mathrm{T}}\boldsymbol{\tau} \tag{2.22}$$

这表示系统能量的变化等于外界对系统所做的功。

若将广义速度矢量 $\dot{\boldsymbol{q}}$ 作为系统的输出，即

$$\frac{\mathrm{d}}{\mathrm{d}t}H=\frac{\partial^{\mathrm{T}}H}{\partial \boldsymbol{q}}(\boldsymbol{q},\boldsymbol{p})\dot{\boldsymbol{q}}+\frac{\partial^{\mathrm{T}}H}{\partial \boldsymbol{p}}(\boldsymbol{q},\boldsymbol{p})\dot{\boldsymbol{p}}=\frac{\partial^{\mathrm{T}}H}{\partial \boldsymbol{p}}(\boldsymbol{q},\boldsymbol{p})\boldsymbol{\tau}=\dot{\boldsymbol{q}}^{\mathrm{T}}\boldsymbol{\tau} \tag{2.23}$$

受控哈密顿系统一般形式可以表示为

$$\begin{cases}\dot{\boldsymbol{x}}=\boldsymbol{J}(\boldsymbol{x})\dfrac{\partial H}{\partial \boldsymbol{x}}(\boldsymbol{x})+\boldsymbol{g}(\boldsymbol{x})u, & \boldsymbol{x}\in X, u\in \mathbf{R}^m \\ y=\boldsymbol{g}^{\mathrm{T}}(\boldsymbol{x})\dfrac{\partial H}{\partial \boldsymbol{x}}(\boldsymbol{x}), & y\in \mathbf{R}^m\end{cases} \tag{2.24}$$

式中　$\boldsymbol{x}$——n 维流形 X 的局部坐标；

$\boldsymbol{J}(\boldsymbol{x})$—— 一个关于 $\boldsymbol{x}$ 的 $n\times n$ 的反对称矩阵，即 $\boldsymbol{J}(\boldsymbol{x})=-\boldsymbol{J}^{\mathrm{T}}(\boldsymbol{x})$。

称该系统为内联结构矩阵为 $\boldsymbol{J}(\boldsymbol{x})$ 的端口受控哈密顿（port controlled Hamiltonian，PCH）系统。

考虑实际 PCH 系统中有一些损耗性元件（如电阻等），可将能量损耗的概念引入 PCH 模型中：

$$\begin{cases}\dot{\boldsymbol{x}}=[\boldsymbol{J}(\boldsymbol{x})-\boldsymbol{R}(\boldsymbol{x})]\dfrac{\partial H}{\partial \boldsymbol{x}}(\boldsymbol{x})+\boldsymbol{g}(\boldsymbol{x})u, & \boldsymbol{x}\in X, u\in \mathbf{R}^m \\ y=\boldsymbol{g}^{\mathrm{T}}(\boldsymbol{x})\dfrac{\partial H}{\partial \boldsymbol{x}}(\boldsymbol{x}), & y\in \mathbf{R}^m\end{cases} \tag{2.25}$$

式中　$\boldsymbol{R}(\boldsymbol{x})$—— 阻尼矩阵，描述了能量损耗特性，具有半正定对称结构，$\boldsymbol{R}(\boldsymbol{x})=\boldsymbol{R}^{\mathrm{T}}(\boldsymbol{x})\geqslant 0$；

$\boldsymbol{J}(\boldsymbol{x})$—— 互联矩阵，反映了内部的互联特性，$\boldsymbol{J}(\boldsymbol{x})=-\boldsymbol{J}^{\mathrm{T}}(\boldsymbol{x})$；

$\boldsymbol{g}(\boldsymbol{x})$—— 反映系统端口特性的互联矩阵；

u,y——PCH 系统的输入、输出接口变量，为共轭关系；

$H(\boldsymbol{x})$—— 哈密顿函数，表征系统储存的能量。

称式（2.25）为端口受控的耗散哈密顿（port controlled Hamiltonian system with dissipation，PCHD）系统。从网络互联建模观点看，许多物理系统都可描述为由一组储能元件、耗能元件（阻性元件）及端口（描述系统与外部环境相互作用）组成，以能量守恒形式互联的 PCHD 系统，如图 2.1 所示。

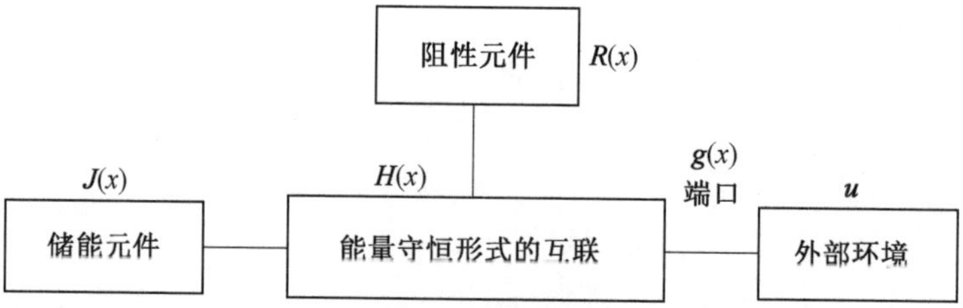

图 2.1 PCHD 系统

2.2.2 能量状态变量与端口变量选择

系统的端口受控哈密顿实现，实质上就是在满足原来描述系统动态的偏微分方程关系的基础之上，寻找系统端口变量、结构矩阵和某一适当形式的哈密顿函数。由式(2.25)可知，端口受控哈密顿模型要求系统输入端口与输出端口变量二元积为外界环境向系统提供的单位时间的能量，内联结构矩阵为反对称矩阵，内联结构矩阵的维数与端口变量和能量变量的维数匹配，阻尼矩阵为对称半正定矩阵。一般来说，对于系统，端口受控哈密顿建模方案设计流程图如图 2.2 所示。

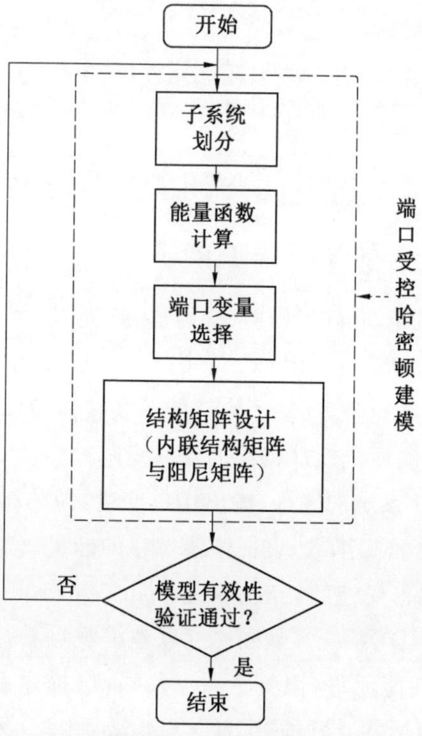

图 2.2 端口受控哈密顿建模方案设计流程图

依据能量流动和转化过程，将整个系统划分为若干个能量子系统。针对每个子系统确定子系统中具有的能量，将其作为子系统能量存储函数，并通过能量存储函数确定子系统的能量状态变量。然后，根据对应端口变量二元积为交互功率原则和子系统间具体的交互能量，选择子系统的端口变量。表 2.1 列出了常见的几种系统的能量状态变量选择方法。

表 2.1　常见的几种系统的能量状态变量选择方法

项目	广义位移 $\boldsymbol{q}$	广义动量 $\boldsymbol{p}$
电	电荷 q	磁链 φ
平移	位移 x	动量 p
旋转	角 θ	角动量 b
流体学	体积 V	压力动量 Γ
热力学	熵 S	

例 2.1　考虑如图 2.3 所示的受控 LC 电路，电路由存储磁场能 $H_1(\varphi_1)$、$H_2(\varphi_2)$（φ_1、φ_2 分别为 L_1 和 L_2 的磁链）的两个电感和存储电场能 H_3 能(Q)（Q 为电荷）的一个电容组成。设所有元件都是线性的，则

$$H_1(\varphi_1)=\frac{1}{2L_1}\varphi_1^2,\quad H_2(\varphi_2)=\frac{1}{2L_2}\varphi_2^2,\quad H_3(Q)=\frac{1}{2C}Q^2 \tag{2.26}$$

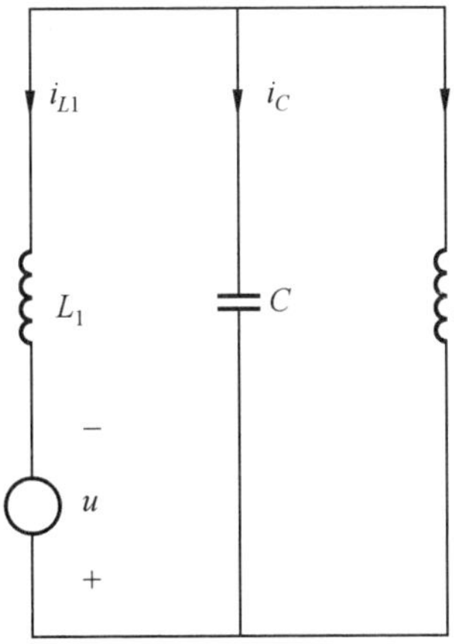

图 2.3　受控 LC 电路

根据 $\varphi_1=L_1 i_{L_1}$，$\varphi_2=L_2 i_{L_2}$ 及 $Q=Cu_C$，由基尔霍夫定律可得

$$\begin{cases}\dfrac{\mathrm{d}Q}{\mathrm{d}t}=-\dfrac{\varphi_1}{L_1}-\dfrac{\varphi_2}{L_2}\\ \dfrac{\mathrm{d}\varphi_1}{\mathrm{d}t}=\dfrac{Q}{C}+u\\ \dfrac{\mathrm{d}\varphi_2}{\mathrm{d}t}=\dfrac{Q}{C}\end{cases}\tag{2.27}$$

设哈密顿函数 $H(Q,\varphi_1,\varphi_2)=H_1(\varphi_1)+H_2(\varphi_2)+H_3(Q)$，式(2.27) 可以写成

$$\begin{cases}\begin{bmatrix}\dot{Q}\\ \dot{\varphi}_1\\ \dot{\varphi}_2\end{bmatrix}=\begin{bmatrix}0&-1&-1\\1&0&0\\1&0&0\end{bmatrix}\begin{bmatrix}\dfrac{\partial H}{\partial Q}\\ \dfrac{\partial H}{\partial \varphi_1}\\ \dfrac{\partial H}{\partial \varphi_2}\end{bmatrix}+\begin{bmatrix}0\\1\\0\end{bmatrix}u\\ y=\dfrac{\varphi_1}{L_1}=\begin{bmatrix}0&1&0\end{bmatrix}\begin{bmatrix}\dfrac{\partial H}{\partial Q}\\ \dfrac{\partial H}{\partial \varphi_1}\\ \dfrac{\partial H}{\partial \varphi_2}\end{bmatrix}\end{cases}\tag{2.28}$$

式(2.28) 即为受控 LC 电路的端口受控哈密顿模型。

2.2.3 结构矩阵设计

本节进一步细化分析第一章提及的系统端口受控哈密顿模型，其结构为式(1.4)。

对于子系统内联结构矩阵 $\boldsymbol{J}(x)$ 和 $\boldsymbol{g}(x)$，为方便设计，进一步细化两者的物理意义。$\boldsymbol{J}(x)$ 为系统内部结构矩阵，描述的是系统内部能量转化结构；$\boldsymbol{g}(x)$ 为系统内外部交互结构矩阵，描述的是系统内外部能量传递结构。系统阻尼矩阵 $\boldsymbol{R}(x)$ 描述的是系统能量的耗散结构。在完成每个子系统的端口受控哈密顿建模之后，对子系统进行互联扩展，形成完整的系统端口受控哈密顿模型。

例 2.2 一个简单的 RLC 串并联电路如图 2.4 所示。

依照 2.2.2 小节所述内容，选取状态变量 $\boldsymbol{x}=[q_C,\varphi_L]^{\mathrm{T}}$，由 KVL 定理可得到

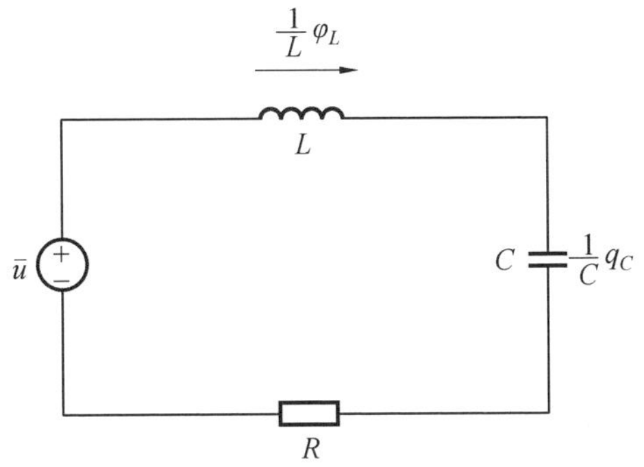

图 2.4　RLC 串并联电路

$$\begin{cases}\dot{\boldsymbol{x}}_1=\dfrac{1}{L}\boldsymbol{x}_2\\ \dot{\boldsymbol{x}}_2=-\dfrac{1}{C}\boldsymbol{x}_1-\dfrac{R}{L}\boldsymbol{x}_2+u\\ y=\dfrac{1}{L}\boldsymbol{x}_2\end{cases}\tag{2.29}$$

此时,能量函数可以表示为

$$H(\boldsymbol{x})=\frac{1}{2}\frac{\boldsymbol{x}_1^2}{C}+\frac{1}{2}\frac{\boldsymbol{x}_2^2}{L}\tag{2.30}$$

进而可得到 PCH 模型

$$\dot{\boldsymbol{x}}=\underbrace{\begin{bmatrix}0&1\\-1&-\boldsymbol{R}\end{bmatrix}}_{\boldsymbol{J}(\boldsymbol{x})-\boldsymbol{R}(\boldsymbol{x})}\underbrace{\begin{bmatrix}\dfrac{\boldsymbol{x}_1}{C}\\ \dfrac{\boldsymbol{x}_2}{L}\end{bmatrix}}_{\frac{\partial H}{\partial \boldsymbol{x}}}+\underbrace{\begin{bmatrix}0\\1\end{bmatrix}}_{\boldsymbol{g}(\boldsymbol{x})}u\tag{2.31}$$

例 2.3　一个简易的磁悬浮系统如图 2.5 所示,再次进行分析。

假定磁通是不饱和线性的,即

$$\lambda=L(\theta)i\tag{2.32}$$

式中　λ—— 磁通;

θ—— 球心位置与指定位置的偏差值;

i—— 电流;

$L(\theta)$—— 电感的值。

由 KVL 定理和牛顿第二定律可以得到

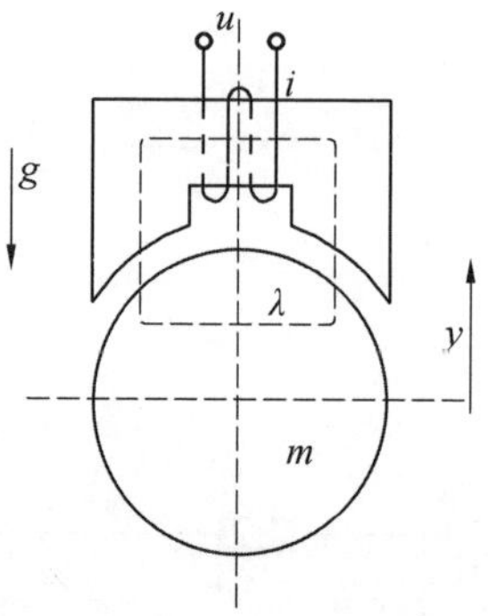

图 2.5　磁悬浮系统

$$\begin{cases}\dot{\lambda}+Ri=u\\ m\ddot{\theta}=F-mg\end{cases} \tag{2.33}$$

式中　m—— 球的质量；

u—— 输入线圈的电压；

R—— 线圈的电阻；

F—— 磁铁产生的磁力，可由下式计算得到：

$$F=\frac{1}{2}\frac{\partial L}{\partial \theta}(\theta)i^2 \tag{2.34}$$

电感 L 的近似计算表达式为

$$L(\theta)=\frac{k}{1-\theta},\quad -\infty<\theta<1 \tag{2.35}$$

式中　k—— 由线圈匝数决定的正常数。

为了得到 PCH 模型，取状态变量 $\boldsymbol{x}=[\lambda,\theta,m\dot{\theta}]^{\mathrm{T}}$。则哈密顿函数可以表示为

$$H(\boldsymbol{x})=\frac{1}{2k}(1-\boldsymbol{x}_2)\boldsymbol{x}_1^2+\frac{1}{2m}\boldsymbol{x}_3^2+mg\boldsymbol{x}_2 \tag{2.36}$$

进而可得到 PCHD 模型：

$$\dot{\boldsymbol{x}}=\Bigg(\underbrace{\begin{bmatrix}0&0&0\\0&0&1\\0&-1&0\end{bmatrix}}_{\boldsymbol{J}(\boldsymbol{x})}-\underbrace{\begin{bmatrix}\boldsymbol{R}&0&0\\0&0&0\\0&0&0\end{bmatrix}}_{\boldsymbol{R}(\boldsymbol{x})}\Bigg)\frac{\partial H}{\partial \boldsymbol{x}}(\boldsymbol{x})+\underbrace{\begin{bmatrix}1\\0\\0\end{bmatrix}}_{\boldsymbol{g}(\boldsymbol{x})}u \tag{2.37}$$

2.3 端口受控哈密顿系统基本级联方式及互联特性

对于复杂系统的端口受控哈密顿建模方法，通常需要将复杂的研究对象先分解成若干相对较为简单的子系统进行逐一研究，再将多个子系统级联为整体系统，以降低直接对多变量非线性系统进行端口受控哈密顿实现的难度。

子系统的级联方式有多种，如串联、并联、反馈互联等。本节通过分析端口受控哈密顿子系统的基本级联方式，讨论端口受控哈密顿子系统反馈互联后所具有的特殊性质。在此基础上进一步研究级联系统的能量成型控制机理，分析现有能量成型控制方法应用的局限性及相应解决途径。最终，利用子系统反馈互联具有的特殊属性，在现有能量成型控制方法的基础上提出一种新型的针对反馈互联结构的级联式能量控制法。

2.3.1 串联方式

考虑两个端口受控哈密顿系统 Σ_1、Σ_2：

$$\Sigma_1:\begin{cases}\dot{\boldsymbol{x}}_1=[\boldsymbol{J}_1(\boldsymbol{x}_1)-\boldsymbol{R}_1(\boldsymbol{x}_1)]\dfrac{\partial H_1(\boldsymbol{x}_1)}{\partial \boldsymbol{x}_1}+\boldsymbol{g}_1(\boldsymbol{x}_1)u_1\\ \boldsymbol{y}_1=\boldsymbol{g}_1^{\mathrm{T}}(\boldsymbol{x}_1)\dfrac{\partial H(\boldsymbol{x}_1)}{\partial \boldsymbol{x}_1}\end{cases},\quad \boldsymbol{x}_1\in \boldsymbol{X}_1 \tag{2.38}$$

$$\Sigma_2:\begin{cases}\dot{\boldsymbol{x}}_2=[\boldsymbol{J}_2(\boldsymbol{x}_2)-\boldsymbol{R}_2(\boldsymbol{x}_2)]\dfrac{\partial H_2(\boldsymbol{x}_2)}{\partial \boldsymbol{x}_2}+\boldsymbol{g}_2(\boldsymbol{x}_2)u_2\\ \boldsymbol{y}_2=\boldsymbol{g}_2^{\mathrm{T}}(\boldsymbol{x}_2)\dfrac{\partial H_2(\boldsymbol{x}_2)}{\partial \boldsymbol{x}_2}\end{cases},\quad \boldsymbol{x}_2\in \boldsymbol{X}_2 \tag{2.39}$$

两系统级连方式为如图 2.6 所示的串联方式，即满足 $\boldsymbol{u}_2=\boldsymbol{y}_1$。

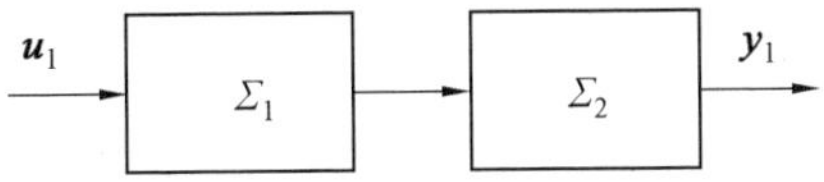

图 2.6 串联方式

因此，用式(2.38)中的 $\boldsymbol{y}_1=\boldsymbol{g}_1^{\mathrm{T}}(\boldsymbol{x}_1)\dfrac{\partial H_1(\boldsymbol{x}_1)}{\partial \boldsymbol{x}_1}$ 代入式(2.39)中的 u_2，则可得

$$\Sigma_2:\begin{cases}\dot{\boldsymbol{x}}_2=[\boldsymbol{J}_2(\boldsymbol{x}_2)-\boldsymbol{R}_2(\boldsymbol{x}_2)]\dfrac{\partial H_2(\boldsymbol{x}_2)}{\partial \boldsymbol{x}_2}+\boldsymbol{g}_2(\boldsymbol{x}_2)\boldsymbol{g}_1^{\mathrm{T}}(\boldsymbol{x}_1)\dfrac{\partial H_1(\boldsymbol{x}_1)}{\partial \boldsymbol{x}_1}\\ \boldsymbol{y}_2=\boldsymbol{g}_2^{\mathrm{T}}(\boldsymbol{x}_2)\dfrac{\partial H_2(\boldsymbol{x}_2)}{\partial \boldsymbol{x}_2}\end{cases}\tag{2.40}$$

那么，式(2.38) 和式(2.40) 可联立写为

$$\Sigma:\begin{cases}\begin{bmatrix}\dot{\boldsymbol{x}}_1\\ \dot{\boldsymbol{x}}_2\end{bmatrix}=\begin{bmatrix}\boldsymbol{J}_1(\boldsymbol{x}_1)-\boldsymbol{R}_1(\boldsymbol{x}_1) & 0\\ \boldsymbol{g}_2(\boldsymbol{x}_2)\boldsymbol{g}_1^{\mathrm{T}}(\boldsymbol{x}_1) & \boldsymbol{J}_2(\boldsymbol{x}_2)-\boldsymbol{R}_2(\boldsymbol{x}_2)\end{bmatrix}\begin{bmatrix}\nabla H_1\\ \nabla H_2\end{bmatrix}+\begin{bmatrix}\boldsymbol{g}_1(\boldsymbol{x}_1)\\ 0\end{bmatrix}u_1\\ \boldsymbol{y}_2=[0\quad \boldsymbol{g}_2^{\mathrm{T}}(\boldsymbol{x}_2)]\begin{bmatrix}\nabla H_1\\ \nabla H_2\end{bmatrix}\end{cases}\tag{2.41}$$

为便于对联立后得到的系统结构式(2.41) 进行分析，需要进一步引入耗散矩阵的概念及其性质。

定义 2.1 一个$n\times n$的方阵$\boldsymbol{M}(x)$，如果它能表示为反对称矩阵与半正定矩阵之差，即$\boldsymbol{M}(x)=\boldsymbol{J}(x)-\boldsymbol{R}(x)$，其中$\boldsymbol{J}(x)=-\boldsymbol{J}^{\mathrm{T}}(x)$，$\boldsymbol{R}(x)=\boldsymbol{R}^{\mathrm{T}}(x)\geqslant 0$，则称该方阵为耗散矩阵。

性质 2.1 $\boldsymbol{M}(x)$ 为耗散矩阵 $\Leftrightarrow \boldsymbol{M}(x)+\boldsymbol{M}^{\mathrm{T}}(x)\leqslant 0$。

性质 2.2 结构矩阵的耗散性在合同变换下不变。

需要指出的是，在坐标变换下，端口受控哈密顿系统结构矩阵与原结构矩阵是合同的，由性质 2.2 可知，结构矩阵的耗散性在合同变换下保持不变，因此，端口受控哈密顿系统的耗散性在坐标变换下保持不变。

在上述两个性质的基础上，设 Σ_1 和 Σ_2 两个子系统的结构矩阵分别为 $\boldsymbol{M}_1=\boldsymbol{J}_1(\boldsymbol{x}_1)-\boldsymbol{R}_1(\boldsymbol{x}_1)$ 及 $\boldsymbol{M}_2=\boldsymbol{J}_2(\boldsymbol{x}_2)-\boldsymbol{R}_2(\boldsymbol{x}_2)$，并将联立后得到的新系统 Σ 的结构矩阵记为 $\boldsymbol{M}$，即

$$\boldsymbol{M}=\begin{bmatrix}\boldsymbol{J}_1-\boldsymbol{R}_1 & 0\\ \boldsymbol{g}_2\boldsymbol{g}_1^{\mathrm{T}} & \boldsymbol{J}_2-\boldsymbol{R}_2\end{bmatrix}=\begin{bmatrix}\boldsymbol{M}_1 & 0\\ \boldsymbol{g}_2\boldsymbol{g}_1^{\mathrm{T}} & \boldsymbol{M}_2\end{bmatrix}\tag{2.42}$$

那么

$$\boldsymbol{M}+\boldsymbol{M}^{\mathrm{T}}=\begin{bmatrix}\boldsymbol{M}_1+\boldsymbol{M}_1^{\mathrm{T}} & \boldsymbol{g}_1\boldsymbol{g}_2^{\mathrm{T}}\\ \boldsymbol{g}_2\boldsymbol{g}_1^{\mathrm{T}} & \boldsymbol{M}_2+\boldsymbol{M}_2^{\mathrm{T}}\end{bmatrix}=\begin{bmatrix}-2\boldsymbol{R}_1 & \boldsymbol{g}_1\boldsymbol{g}_2^{\mathrm{T}}\\ \boldsymbol{g}_2\boldsymbol{g}_1^{\mathrm{T}} & -2\boldsymbol{R}_2\end{bmatrix}\tag{2.43}$$

对式(2.43) 做合同变换可得

$$\begin{aligned}&\begin{bmatrix}\boldsymbol{E} & 0\\ -\boldsymbol{g}_2\boldsymbol{g}_1^{\mathrm{T}}(-2\boldsymbol{R}_1)^{-1} & \boldsymbol{E}\end{bmatrix}[\boldsymbol{M}+\boldsymbol{M}^{\mathrm{T}}]\begin{bmatrix}\boldsymbol{E} & -(-2\boldsymbol{R}_1)^{-1}\boldsymbol{g}_1\boldsymbol{g}_2^{\mathrm{T}}\\ 0 & \boldsymbol{E}\end{bmatrix}\\ &=\begin{bmatrix}-2\boldsymbol{R}_1 & 0\\ 0 & -2\boldsymbol{R}_2-\boldsymbol{g}_2\boldsymbol{g}_1^{\mathrm{T}}(-2\boldsymbol{R}_1)^{-1}\boldsymbol{g}_1\boldsymbol{g}_2^{\mathrm{T}}\end{bmatrix}\end{aligned}\tag{2.44}$$

式中　$\boldsymbol{E}$—— 单位矩阵。

由于 $-2\boldsymbol{R}_1 \leqslant 0$，若 $-2\boldsymbol{R}_2-\boldsymbol{g}_2\boldsymbol{g}_1^{\mathrm{T}}(-2\boldsymbol{R}_1)^{-1}\boldsymbol{g}_1\boldsymbol{g}_2^{\mathrm{T}} \leqslant 0$，则得到 $\boldsymbol{M}+\boldsymbol{M}^{\mathrm{T}} \leqslant 0$，根据性质 2.1 可知，矩阵 $\boldsymbol{M}$ 为耗散矩阵。因此，串联后的系统 Σ 可以表示为

$$\Sigma:\begin{cases}\dot{\boldsymbol{x}}=[\boldsymbol{J}(\boldsymbol{x})-\boldsymbol{R}(\boldsymbol{x})]\,\nabla H+\boldsymbol{g}(\boldsymbol{x})u \\ \boldsymbol{y}=\boldsymbol{g}^{\mathrm{T}}(\boldsymbol{x})\,\nabla H\end{cases} \tag{2.45}$$

其中

$$\boldsymbol{x}=\begin{bmatrix}\boldsymbol{x}_1\\ \boldsymbol{x}_2\end{bmatrix},\boldsymbol{g}(\boldsymbol{x})=\begin{bmatrix}\boldsymbol{g}_1(\boldsymbol{x}_1)\\ 0\end{bmatrix},H(\boldsymbol{x})=H_1(\boldsymbol{x}_1)+H_2(\boldsymbol{x}_2) \tag{2.46}$$

由式(2.45) 可见，两个端口受控哈密顿系统以串联方式级联，若满足条件 $-2\boldsymbol{R}_2-\boldsymbol{g}_2\boldsymbol{g}_1^{\mathrm{T}}(-2\boldsymbol{R}_1)^{-1}\boldsymbol{g}_1\boldsymbol{g}_2^{\mathrm{T}} \leqslant 0$，则串联后的整个系统仍具有端口受控哈密顿结构，且系统的状态空间变为乘积空间 $\boldsymbol{X}_1\times\boldsymbol{X}_2$，并得到新的哈密顿函数，为两个子系统哈密顿函数之和。

2.3.2　并联方式

依然考虑两个端口受控哈密顿系统 Σ_1、Σ_2，系统表达式如式(2.38) 和式(2.39) 所示。若两系统级连方式为如图 2.7 所示的并联方式，即满足 $u_1=u_2=u$，$y_1+y_2=y$，那么整个系统可记作

$$\Sigma:\begin{cases}\begin{bmatrix}\dot{\boldsymbol{x}}_1\\ \dot{\boldsymbol{x}}_2\end{bmatrix}=\begin{bmatrix}\boldsymbol{J}_1(\boldsymbol{x}_1)-\boldsymbol{R}_1(\boldsymbol{x}_1) & 0\\ 0 & \boldsymbol{J}_2(\boldsymbol{x}_2)-\boldsymbol{R}_2(\boldsymbol{x}_2)\end{bmatrix}\begin{bmatrix}\nabla H_1\\ \nabla H_2\end{bmatrix}+\begin{bmatrix}\boldsymbol{g}_1(\boldsymbol{x}_1)\\ \boldsymbol{g}_2(\boldsymbol{x}_2)\end{bmatrix}u \\ y=\boldsymbol{g}_1^{\mathrm{T}}(\boldsymbol{x}_1)\,\nabla H_1+\boldsymbol{g}_2^{\mathrm{T}}(\boldsymbol{x}_2)\,\nabla H_2\end{cases} \tag{2.47}$$

令

$$\boldsymbol{x}=\begin{bmatrix}\boldsymbol{x}_1\\ \boldsymbol{x}_2\end{bmatrix},\quad \boldsymbol{g}(\boldsymbol{x})=\begin{bmatrix}\boldsymbol{g}_1(\boldsymbol{x}_1)\\ \boldsymbol{g}_2(\boldsymbol{x}_2)\end{bmatrix},\quad H(\boldsymbol{x})=H_1(\boldsymbol{x}_1)+H_2(\boldsymbol{x}_2) \tag{2.48}$$

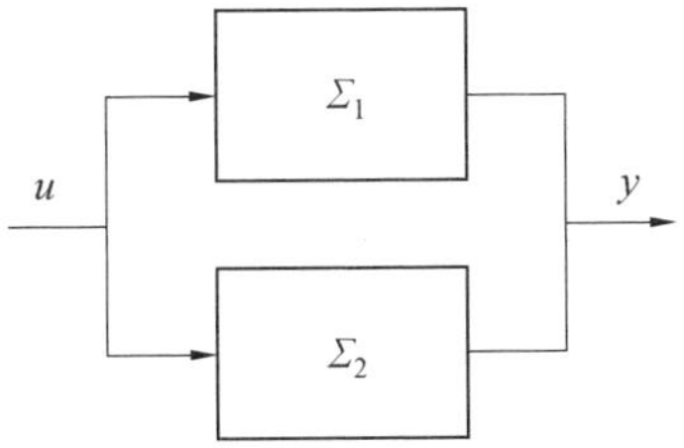

图 2.7　并联方式

可将式(2.47)转化为

$$\Sigma:\begin{cases}\dot{\boldsymbol{x}}=\begin{bmatrix}\boldsymbol{J}_1(\boldsymbol{x}_1)-\boldsymbol{R}_1(\boldsymbol{x}_1) & 0\\ 0 & \boldsymbol{J}_2(\boldsymbol{x}_2)-\boldsymbol{R}_2(\boldsymbol{x}_2)\end{bmatrix}\nabla H+\boldsymbol{g}(\boldsymbol{x})u\\ \boldsymbol{y}=\boldsymbol{g}^{\mathrm{T}}(\boldsymbol{x})\nabla H\end{cases}\tag{2.49}$$

由式(2.49)可知，当两个端口受控哈密顿系统以并联方式级联后，系统整体仍保持端口受控哈密顿结构，系统状态空间为乘积空间 $\boldsymbol{X}_1\times\boldsymbol{X}_2$，系统维数为子系统的维数扩展，且总的哈密顿函数为两个子系统哈密顿函数之和。

2.3.3 反馈互联方式

考虑两个端口受控哈密顿系统 Σ_1、Σ_2：

$$\Sigma_1:\begin{cases}\dot{\boldsymbol{x}}=[\boldsymbol{J}(\boldsymbol{x})-\boldsymbol{R}(\boldsymbol{x})]\dfrac{\partial H(\boldsymbol{x})}{\partial \boldsymbol{x}}+\boldsymbol{g}(\boldsymbol{x})u\\ \boldsymbol{y}=\boldsymbol{g}^{\mathrm{T}}(\boldsymbol{x})\dfrac{\partial H(\boldsymbol{x})}{\partial \boldsymbol{x}}\end{cases},\quad \boldsymbol{x}\in X\tag{2.50}$$

和

$$\Sigma_2:\begin{cases}\dot{\boldsymbol{\xi}}=[\boldsymbol{J}_{\mathrm{C}}(\boldsymbol{\xi})-\boldsymbol{R}_{\mathrm{C}}(\boldsymbol{\xi})]\dfrac{\partial H_{\mathrm{C}}(\boldsymbol{\xi})}{\partial \boldsymbol{\xi}}+\boldsymbol{g}_{\mathrm{C}}(\boldsymbol{\xi})u_{\mathrm{C}}\\ y_{\mathrm{C}}=\boldsymbol{g}_{\mathrm{C}}^{\mathrm{T}}(\boldsymbol{\xi})\dfrac{\partial H_{\mathrm{C}}(\boldsymbol{\xi})}{\partial \boldsymbol{\xi}}\end{cases},\quad \boldsymbol{\xi}\in X_{\mathrm{C}}\tag{2.51}$$

标准反馈互联结构如图 2.8 所示。

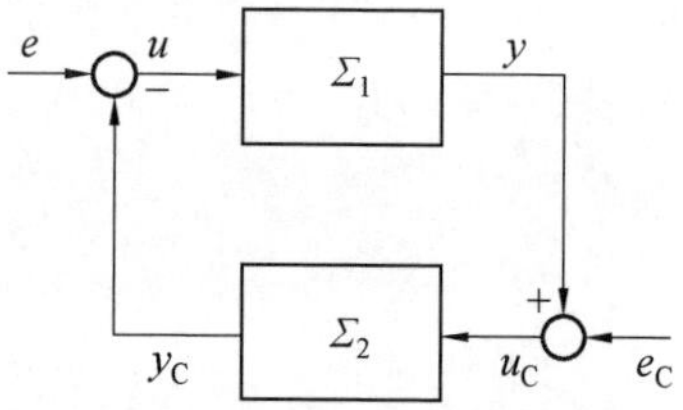

图 2.8 标准反馈互联结构

两系统通过反馈

$$\begin{cases}u=-y_{\mathrm{C}}+e\\ u_{\mathrm{C}}=y+e_{\mathrm{C}}\end{cases}\tag{2.52}$$

进行互联，其中 e、e_{C} 分别为注入反馈闭环中的外部信号。

将 $u=-y_{\mathrm{C}}+e$ 代入系统 Σ_1 表达式，将 $u_{\mathrm{C}}=y+e_{\mathrm{C}}$ 代入系统 Σ_2 表达式，可得到

$$\begin{cases}\begin{bmatrix}\dot{\boldsymbol{x}}\\ \dot{\boldsymbol{\xi}}\end{bmatrix}=\left(\begin{bmatrix}\boldsymbol{J}(\boldsymbol{x}) & -\boldsymbol{g}(\boldsymbol{x})\boldsymbol{g}_{\mathrm{C}}^{\mathrm{T}}(\boldsymbol{\xi})\\ \boldsymbol{g}_{\mathrm{C}}(\boldsymbol{\xi})\boldsymbol{g}^{\mathrm{T}}(\boldsymbol{x}) & \boldsymbol{J}_{\mathrm{C}}(\boldsymbol{\xi})\end{bmatrix}-\begin{bmatrix}\boldsymbol{R}(\boldsymbol{x}) & 0\\ 0 & \boldsymbol{R}_{\mathrm{C}}(\boldsymbol{\xi})\end{bmatrix}\right)\begin{bmatrix}\dfrac{\partial H(\boldsymbol{x})}{\partial \boldsymbol{x}}\\ \dfrac{\partial H_{\mathrm{C}}(\boldsymbol{\xi})}{\partial \boldsymbol{\xi}}\end{bmatrix}+\\ \qquad\begin{bmatrix}\boldsymbol{g}(\boldsymbol{x}) & 0\\ 0 & \boldsymbol{g}_{\mathrm{C}}(\boldsymbol{\xi})\end{bmatrix}\begin{bmatrix}e\\ e_{\mathrm{C}}\end{bmatrix}\\ \begin{bmatrix}y\\ y_{\mathrm{C}}\end{bmatrix}=\begin{bmatrix}\boldsymbol{g}(\boldsymbol{x}) & 0\\ 0 & \boldsymbol{g}_{\mathrm{C}}(\boldsymbol{\xi})\end{bmatrix}\begin{bmatrix}\dfrac{\partial H(\boldsymbol{x})}{\partial \boldsymbol{x}}\\ \dfrac{\partial H_{\mathrm{C}}(\boldsymbol{\xi})}{\partial \boldsymbol{\xi}}\end{bmatrix}\end{cases} \tag{2.53}$$

其中，新系统式(2.53)的状态空间为 $\boldsymbol{X}\times\boldsymbol{X}_{\mathrm{C}}$，新的哈密顿函数为 $H(x)+H_{\mathrm{C}}(\xi)$，输入端口变量为$[e,e_{\mathrm{C}}]^{\mathrm{T}}$，输出端口变量为$[y,y_{\mathrm{C}}]^{\mathrm{T}}$。内联结构矩阵和阻尼矩阵仍分别满足反对称和半正定对称性质，因此可以证实，两个端口受控哈密顿系统经反馈互联形成的新系统一定是端口受控哈密顿系统。进而，可以直接根据式(2.53)得到更高维数的端口受控哈密顿系统模型，而无须为其重新寻找端口变量、结构矩阵及系统哈密顿函数。

需要说明的是，在复杂系统中对于端口变量的选择方式并不唯一，因此子系统的级联方式也可能有多种形式。采用不同级联方式得到的系统整体端口受控哈密顿结构表达形式也不唯一。但反馈互联除了可以保证级联后系统仍保持端口受控哈密顿结构外，还能够充分体现复杂系统子系统间能量的传递过程，从而对受控系统中的能量进行控制。

2.4　变结构的端口受控哈密顿系统模型

电力电子开关器件是复杂的混合器件，由于它们通常在非常高的频率下工作，因此在控制器设计中通常会忽略它们的动态行为。然而，对更高带宽的日益增长的需求和谐波产生的抑制使得有必要将电力电子开关器件的动态行为纳入现代控制方案考虑。

描述这一大类电力电子开关行为可以系统地推导出的数学模型，主要包括Boost、Buck、Buck－Boost、Cuk 和 Flyback 变换器。在这种哈密顿建模方法中，首先从电路中提取诸如电阻器、变压器、二极管和开关等非能量元件，从而留下具有能量存储能力的能量元件，来决定状态变量的个数；随后，将开关放置在结构矩阵中，再将电阻器等阻耗元件放置在阻尼矩阵中，这样就形成了端口受控哈密顿系统模型。电力电子开关器件带来了系统结构矩阵的可变性。基于变结构的端口受控哈密顿系统模型的电力电子器件控制方法的主要特点是，对于所有工作模式，考虑相同的状态变量、相同的哈密顿量和相同的耗散函数，然后在结构矩阵中实现拓扑的变化。该建模方法的一个突出优点是所得方程的形式适合用于仿真和进行控制。

2.4.1 升压变换器(Boost)的变结构端口受控哈密顿模型

DC/DC 升压变换器的电路结构如图 2.9 所示，其动力学方程为

$$\begin{cases}\dot{\boldsymbol{x}}_1=-\dfrac{1}{C}u\boldsymbol{x}_2+E\\ \dot{\boldsymbol{x}}_2=-\dfrac{1}{RC}\boldsymbol{x}_2+\dfrac{1}{L}u\boldsymbol{x}_1\\ \boldsymbol{x}(0)=(\boldsymbol{x}_1(0),\boldsymbol{x}_2(0))\in R^2\end{cases} \tag{2.54}$$

其能量函数为

$$H(\boldsymbol{x})=\frac{1}{2L}\boldsymbol{x}_1^2+\frac{1}{2C}\boldsymbol{x}_2^2,\quad \boldsymbol{x}\triangleq[\varphi_L,q_C]^{\mathrm{T}} \tag{2.55}$$

式中 $\boldsymbol{x}_1$—— 电感；

$\boldsymbol{x}_2$—— 电容电压中的电荷；

u—— 连续控制信号，$u\in(0,1)$，代表控制变换器中开关位置的 PWM 电路的转换速率；

C,L,R,E—— 分别为电容、电感、负载电阻和电压源，此外，$R^2>0$ 表示在第一象限。

该电路结构的动力学方程具有以下特性：

(1) 控制 u 位于哈密顿系统的结构矩阵 $\boldsymbol{J}$ 和 $\boldsymbol{g}$ 中；

(2) 控制 u 的范围为(0,1)。

将动力学方程转化为端口受控哈密顿系统模型可表示为

$$\begin{cases}\dfrac{\mathrm{d}\varphi}{\mathrm{d}t}+uV_{\mathrm{dc}}=E\\ \dfrac{V_{\mathrm{dc}}}{R}+C\dfrac{\mathrm{d}V_{\mathrm{dc}}}{\mathrm{d}t}=ui_L\end{cases} \tag{2.56}$$

$$\dot{\boldsymbol{x}}=[\boldsymbol{J}(\boldsymbol{x},u)-\boldsymbol{R}(\boldsymbol{x})]\frac{\partial H}{\partial \boldsymbol{x}}+\boldsymbol{g}(\boldsymbol{x},u),\quad \boldsymbol{x}\triangleq[\varphi_L,q_C]^{\mathrm{T}} \tag{2.57}$$

式中 V_{dc}—— 电容电压。

能量函数为

$$H(\boldsymbol{x})=\frac{1}{2}\boldsymbol{x}_1^{\mathrm{T}}L^{-1}\boldsymbol{x}_1+\frac{1}{2}\boldsymbol{x}_2^{\mathrm{T}}C^{-1}\boldsymbol{x}_2,L=\mathrm{diag}\{L_i\},C=\mathrm{diag}\{C_i\} \tag{2.58}$$

其中

$$\boldsymbol{J}(u)=\begin{bmatrix}0 & -u\\ u & 0\end{bmatrix},\boldsymbol{R}=\begin{bmatrix}0 & 0\\ 0 & \frac{1}{R}\end{bmatrix},\boldsymbol{g}=\begin{bmatrix}1\\ 0\end{bmatrix}$$

分别表示内部互连矩阵、阻尼矩阵和外部互连矩阵，且 $\boldsymbol{J}(u)=-\boldsymbol{J}^{\mathrm{T}}(u)$，$\boldsymbol{R}=\boldsymbol{R}^{\mathrm{T}}>0$ 用来反映 PCH 系统动力学的能量守恒和耗散特性。

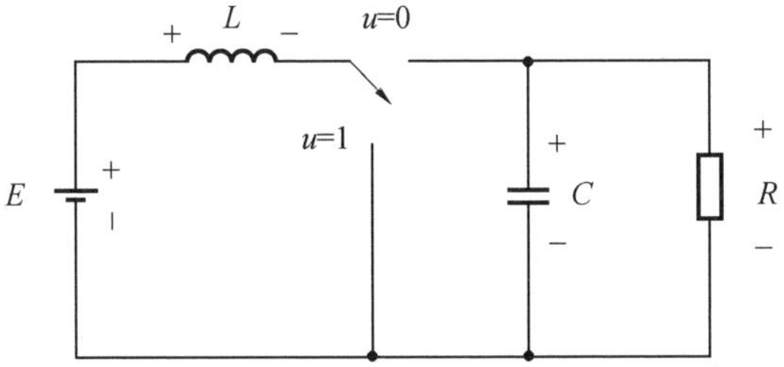

图 2.9　DC－DC 升压变换器的电路结构

2.4.2　Cuk 变换器的变结构端口受控哈密顿模型

Cuk 变换器的电路结构如图 2.10 所示，将其用端口受控哈密顿模型表示为

$$\dot{\boldsymbol{x}}=[\boldsymbol{J}(\boldsymbol{x},u)-\boldsymbol{R}(\boldsymbol{x})]\frac{\partial H}{\partial \boldsymbol{x}}+\boldsymbol{g}(\boldsymbol{x},u),\quad \boldsymbol{x}\triangleq[\varphi_L,q_C]^{\mathrm{T}} \tag{2.59}$$

$$\boldsymbol{J}(u)=\begin{bmatrix}0 & -(1-u) & 0 & 0\\ (1-u) & 0 & u & 0\\ 0 & -u & 0 & -1\\ 0 & 0 & 1 & 0\end{bmatrix}$$

$$\boldsymbol{R}=\mathrm{diag}\{0,0,0,\frac{1}{R}\}$$

$$\boldsymbol{g}=[1,0,0,0]^{\mathrm{T}}$$

该变换器的总能量是存储在电容器中的电能和存储在电感中的磁能之和，其能量函数为

$$H(\boldsymbol{x})=\frac{1}{2L_1}\boldsymbol{x}_1^2+\frac{1}{2C_2}\boldsymbol{x}_2^2+\frac{1}{2L_3}\boldsymbol{x}_3^2+\frac{1}{2C_4}\boldsymbol{x}_4^2$$

式中　$\boldsymbol{x}_1^2,\boldsymbol{x}_3^2$—— 电感中的通量；

$\boldsymbol{x}_2^2,\boldsymbol{x}_4^2$—— 电容中的电荷；

R—— 负载电阻；

L_1,L_3,C_2,C_4—— 分别为电感和电容的值。

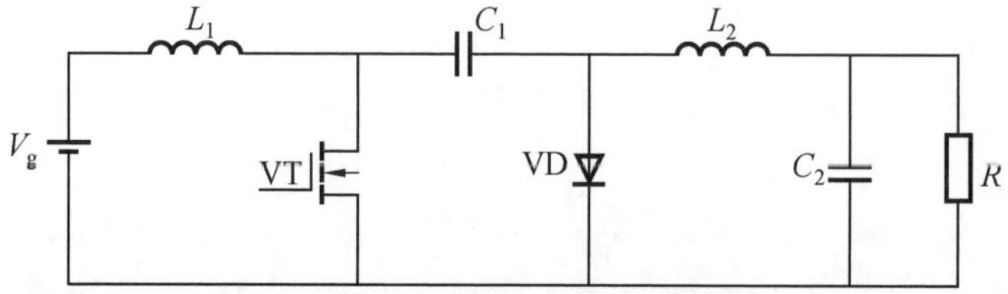

图 2.10　Cuk 变换器的电路结构

通过对上述两类电力电子开关器件动力学行为向端口受控哈密顿系统模型的转换可以看出，该方法的主要特点是，在所需的工作模式下，只须考虑相同的状态变量、相同的哈密顿量和相同的耗散函数，因此在端口受控哈密顿系统的结构矩阵中，对电力电子开关器件的拓扑变化的处理会更容易，也更容易实现后续的无源控制。

第3章

能量成型控制的设计方法

本章首先介绍状态调制互联控制和反馈互联控制，并且理清状态调制互联控制和反馈互联控制的应用局限性。然后，在状态调制互联控制的基础上，引入能量成型控制的互联与阻尼配置控制，介绍能量成型控制的基本设计流程及抗扰性分析，提出含积分的能量成型控制器。最后，针对 VSC Model（电压源型变换器模型）设计控制器，并通过软件进行仿真验证。结果表明加入积分控制的能量成型控制系统超调小，响应迅速。

3.1　能量成型控制的状态调制互联控制

状态调制互联控制的实质是对控制器 Σ_c 内部结构进行简化，并在受控系统和控制器的级联环节中加入对受控系统状态变量的调节。内部结构简化是通过令原系统 Σ_c 的状态变量 ξ 为标量，并将控制器描述成一个能量函数：

$$H_c(\xi)=-\xi \tag{3.1}$$

其形式为式(3.2)描述的系统：

$$\Sigma_c:\begin{cases}\dot{\xi}=u_c\\ y_c=\dfrac{\partial H_c(\xi)}{\partial \xi}\end{cases} \tag{3.2}$$

因为标量函数 H_c 无下界，所以受控系统可从控制器中提取无限能量。并且由式(3.2)可知，控制器输出 $y_c=-1$。然后，在标准反馈互联关系式中，对受控系统进行状态调制，即引入与状态 x 相关的调节函数 $\beta(x)$ 作用。

$$\begin{bmatrix}u\\ u_c\end{bmatrix}=\begin{bmatrix}0 & -\beta(x)\\ \beta(x) & 0\end{bmatrix}\begin{bmatrix}y\\ y_c\end{bmatrix} \tag{3.3}$$

显而易见，此种互联形式仍具有能量无损传递的特性。状态调制互联控制的控制结构如图3.1所示。

此时，互联系统的形式如式(3.4)所描述，仍满足端口受控哈密顿结构，且总能量函数为 $H(x)+H_c(\xi)$。

$$\begin{bmatrix}\dot{x}\\ \dot{\xi}\end{bmatrix}=\begin{bmatrix}\boldsymbol{J}(x)-\boldsymbol{R}(x) & -\boldsymbol{g}(x)\beta(x)\\ \beta(x)\boldsymbol{g}^{\mathrm{T}}(x) & 0\end{bmatrix}\begin{bmatrix}\dfrac{\partial H(x)}{\partial x}\\ \dfrac{\partial H_c(\xi)}{\partial \xi}\end{bmatrix} \tag{3.4}$$

受控系统状态变量 x 的动态即为

$$\dot{x}=[\boldsymbol{J}(x)-\boldsymbol{R}(x)]\frac{\partial H(x)}{\partial x}+\boldsymbol{g}(x)\beta(x) \tag{3.5}$$

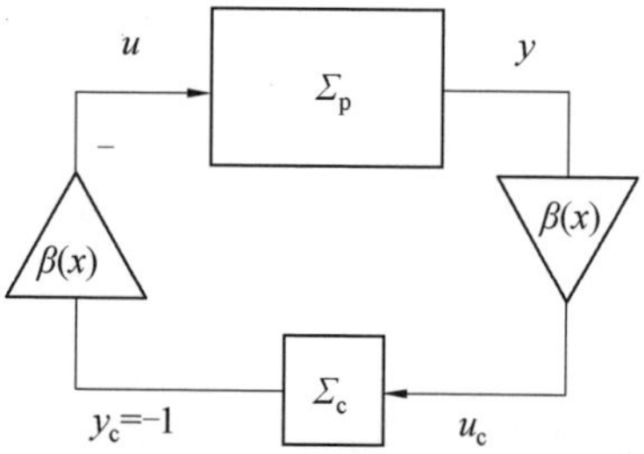

图 3.1　状态调制互联控制的控制结构

可见，反馈控制 $u=\beta(x)$ 起到了状态调制作用，控制问题转化为寻求受控系统适合的状态调制函数 $\beta(x)$。若可进一步确保受控系统的期望能量函数 $H_d(x)$ 在期望平衡点处具有极小值，则将式(3.5)代入能量成型方程式(3.4)可得到

$$\boldsymbol{g}(x)\beta(x)=[\boldsymbol{J}(x)-\boldsymbol{R}(x)]\frac{\partial H_c(x)}{\partial x} \tag{3.6}$$

因此，通过对控制器 Σ_c 端口受控哈密顿结构的简化，状态调制互联控制消去了控制器状态变量 ξ 对受控系统状态变量 x 的影响，而无须通过卡什米尔函数进行坐标转换。对于给定的受控系统（即给定 $\boldsymbol{J}(x)$, $\boldsymbol{R}(x)$, $\boldsymbol{g}(x)$），通过求解偏微分方程式(3.6)，即可得到状态反馈控制 $\beta(x)$ 的具体形式。如果受控系统期望能量函数 $H_d(x)=H(x)+H_a(x)$ 在系统期望平衡点具有最小值，那么 $\beta(x)$ 就可实现系统在期望平衡点稳定，而不会受到由卡什米尔函数带来的耗散限制。

3.2　能量成型控制的反馈互联控制

反馈互联除可以实现复杂系统内部子系统之间的保哈密顿结构级联外，还可以实现多系统之间的能量驱动控制，因此反馈互联也被称为端口受控哈密顿控制器。

考虑如图 3.2 所示的两个端口受控哈密顿系统 Σ_p、Σ_c 之间的反馈互联结构，互联关系为 $u=-\boldsymbol{y}_c$，$u_c=\boldsymbol{y}$。

通过互联关系可得到

$$\int_0^T [\boldsymbol{y}^T(s) \quad \boldsymbol{y}_c^T(s)] \begin{bmatrix} u(s) \\ u_c(s) \end{bmatrix} ds = 0 \tag{3.7}$$

式(3.7)说明 Σ_p、Σ_c 之间的能量传递是无损的。因此，Ortega 等提出可通过反馈互联为受控系统的能量成型控制提供更为直观的物理解释。把 Σ_p 视为受控

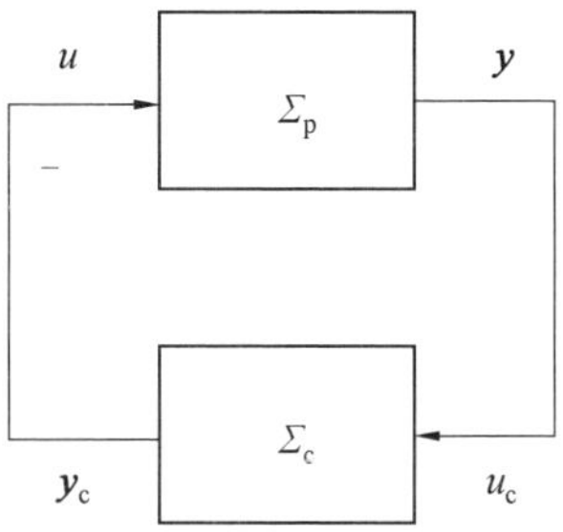

图 3.2　反馈互联结构

系统，把 Σ_c 视为控制器，由 Σ_c 来驱动 Σ_p。根据 Σ_p 期望达到的平衡状态 x^*，确定 Σ_p 达到平衡状态时将具有的期望能量 H_d 与系统现有能量 H 之间的差别，这部分差别就作为控制能量 H_c，由控制器 Σ_c 无损传递给 Σ_p，以使 Σ_p 达到平衡状态。在这种能量成型的过程中，反馈输入 u 即为使受控系统 Σ_p 稳定在期望状态所需的控制信号。图 3.3 为控制能量 H_c、系统现有能量 H、系统达到平衡状态时期望能量 H_d 的关系。

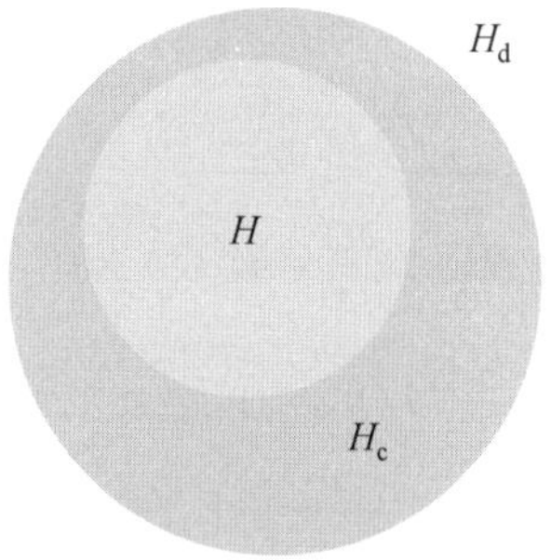

图 3.3　控制能量 H_c、系统现有能量 H、系统达到平衡状态时期望能量 H_d 的关系

互联后新系统为

$$\begin{bmatrix}\dot{x}\\ \dot{\xi}\end{bmatrix}=\begin{bmatrix}\boldsymbol{J}(x)-\boldsymbol{R}(x) & -\boldsymbol{g}(x)\boldsymbol{g}_c^{\mathrm{T}}(\xi)\\ \boldsymbol{g}_c(\xi)\boldsymbol{g}^{\mathrm{T}}(x) & \boldsymbol{J}_c(\xi)-\boldsymbol{R}_c(\xi)\end{bmatrix}\begin{bmatrix}\dfrac{\partial H(x)}{\partial x}\\ \dfrac{\partial H_c(\xi)}{\partial \xi}\end{bmatrix} \tag{3.8}$$

则经反馈互联后，新的端口受控哈密顿系统状态空间为 $\boldsymbol{X}\times\boldsymbol{X}_c$，期望能量函数为 $H_d(x,\xi)=H(x)+H_c(\xi)$。但是，对于受控系统 Σ_p 来说，其能量函数及反馈控制应该只取决于自身状态变量 x。于是，需要寻找一组关于 ξ 和 x 的卡什米尔函数 $C_i(x,\xi)$，$i=1,\cdots,\dim \boldsymbol{X}_c$，即通过合理坐标变换的途径消去控制器变量 ξ。

卡什米尔函数是与哈密顿函数无关的动态不变集，不论哈密顿函数 H 为何种形式，卡什米尔函数 C 沿着端口受控哈密顿系统的解曲线将保持恒定，即 $\dot{C}=0$。考虑互联系统式(3.8)，为不失一般性，将卡什米尔函数设定为如下形式：

$$C_i(x,\xi)=\xi_i-\boldsymbol{G}_i(x),\quad i=1,\cdots,\dim \boldsymbol{X}_c \tag{3.9}$$

根据 $\dot{C}=0$ 的条件，则有

$$\begin{bmatrix}-\dfrac{\partial^{\mathrm{T}}\boldsymbol{G}_i}{\partial x} & \boldsymbol{E}_i^{\mathrm{T}}\end{bmatrix}\begin{bmatrix}\boldsymbol{J}(x)-\boldsymbol{R}(x) & -\boldsymbol{g}(x)\boldsymbol{g}_c^{\mathrm{T}}(\xi)\\ \boldsymbol{g}_c(\xi)\boldsymbol{g}^{\mathrm{T}}(x) & \boldsymbol{J}_c(\xi)-\boldsymbol{R}_c(\xi)\end{bmatrix}\begin{bmatrix}\dfrac{\partial H(x)}{\partial x}\\ \dfrac{\partial H_c(\xi)}{\partial \xi}\end{bmatrix}=0 \tag{3.10}$$

式中 $\boldsymbol{E}_i$—— 第 i 个单位坐标向量。

为了确保 H_c 的供给自由，如果 $\boldsymbol{G}=[\boldsymbol{G}_1,\cdots,\boldsymbol{G}_{\dim \boldsymbol{X}_c}]$ 满足

$$\begin{bmatrix}-\dfrac{\partial^{\mathrm{T}}\boldsymbol{G}_i}{\partial x} & \boldsymbol{E}_i^{\mathrm{T}}\end{bmatrix}\begin{bmatrix}\boldsymbol{J}(x)-\boldsymbol{R}(x) & -\boldsymbol{g}(x)\boldsymbol{g}_c^{\mathrm{T}}(\xi)\\ \boldsymbol{g}_c(\xi)\boldsymbol{g}^{\mathrm{T}}(x) & \boldsymbol{J}_c(\xi)-\boldsymbol{R}_c(\xi)\end{bmatrix}=0 \tag{3.11}$$

那么，函数 $C_i(x,\xi)$ 即可作为闭环端口受控哈密顿系统式(3.8)的卡什米尔函数。展开式(3.11)可推导得到若方程对 G 有解，等价于 G 同时满足以下条件：

$$\begin{cases}\dfrac{\partial^{\mathrm{T}}\boldsymbol{G}}{\partial x}\boldsymbol{J}(x)\dfrac{\partial \boldsymbol{G}}{\partial x}=\boldsymbol{J}_c(\xi)\\ \boldsymbol{R}(x)\dfrac{\partial \boldsymbol{G}}{\partial x}=\boldsymbol{R}_c(\xi)=0\\ \dfrac{\partial^{\mathrm{T}}\boldsymbol{G}}{\partial x}\boldsymbol{J}(x)=\boldsymbol{g}_c(\xi)\boldsymbol{g}^{\mathrm{T}}(x)\end{cases} \tag{3.12}$$

在求得 $\boldsymbol{G}$ 之后，就可以通过任意一组水平集

$$L=\{(x,\xi)\mid \xi_i=\boldsymbol{G}_i(x)+c_i,i=1,\cdots,\dim \boldsymbol{X}_c\} \tag{3.13}$$

将互联系统降维成只以 x 为状态变量的动态系统。即通过式(3.11)和式(3.12)可以得到

$$\dot{x}=[\boldsymbol{J}(x)-\boldsymbol{R}(x)]\left[\frac{\partial H(x)}{\partial x}+\frac{\partial G(x)}{\partial x}\frac{\partial H_c(\xi)}{\partial \xi}\right] \tag{3.14}$$

再由 $\xi=G(x)+c$ 的坐标变换，则限定在水平集 L 上的互联系统式(3.8)可表示为

$$\dot{x}=[\boldsymbol{J}(x)-\boldsymbol{R}(x)]\frac{\partial H_d(x)}{\partial x} \tag{3.15}$$

其中

$$H_d(x)=H(x)+H_c(G(x)+c) \tag{3.16}$$

此时只需寻找反馈控制 u，使得受控系统 Σ_p 的动态与降维后互联系统式

(3.15) 的动态一致,即

$$\dot{x}=[\boldsymbol{J}(x)-\boldsymbol{R}(x)]\frac{\partial H(x)}{\partial x}+\boldsymbol{g}(x)u=[\boldsymbol{J}(x)-\boldsymbol{R}(x)]\frac{\partial H_{\mathrm{d}}(x)}{\partial x} \tag{3.17}$$

那么,反馈控制 u 就可从系统能量成型的过程中得到。

3.3 状态调制互联控制与反馈互联控制的应用局限性

由对通过反馈互联实现受控系统能量成型控制的分析可知,反馈互联控制实际为系统 Σ_{p} 构造了一个具有能量供给作用的控制器 Σ_{c}。此控制器为 Σ_{p} 提供从当前状态到稳定状态的过程中所需要的能量。但由于 Σ_{p} 和 Σ_{c} 的反馈互联,将会形成一个状态空间为 $\boldsymbol{X}\times\boldsymbol{X}_{\mathrm{c}}$ 的新的端口受控哈密顿系统,即在原系统 Σ_{p} 中引入了 Σ_{c} 的状态变量,因此需要基于一定条件将新系统降维成一个只与原系统状态变量有关的系统。降维的方法是通过确定卡什米尔函数建立受控系统和控制器状态变量之间的关系。但是,由于卡什米尔函数的的存在首先要满足额外约束条件式(3.12),并且即使卡什米尔函数存在,其表达式一般不容易求得。这两个问题成为在控制过程中引入卡什米尔函数的主要困难。特别是约束条件式(3.12) 中的 $\boldsymbol{R}(x)\dfrac{\partial \boldsymbol{G}}{\partial x}=0$,这意味着控制器注入受控系统的能量应与受控系统中存在耗散项的坐标无关,换言之,耗散只允许在不需要进行能量成型的坐标上出现。这一约束极大地限制了通过反馈互联实现能量成型控制的应用。

基于上述考虑,状态调制互联控制与阻尼配置控制,旨在通过互联结构对系统能量进行成型,而避开引入卡什米尔函数。

3.4 能量成型控制的互联与阻尼配置控制

在状态调制互联控制基础上,Ortega 等做了改进,提出了互联与阻尼配置控制。该方法保留了状态调制互联控制无须引入卡什米尔函数的优势,主要设计目的在于为能量成型方程求解提供便利。研究状态调制互联控制可以发现,状态反馈控制 $u=\beta(x)$ 需要从偏微分方程式(3.16) 中求解得到,而偏微分方程的求解通常比较困难。于是对于特定的偏微分方程,互联与阻尼配置控制不仅可以成型能量函数，还可为互联系统的内联结构矩阵和耗散结构矩阵增加额外自由度，即把能量成型方程式(3.17)中能量成型目标设定为

$$\dot{x}=[\boldsymbol{J}_{\mathrm{d}}(x)-\boldsymbol{R}_{\mathrm{d}}(x)]\frac{\partial H_{\mathrm{d}}(x)}{\partial x} \tag{3.18}$$

式中 $\boldsymbol{J}_{\mathrm{d}}$—— 系统期望达到的内联结构矩阵，$\boldsymbol{J}_{\mathrm{d}}=\boldsymbol{J}(x)+\boldsymbol{J}_{\mathrm{a}}(x)=-\boldsymbol{J}_{\mathrm{d}}^{\mathrm{T}}$；

$\boldsymbol{R}_{\mathrm{d}}$—— 系统期望达到的耗散结构矩阵，$\boldsymbol{R}_{\mathrm{d}}=\boldsymbol{R}(x)+\boldsymbol{R}_{\mathrm{a}}(x)=\boldsymbol{R}_{\mathrm{d}}^{\mathrm{T}}\geqslant 0$；

H_{d}—— 系统期望达到的能量函数，$H_{\mathrm{d}}=H(x)+H_{\mathrm{a}}(x)$，$H_{\mathrm{a}}$ 为系统能量达到期望能量需要调整的量。

其中的 $\boldsymbol{J}_{\mathrm{a}}$、$\boldsymbol{R}_{\mathrm{a}}$ 作为系统中新的参数为偏微分方程求解增加了自由度。

完整的互联与阻尼配置控制可以描述如下：给定 $\boldsymbol{J}(x)$、$\boldsymbol{R}(x)$、$H(x)$、$\boldsymbol{g}(x)$ 和系统期望平衡点 x^*，假设可以找到 $\beta(x)$、$\boldsymbol{J}_{\mathrm{a}}$、$\boldsymbol{R}_{\mathrm{a}}$ 使得

$$\begin{cases}\boldsymbol{J}(x)+\boldsymbol{J}_{\mathrm{a}}(x)=-[\boldsymbol{J}(x)+\boldsymbol{J}_{\mathrm{a}}(x)]^{\mathrm{T}}\\ \boldsymbol{R}(x)+\boldsymbol{R}_{\mathrm{a}}(x)=[\boldsymbol{R}(x)+\boldsymbol{R}_{\mathrm{a}}(x)]^{\mathrm{T}}\geqslant 0\end{cases}$$

并可以找到向量函数 $\boldsymbol{K}(x)$ 满足

$$\begin{aligned}&[\boldsymbol{J}(x)+\boldsymbol{J}_{\mathrm{a}}(x)-(\boldsymbol{R}(x)+\boldsymbol{R}_{\mathrm{a}}(x))]\boldsymbol{K}(x)\\&=-[\boldsymbol{J}_{\mathrm{a}}(x)-\boldsymbol{R}_{\mathrm{a}}(x)]\frac{\partial H(x)}{\partial x}+\boldsymbol{g}(x)\beta(x)\end{aligned} \tag{3.19}$$

同时 $\boldsymbol{K}(x)$ 符合以下条件：

(1) 可积性。$\boldsymbol{K}(x)$ 为某一标量函数的梯度，即满足

$$\frac{\partial\boldsymbol{K}(x)}{\partial x}=\left(\frac{\partial\boldsymbol{K}(x)}{\partial x}\right)^{\mathrm{T}} \tag{3.20}$$

(2) 平衡点设定。$\boldsymbol{K}(x)$ 在平衡点 x^* 处，满足

$$\boldsymbol{K}(x^*)=-\frac{\partial H(x^*)}{\partial x} \tag{3.21}$$

(3) 李雅普诺夫稳定性。$\boldsymbol{K}(x)$ 的雅克比矩阵在平衡点 x^* 处满足

$$\frac{\partial\boldsymbol{K}(x^*)}{\partial x}>-\frac{\partial^2 H(x^*)}{\partial x^2} \tag{3.22}$$

则由反馈控制 $u=\beta(x)$ 构成的闭环受控系统

$$\dot{x}=[\boldsymbol{J}(x)-\boldsymbol{R}(x)]\frac{\partial H(x)}{\partial x}+\boldsymbol{g}(x)u \tag{3.23}$$

将是一个端口受控哈密顿系统，具有式(3.18)的系统动态，并且

$$\frac{\partial H_{\mathrm{a}}(x)}{\partial x}=\boldsymbol{K}(x) \tag{3.24}$$

由于 $H_{\mathrm{a}}(x)$ 为系统能量成型需要控制注入的能量，根据前述条件(2)和条件(3)，可得

$$
\begin{cases}
\dfrac{\partial H_{a}(x^{*})}{\partial x}+\dfrac{\partial H(x^{*})}{\partial x}=\dfrac{\partial H_{d}(x^{*})}{\partial x}=0 \\
\dfrac{\partial^{2} H_{a}(x^{*})}{\partial x^{2}}+\dfrac{\partial^{2} H_{a}(x^{*})}{\partial x^{2}}=\dfrac{\partial^{2} H_{d}(x^{*})}{\partial x^{2}}>0
\end{cases}
\tag{3.25}
$$

即期望能量函数 H_d 在系统期望平衡点 x^* 处一阶偏导为零，说明 x^* 为函数 H_d 的极值点；二阶偏导大于零，说明 x^* 为函数 H_d 的极小值点。因此，成型能量函数 H_d 可保证系统在 x^* 处稳定。

互联与阻尼配置控制是从数学的角度出发，基于状态调制互联控制的结果，通过增加自由度（$\boldsymbol{J}_a$、$\boldsymbol{R}_a$）来帮助偏微分方程的求解。但是，$\boldsymbol{J}_a$、$\boldsymbol{R}_a$ 对应怎样的物理意义，在系统中具体起到何种作用，还需要进一步探究，以便对 $\boldsymbol{J}_a$、$\boldsymbol{R}_a$ 的设计进行更系统化的实现。

3.5　能量成型控制的基本设计流程

3.5.1　系统期望平衡点设定

系统期望平衡点为系统所期望达到的稳定状态，因此，在系统期望平衡点处，系统的状态变量将不再变化。基于此可为系统设定期望平衡点，满足状态变量不再变化的条件。

根据 3.4 节提出的互联与阻尼配置控制，在系统期望平衡点 x^* 处，应有向量函数 $\boldsymbol{K}(x)$ 符合式(3.20)～(3.22) 对应条件，使得系统期望平衡点 x^* 为期望能量函数的极值点，进而有成型能量函数保证系统在期望平衡点 x^* 处稳定。

3.5.2　端口受控哈密顿建模

将双馈风力发电系统（简称双馈风电系统）划分为具有能量交互的 4 个子系统之后，每个子系统都被封装为只用端口变量与外界交互的能量变换装置。子系统的能量变量维数少，能量转换过程简单，使得进行端口受控哈密顿系统实现的难度大大降低。下面，分别对 4 个子系统的端口受控哈密顿结构进行设计。

1. 机械子系统端口受控哈密顿建模

机械子系统端口受控结构如图 3.4 所示，选取旋转动量 $j\omega_m$ 为机械子系统能量变量 x_m，其中 j 为转动惯量，ω_m 为发电机转子机械转速；T_e 为发电机的电磁转矩；T_L 为发电机的机械转矩。

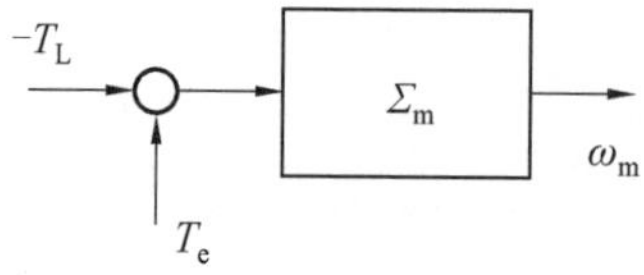

图 3.4　机械子系统端口受控结构

则机械子系统能量函数为系统机械能 $H_m(x_m)=x_m^2/(2j)$。因此，机械子系统的端口受控哈密顿模型为

$$\Sigma_m:\begin{cases}\dot{x}_m=(\boldsymbol{J}_m-\boldsymbol{R}_m)\nabla H_m+\boldsymbol{g}_m u_m\\ y_m=\boldsymbol{g}_m^{\mathrm{T}}\nabla H_m\end{cases} \tag{3.26}$$

由端口设计结果可知 Σ_m 的输入端口 $u_m=T_e-T_L$，且式(3.26)中

$$\nabla H_m=\frac{\partial H_m}{\partial x_m}=\frac{x_m}{j}=\omega_m \tag{3.27}$$

由于 Σ_m 中无能量转化，只是进行机械能量传递，所以 $\boldsymbol{J}_m$ 设置为 0，耗散结构矩阵 $\boldsymbol{R}_m$ 为机械部分摩擦损耗 f，内外部交互结构矩阵 $\boldsymbol{g}_m$ 设置为 1。通过式(3.26)可计算出 $y_m=\omega_m$，与原输出端口设计结果相符。

2. 电磁子系统端口受控哈密顿建模

电磁子系统主要描述风力发电系统中发电机部分，其端口受控结构如图 3.5 所示。选取电机定子、转子 dq 轴磁链作为能量变量，即

$$\boldsymbol{x}_e=[\varphi_{sd},\varphi_{sq},\varphi_{rd},\varphi_{rq}]^{\mathrm{T}} \tag{3.28}$$

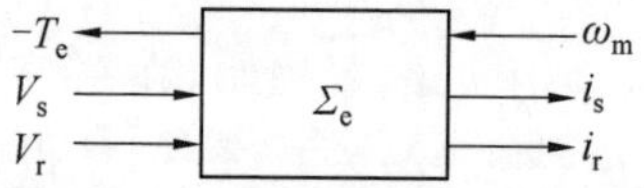

图 3.5　电磁子系统端口受控结构

那么，电磁子系统能量函数 H_e 为系统所具有的电磁能可表示为

$$H_e=\frac{1}{2}\boldsymbol{x}_e^{\mathrm{T}}\boldsymbol{L}^{-1}\boldsymbol{x}_e \tag{3.29}$$

式中

$$\boldsymbol{L}=\begin{bmatrix}L_s & 0 & L_m & 0\\ 0 & L_s & 0 & L_m\\ L_m & 0 & L_r & 0\\ 0 & L_m & 0 & L_r\end{bmatrix} \tag{3.30}$$

其中　L_s,L_r,L_m——分别为定子电感、转子电感及定转子互感。

$$\Sigma_{\mathrm{e}}:\begin{cases}\dot{\boldsymbol{x}}_{\mathrm{e}}=(\boldsymbol{J}_{\mathrm{e}}-\boldsymbol{R}_{\mathrm{e}})\nabla\boldsymbol{H}_{\mathrm{e}}+\boldsymbol{g}_{\mathrm{e}1}\boldsymbol{u}_{\mathrm{e}1}+\boldsymbol{g}_{\mathrm{e}2}\boldsymbol{u}_{\mathrm{e}2}+\boldsymbol{g}_{\mathrm{e}3}\boldsymbol{u}_{\mathrm{e}3}\\ \boldsymbol{y}_{\mathrm{e}1}=\boldsymbol{g}_{\mathrm{e}1}^{\mathrm{T}}\nabla H_{\mathrm{e}}\\ \boldsymbol{y}_{\mathrm{e}2}=\boldsymbol{g}_{\mathrm{e}2}^{\mathrm{T}}\nabla H_{\mathrm{e}}\\ \boldsymbol{y}_{\mathrm{e}3}=\boldsymbol{g}_{\mathrm{e}3}^{\mathrm{T}}\nabla H_{\mathrm{e}}\end{cases}\tag{3.31}$$

针对电磁子系统的三个输入端口(机械转速 ω_{m}，定子电压 V_{s}，转子电压 V_{r})，电磁子系统的端口受控哈密顿模型为

$$\boldsymbol{u}_{\mathrm{e}1}=\omega_{\mathrm{m}}\tag{3.32}$$

$$\boldsymbol{u}_{\mathrm{e}2}=\begin{bmatrix}V_{\mathrm{s}d}\\ V_{\mathrm{s}q}\end{bmatrix}\tag{3.33}$$

$$\boldsymbol{u}_{\mathrm{e}3}=\begin{bmatrix}V_{\mathrm{r}d}\\ V_{\mathrm{r}q}\end{bmatrix}\tag{3.34}$$

$$\nabla H_{\mathrm{e}}=\boldsymbol{L}^{-1}\boldsymbol{x}_{\mathrm{e}}=\frac{1}{L_{\mathrm{m}}^{2}-L_{\mathrm{s}}L_{\mathrm{r}}}\begin{bmatrix}-L_{\mathrm{r}}&0&L_{\mathrm{m}}&0\\0&-L_{\mathrm{r}}&0&L_{\mathrm{m}}\\L_{\mathrm{m}}&0&-L_{\mathrm{s}}&0\\0&L_{\mathrm{m}}&0&-L_{\mathrm{s}}\end{bmatrix}\begin{bmatrix}\varphi_{\mathrm{s}d}\\ \varphi_{\mathrm{s}q}\\ \varphi_{\mathrm{r}d}\\ \varphi_{\mathrm{r}q}\end{bmatrix}=\begin{bmatrix}i_{\mathrm{s}d}\\ i_{\mathrm{s}q}\\ i_{\mathrm{r}d}\\ i_{\mathrm{r}q}\end{bmatrix}\tag{3.35}$$

内联结构矩阵 $\boldsymbol{J}_{\mathrm{e}}$($\boldsymbol{J}_{\mathrm{e}}$ 描述定转子间电磁能的转换)为

$$\boldsymbol{J}_{\mathrm{e}}=-\boldsymbol{J}_{\mathrm{e}}^{\mathrm{T}}=\begin{bmatrix}0&\omega_{\mathrm{s}}L_{\mathrm{s}}&0&\omega_{\mathrm{s}}L_{\mathrm{m}}\\-\omega_{\mathrm{s}}L_{\mathrm{s}}&0&-\omega_{\mathrm{s}}L_{\mathrm{m}}&0\\0&\omega_{\mathrm{s}}L_{\mathrm{m}}&0&\omega_{\mathrm{s}}L_{\mathrm{r}}\\-\omega_{\mathrm{s}}L_{\mathrm{m}}&0&-\omega_{\mathrm{s}}L_{\mathrm{r}}&0\end{bmatrix}\tag{3.36}$$

式中　ω_{s}—— 电机同步转速。

电磁子系统的能量耗散主要通过电机的定、转子电阻 R_{s}、R_{r}，因此耗散结构矩阵 $\boldsymbol{R}_{\mathrm{e}}$ 可描述为

$$\boldsymbol{R}_{\mathrm{e}}=\begin{bmatrix}R_{\mathrm{s}}&0&0&0\\0&R_{\mathrm{s}}&0&0\\0&0&R_{\mathrm{r}}&0\\0&0&0&R_{\mathrm{r}}\end{bmatrix}\tag{3.37}$$

内外部交互结构矩阵则对应输入端口设计为

$$\boldsymbol{g}_{\mathrm{e}1}=\begin{bmatrix}0\\0\\-n_{\mathrm{p}}\varphi_{\mathrm{r}q}\\n_{\mathrm{p}}\varphi_{\mathrm{r}d}\end{bmatrix},\quad\boldsymbol{g}_{\mathrm{e}2}=\begin{bmatrix}1&0\\0&1\\0&0\\0&0\end{bmatrix},\quad\boldsymbol{g}_{\mathrm{e}3}=\begin{bmatrix}0&0\\0&0\\1&0\\0&1\end{bmatrix}\tag{3.38}$$

式中　n_{p}—— 发电机极对数。

由式(3.31)、式(3.33)和式(3.36)可计算得到 Σ_{e} 的输出端口变量分别为

$$\boldsymbol{y}_{\mathrm{e1}}=-n_{\mathrm{p}}(\varphi_{\mathrm{r}q}i_{\mathrm{r}d}-\varphi_{\mathrm{r}d}i_{\mathrm{r}q})=-T_{\mathrm{e}} \tag{3.39}$$

$$\boldsymbol{y}_{\mathrm{e2}}=\begin{bmatrix} i_{\mathrm{s}d} \\ i_{\mathrm{s}q} \end{bmatrix} \tag{3.40}$$

$$\boldsymbol{y}_{\mathrm{e3}}=\begin{bmatrix} i_{\mathrm{r}d} \\ i_{\mathrm{r}q} \end{bmatrix} \tag{3.41}$$

3. 直流子系统端口受控哈密顿建模

直流子系统主要封装了机侧和网侧开关管及直流母线电容，且只有电容为储能元件。直流子系统端口受控结构如图 3.6 所示。

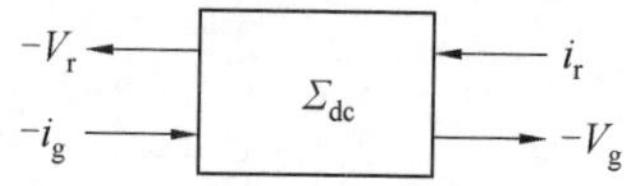

图 3.6　直流子系统端口受控结构

将直流子系统的能量变量选为电容中所存储的电量，即 $x_{\mathrm{dc}}=CV_{\mathrm{dc}}$，其中，$C$ 为电容容量，V_{dc} 为直流母线电压。该子系统的能量函数为 $H_{\mathrm{dc}}=x_{\mathrm{dc}}^2/(2C)$，则 $\nabla \boldsymbol{H}_{\mathrm{dc}}$ 可计算等于 V_{dc}。直流子系统的端口受控哈密顿模型为

$$\Sigma_{\mathrm{dc}}:\begin{cases} \dot{\boldsymbol{x}}_{\mathrm{dc}}=(\boldsymbol{J}_{\mathrm{dc}}-\boldsymbol{R}_{\mathrm{dc}})\nabla \boldsymbol{H}_{\mathrm{dc}}+\boldsymbol{g}_{\mathrm{dc1}}\boldsymbol{u}_{\mathrm{dc1}}+\boldsymbol{g}_{\mathrm{dc2}}\boldsymbol{u}_{\mathrm{dc2}} \\ \boldsymbol{y}_{\mathrm{dc1}}=\boldsymbol{g}_{\mathrm{dc1}}^{\mathrm{T}}\ \nabla \boldsymbol{H}_{\mathrm{dc}} \\ \boldsymbol{y}_{\mathrm{dc2}}=\boldsymbol{g}_{\mathrm{dc2}}^{\mathrm{T}}\ \nabla \boldsymbol{H}_{\mathrm{dc}} \end{cases} \tag{3.42}$$

其中

$$\boldsymbol{u}_{\mathrm{dc1}}=\begin{bmatrix} -i_{\mathrm{g}d} \\ -i_{\mathrm{g}q} \end{bmatrix},\quad \boldsymbol{u}_{\mathrm{dc2}}=\begin{bmatrix} i_{\mathrm{r}d} \\ i_{\mathrm{r}q} \end{bmatrix}$$

在该子系统中，既无能量转化，又无能量耗散，因此，$\boldsymbol{J}_{\mathrm{dc}}$、$\boldsymbol{R}_{\mathrm{dc}}$ 均设置为零。内外部交互矩阵设置为

$$\boldsymbol{g}_{\mathrm{dc1}}=[-s_{\mathrm{g}d},-s_{\mathrm{g}q}],\quad \boldsymbol{g}_{\mathrm{dc2}}=[-s_{\mathrm{m}d},-s_{\mathrm{m}q}] \tag{3.43}$$

式中，$s_{\mathrm{m}d}$、$s_{\mathrm{m}q}$、$s_{\mathrm{g}d}$、$s_{\mathrm{g}q}$ 为在两相同步旋转 dq 坐标系下的机侧和网侧整流器的开关函数。它们决定了直流子系统与外界进行能量交互的端口结构。同样可计算得到

$$\boldsymbol{y}_{\mathrm{dc1}}=\begin{bmatrix} -s_{\mathrm{g}d} \\ -s_{\mathrm{g}q} \end{bmatrix}V_{\mathrm{dc}}=\begin{bmatrix} -V_{\mathrm{g}d} \\ -V_{\mathrm{g}q} \end{bmatrix},\quad \boldsymbol{y}_{\mathrm{dc2}}=\begin{bmatrix} -s_{\mathrm{m}d} \\ -s_{\mathrm{m}q} \end{bmatrix}V_{\mathrm{dc}}=\begin{bmatrix} -V_{\mathrm{r}d} \\ -V_{\mathrm{r}q} \end{bmatrix} \tag{3.44}$$

计算结果与原输出端口设计吻合。

4. 网端子系统端口受控哈密顿建模

网端子系统封装了网侧的输入滤波电抗器，其端口受控结构如图 3.7 所示。

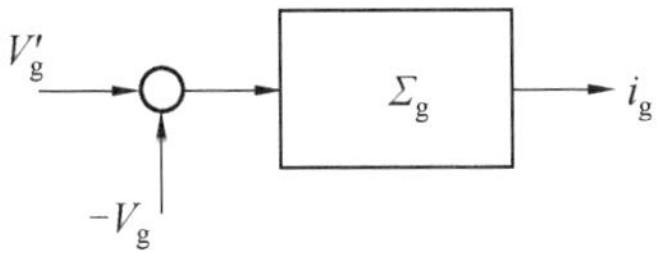

图 3.7　网端子系统端口受控结构

选取电感上的 dq 轴磁链为网端子系统的能量变量，即 $\boldsymbol{x}_g=[\lambda_{gd},\lambda_{gq}]^T$。子系统能量函数 H_g 为电感上存储的电磁能，即有

$$H_g=\frac{1}{2}\boldsymbol{x}_g^T\boldsymbol{M}^{-1}\boldsymbol{x}_g,\quad \boldsymbol{M}=\begin{bmatrix}L_g & 0\\ 0 & L_g\end{bmatrix} \tag{3.45}$$

式中　L_g—— 网侧电感值。

网端子系统端口受控哈密顿模型为

$$\Sigma_g:\begin{cases}\dot{\boldsymbol{x}}_g=(\boldsymbol{J}_g-\boldsymbol{R}_g)\nabla\boldsymbol{H}_g+\boldsymbol{g}_g\boldsymbol{u}_g\\ \boldsymbol{y}_g=\boldsymbol{g}_g^T\nabla\boldsymbol{H}_g\end{cases} \tag{3.46}$$

式中，输入端口 $\boldsymbol{u}_g$ 为

$$\boldsymbol{u}_g=\begin{bmatrix}V'_{gd}-V_{gd}\\ V'_{gq}-V_{gq}\end{bmatrix} \tag{3.47}$$

结构矩阵 $\boldsymbol{J}_g$、$\boldsymbol{R}_g$、$\boldsymbol{g}_g$ 分别设计为

$$\boldsymbol{J}_g=\begin{bmatrix}0 & \omega_s L_g\\ -\omega_s L_g & 0\end{bmatrix},\quad \boldsymbol{R}_g=\begin{bmatrix}R_G & 0\\ 0 & R_G\end{bmatrix},\quad \boldsymbol{g}_g=\boldsymbol{E}_2 \tag{3.48}$$

式中　$\boldsymbol{R}_g$—— 网端子系统的耗散结构矩阵；

R_G—— 电网侧电阻值；

$\boldsymbol{g}_g$—— 内外部交互结构矩阵，为二维单位矩阵 $\boldsymbol{E}_2$。

$\boldsymbol{J}_g$ 描述了电感在 dq 坐标系下电磁能的转换关系。

因此，由式(3.46) 可以得到

$$\boldsymbol{y}_g=\boldsymbol{E}_2\nabla\boldsymbol{H}_g=\begin{bmatrix}i_{gd}\\ i_{gq}\end{bmatrix} \tag{3.49}$$

即输出端口为背靠背变换器网侧电流，满足网端子系统的端口设计。

3.5.3　建立能量匹配方程

为使受控系统 Σ_p 在反馈控制 u 作用下能够稳定在期望的状态，能量控制仅

以受控系统 Σ_p 作为研究对象，反馈方式如图 3.8 所示。本小节只关注受控系统 Σ_p 是否可进行端口受控哈密顿系统实现，以及其所需的从外界环境经端口注入内部的控制能量 H_a。与前面介绍的两种方法相比，此种方法既无须关注控制器 Σ_c 是否可进行端口受控哈密顿系统实现，也无须关注 Σ_c 状态变量的动态。唯一决定受控系统状态的是从系统端口注入的控制能量。

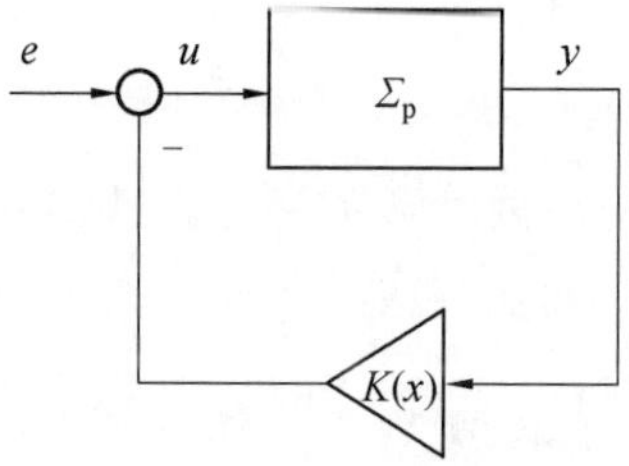

图 3.8　能量控制的控制结构

本章所提出的能量控制具体描述如下。

受控系统 Σ_p 的动态方程为

$$\begin{cases}\dot{\boldsymbol{x}}=[\boldsymbol{J}(x)-\boldsymbol{R}(x)]\dfrac{\partial H(x)}{\partial x}+\boldsymbol{g}(x)u\\ y=\boldsymbol{g}^{\mathrm{T}}(x)\dfrac{\partial H(x)}{\partial x}\end{cases}\tag{3.50}$$

系统中内部能量转换方式的结构由矩阵 $\boldsymbol{J}(x)$ 表征，系统中内部能量耗散方式的结构由矩阵 $\boldsymbol{R}(x)$ 表征，系统与外界能量交互方式的结构由矩阵 $\boldsymbol{g}(x)$ 表征。通过系统原能量函数 H 和系统期望能量函数 H_d 决定所需的控制能量 H_a，当控制能量通过系统端口注入受控系统后，系统动态转变为

$$\begin{cases}\dot{x}=[\boldsymbol{J}_d(x)-\boldsymbol{R}_d(x)]\dfrac{\partial H_d(x)}{\partial x}\\ z=\boldsymbol{g}^{\mathrm{T}}(x)\dfrac{\partial H_d(x)}{\partial x}\end{cases}\tag{3.51}$$

其中

$$\boldsymbol{J}_d(x)=\boldsymbol{J}(x)+\boldsymbol{J}_a(x)=-\boldsymbol{J}_d^{\mathrm{T}}$$
$$\boldsymbol{R}_d(x)=\boldsymbol{R}(x)+\boldsymbol{R}_a(x)=\boldsymbol{R}_d^{\mathrm{T}}\geqslant 0$$
$$H_d(x)=H(x)+H_a(x)$$

$H_a(x)$ 为系统内部引入能量转换方式的新变化，新转换方式的结构由矩阵 $\boldsymbol{J}_a(x)$ 表征，$\boldsymbol{R}_a(x)$ 则为由控制能量输入额外产生的系统新的能量耗散结构。即可定义：

$\boldsymbol{J}$—— 系统内部原能量的转换结构；

$\boldsymbol{R}$—— 系统内部原能量的耗散结构；

$\boldsymbol{g}$—— 系统内外部能量交互的端口结构；

$\boldsymbol{J}_{\mathrm{a}}$—— 控制能量注入系统后，系统内部额外产生的新的能量转换结构；

$\boldsymbol{R}_{\mathrm{a}}$—— 控制能量注入系统后，系统内部额外产生的新的能量耗散结构。

系统控制 u 可通过能量匹配方程式(3.52) 求解。

$$[\boldsymbol{J}(x)-\boldsymbol{R}(x)]\frac{\partial H(x)}{\partial x}+\boldsymbol{g}u=[\boldsymbol{J}_{\mathrm{d}}(x)-\boldsymbol{R}_{\mathrm{d}}(x)]\frac{\partial H_{\mathrm{d}}(x)}{\partial x} \tag{3.52}$$

为便于能量控制的实施，对 $\boldsymbol{J}_{\mathrm{a}}$、$\boldsymbol{R}_{\mathrm{a}}$ 进一步讨论如下。

(1) 若受控系统 Σ_{p} 的期望平衡点在零点，即设图 3.8 中 $e=0$，反馈控制 $u(t)=-\boldsymbol{K}(x)y(t)$，受控系统动态如式(3.50) 所示，当控制能量 $H_{\mathrm{a}}(x)$ 注入使系统能量函数变为 $H_{\mathrm{d}}(x)$ 时，系统动态变为

$$\begin{cases}\dot{x}=[\boldsymbol{J}_{\mathrm{d}}(x)-\boldsymbol{R}(x)]\dfrac{\partial H_{\mathrm{d}}(x)}{\partial x}+\boldsymbol{g}v\\ z=\boldsymbol{g}^{\mathrm{T}}(x)\dfrac{\partial H_{\mathrm{d}}(x)}{\partial x}\end{cases} \tag{3.53}$$

式中　v—— 系统能量函数为 $H_{\mathrm{d}}(x)$ 时的控制输入；

z—— 系统能量函数为 $H_{\mathrm{d}}(x)$ 时的对应输出。

则 v 满足关系 $v(t)=-\boldsymbol{K}(x)z(t)$，那么将式(3.51) 第一式等号左右都乘 $\nabla\boldsymbol{H}_{\mathrm{d}}^{\mathrm{T}}$ 可得

$$\begin{aligned}\dot{H}_{\mathrm{d}}&=\nabla\boldsymbol{H}_{\mathrm{d}}^{\mathrm{T}}\boldsymbol{J}_{\mathrm{d}}\nabla\boldsymbol{H}_{\mathrm{d}}-\nabla\boldsymbol{H}_{\mathrm{d}}^{\mathrm{T}}\boldsymbol{R}\nabla\boldsymbol{H}_{\mathrm{d}}-\nabla\boldsymbol{H}_{\mathrm{d}}^{\mathrm{T}}\boldsymbol{g}\boldsymbol{K}(x)z\\&=-\nabla\boldsymbol{H}_{\mathrm{d}}^{\mathrm{T}}\boldsymbol{R}\nabla\boldsymbol{H}_{\mathrm{d}}-\nabla\boldsymbol{H}_{\mathrm{d}}^{\mathrm{T}}\boldsymbol{g}\boldsymbol{K}(x)\boldsymbol{g}^{\mathrm{T}}\nabla\boldsymbol{H}_{\mathrm{d}}\\&=-\nabla\boldsymbol{H}_{\mathrm{d}}^{\mathrm{T}}(\boldsymbol{R}+\underbrace{\boldsymbol{g}\boldsymbol{K}(x)\boldsymbol{g}^{\mathrm{T}}}_{\boldsymbol{R}_{\mathrm{a}}})\nabla\boldsymbol{H}_{\mathrm{d}}\end{aligned} \tag{3.54}$$

由此，$\boldsymbol{R}_{\mathrm{a}}=\boldsymbol{g}\boldsymbol{K}(x)\boldsymbol{g}^{\mathrm{T}}$ 并不是系统内部实际的耗散结构，而是反馈控制 u 作用后产生的效果等同于增加了系统耗散的表示，于是可写出能量匹配方程

$$[\boldsymbol{J}(x)-\boldsymbol{R}(x)]\frac{\partial H(x)}{\partial x}+\boldsymbol{g}u=[\boldsymbol{J}_{\mathrm{d}}(x)-\boldsymbol{R}_{\mathrm{d}}(x)]\frac{\partial H_{\mathrm{d}}(x)}{\partial x} \tag{3.55}$$

(2) 若受控系统 Σ_{p} 的期望平衡点在非零点，即设图 3.8 中 $e\neq 0$，反馈控制 $u(t)=-\boldsymbol{K}(x)y(t)+e$，受控系统动态如式(3.50) 所示，当控制能量 $H_{\mathrm{a}}(x)$ 注入使系统能量函数变为 $H_{\mathrm{d}}(x)$ 时，系统动态变为式(3.53)，其中 $v(t)=-\boldsymbol{K}(x)z(t)+e$，那么将式(3.53) 第一式等号左右都乘 $\nabla\boldsymbol{H}_{\mathrm{d}}^{\mathrm{T}}$ 可得

$$\begin{aligned}\dot{H}_{\mathrm{d}}&=\nabla\boldsymbol{H}_{\mathrm{d}}^{\mathrm{T}}\boldsymbol{J}_{\mathrm{d}}\nabla\boldsymbol{H}_{\mathrm{d}}-\nabla\boldsymbol{H}_{\mathrm{d}}^{\mathrm{T}}\boldsymbol{R}\nabla\boldsymbol{H}_{\mathrm{d}}-\nabla\boldsymbol{H}_{\mathrm{d}}^{\mathrm{T}}\boldsymbol{g}\boldsymbol{K}(x)\boldsymbol{z}+\boldsymbol{z}^{\mathrm{T}}e\\&=-\nabla\boldsymbol{H}_{\mathrm{d}}^{\mathrm{T}}(\boldsymbol{R}+\underbrace{\boldsymbol{g}\boldsymbol{K}(x)\boldsymbol{g}^{\mathrm{T}}}_{\boldsymbol{R}_{\mathrm{a}}})\nabla\boldsymbol{H}_{\mathrm{d}}+\nabla\boldsymbol{H}_{\mathrm{d}}^{\mathrm{T}}\boldsymbol{g}e\end{aligned} \tag{3.56}$$

由于e与系统状态变量x无关，其值只会影响系统期望达到的非零平衡点的位置，因此，若希望原系统式(3.50)与注入控制能量后的系统式(3.53)状态变化一致，则有

$$\begin{aligned}
&[\boldsymbol{J}(x)-\boldsymbol{R}(x)]\frac{\partial H(x)}{\partial x}+\boldsymbol{g}u=[\boldsymbol{J}_{\mathrm{d}}(x)-\boldsymbol{R}(x)]\frac{\partial H_{\mathrm{d}}(x)}{\partial x}+\boldsymbol{g}v\\
&\Rightarrow[\boldsymbol{J}(x)-\boldsymbol{R}(x)]\frac{\partial H(x)}{\partial x}+\boldsymbol{g}[-\boldsymbol{K}(x)y+e]\\
&=[\boldsymbol{J}_{\mathrm{d}}(x)-\boldsymbol{R}(x)]\frac{\partial H_{\mathrm{d}}(x)}{\partial x}+\boldsymbol{g}[-\boldsymbol{K}(x)z+e]\\
&\Rightarrow[\boldsymbol{J}(x)-\boldsymbol{R}(x)]\frac{\partial H(x)}{\partial x}-\boldsymbol{gK}(x)y\\
&=[\boldsymbol{J}_{\mathrm{d}}(x)-\boldsymbol{R}(x)-\boldsymbol{gK}(x)\boldsymbol{g}^{\mathrm{T}}]\frac{\partial H_{\mathrm{d}}(x)}{\partial x}
\end{aligned}\tag{3.57}$$

这里，令$u_1(t)=-\boldsymbol{K}(x)y(t)$，$\boldsymbol{R}_{\mathrm{a}}(x)=\boldsymbol{gK}(x)\boldsymbol{g}^{\mathrm{T}}$，则可得到

$$[\boldsymbol{J}(x)-\boldsymbol{R}(x)]\frac{\partial H(x)}{\partial x}+\boldsymbol{g}u_1=[\boldsymbol{J}_{\mathrm{d}}(x)-\boldsymbol{R}_{\mathrm{d}}(x)]\frac{\partial H_{\mathrm{d}}(x)}{\partial x}\tag{3.58}$$

由此可见，当系统期望达到非零平衡点时，也可通过能量匹配方程对控制进行求解。

式(3.54)和式(3.56)中，由于$\boldsymbol{J}$、$\boldsymbol{J}_{\mathrm{a}}$的反对称性，$\boldsymbol{J}_{\mathrm{d}}=\boldsymbol{J}+\boldsymbol{J}_{\mathrm{a}}$也具有反对称性，因此$\nabla\boldsymbol{H}_{\mathrm{d}}^{\mathrm{T}}\boldsymbol{J}_{\mathrm{d}}\nabla\boldsymbol{H}_{\mathrm{d}}$项为零，即该项不会影响系统中能量大小的变化。系统内联结构矩阵$\boldsymbol{J}$在物理意义上，体现了原系统内部一种形式的能量向另一种形式的能量的转换关系，前种能量的减小量等于后种能量的增加量，系统的能量总和不会因能量的转换而变化。矩阵$\boldsymbol{J}_{\mathrm{a}}$则描述了控制能量$H_{\mathrm{a}}$注入系统后，系统内部能量转换关系产生的变化。如果控制能量进入系统后未产生新的能量形式，则矩阵$\boldsymbol{J}_{\mathrm{a}}$非零元素将在矩阵$\boldsymbol{J}$中非零元素所在的位置上出现；如果控制能量进入系统后产生了新的能量形式，则矩阵$\boldsymbol{J}_{\mathrm{a}}$非零元素可能在矩阵$\boldsymbol{J}$中对应新形式能量的位置上出现。系统内部能量的转换结构实质是端口受控哈密顿系统中无功力作用的结果，基于能量的角度，无功力不会影响系统的稳定性，对于非线性系统来说，在基于能量的控制中无须抵消该部分的非线性，这使此种控制相比于其他非线性控制更简洁。

经上述分析，对于式(3.51)，虽然不显含控制输入u，但系统的输入实质仍然存在，由于u的作用，该式主要描述系统内部能量状态变量产生的变化动态，控制变量融在矩阵$\boldsymbol{R}_{\mathrm{a}}$中。由于期望能量函数$H_{\mathrm{d}}$在期望平衡点$x^*$处具有极小值，因此，当系统状态达到期望平衡点时，$\dot{x}$等于零，系统的能量状态变量达到稳定。着

眼于系统内部，控制 u 的目的在于将系统内部原有能量 H 成型在期望能量 H_d 处，而在成型能量的过程中，系统的能量状态变量变化原因可分为由系统内部能量转换引起的状态变化和由系统内部能量耗散引起的状态变化。将式(3.51)中能量变量动态 $\dot{x}$ 表达式进一步分解，可得到

$$[\boldsymbol{J}_d(x)-\boldsymbol{R}_d(x)]\frac{\partial H_d(x)}{\partial x}=[\boldsymbol{J}(x)-\boldsymbol{R}(x)]\frac{\partial H_d(x)}{\partial x}+[\boldsymbol{J}_a(x)-\boldsymbol{R}_a(x)]\frac{\partial H_d(x)}{\partial x} \tag{3.59}$$

式(3.59)右侧第一项表示系统内部能量为 H_d 时，在原有能量转换结构矩阵 $\boldsymbol{J}(x)$ 和耗散结构矩阵 $\boldsymbol{R}(x)$ 下系统能量状态变量的变化，右侧第二项表示由于新的能量注入，系统产生了新的内部能量转换结构矩阵 $\boldsymbol{J}_a(x)$ 和内部能量等效耗散结构矩阵 $\boldsymbol{R}_a(x)$，在系统内部能量为 H_d 时，新的能量转换结构矩阵和耗散结构矩阵下系统能量状态变量的变化。

而对于经控制作用后系统的输出 $\boldsymbol{z}$，同样由于期望能量函数 H_d 在期望平衡点处具有极小值，因此，$\boldsymbol{z}=\boldsymbol{g}^{\mathrm{T}}(x)\nabla \boldsymbol{H}_d$ 在平衡点处的值为零，那么，经控制作用后的 $\boldsymbol{z}$ 可以看成系统实际输出相对于系统达到平衡点时输出的动态偏差。可通过控制来迫使系统输出的动态偏差为零，使系统达到期望平衡点。一旦系统稳定在期望平衡点，则此时系统输出为零，那么系统与外界环境进行能量交互的功率 $\boldsymbol{z}^{\mathrm{T}}v$ 为零，也就是说系统与外界环境交互的能量为常数，只用来补偿系统保持在期望平衡点处后系统耗散掉的能量，以维持系统稳定。

若受控系统 Σ_p 较为复杂，可先将受控系统划分成若干端口受控哈密顿子系统，利用反馈互联可实现端口受控哈密顿系统维数扩展的特性，得到整个受控系统的状态变量动态方程，进而实施能量控制。因此，能量控制同样不需要引入卡什米尔函数，该方法与状态调制互联控制相比，无须考虑控制器 Σ_c 结构，同时更便于对能量成型偏微分方程进行求解。与互联与阻尼配置控制相比，能量控制是从受控系统的能量动态推导得到能量匹配方程，并且控制过程中的矩阵 $\boldsymbol{J}_a$、$\boldsymbol{R}_a$ 具有清晰的物理意义。

3.6 能量成型控制的抗扰性分析

3.6.1 L_2 增益扰动抑制控制机理

L_2 范数的平方和再开方形式，适用于表征距离、能量等物理量。因此，系统

输入与输出信号的L_2范数，可看作对系统输入、输出的能量的表征。那么从输入到输出的L_2增益，就是系统输出对输入的响应能力的定量评估。结合端口受控哈密顿系统理论，考虑当系统输入端口存在扰动时，如果从输入端口扰动信号到系统扰动下的输出端口信号的L_2增益小于指定水平，就意味着系统具备一定的扰动抑制能力。指定水平越低，说明系统对于给定的扰动敏感性越低，或者说系统对于给定的扰动有更好的抗干扰性能。L_2增益扰动抑制控制机理就是通过系统能量分析设计相应控制，让系统满足L_2增益指定要求，这意味着系统具备了扰动抑制能力。

3.6.2 能量成型控制中等效耗散结构矩阵的作用

通过对能量控制的设计分析，可知在能量匹配方程中$\boldsymbol{R}_a$反映的是反馈控制u作用后产生了等同于增加系统耗散能力的效果。因此，将$\boldsymbol{R}_a$称为内部能量等效耗散结构矩阵。$\boldsymbol{R}_a$也说明了对反馈控制u的不同设计会决定系统状态达到期望平衡点处的收敛速度，若系统内部能量耗散结构矩阵$\boldsymbol{R}$和内部能量等效耗散结构矩阵$\boldsymbol{R}_a$共同作用的结果使系统仍为欠阻尼系统，则系统达到稳定的收敛速度会较慢；若两者共同作用的结果使系统变为过阻尼系统，则系统有可能无法达到期望的平衡状态。本小节将分析在端口受控哈密顿系统中$\boldsymbol{R}_a$的另一作用，它不仅会影响系统到达平衡状态的收敛速度，还会影响系统的抗扰动性能。

考虑带扰动的端口受控哈密顿系统：

$$\begin{cases}\dot{x}=[\boldsymbol{J}(x)-\boldsymbol{R}(x)]\dfrac{\partial H(x)}{\partial x}+\boldsymbol{g}(x)u+\boldsymbol{g}(x)w\\ y=\boldsymbol{g}^{\mathrm{T}}(x)\dfrac{\partial H(x)}{\partial x}\end{cases}\tag{3.60}$$

式中 w—— 有界、未知的干扰输入信号。

为评价经反馈控制后系统对干扰信号的L_2增益扰动抑制性能，需要给定罚信号p和扰动抑制水平常数$\gamma>0$，判断反馈控制u是否可使系统式(3.60)状态稳定在期望平衡点x^*并满足γ耗散不等式

$$\dot{V}+Q(x)\leqslant\frac{1}{2}(\gamma^2\|w\|^2-\|p\|^2),\quad\forall w\tag{3.61}$$

式中 p—— 罚信号，满足在期望平衡点处值为零；

V—— 正定存储函数；

Q—— 半正定函数。

若γ耗散不等式成立，则称系统满足从扰动w到罚信号p的L_2增益小于给定的抑制水平γ。

那么，对于带扰动的系统，相对于原无扰系统，反馈控制 u 必会有相应的改变以补偿未知扰动 w 对系统的影响。因此，假定反馈控制 u 由原来的 $u=\alpha(x)=-\boldsymbol{K}(x)z+e$，转变为 $u=\alpha(x)+\beta(x)$，即 $\beta(x)$ 为由于 w 的存在而使反馈控制 u 为保证系统仍能在原平衡点处达到稳定需要做出的调整。当控制能量经输入输出端口注入系统后，系统期望能量为 $H_{\mathrm{d}}(x)$，系统动态为

$$\begin{cases}\dot{x}=[\boldsymbol{J}_{\mathrm{d}}(x)-\boldsymbol{R}_{\mathrm{d}}(x)]\dfrac{\partial H_{\mathrm{d}}(x)}{\partial x}+\boldsymbol{g}(x)\beta(x)+\boldsymbol{g}(x)w\\ \boldsymbol{z}=\boldsymbol{g}^{\mathrm{T}}(x)\dfrac{\partial H_{\mathrm{d}}(x)}{\partial x}\end{cases}\tag{3.62}$$

可以注意到 $H_{\mathrm{d}}(x)$ 在系统期望平衡点处将有极小值，那么，输出 $\boldsymbol{z}$ 在系统期望平衡点处函数值将为零，因此可将罚信号 p 设定为 $p=\boldsymbol{h}(x)z=\boldsymbol{h}(x)\boldsymbol{g}^{\mathrm{T}}\nabla\boldsymbol{H}_{\mathrm{d}}$，其中 $\boldsymbol{h}(x)$ 为加权矩阵。

由式(3.62)可评估期望能量函数 $H_{\mathrm{d}}(x)$ 的变化速率，即对式(3.62)第一式等号左右两边同时左乘 $\nabla\boldsymbol{H}_{\mathrm{d}}^{\mathrm{T}}$，可以得到

$$\begin{aligned}\dot{H}_{\mathrm{d}}&=\nabla\boldsymbol{H}_{\mathrm{d}}^{\mathrm{T}}\dot{x}=-\nabla\boldsymbol{H}_{\mathrm{d}}^{\mathrm{T}}+\nabla\boldsymbol{H}_{\mathrm{d}}^{\mathrm{T}}\boldsymbol{g}(\beta(x)+w)\\&=-\nabla\boldsymbol{H}_{\mathrm{d}}^{\mathrm{T}}\boldsymbol{R}_{\mathrm{d}}\nabla\boldsymbol{H}_{\mathrm{d}}+\nabla\boldsymbol{H}_{\mathrm{d}}^{\mathrm{T}}\boldsymbol{g}\beta(x)+\nabla\boldsymbol{H}_{\mathrm{d}}^{\mathrm{T}}\boldsymbol{g}w+\\&\quad\frac{1}{2}(\gamma^2\|w\|^2-\|p\|^2)-\frac{1}{2}(\gamma^2\|w\|^2-\|p\|^2)\\&=-\nabla\boldsymbol{H}_{\mathrm{d}}^{\mathrm{T}}\boldsymbol{R}_{\mathrm{d}}\nabla\boldsymbol{H}_{\mathrm{d}}+\nabla\boldsymbol{H}_{\mathrm{d}}^{\mathrm{T}}\boldsymbol{g}\beta(x)+\nabla\boldsymbol{H}_{\mathrm{d}}^{\mathrm{T}}\boldsymbol{g}w+\\&\quad\frac{1}{2}(\gamma^2\|w\|^2-\|p\|^2)-\frac{1}{2}\gamma^2\|w\|^2+\frac{1}{2}\nabla\boldsymbol{H}_{\mathrm{d}}^{\mathrm{T}}\boldsymbol{g}\boldsymbol{h}^{\mathrm{T}}(x)\boldsymbol{h}(x)\boldsymbol{g}^{\mathrm{T}}\nabla\boldsymbol{H}_{\mathrm{d}}\\&=-\nabla\boldsymbol{H}_{\mathrm{d}}^{\mathrm{T}}\boldsymbol{R}_{\mathrm{d}}\nabla\boldsymbol{H}_{\mathrm{d}}+\frac{1}{2}(\gamma^2\|w\|^2-\|p\|^2)+\nabla\boldsymbol{H}_{\mathrm{d}}^{\mathrm{T}}\boldsymbol{g}(\beta(x)+\\&\quad\frac{1}{2}\nabla\boldsymbol{H}_{\mathrm{d}}^{\mathrm{T}}\boldsymbol{h}^{\mathrm{T}}\boldsymbol{h}\boldsymbol{g}^{\mathrm{T}}\nabla\boldsymbol{H}_{\mathrm{d}})-\frac{1}{2}\gamma^2\|w\|^2+\nabla\boldsymbol{H}_{\mathrm{d}}^{\mathrm{T}}\boldsymbol{g}w\\&=-\nabla\boldsymbol{H}_{\mathrm{d}}^{\mathrm{T}}\boldsymbol{R}_{\mathrm{d}}\nabla\boldsymbol{H}_{\mathrm{d}}+\frac{1}{2}(\gamma^2\|w\|^2-\|p\|^2)+\nabla\boldsymbol{H}_{\mathrm{d}}^{\mathrm{T}}\boldsymbol{g}(\beta(x)+\\&\quad\frac{1}{2}\left(\frac{E}{\gamma^2}+\boldsymbol{h}^{\mathrm{T}}\boldsymbol{h}\right)\boldsymbol{g}^{\mathrm{T}}\nabla\boldsymbol{H}_{\mathrm{d}}-\frac{1}{2}\left\|\gamma w-\frac{1}{\gamma}\boldsymbol{g}^{\mathrm{T}}\nabla\boldsymbol{H}_{\mathrm{d}}\right\|^2\end{aligned}\tag{3.63}$$

根据式(3.63)，令

$$\beta(x)=-\frac{1}{2}\left(\frac{E}{\gamma^2}+\boldsymbol{h}^{\mathrm{T}}\boldsymbol{h}\right)\boldsymbol{g}^{\mathrm{T}}\nabla\boldsymbol{H}_{\mathrm{d}}\tag{3.64}$$

半正定函数为

$$Q(x)=\nabla\boldsymbol{H}_{\mathrm{d}}^{\mathrm{T}}\boldsymbol{R}_{\mathrm{d}}\nabla\boldsymbol{H}_{\mathrm{d}}\tag{3.65}$$

那么，通过式(3.63)可以得到

$$\dot{H}_{\mathrm{d}}+Q(x)\leqslant\frac{1}{2}(\gamma^{2}\|w\|^{2}-\|p\|^{2}),\quad\forall w\tag{3.66}$$

将期望能量函数 H_{d} 作为正定存储函数 V,则说明反馈控制 u 中若 $\beta(x)=-\frac{1}{2}\left(\frac{E}{\gamma^{2}}+\boldsymbol{h}^{\mathrm{T}}\boldsymbol{h}\right)\boldsymbol{g}^{\mathrm{T}}\nabla\boldsymbol{H}_{\mathrm{d}}$,可使系统具有 L_2 增益扰动抑制特性。

实质上,控制能量注入后形成带扰动的期望端口受控哈密顿系统状态动态方程可表示为

$$\dot{x}=[\boldsymbol{J}_{\mathrm{d}}(x)-\boldsymbol{R}(x)]\nabla\boldsymbol{H}_{\mathrm{d}}+\boldsymbol{g}v+\boldsymbol{g}w\tag{3.67}$$

根据上文分析,可知系统具有期望能量函数时,系统输入为

$$\begin{aligned}v&=\alpha(x)+\beta(x)\\&=-\boldsymbol{K}(x)z+e-\frac{1}{2}\left(\frac{E}{\gamma^{2}}+\boldsymbol{h}^{\mathrm{T}}\boldsymbol{h}\right)\boldsymbol{g}^{\mathrm{T}}\nabla\boldsymbol{H}_{\mathrm{d}}\end{aligned}\tag{3.68}$$

将式(3.68)代入式(3.67)可得

$$\dot{x}=[\boldsymbol{J}_{\mathrm{d}}(x)-\boldsymbol{R}(x)-\boldsymbol{R}_{\mathrm{a}}(x)]\nabla\boldsymbol{H}_{\mathrm{d}}(x)+\boldsymbol{g}(x)e+\boldsymbol{g}(x)w\tag{3.69}$$

式中,e 与 w 皆与状态变量 x 无关,e 与系统期望达到的平衡点状态相关,w 为系统外界环境由输入端口引入系统内部的扰动。反馈控制信号在端口受控哈密顿系统有扰情况下会产生等效耗散结构矩阵 $\boldsymbol{R}_{\mathrm{a}}$,即

$$\boldsymbol{R}_{\mathrm{a}}(x)=\boldsymbol{g}\boldsymbol{K}(x)\boldsymbol{g}^{\mathrm{T}}+\frac{1}{2}\boldsymbol{g}\left(\frac{E}{\gamma^{2}}+\boldsymbol{h}^{\mathrm{T}}\boldsymbol{h}\right)\boldsymbol{g}^{\mathrm{T}}\tag{3.70}$$

由式(3.70)可以看出带扰动的端口受控哈密顿系统的 L_2 增益扰动抑制特性也可通过对等效耗散结构矩阵 $\boldsymbol{R}_{\mathrm{a}}$ 的配置进行实现,其值取决于罚信号的加权值 $\boldsymbol{h}$ 和期望达到的对干扰的抑制水平 γ。

综上所述,端口受控哈密顿系统的控制输入实质是:一方面实现系统内部的能量成型,注入系统中的控制能量的存在和转换形式通过矩阵 $\boldsymbol{J}_{\mathrm{a}}$ 描述;另一方面实现调整和改善系统的阻尼特性,通过矩阵 $\boldsymbol{R}_{\mathrm{a}}$ 描述。还需要指出的是,等效耗散结构矩阵 $\boldsymbol{R}_{\mathrm{a}}$ 是由反馈控制 $u=-\boldsymbol{K}(x)y(t)+e$ 产生的,即反馈改变了系统的等效阻尼。如果 $\boldsymbol{R}_{\mathrm{a}}$ 在控制求解的能量匹配方程中被设置为零,则相当于 $\boldsymbol{K}(x)=0$。在式(3.71)中,$-\nabla\boldsymbol{H}_{\mathrm{d}}^{\mathrm{T}}\boldsymbol{g}\boldsymbol{K}(x)\boldsymbol{g}^{\mathrm{T}}\nabla\boldsymbol{H}_{\mathrm{d}}$ 项为零。

$$\dot{H}_{\mathrm{d}}=-\nabla\boldsymbol{H}_{\mathrm{d}}^{\mathrm{T}}\boldsymbol{R}\nabla\boldsymbol{H}_{\mathrm{d}}-\nabla\boldsymbol{H}_{\mathrm{d}}^{\mathrm{T}}\boldsymbol{g}\boldsymbol{K}(x)\boldsymbol{g}^{\mathrm{T}}\nabla\boldsymbol{H}_{\mathrm{d}}+\nabla\boldsymbol{H}_{\mathrm{d}}^{\mathrm{T}}\boldsymbol{g}e\tag{3.71}$$

那么,此时的式(3.71)描述了系统具有期望能量 H_{d} 但未达到期望平衡状态前,整个系统内部能量随时间的变化是由单位时间开环系统内部实际耗散能量 $\nabla\boldsymbol{H}_{\mathrm{d}}^{\mathrm{T}}\boldsymbol{R}\nabla\boldsymbol{H}_{\mathrm{d}}$ 和单位时间外界为系统补充的能量 $\nabla\boldsymbol{H}_{\mathrm{d}}^{\mathrm{T}}\boldsymbol{g}e$ 共同作用的结果;系统具有期望能量 H_{d} 并达到期望平衡点后,系统状态稳定,则 $\dot{H}_{\mathrm{d}}=0$,H_{d} 在期望平衡点

取得极小值。这说明，$\boldsymbol{R}_a$ 设置为零并不会影响控制策略控制整个系统达到期望的平衡状态，但合适的 $\boldsymbol{R}_a$ 设置可以加快系统达到稳定的收敛速度，以及增强系统的干扰抑制能力。

3.7　含积分的能量成型控制器

3.7.1　哈密顿模型内部变量的分类

本小节给出哈密顿模型中内部变量的两种分类方法。第一种是基于哈密顿建模时使用的数学定义对内部变量进行分类，x 被称为能量变量，$\dfrac{\partial H}{\partial x}$ 被称为同能量变量；第二种是基于输入如何作用于状态变量对内部变量进行分类，依据这种分类方法，可将原始的哈密顿模型写为

$$
\begin{cases}
\begin{bmatrix} \dot{x}_1 \\ \dot{x}_h \end{bmatrix} = \begin{bmatrix} \boldsymbol{J}_1 - \boldsymbol{R}_1 & \boldsymbol{J}_{1h} - \boldsymbol{R}_{1h} \\ \boldsymbol{J}_{h1} - \boldsymbol{R}_{h1} & \boldsymbol{J}_h - \boldsymbol{R}_h \end{bmatrix} \begin{bmatrix} \dfrac{\partial H}{\partial x_1} \\ \dfrac{\partial H}{\partial x_h} \end{bmatrix} + \begin{bmatrix} \boldsymbol{g}_1(x) \\ 0 \end{bmatrix} u \\
\boldsymbol{y} = \begin{bmatrix} \boldsymbol{g}_1^{\mathrm{T}}(x) & 0 \end{bmatrix} \begin{bmatrix} \dfrac{\partial H}{\partial x_1} \\ \dfrac{\partial H}{\partial x_h} \end{bmatrix}
\end{cases}
\tag{3.72}
$$

式(3.72)中，输入端直接作用于状态的 n_1 维状态变量 x_1，称其为相对一度(relative degree one，RD1)状态变量，剩余 n_h 维状态变量 x_h 则称为相对高度(higer relative degree，HRD)状态变量。因此，$\dfrac{\partial H}{\partial x_1}$ 和 $\dfrac{\partial H}{\partial x_h}$ 分别被称为 RD1 和 HRD 同能量变量。

假设 $\boldsymbol{g}_1$ 为非奇异矩阵，从式(3.72)中可以看出模型的无源输出量 y 由状态变量 RD1 决定。总的来说，第二种分类方式将系统中的状态变量分为 RD1 和 HRD 两种，它们之间最大区别在于状态变量 RD1 决定了 PCHD 系统的无源输出量，而状态变量 HRD 与系统的无源输出量无关。

3.7.2　PCHD 系统的积分控制

在实际应用中，积分作用(integral action，IA)被广泛用于控制系统的一部

分，以提高其鲁棒性。有学者在 PCHD 理论的框架下，提出了一种扩展的 PCHD 系统，其可针对无源输出提供积分作用。Alejandro Donaire 等增大了 IA 的应用范围，在保持 PCHD 系统形式不变的情况下，允许其应用于 HRD 状态变量。

Ortega 通过在控制器中增加如式(3.73)所示的互联与阻尼分配(interconnection and damping assignment，IDA)控制器来提供 IA。

$$v=\boldsymbol{x}_{\mathrm{e}}=-\boldsymbol{K}_{\mathrm{I}}\int y_{\mathrm{d}}\mathrm{d}t=-\boldsymbol{K}_{\mathrm{I}}\int \boldsymbol{g}^{\mathrm{T}}\frac{\partial H_{\mathrm{d}}}{\partial \boldsymbol{x}}\mathrm{d}t \tag{3.73}$$

式中，$\boldsymbol{K}_{\mathrm{I}}=\boldsymbol{K}_{\mathrm{I}}^{\mathrm{T}}>0$。

扩展的 IDA 采用以下形式：

$$\begin{bmatrix}\dot{x}\\ \dot{\boldsymbol{x}}_{\mathrm{e}}\end{bmatrix}=\begin{bmatrix}\boldsymbol{J}_{\mathrm{d}}(x)-\boldsymbol{R}_{\mathrm{d}} & \boldsymbol{g}(x)\boldsymbol{K}_{\mathrm{I}}\\ -\boldsymbol{K}_{\mathrm{I}}\boldsymbol{g}^{\mathrm{T}}(x) & 0\end{bmatrix}\begin{bmatrix}\dfrac{\partial H_{\mathrm{de}}}{\partial x}\\ \dfrac{\partial H_{\mathrm{de}}}{\partial \boldsymbol{x}_{\mathrm{e}}}\end{bmatrix} \tag{3.74}$$

式中，$H_{\mathrm{de}}(x,\boldsymbol{x}_{\mathrm{e}})=H_{\mathrm{d}}(x)+\boldsymbol{x}_{\mathrm{e}}^{\mathrm{T}}\boldsymbol{K}_{I}^{-1}\boldsymbol{x}_{\mathrm{e}}/2$。

同时，基础 IDA 设计中能量最小值点 x^* 所具有的稳定性特点在此被保留。虽然采用这种方法能够保持 PCHD 系统的形式，但并不能直接扩展成依赖于 HRD 同能量变量的输出。自然扩展 PCHD 目标系统的形式为

$$\begin{bmatrix}\dot{x}_1\\ \dot{x}_{\mathrm{h}}\\ \dot{\boldsymbol{x}}_{\mathrm{e}}\end{bmatrix}=\begin{bmatrix}\boldsymbol{J}_1^{\mathrm{d}}-\boldsymbol{R}_1^{\mathrm{d}} & \boldsymbol{J}_{1\mathrm{h}}^{\mathrm{d}}-\boldsymbol{R}_{1\mathrm{h}}^{\mathrm{d}} & 0\\ \boldsymbol{J}_{\mathrm{h}1}^{\mathrm{d}}-\boldsymbol{R}_{\mathrm{h}1}^{\mathrm{d}} & \boldsymbol{J}_{\mathrm{h}}^{\mathrm{d}}-\boldsymbol{R}_{\mathrm{h}}^{\mathrm{d}} & -\boldsymbol{K}_{\mathrm{I}}\\ 0 & \boldsymbol{K}_{\mathrm{I}}^{\mathrm{T}} & 0\end{bmatrix}\begin{bmatrix}\partial H_{\mathrm{de}}/\partial x_1\\ \partial H_{\mathrm{de}}/\partial x_{\mathrm{h}}\\ \partial H_{\mathrm{de}}/\partial \boldsymbol{x}_{\mathrm{e}}\end{bmatrix} \tag{3.75}$$

式中，$H_{\mathrm{de}}(x,\boldsymbol{x}_{\mathrm{e}})=H_{\mathrm{d}}(x)+\boldsymbol{x}_{\mathrm{e}}^{\mathrm{T}}\boldsymbol{K}_{I}^{-1}\boldsymbol{x}_{\mathrm{e}}/2$。

基于 HRD 同能量变量添加积分作用的新方法的实质是将原始 PCHD 系统的 n 维向量($n=n_1+n_{\mathrm{h}}$)转换为期望拓展的 PCHD 系统的 m 维向量($m=n_1+n_{\mathrm{h}}+n_{\mathrm{e}}$)，其中 n_{e} 维变量是为实现 IA 而添加的状态。扩展后系统的哈密顿能量被定义为 n_1+n_{h} 态在新坐标下的哈密顿能量加上 n_{e} 态的二次项。这样就保证了新哈密顿能量的正定性。其主要思路为通过变换改变 RD1 状态变量，并保持 HRD 状态变量不变，将原始 PCHD 系统的 HRD 状态变量方程与期望扩展的 PCHD 系统的相应状态变量方程相匹配，得到代数方程。所需闭环的控制输入是通过改变 RD1 状态变量，并用它们各自的状态变量方程代替这些状态变量的导数而获得。接下来简要介绍其设计方法与步骤。

考虑以下带有 $x^*=\mathrm{argmin}\ H_{\mathrm{d}}(x_1,x_{\mathrm{h}})$ 的 PCHD 系统：

$$\begin{bmatrix}\dot{x}_1\\ \dot{x}_{\mathrm{h}}\end{bmatrix}=\begin{bmatrix}\boldsymbol{J}_1^{\mathrm{d}}-\boldsymbol{R}_1^{\mathrm{d}} & \boldsymbol{J}_{1\mathrm{h}}^{\mathrm{d}}-\boldsymbol{R}_{1\mathrm{h}}^{\mathrm{d}}\\ \boldsymbol{J}_{\mathrm{h}1}^{\mathrm{d}}-\boldsymbol{R}_{\mathrm{h}1}^{\mathrm{d}} & \boldsymbol{J}_{\mathrm{h}}^{\mathrm{d}}-\boldsymbol{R}_{\mathrm{h}}^{\mathrm{d}}\end{bmatrix}\begin{bmatrix}\partial H_{\mathrm{d}}/\partial x_1\\ \partial H_{\mathrm{d}}/\partial x_{\mathrm{h}}\end{bmatrix}+\begin{bmatrix}\boldsymbol{g}_1(x)\\ 0\end{bmatrix}v \tag{3.76}$$

与式(3.76)所示 PCHD 系统相关联的期望扩展的 PCHD 系统，在用新变量 z 表示时模型为

$$\begin{bmatrix}\dot{z}_1\\ \dot{z}_\mathrm{h}\\ \dot{\boldsymbol{z}}_\mathrm{e}\end{bmatrix}=\begin{bmatrix}\boldsymbol{J}_1^\mathrm{d}-\boldsymbol{R}_1^\mathrm{d} & \boldsymbol{J}_{1\mathrm{h}}^\mathrm{d}-\boldsymbol{R}_{1\mathrm{h}}^\mathrm{d} & 0\\ \boldsymbol{J}_{\mathrm{h}1}^\mathrm{d}-\boldsymbol{R}_{\mathrm{h}1}^\mathrm{d} & \boldsymbol{J}_\mathrm{h}^\mathrm{d}-\boldsymbol{R}_\mathrm{h}^\mathrm{d} & -\boldsymbol{K}_\mathrm{I}\\ 0 & \boldsymbol{K}_\mathrm{I}^\mathrm{T} & 0\end{bmatrix}\begin{bmatrix}\partial H_\mathrm{dz}/\partial z_1\\ \partial H_\mathrm{dz}/\partial z_\mathrm{h}\\ \partial H_\mathrm{dz}/\partial \boldsymbol{z}_\mathrm{e}\end{bmatrix}\tag{3.77}$$

式中，$H_\mathrm{dz}(z_1,z_\mathrm{h},\boldsymbol{z}_\mathrm{e})=H_\mathrm{d}(z_1,z_\mathrm{h})+(\boldsymbol{z}_\mathrm{e}^\mathrm{T}\boldsymbol{K}_\mathrm{I}^{-1}\boldsymbol{z}_\mathrm{e})^2$，$\boldsymbol{K}_\mathrm{I}^{-1}>0$。

如式(3.77)中的(n_1+n_h)维子系统所示，通过用新变量 z_1 和 z_h 重写式(3.76)，原始模型式(3.76)的结构和哈密顿形式在期望扩展的 PCHD 系统中保留。$\boldsymbol{J}^\mathrm{d}$ 和 $\boldsymbol{R}^\mathrm{d}$ 对 z 的依赖关系不是明确写出来的，而是假设出来的。加入状态 $\boldsymbol{z}_\mathrm{e}$，并定义其为HRD同能量变量的积分，即 $\dot{\boldsymbol{z}}_\mathrm{e}=\boldsymbol{K}_\mathrm{I}^\mathrm{T}\dfrac{\partial H_\mathrm{dz}}{\partial z_\mathrm{h}}$。目标哈密顿能量则定义为 z_1 与 z_h 的期望能量与 $\boldsymbol{z}_\mathrm{e}$ 的二次项的和。

$$z_\mathrm{h}=x_\mathrm{h}\tag{3.78}$$

$$z_1=\psi(x_1,x_\mathrm{h},\boldsymbol{z}_\mathrm{e})\ \text{或}\ \varphi(z_1,x_1,x_\mathrm{h},\boldsymbol{z}_\mathrm{e})=0\tag{3.79}$$

式(3.78)和式(3.79)定义了由 x 到 z 的状态转换。HRD 状态变量变换式(3.78)确保 z_h 的平衡与 x_h 的平衡相匹配。式(3.80)对 z_1 进行求解时可以得到 RD1 状态变量变换式(3.79)。式(3.80)满足式(3.78)两侧对于时间的微分，即将状态方程式(3.76)和式(3.77)的右侧的 HRD 项联立，并用 x_h 代替 z_h。这个过程能够产生隐形代数方程组。

$$\begin{aligned}&(\boldsymbol{J}_{\mathrm{h}1}^\mathrm{d}-\boldsymbol{R}_{\mathrm{h}1}^\mathrm{d})\frac{\partial H_\mathrm{d}}{\partial x_1}+(\boldsymbol{J}_\mathrm{h}^\mathrm{d}-\boldsymbol{R}_\mathrm{h}^\mathrm{d})\frac{\partial H_\mathrm{d}}{\partial x_\mathrm{h}}\\ &=(\boldsymbol{J}_{\mathrm{h}1}^\mathrm{d}-\boldsymbol{R}_{\mathrm{h}1}^\mathrm{d})\frac{\partial H_\mathrm{d}}{\partial x_1}+(\boldsymbol{J}_\mathrm{h}^\mathrm{d}-\boldsymbol{R}_\mathrm{h}^\mathrm{d})\frac{\partial H_\mathrm{dz}}{\partial z_\mathrm{h}}-\boldsymbol{K}_\mathrm{I}\frac{\partial H_\mathrm{dz}}{\partial \boldsymbol{z}_\mathrm{e}}\end{aligned}\tag{3.80}$$

考虑PCHD系统式(3.76)，假设存在满足式(3.81)的控制律 v。则闭环动力学可以写成期望扩展的 PCHD 系统式(3.77)，其中 z 由状态变换式(3.78)和式(3.79)定义。

$$\begin{aligned}&(\boldsymbol{J}_1^\mathrm{d}-\boldsymbol{R}_1^\mathrm{d})\frac{\partial H_\mathrm{dz}}{\partial z_1}+(\boldsymbol{J}_{1\mathrm{h}}^\mathrm{d}-\boldsymbol{R}_{1\mathrm{h}}^\mathrm{d})\frac{\partial H_\mathrm{dz}}{\partial z_\mathrm{h}}\\ &=\frac{\partial^\mathrm{T}\psi}{\partial x_1}\left[(\boldsymbol{J}_1^\mathrm{d}-\boldsymbol{R}_1^\mathrm{d})\frac{\partial H_\mathrm{d}}{\partial x_1}+(\boldsymbol{J}_{1\mathrm{h}}^\mathrm{d}-\boldsymbol{R}_{1\mathrm{h}}^\mathrm{d})\frac{\partial H_\mathrm{d}}{\partial x_\mathrm{h}}+\boldsymbol{g}_1(x)v\right]+\frac{\partial^\mathrm{T}\psi}{\partial x_\mathrm{h}}\dot{x}_\mathrm{h}+\frac{\partial^\mathrm{T}\psi}{\partial x_1}\dot{\boldsymbol{z}}_\mathrm{e}\end{aligned}\tag{3.81}$$

使用相应的状态方程可以消除式(3.81)中的状态导数。在 $\boldsymbol{g}_1$ 非奇异的条件下，如果式(3.79)中的 RD1 状态变量变换 ψ 可逆或者$\dfrac{\partial^\mathrm{T}\psi^{-1}}{\partial x_1}$存在，则控制律 v 存

在。在这种情况下，通过式(3.81) 求解 v，控制律可以写成设备状态 x(使用逆变换) 和控制器状态 $\boldsymbol{z}_e$ 的函数。

满足式(3.81) 的控制律 v 将 x_1 状态方程转换为 z_1 状态方程。式(3.81) 的右边是基于(3.79) 计算的时间导数 $\dot{z}_1$，括号之间的表达式是时间导数 $\dot{x}_1$。为了实现期望拓展的 PCHD 系统式(3.77)，$\boldsymbol{z}_e$ 状态被定义为 $\boldsymbol{z}_e=\boldsymbol{K}_I^T\int\frac{\partial H_{dz}}{\partial z_h}dt$。

控制输入 $u=v(x,\boldsymbol{z}_e)$ 下的闭环系统式(3.76) 使得期望扩展的 PCHD 系统式(3.77) 在 $z^*=\arg\min H_{dz}(z)$ 中具有稳定的平衡点。由于哈密顿能量 H_{dz} 是基于期望的哈密顿能量 H_d 建立的，因此平衡点 $z^*=(z_1^*,z_h^*,0)$ 对应于$(x_1^*,x_h^*,0)$的数值。坐标的改变使得 $x_h=z_h$，那么，HRD状态变量收敛到期望值 x_h^*，而 RD1 状态变量到达代数方程 $z_1^*=\psi(x_1^*,x_h^*,0)$ 给出的值。也就是说，使用 HRD 状态变量变换式(3.78) 及其对时间导数式(3.80)，x_h 状态方程可以直接变换为期望拓展的 PCHD 系统的 z_h 状态方程。

通过以上说明可以看出，可以在 HRD 同能量变量上加入积分作用 IA，并保持原始 PCHD 系统形式。现将一般性的步骤(图 3.9) 总结如下。

(1) 建立期望拓展的 PCHD 系统式(3.77)，其中包含了 IA；

(2) 建立如式(3.78) 所示的 HRD 状态变量变换，找到 RD1 状态变量变换式(3.79)，求解式(3.80) 得 z_1；

(3) 根据式(3.81) 计算积分控制律。

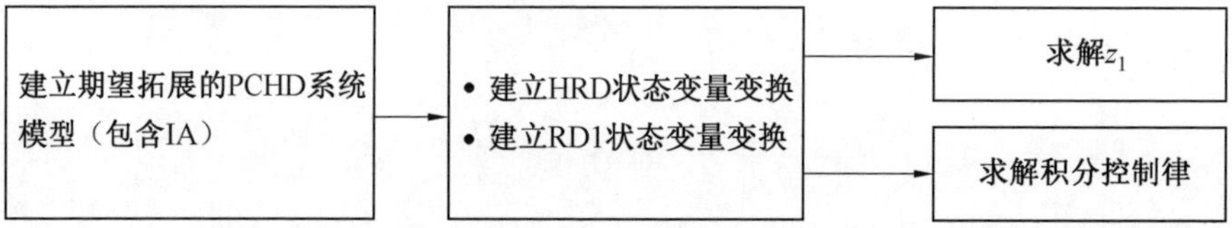

图 3.9　一般性的步骤

接下来考虑扰动对系统的影响。通过积分控制产生稳定的控制系统，可以抑制恒定未知扰动对 HRD 状态变量输出的影响。为此，将闭环系统式(3.77) 在式(3.82) 中扩展，以考虑通过 HRD 状态变量动态作用的干扰信号 d 的影响。

$$\begin{bmatrix}\dot{z}_1\\\dot{z}_h\\\dot{\boldsymbol{z}}_e\end{bmatrix}=\begin{bmatrix}\boldsymbol{J}^d-\boldsymbol{R}^d & \boldsymbol{J}^d-\boldsymbol{R}^d & 0\\\boldsymbol{J}^d-\boldsymbol{R}^d & \boldsymbol{J}^d-\boldsymbol{R}^d & -\boldsymbol{K}_I\\0 & \boldsymbol{K}_I^T & 0\end{bmatrix}\begin{bmatrix}\partial H_{dz}/\partial z_1\\\partial H_{dz}/\partial z_h\\\partial H_{dz}/\partial \boldsymbol{z}_e\end{bmatrix}+\begin{bmatrix}0\\-d\\0\end{bmatrix}\tag{3.82}$$

式中，$H_{dz}=H_d(z_1,z_h)+\boldsymbol{z}_e^T\boldsymbol{K}_I^{-1}\boldsymbol{z}_e/2$。

定义一个新的变量 $\boldsymbol{w}=\boldsymbol{K}_I\boldsymbol{K}^{-1}\boldsymbol{z}_e+d$ 来证明 PCHD 系统式(3.82) 的稳定性。

新的哈密顿能量写为 $H_{\mathrm{dw}}(z,\boldsymbol{w})=H_{\mathrm{d}}(z_1,z_{\mathrm{h}})+\boldsymbol{w}^{\mathrm{T}}\boldsymbol{K}_{\mathrm{w}}^{-1}\ \dfrac{\boldsymbol{w}}{2}$，其中 $\boldsymbol{K}_{\mathrm{w}}=\boldsymbol{K}_{\mathrm{I}}^{\mathrm{T}}\boldsymbol{K}^{-1}\boldsymbol{K}_{\mathrm{I}}$，并将闭环系统式(3.82) 改写为

$$\begin{bmatrix}\dot{z}_1\\ \dot{z}_{\mathrm{h}}\\ \dot{\boldsymbol{w}}\end{bmatrix}=\begin{bmatrix}\boldsymbol{J}^{\mathrm{d}}-\boldsymbol{R}^{\mathrm{d}} & \boldsymbol{J}^{\mathrm{d}}-\boldsymbol{R}^{\mathrm{d}} & 0\\ \boldsymbol{J}^{\mathrm{d}}-\boldsymbol{R}^{\mathrm{d}} & \boldsymbol{J}^{\mathrm{d}}-\boldsymbol{R}^{\mathrm{d}} & -\boldsymbol{K}_{\mathrm{w}}\\ 0 & \boldsymbol{K}_{\mathrm{w}}^{\mathrm{T}} & 0\end{bmatrix}\begin{bmatrix}\partial H_{\mathrm{dw}}/\partial z_1\\ \partial H_{\mathrm{dw}}/\partial z_{\mathrm{h}}\\ \partial H_{\mathrm{dw}}/\partial \boldsymbol{w}\end{bmatrix}\tag{3.83}$$

式(3.83)的稳定性直接来自 PCHD 理论。扰动系统的状态渐近达到 H_{dw} 的最小点。然后，$(z_1,z_{\mathrm{h}},\boldsymbol{w})$ 变为$(z_1^*,z_{\mathrm{h}}^*,0)$，因此 x 收敛到变量变换给出的值，即 $x_1\rightarrow x_1^*$，使得 $\psi(x_1^*,x_{\mathrm{h}}^*,\boldsymbol{z}_{\mathrm{e}}^*)=z_1^*$，$x_{\mathrm{h}}\rightarrow x_{\mathrm{h}}^*$，$\boldsymbol{z}_{\mathrm{e}}\rightarrow -\boldsymbol{K}\boldsymbol{K}_{\mathrm{I}}^{-1}d$。

对于任何扰动值，HRD 状态变量都收敛到它们的期望值，增加的状态变量负责在稳态时抵抗扰动 d。RD1 状态变量的平衡值由函数 ψ 和数值 z_1^*、x_{h}^*、$\boldsymbol{z}_{\mathrm{e}}^*$ 决定。

3.7.3 针对 VSC Model 进行控制器设计

传统的 VSC Model 模型如下所示，选择 $Li_{\mathrm{g}d}$，$Li_{\mathrm{g}q}$，Cu_{dc} 为状态变量，可以得到标准形式的哈密顿方程。

$$\dot{\boldsymbol{x}}=\begin{bmatrix}L\dfrac{\mathrm{d}i_{\mathrm{g}d}}{\mathrm{d}t}\\ L\dfrac{\mathrm{d}i_{\mathrm{g}q}}{\mathrm{d}t}\\ C\dfrac{\mathrm{d}u_{\mathrm{dc}}}{\mathrm{d}t}\end{bmatrix}=\begin{bmatrix}-R & -w_{\mathrm{s}}L & 0\\ w_{\mathrm{s}}L & -R & 0\\ 0 & 0 & 0\end{bmatrix}\begin{bmatrix}i_d\\ i_q\\ u_{\mathrm{dc}}\end{bmatrix}+\begin{bmatrix}u_{\mathrm{dc}} & 0\\ 0 & u_{\mathrm{dc}}\\ -i_d & -i_q\end{bmatrix}\begin{bmatrix}s_d\\ s_q\end{bmatrix}+\begin{bmatrix}-u_{\mathrm{g}d}\\ -u_{\mathrm{g}q}\\ I_{\mathrm{s}}\end{bmatrix}\tag{3.84}$$

该系统的能量函数为 $H=\dfrac{1}{2}Li_{\mathrm{g}d}^2+\dfrac{1}{2}Li_{\mathrm{g}q}^2+\dfrac{1}{2}Cu_{\mathrm{dc}}^2$。根据能量成型控制的互联与阻尼配置控制可以引入 $\boldsymbol{J}_{\mathrm{a}}$ 和 $\boldsymbol{R}_{\mathrm{a}}$ 来增加额外自由度，同时得到系统期望达到的内联结构矩阵 $\boldsymbol{J}_{\mathrm{d}}=\boldsymbol{J}(x)+\boldsymbol{J}_{\mathrm{a}}(x)$ 和耗散结构矩阵 $\boldsymbol{R}_{\mathrm{d}}=\boldsymbol{R}(x)+\boldsymbol{R}_{\mathrm{a}}(x)$。

$$\boldsymbol{J}_{\mathrm{a}}=\begin{bmatrix}0 & w_{\mathrm{s}}L & 0\\ -w_{\mathrm{s}}L & 0 & 0\\ 0 & 0 & 0\end{bmatrix},\quad \boldsymbol{R}_{\mathrm{a}}=\begin{bmatrix}R_1 & 0 & 0\\ 0 & R_2 & 0\\ 0 & 0 & R_3\end{bmatrix}\tag{3.85}$$

$$\boldsymbol{J}_{\mathrm{d}}-\boldsymbol{R}_{\mathrm{d}}=\begin{bmatrix}-R-R_1 & 0 & 0\\ 0 & -R-R_2 & 0\\ 0 & 0 & -R_3\end{bmatrix}\tag{3.86}$$

将式(3.85)和式(3.86)代入能量成型目标

$$[\boldsymbol{J}_{\mathrm{d}}(x)-\boldsymbol{R}_{\mathrm{d}}(x)]\frac{\partial H_{\mathrm{a}}(x)}{\partial x}=-[\boldsymbol{J}_{\mathrm{a}}(x)-\boldsymbol{R}_{\mathrm{a}}(x)]\frac{\partial H(x)}{\partial x}+\boldsymbol{g}(x)\beta(x) \tag{3.87}$$

可得

$$\begin{bmatrix}-R-R_1 & & \\ & -R-R_2 & \\ & & -R_3\end{bmatrix}\begin{bmatrix}K_1\\K_2\\K_3\end{bmatrix}=\begin{bmatrix}R_1 & -w_sL & 0\\ w_sL & R_2 & 0\\ 0 & 0 & R_3\end{bmatrix}\begin{bmatrix}i_d\\i_q\\u_{dc}\end{bmatrix}+\begin{bmatrix}u_{dc} & 0\\ 0 & u_{dc}\\ -i_d & -i_q\end{bmatrix}\begin{bmatrix}s_d\\s_q\end{bmatrix}+\begin{bmatrix}-u_{gd}\\-u_{gq}\\I_s\end{bmatrix} \tag{3.88}$$

根据向量函数 $\boldsymbol{K}(x)$ 的平衡点设定条件，在期望平衡点处有

$$\boldsymbol{K}(x^*)=-\frac{\partial H(x^*)}{\partial x}$$

所以有

$$\begin{cases}s_d=\dfrac{Ri_d^*+w_sLi_q+u_{gd}-R_1(i_d-i_d^*)}{u_{dc}}\\[2ex] s_q=\dfrac{Ri_q^*-w_sLi_d+u_{gq}-R_2(i_q-i_q^*)}{u_{dc}}\end{cases} \tag{3.89}$$

系统的期望能量函数为

$$H_{\mathrm{d}}=\frac{1}{2}L\,(i_d-i_d^*)^2+\frac{1}{2}L\,(i_q-i_q^*)^2+\frac{1}{2}C\,(u_{dc}-u_{dc}^*)^2$$

根据 $v=x_{\mathrm{e}}=-\boldsymbol{K}_{\mathrm{I}}\int y_{\mathrm{d}}\mathrm{d}t=-\boldsymbol{K}_{\mathrm{I}}\int\boldsymbol{g}^{\mathrm{T}}\frac{\partial H_{\mathrm{d}}}{\partial\boldsymbol{x}}\mathrm{d}t$ 可加入积分项，即

$$\begin{aligned}\dot{\varphi}=-\boldsymbol{g}^{\mathrm{T}}\nabla H_{\mathrm{d}}&=\begin{bmatrix}-u_{dc} & 0 & i_d\\ 0 & -u_{dc} & i_q\end{bmatrix}\begin{bmatrix}i_d-i_d^*\\ i_q-i_q^*\\ u_{dc}-u_{dc}^*\end{bmatrix}\\ &=\begin{bmatrix}-u_{dc}(i_d-i_d^*)+i_d(u_{dc}-u_{dc}^*)\\ -u_{dc}(i_q-i_q^*)+i_q(u_{dc}-u_{dc}^*)\end{bmatrix}\end{aligned} \tag{3.90}$$

最后得到加入积分项之后的控制律为

$$\begin{cases}s_d=\dfrac{Ri_d^*+w_sLi_q+u_{gd}-R_1(i_d-i_d^*)}{u_{dc}}+\displaystyle\int-u_{dc}(i_d-i_d^*)\mathrm{d}t+\int i_d(u_{dc}-u_{dc}^*)\mathrm{d}t\\[2ex] s_q=\dfrac{Ri_q^*-w_sLi_d+u_{gq}-R_2(i_q-i_q^*)}{u_{dc}}+\displaystyle\int-u_{dc}(i_q-i_q^*)\mathrm{d}t+\int i_q(u_{dc}-u_{dc}^*)\mathrm{d}t\end{cases} \tag{3.91}$$

接下来使用软件对其进行仿真验证，将上述控制策略应用到超导磁储能系统(superconducting－magnetic energy storage system，SMES)控制器的电流内环上。控制器的仿真参数见表3.1。

表3.1　控制器的仿真参数

名称	数值
滤波电感 L	0.000 01 H
额定角频率 w_s	$2\pi\times60$
滤波电感等效电阻 R	0.1 Ω
加入的矩阵常数 R_1	0.5
加入的矩阵常数 R_2	1
积分参数 K_1	0.03
积分参数 K_2	0.3

通过式(3.91)可以得到VSC Model的控制律，将表3.1中的参数代入，可以得到未加入积分项的控制律，如式(3.92)所示。考虑到是对电流内环的控制，加入积分项的控制律如式(3.93)所示。

$$\begin{cases} s_d=\dfrac{0.1i_d^*+0.003\,768i_q+u_{gd}-0.5(i_d-i_d^*)}{u_{dc}} \\ s_q=\dfrac{0.1i_q^*-0.003\,768i_d+u_{gq}-(i_q-i_q^*)}{u_{dc}} \end{cases} \tag{3.92}$$

$$\begin{cases} s_{d-\mathrm{IA}}=\dfrac{0.1i_d^*+0.003\,768i_q+u_{gd}-0.5(i_d-i_d^*)}{u_{dc}}+0.03\displaystyle\int-u_{dc}(i_d-i_d^*)\mathrm{d}t \\ s_{q-\mathrm{IA}}=\dfrac{0.1i_q^*-0.003\,768i_d+u_{gq}-(i_q-i_q^*)}{u_{dc}}+0.3\displaystyle\int-u_{dc}(i_q-i_q^*)\mathrm{d}t \end{cases} \tag{3.93}$$

系统控制部分的构成如下：直流侧的电压指令通过电压外环形成参考电流，参考电流输出到VSC Model，VSC控制器根据上述控制律形成 dq 轴的参考电压，参考电压作为调制波，从而输出SPWM(正弦脉冲宽度调制)脉冲，控制三相全桥逆变器的输出。

图3.10和图3.11所示为两种控制器性能的对比实验结果。图3.10中电流 dq 轴分量都能快速收敛到给定值，验证了理论结果。从图中可以明显看出加入积分控制的系统输出抖动的范围更小，并且与给定值的偏差小，在允许的范围内；而未加入积分控制的系统输出偏离了给定值，且抖动较大。图3.11表明，对

于系统的输出功率,加入积分控制的系统超调明显变小,同时响应迅速。由此可以验证上述控制律的设计。

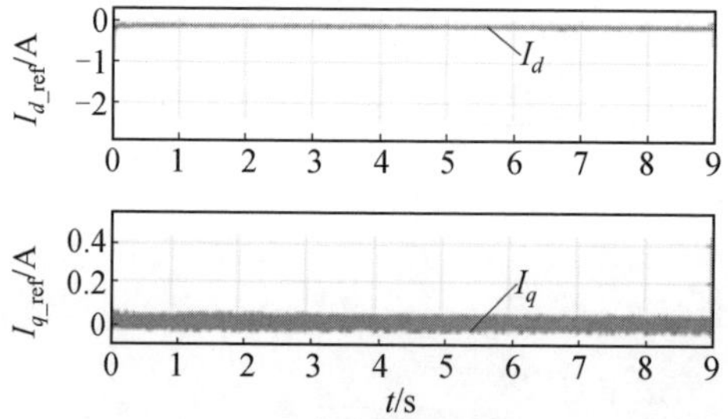

(a) 加入积分控制

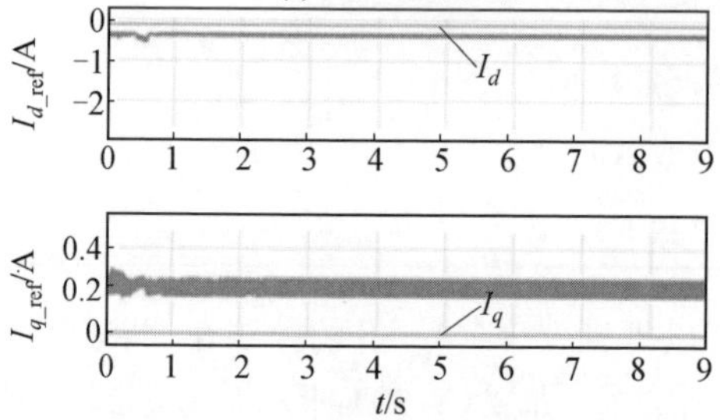

(b) 未加入积分控制

图 3.10 仿真中系统输出的 dq 轴电流 I_d、I_q 与 dq 轴参考电流 $I_{d-\mathrm{ref}}$、$I_{q-\mathrm{ref}}$

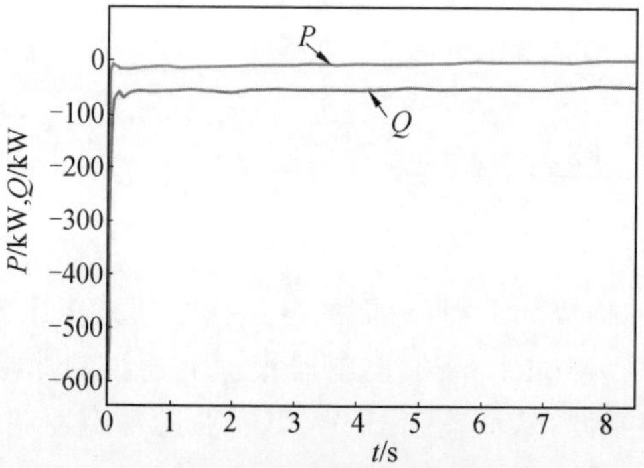

(a) 加入积分控制

图 3.11 仿真中系统输出的有功功率 P 和无功功率 Q

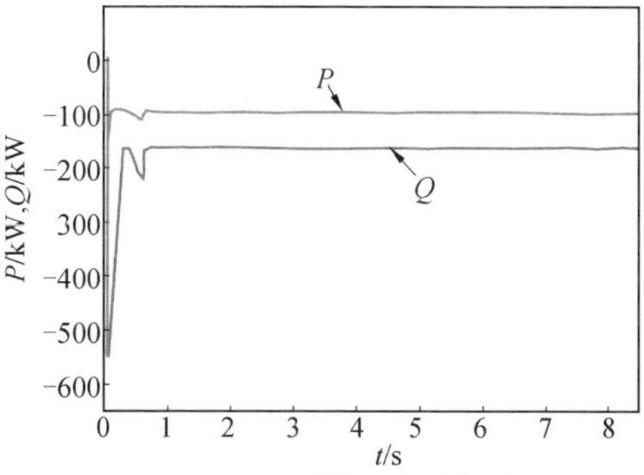

(b) 未加入积分控制

续图 3.11

第4章

能量成型控制在双馈风力发电系统中的应用

本章首先对双馈风力发电系统正常工况下的能量控制基本问题进行描述，包括双馈风力发电系统内部能量流动过程和双馈风力发电系统运行各阶段控制过程；然后对双馈风力发电系统能量成型控制进行研究，通过对双馈风力发电系统的机侧基本模型和网侧基本模型的描述，展现系统机侧的发电机和机侧变换器，网侧的直流环节和网侧变换器有着紧密的能量传递联系，并对不同工况下不同方法的控制性能进行对比；最后，证实基于能量的控制相较于PI控制在双馈风力发电系统的机、网侧控制应用中具有更好的鲁棒性。

4.1　双馈风力发电系统正常工况下能量控制基本问题描述

4.1.1　双馈风力发电系统内部能量流动过程

在双馈风力发电系统中，双馈感应发电机的定子和转子皆为对称三相绕组，定子绕组直接和电网相连，转子绕组则经背靠背变换器与电网相连。背靠背变换器是一个能量可在其中进行双向流动的电力变换装置，这使得双馈感应发电机与其他类型发电机相比具有从亚同步转速到超同步转速的更为宽泛的工作运行空间。

具体而言，假设电网的频率为 f_1，由于定子绕组与电网直接相连，气隙中产生的旋转磁场转速为 $n_s=60f_1/n_p$（n_p 为发电机极对数）。若发电机转子的转速为 n_r，则转差率 $s=(n_s-n_r)/n_s$。此时，如果通过机侧变换器对转子施加频率为 sf_1 的三相电源 V_r，那么转子中将产生三相对称电流，产生的旋转磁势相对于转子转速为 $60sf_1/n_p=sn_s$，即相对于定子同步旋转。同时，转子磁势在气隙中也会建立旋转磁场，在定子绕组中产生感应电动势，此感应电动势与电网电压共同形成三相对称电流，使产生的定子磁势以同步转速旋转。这样，定、转子磁势相对静止，在气隙中产生合成磁场。

当风速较低时，一方面，风能经风力机及传动装置转换为转子的旋转动能；另一方面，由于此阶段转子转速低于合成磁场的转速，发电机亚同步转速运行（$0<s<1$），机侧变换器将为发电机转子提供正相序励磁，励磁电流产生的磁场方向与转子机械转动方向相同，因此电磁转矩为驱动性，发电机转子侧将从电网索取部分电能转换为转子轴上的机械能输出。这两方面的能量转换成转子机械能，并在发电机内部经合成磁场传递到定子侧产生电能。随着风速的增加，转子转速加快，当 s 减小至零，发电机转子转速等于合成磁场的转速，发电机同步转速运行，而 $s=0$ 说明机侧变换器为转子提供直流励磁，因此，此时定子侧产生的

电能仅由风能转换而来。若风速继续增加,致使转子转速高于合成磁场转速,发电机超同步转速运行($s<0$),这时机侧变换器向转子提供负相序励磁,励磁电流产生的磁场方向与转子机械转动方向相反,所以电磁转矩为制动性,转子的部分机械能会通过合成磁场传递到定子侧产生电能,也存在部分机械能经合成磁场转换为电能由背靠背变换器传向电网。

4.1.2 双馈风力发电系统运行各阶段控制过程

双馈风力发电系统单机控制可划分为两个控制层面:风机控制层和电机控制层。风机控制层包括变桨距控制与变速控制,其中变桨距控制产生风力机桨距角参考信号,通过变桨距执行机构实现对风力机的桨距角调控;变速控制则产生发电机转速参考信号后传送至电机控制层。电机控制层包括双馈风力发电系统机侧变换器控制和网侧变换器控制,通过控制转子端背靠背变换器的开关调节发电机转子励磁,从而实现系统的变速控制。鉴于文献[57]已对基于能量的变桨距控制进行了深入分析,本小节将研究范围锁定为双馈风力发电系统单机控制的变速控制,即关注电机控制层的机侧和网侧变换器控制实现。

双馈风力发电系统的变速控制在系统的不同运行阶段有着不同的速度控制目标。以额定风速为分界点,系统运行可分为额定风速以下的功率优化过程和额定风速及其以上的功率限定过程。对于功率优化过程,随风速由小到大变化可依次划分为启动并网阶段、最大风能捕获阶段和恒转速阶段。当风速等于或大于额定风速时,则进入恒功率阶段。具体控制过程如下。

1. 启动并网阶段

发电机转速在切入速度以下时,风轮在风力作用下做机械转动,主要采用变桨距控制来控制风轮以一定升速率平稳升速,从而稳定风力机的机械载荷;当风轮带动发电机使转速接近切入速度时,采用变速控制使发电机转速稳定在最小转速处,进行机组并网。

2. 最大风能捕获阶段

此阶段主要采用变速控制,桨距角保持在最佳风能吸收效率角,机组通过电磁转矩和机械转矩的共同作用调节转速以获取最佳叶尖速比,来实现最大化捕获风能。这个阶段是风力发电机组运行的最主要阶段,覆盖的风速范围最宽。

3. 恒转速阶段

随着风速继续增加,发电机转速将达到额定转速,此时进入额定转速下的部分载荷模式,尽管转速受到限制保持在额定转速,但发电机功率还未达到额定值,可通过变桨距控制在恒转速情况下寻找最大风能转换效率所对应的桨距角进一步提升发电功率。

4. 恒功率阶段

一旦机组输出功率随风速上升达到额定功率,就由部分载荷模式进入满载模式。在这一阶段,采用变桨距控制减少对风能的捕获,调节发电机输出功率,确保发电机稳定工作在额定功率下。

综上所述,变速控制的控制目标在于:在启动并网阶段,使发电机转速保持在最小转速;在最大风能捕获阶段,使发电机转速根据风速变化而变化,以确保最佳叶尖速比;在恒转速和恒功率阶段,使发电机转速保持在额定转速。

4.2　双馈风力发电系统能量成型控制研究

4.2.1　双馈风力发电系统机侧能量成型控制

通过上文对双馈风力发电系统的机侧基本模型和网侧基本模型的描述,可以发现系统机侧的发电机和机侧变换器,网侧的直流环节和网侧变换器有着紧密联系。鉴于双馈风力发电系统机侧变换器和网侧变换器各自有着较为独立的控制目的,在对双馈风力发电系统 4 个子系统进行端口受控哈密顿建模实现后,进一步整合机械子系统和电磁子系统作为机侧的端口受控哈密顿模型,直流子系统和网端子系统作为网侧的端口受控哈密顿模型,分别为机侧和网侧子系统,如图 4.1 所示。

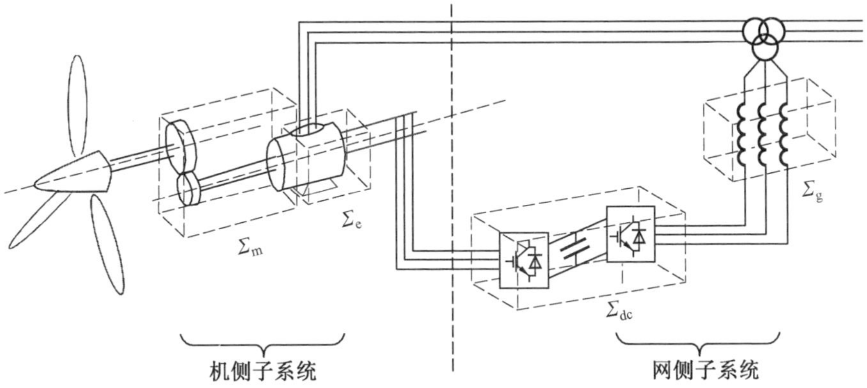

图 4.1　双馈风力发电系统机侧子系统和网侧子系统划分

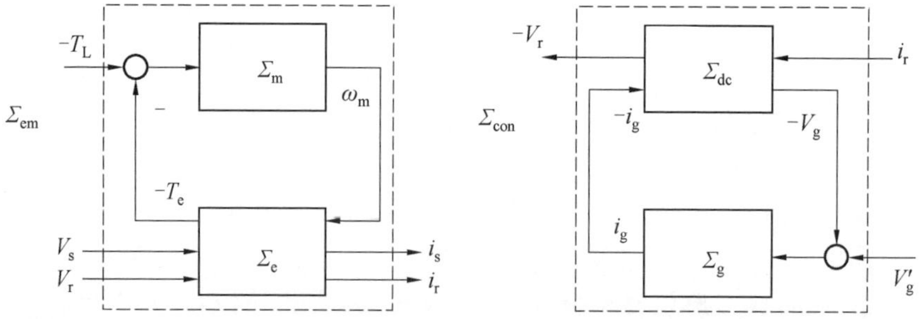

续图 4.1

系统机侧和网侧子系统是否能够完成端口受控哈密顿实现，同样需要在已划分的4个端口受控哈密顿子系统基础上，从选择系统机侧和网侧子系统能量变量、确定能量函数、配置系统能量结构矩阵入手展开研究。

1. 双馈风力发电系统机侧子系统端口受控哈密顿模型

根据已设计的机械子系统和电磁子系统端口受控哈密顿模型，将双馈风力发电系统机侧子系统端口受控哈密顿模型的能量变量选择为发电机的磁链和机械角动量：

$$\boldsymbol{x}_{\mathrm{em}}=[\varphi_{\mathrm{s}d},\varphi_{\mathrm{s}q},\varphi_{\mathrm{r}d},\varphi_{\mathrm{r}q},j\omega_{\mathrm{m}}]^{\mathrm{T}} \tag{4.1}$$

机侧子系统的能量函数为机械子系统和电磁子系统能量函数的加和：

$$\boldsymbol{H}_{\mathrm{em}}(\boldsymbol{x}_{\mathrm{em}})=\boldsymbol{H}_{\mathrm{m}}(\boldsymbol{x}_{\mathrm{m}})+\boldsymbol{H}_{\mathrm{e}}(\boldsymbol{x}_{\mathrm{e}})=\frac{1}{2}\boldsymbol{x}_{\mathrm{em}}^{\mathrm{T}}\boldsymbol{L}_{\mathrm{em}}^{-1}\boldsymbol{x}_{\mathrm{em}} \tag{4.2}$$

其中

$$\boldsymbol{L}_{\mathrm{em}}=\begin{bmatrix} L_{\mathrm{s}} & 0 & L_{\mathrm{m}} & 0 & 0 \\ 0 & L_{\mathrm{s}} & 0 & L_{\mathrm{m}} & 0 \\ L_{\mathrm{m}} & 0 & L_{\mathrm{r}} & 0 & 0 \\ 0 & L_{\mathrm{m}} & 0 & L_{\mathrm{r}} & 0 \\ 0 & 0 & 0 & 0 & j \end{bmatrix} \tag{4.3}$$

因此

$$\nabla\boldsymbol{H}_{\mathrm{em}}=\boldsymbol{L}_{\mathrm{em}}^{-1}\boldsymbol{x}_{\mathrm{em}}=\begin{bmatrix} \dfrac{1}{L_{\mathrm{m}}^{2}-L_{\mathrm{s}}L_{\mathrm{r}}}\begin{bmatrix} -L_{\mathrm{r}} & 0 & L_{\mathrm{m}} & 0 \\ 0 & -L_{\mathrm{r}} & 0 & L_{\mathrm{m}} \\ L_{\mathrm{m}} & 0 & -L_{\mathrm{s}} & 0 \\ 0 & L_{\mathrm{m}} & 0 & -L_{\mathrm{s}} \end{bmatrix} & 0 \\ 0 & 1/j \end{bmatrix}\begin{bmatrix} \varphi_{\mathrm{s}d} \\ \varphi_{\mathrm{s}q} \\ \varphi_{\mathrm{r}d} \\ \varphi_{\mathrm{r}q} \\ j\omega_{\mathrm{m}} \end{bmatrix} \tag{4.4}$$

将式(4.2)代入式(4.4),可得

$$\nabla \boldsymbol{H}_{\mathrm{em}}=[i_{sd},i_{sq},i_{rd},i_{rq},\omega_{\mathrm{m}}]^{\mathrm{T}} \tag{4.5}$$

确定了能量变量和能量函数后,设计机侧子系统的端口受控哈密顿模型为

$$\Sigma_{\mathrm{em}}:\begin{cases}\dot{\boldsymbol{x}}_{\mathrm{em}}=(\boldsymbol{J}_{\mathrm{em}}-\boldsymbol{R}_{\mathrm{em}})\nabla \boldsymbol{H}_{\mathrm{em}}+\boldsymbol{g}_{\mathrm{em1}}\boldsymbol{u}_{\mathrm{em1}}+\boldsymbol{g}_{\mathrm{em2}}\boldsymbol{u}_{\mathrm{em2}}+\boldsymbol{g}_{\mathrm{em3}}\boldsymbol{u}_{\mathrm{em3}}\\ \boldsymbol{y}_{\mathrm{em1}}=\boldsymbol{g}_{\mathrm{em1}}^{\mathrm{T}}\nabla \boldsymbol{H}_{\mathrm{em}}\\ \boldsymbol{y}_{\mathrm{em2}}=\boldsymbol{g}_{\mathrm{em2}}^{\mathrm{T}}\nabla \boldsymbol{H}_{\mathrm{em}}\\ \boldsymbol{y}_{\mathrm{em3}}=\boldsymbol{g}_{\mathrm{em3}}^{\mathrm{T}}\nabla \boldsymbol{H}_{\mathrm{em}}\end{cases} \tag{4.6}$$

其中,内联结构矩阵为

$$\boldsymbol{J}_{\mathrm{em}}=-\boldsymbol{J}_{\mathrm{em}}^{\mathrm{T}}=\begin{bmatrix}0 & \omega_{\mathrm{s}}L_{\mathrm{s}} & 0 & \omega_{\mathrm{s}}L_{\mathrm{m}} & 0\\ -\omega_{\mathrm{s}}L_{\mathrm{s}} & 0 & -\omega_{\mathrm{s}}L_{\mathrm{m}} & 0 & 0\\ 0 & \omega_{\mathrm{s}}L_{\mathrm{m}} & 0 & \omega_{\mathrm{s}}L_{\mathrm{r}} & -n_{\mathrm{p}}\varphi_{\mathrm{r}q}\\ -\omega_{\mathrm{s}}L_{\mathrm{m}} & 0 & -\omega_{\mathrm{s}}L_{\mathrm{r}} & 0 & n_{\mathrm{p}}\varphi_{\mathrm{r}d}\\ 0 & 0 & n_{\mathrm{p}}\varphi_{\mathrm{r}q} & -n_{\mathrm{p}}\varphi_{\mathrm{r}d} & 0\end{bmatrix} \tag{4.7}$$

耗散结构矩阵为

$$\boldsymbol{R}_{\mathrm{em}}=\boldsymbol{R}_{\mathrm{em}}^{\mathrm{T}}=\begin{bmatrix}R_{\mathrm{s}} & 0 & 0 & 0 & 0\\ 0 & R_{\mathrm{s}} & 0 & 0 & 0\\ 0 & 0 & R_{\mathrm{r}} & 0 & 0\\ 0 & 0 & 0 & R_{\mathrm{r}} & 0\\ 0 & 0 & 0 & 0 & f\end{bmatrix} \tag{4.8}$$

内外部交互结构矩阵为

$$\boldsymbol{g}_{\mathrm{em1}}=\begin{bmatrix}0 & 0\\ 0 & 0\\ -n_{\mathrm{p}}\varphi_{\mathrm{r}q} & 0\\ n_{\mathrm{p}}\varphi_{\mathrm{r}d} & 0\\ 0 & 1\end{bmatrix},\quad \boldsymbol{g}_{\mathrm{em2}}=\begin{bmatrix}1 & 0\\ 0 & 1\\ 0 & 0\\ 0 & 0\\ 0 & 0\end{bmatrix},\quad \boldsymbol{g}_{\mathrm{em3}}=\begin{bmatrix}0 & 0\\ 0 & 0\\ 1 & 0\\ 0 & 1\\ 0 & 0\end{bmatrix} \tag{4.9}$$

输入端口变量为

$$\boldsymbol{u}_{\mathrm{em1}}=\begin{bmatrix}0\\ -T_{\mathrm{L}}\end{bmatrix},\quad \boldsymbol{u}_{\mathrm{em2}}=\begin{bmatrix}V_{sd}\\ V_{sq}\end{bmatrix},\quad \boldsymbol{u}_{\mathrm{em3}}=\begin{bmatrix}V_{\mathrm{r}d}\\ V_{\mathrm{r}q}\end{bmatrix} \tag{4.10}$$

将式(4.5)和式(4.9)代入式(4.6),可以得到输出端口变量为

$$\boldsymbol{y}_{\mathrm{em1}}=\begin{bmatrix}-T_{\mathrm{e}}\\ \omega_{\mathrm{m}}\end{bmatrix},\quad \boldsymbol{y}_{\mathrm{em2}}=\begin{bmatrix}i_{sd}\\ i_{sq}\end{bmatrix},\quad \boldsymbol{y}_{\mathrm{em3}}=\begin{bmatrix}i_{\mathrm{r}d}\\ i_{\mathrm{r}q}\end{bmatrix} \tag{4.11}$$

由上述推导可知,经计算得到的输出端口变量,即式(4.11),满足图 4.1 中机

侧子系统的原输出端口的设计。另外，容易证明若将机侧子系统的端口受控哈密顿模型中各结构矩阵展开，所得到的偏微分方程与双馈风力发电系统的基本机侧模型式(4.6)保持一致。因此，双馈风力发电系统的机侧子系统可以进行端口受控哈密顿实现。

为实现对双馈风力发电系统的变速调节，系统机侧基于能量的控制策略设计要以系统机侧的端口受控哈密顿模型和机侧转速控制目标为基础。前者描述了系统当前能量变量的变化动态，后者则决定了系统能量变量所期望达到的平衡状态。基于能量的控制策略作为连接系统目前状态和期望状态的纽带，将在系统期望平衡点设定后对其进行具体设计，来达到对双馈感应发电机转子励磁的目的。

2. 额定风速以下双馈风力发电系统机侧转速控制目标

双馈风力发电系统机侧转速控制的目标在于根据风速调节转子转速来确保双馈风力发电系统以最低的代价来产生能量。这意味着控制策略应该旨在有效提取最大风能并保证系统安全运行。因此，风速、转子转速和捕获功率三者之间的关系对于设定机侧转速控制目标来说尤为重要。本书所研究的双馈风力发电系统的风速、转子转速和捕获功率间的关系曲线如图4.2所示。系统在额定风速(12 m/s)以下时，即不包括恒功率阶段，转速应按照图中虚线，即启动并网阶段($A-B$阶段)、最大风能捕获阶段($B-C$阶段)和恒转速阶段($C-D$阶段)运行。每个阶段按前述分析都有着各自的控制目标，具体设定如下。

(1)$A-B$阶段。

在这一阶段，风速较小，单凭风速产生的机械转矩还不足以使转子以最低转速运转，发电机需要励磁的帮助以使转子转速保持为发电机的最小转速。因此，这一阶段的速度控制目标是将转子转速期望值设定为发电机的最小转速，即$\omega_m^*=\omega_{\min}$。

(2)$B-C$阶段。

随着风速的增加，此阶段的目标变为在多风速下通过调节转子转速保持最佳叶尖速比，来对风能最大功率系数$C_{p\max}$曲线进行追踪，从而尽最大可能地捕获风能。因此，这一阶段的速度控制目标是将转子转速期望值设定为$\omega_m^*=n_g\lambda_{opt}v_{wind}/R_t$，其中$n_g$为传动比，$\lambda_{opt}$为最佳叶尖速比，$v_{wind}$为风速，$R_t$为桨叶长度。

(3)$C-D$阶段。

随着风速进一步增加，发电机的转子转速上升至额定值，励磁控制需要出于保护电机的目的阻止转速继续上升，但由于此时发电机功率还未达到额定值，因此发电机转子转速会保持为额定转速而功率继续上升。所以，这一阶段的速度控制目标是将转子转速期望值设定为发电机额定转速，即 $\omega_m^* = \omega_{nom}$。

综上所述，系统额定风速以下的 $A-D$ 阶段的转速控制目标已经清晰，即可以确定系统期望平衡点设定阶段的发电机期望转速 ω_m^* 的值。

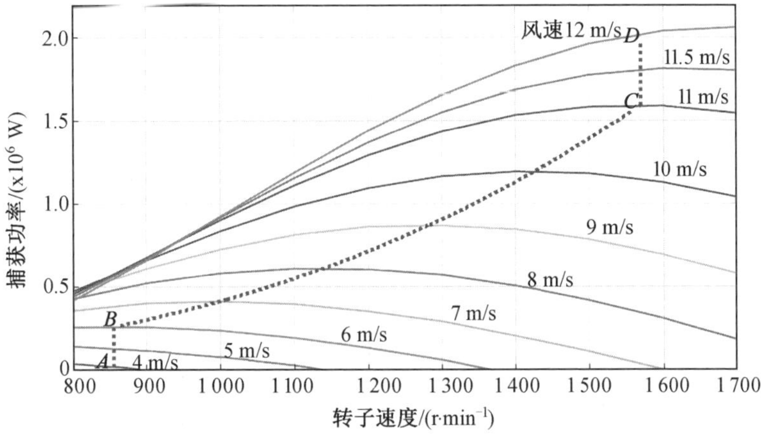

图 4.2　风速、转子转速和捕获功率间的关系曲线

3. 双馈风力发电系统机侧期望平衡点设定

由于系统平衡点为系统期望达到的稳定状态，因此，在平衡点处，系统的状态变量将不再变化。基于前文中对双馈风力发电系统机侧子系统端口受控哈密顿模型的设计，其在期望平衡点处应满足能量变量不再变化，即满足

$$\dot{\boldsymbol{x}}_{em}\big|_{\boldsymbol{x}_{em}=\boldsymbol{x}_{em}^*} = 0 \tag{4.12}$$

那么，将机侧子系统端口受控哈密顿模型式(4.6) 中的 $\dot{\boldsymbol{x}}_{em}$ 代入式(4.12)，可得

$$(\boldsymbol{J}_{em} - \boldsymbol{R}_{em})\nabla \boldsymbol{H}_{em} + \boldsymbol{g}_{em1}\boldsymbol{u}_{em1} + \boldsymbol{g}_{em2}\boldsymbol{u}_{em2} + \boldsymbol{g}_{em3}\boldsymbol{u}_{em3}\big|_{\boldsymbol{x}_{em}=\boldsymbol{x}_{em}^*} = 0 \tag{4.13}$$

由于式(4.13) 为具有六个变量的五维方程，因此还需一个已知条件才能对方程进行求解。发电机所建立的 dq 旋转模型其同步旋转坐标系中的定子磁链正好与同步旋转坐标系的 d 轴重合，因此 $\varphi_{sq} = 0$，即可以得到

$$i_{rq} = -\frac{L_s}{L_m} i_{sq} \tag{4.14}$$

联立式(4.13) 和式(4.14)，经过整理，可得到期望平衡点状态方程为

$$\begin{cases}-R_s i_{sd}^* + \omega_s L_s i_{sq}^* + \omega_s L_m i_{rq}^* + V_{sd} = 0 \\ -\omega_s L_s i_{sd}^* - R_s i_{sq}^* - \omega_s L_m i_{rd}^* + V_{sq} = 0 \\ (\omega_s - n_p \omega_m^*)(L_m i_{sq}^* + L_r i_{rq}^*) - R_r i_{rd}^* + V_{rd}^* = 0 \\ -(\omega_s - n_p \omega_m^*)(L_m i_{sd}^* + L_r i_{rd}^*) - R_r i_{rq}^* + V_{rq}^* = 0 \\ n_p L_m (i_{sq}^* i_{rd}^* - i_{sd}^* i_{rq}^*) - f\omega_m^* - T_L = 0 \\ L_m i_{rq}^* + L_s i_{sq}^* = 0\end{cases} \tag{4.15}$$

求解式(4.15),得到系统机侧子系统期望平衡点为

$$\boldsymbol{x}_{em}^* = \begin{bmatrix}\varphi_{sd}^* \\ \varphi_{sq}^* \\ \varphi_{rd}^* \\ \varphi_{rq}^* \\ j\omega_m^*\end{bmatrix} = \begin{bmatrix}L_s i_{sd}^* + L_m i_{rd}^* \\ 0 \\ L_r i_{rd}^* + L_m i_{sd}^* \\ L_r i_{rq}^* + L_m i_{sq}^* \\ j\omega_m^*\end{bmatrix} \tag{4.16}$$

其中

$$\begin{cases}i_{sd}^* = V_{sd}/R_s \\ i_{sq}^* = (V_{sq} - \sqrt{V_{sq}^2 - 4R_s\omega_s(f\omega_m^* + T_L)/n_p})/(2R_s) \\ i_{rd}^* = (f\omega_m^* + T_L)/(n_p L_m i_{sq}^*) - L_s i_{sd}^*/L_m \\ i_{rq}^* = -L_s i_{sq}^*/L_m \\ V_{rd}^* = R_r i_{rd}^* - (\omega_s - n_p\omega_m^*)(L_m i_{sq}^* + L_r i_{rq}^*) \\ V_{rq}^* = R_r i_{rq}^* + (\omega_s - n_p\omega_m^*)(L_m i_{sd}^* + L_r i_{rd}^*)\end{cases} \tag{4.17}$$

需要说明的是,在 i_{sq}^* 求解的过程中实际存在两个解,即

$$i_{sq}^* = (V_{sq} \pm \sqrt{V_{sq}^2 - 4R_s\omega_s(f\omega_m^* + T_L)/n_p})/(2R_s) \tag{4.18}$$

尽管这两个解都可保证系统在期望平衡点处具有能量极小值以保持稳定,但系统在期望平衡点处具有的能量越小,说明系统在稳定时功耗越小,因此这里选取绝对值相对较小的解,即

$$i_{sq}^* = (V_{sq} - \sqrt{V_{sq}^2 - 4R_s\omega_s(f\omega_m^* + T_L)/n_p})/(2R_s)$$

4. 基于能量的双馈风力发电系统机侧励磁控制策略

根据前文阐述的能量控制的设计原则,对双馈风力发电系统的机侧子系统应用下述方法来实现对风力发电机的励磁控制。设计目标在于找到状态反馈控制 $\boldsymbol{u}_{em3}$,即控制变量为转子 d 轴和 q 轴励磁电压,使双馈风力发电系统机侧子系统 Σ_{em} 的闭环动态由

$$\dot{\boldsymbol{x}}_{em} = (\boldsymbol{J}_{em} - \boldsymbol{R}_{em})\nabla\boldsymbol{H}_{em} + \boldsymbol{g}_{em1}\boldsymbol{u}_{em1} + \boldsymbol{g}_{em2}\boldsymbol{u}_{em2} + \boldsymbol{g}_{em3}\boldsymbol{u}_{em3}$$

变成

$$\dot{\boldsymbol{x}}_{em}=(\boldsymbol{J}_d-\boldsymbol{R}_d)\nabla \boldsymbol{H}_d$$

式中　$\boldsymbol{H}_d$—— 系统期望能量函数，在系统期望平衡点 $\boldsymbol{x}^*$ 处具有严格局部最小值；

$\boldsymbol{J}_d$—— 期望内联结构矩阵，满足反对称结构；

$\boldsymbol{R}_d$—— 期望耗散结构矩阵，满足半正定结构。

且 $\boldsymbol{H}_d$、$\boldsymbol{J}_d$、$\boldsymbol{R}_d$ 分别满足

$$\begin{cases}\boldsymbol{H}_d=\boldsymbol{H}_{em}+\boldsymbol{H}_a\\ \boldsymbol{J}_d=\boldsymbol{J}_{em}+\boldsymbol{J}_a\\ \boldsymbol{R}_d=\boldsymbol{R}_{em}+\boldsymbol{R}_a\end{cases}\tag{4.19}$$

式中　$\boldsymbol{H}_a$—— 系统 Σ_{em} 达到期望平衡点状态所需要的控制能量；

$\boldsymbol{J}_a$—— 控制能量的注入使原端口受控哈密顿系统内部能量转换结构矩阵产生的变化；

$\boldsymbol{R}_a$—— 控制能量的注入使原端口受控哈密顿系统内部能量等效耗散结构矩阵产生的变化。

根据期望能量函数在 $\boldsymbol{x}^*$ 处具有局部极小值的性质，可将 $\boldsymbol{H}_d$ 表示为

$$\boldsymbol{H}_d=\frac{1}{2}(\boldsymbol{x}_{em}-\boldsymbol{x}_{em}^*)^{T}\boldsymbol{L}_{em}^{-1}(\boldsymbol{x}_{em}-\boldsymbol{x}_{em}^*)\tag{4.20}$$

那么，由式(4.19)和式(4.20)可得到 $\boldsymbol{H}_a$ 为

$$\begin{aligned}\boldsymbol{H}_a&=\boldsymbol{H}_d-\boldsymbol{H}_{em}\\&=\frac{1}{2}(\boldsymbol{x}_{em}-\boldsymbol{x}_{em}^*)^{T}\boldsymbol{L}_{em}^{-1}(\boldsymbol{x}_{em}-\boldsymbol{x}_{em}^*)-\frac{1}{2}\boldsymbol{x}_{em}^{T}\boldsymbol{L}_{em}^{-1}\boldsymbol{x}_{em}\\&=\frac{1}{2}\boldsymbol{x}_{em}^{*\,T}\boldsymbol{L}_{em}^{-1}\boldsymbol{x}_{em}^*-\boldsymbol{x}_{em}^{*\,T}\boldsymbol{L}_{em}^{-1}\boldsymbol{x}_{em}\end{aligned}\tag{4.21}$$

由于励磁电压 V_{rd}、V_{rq} 出现在模型式(4.6)的第三行和第四行，并根据 $\boldsymbol{J}_a$ 的反对称性和 $\boldsymbol{R}_a$ 的半正定性，将 $\boldsymbol{J}_a$ 和 $\boldsymbol{R}_a$ 分别设计为

$$\boldsymbol{J}_a=\begin{bmatrix}\boldsymbol{0}_2&\boldsymbol{0}_2&\boldsymbol{0}_{2\times1}\\ \boldsymbol{0}_2&\boldsymbol{0}_2&\boldsymbol{A}\\ \boldsymbol{0}_{1\times2}&-\boldsymbol{A}^{T}&\boldsymbol{0}\end{bmatrix}\tag{4.22}$$

$$\boldsymbol{R}_a=\begin{bmatrix}\boldsymbol{0}_2&\boldsymbol{0}&\boldsymbol{0}_{2\times1}\\ \boldsymbol{0}_2&r\boldsymbol{E}_2&\boldsymbol{0}_{2\times1}\\ \boldsymbol{0}_{1\times2}&\boldsymbol{0}_{1\times2}&\boldsymbol{0}\end{bmatrix}\tag{4.23}$$

式中，$\boldsymbol{A}=[A_1\quad A_2]^{T}$，$\boldsymbol{E}$ 为单位矩阵，$\boldsymbol{0}$ 为零矩阵。向量 $\boldsymbol{A}$ 可在能量匹配方程求解

过程中解出。r 为一正常数,用来描述系统控制能量作用下的新阻耗配置。

确定 $\boldsymbol{J}_{\mathrm{a}}$、$\boldsymbol{R}_{\mathrm{a}}$、$\boldsymbol{H}_{\mathrm{a}}$ 后,将机侧子系统端口受控哈密顿模型式(4.6)、期望平衡点设定方程式(4.16)一并代入能量匹配方程

$$(\boldsymbol{J}_{\mathrm{em}}-\boldsymbol{R}_{\mathrm{em}})\nabla\boldsymbol{H}_{\mathrm{em}}+\boldsymbol{g}_{\mathrm{em1}}\boldsymbol{u}_{\mathrm{em1}}+\boldsymbol{g}_{\mathrm{em2}}\boldsymbol{u}_{\mathrm{em2}}+\boldsymbol{g}_{\mathrm{em3}}\boldsymbol{u}_{\mathrm{em3}}=(\boldsymbol{J}_{\mathrm{d}}-\boldsymbol{R}_{\mathrm{d}})\nabla\boldsymbol{H}_{\mathrm{d}} \tag{4.24}$$

进一步化简式(4.24),可得到

$$\boldsymbol{g}_{\mathrm{em1}}\boldsymbol{u}_{\mathrm{em1}}+\boldsymbol{g}_{\mathrm{em2}}\boldsymbol{u}_{\mathrm{em2}}+\boldsymbol{g}_{\mathrm{em3}}\boldsymbol{u}_{\mathrm{em3}}=(\boldsymbol{J}_{\mathrm{a}}-\boldsymbol{R}_{\mathrm{a}})\nabla\boldsymbol{H}_{\mathrm{em}}+(\boldsymbol{J}_{\mathrm{d}}-\boldsymbol{R}_{\mathrm{d}})\nabla\boldsymbol{H}_{\mathrm{a}} \tag{4.25}$$

再由式(4.21)可得

$$\begin{cases}\nabla\boldsymbol{H}_{\mathrm{em}}=\dfrac{\partial\boldsymbol{H}_{\mathrm{em}}}{\partial\boldsymbol{x}_{\mathrm{em}}}=\boldsymbol{L}_{\mathrm{em}}^{-1}\boldsymbol{x}_{\mathrm{em}}\\[2ex]\nabla\boldsymbol{H}_{\mathrm{a}}=\dfrac{\partial\boldsymbol{H}_{\mathrm{a}}}{\partial\boldsymbol{x}_{\mathrm{em}}}=-\boldsymbol{L}_{\mathrm{em}}^{-1}\boldsymbol{x}_{\mathrm{em}}^{*}\end{cases} \tag{4.26}$$

求解式(4.25),可得到励磁控制变量如下:

$$\begin{cases}V_{\mathrm{r}d}=V_{\mathrm{r}d}^{*}+A_1(\omega_{\mathrm{m}}-\omega_{\mathrm{m}}^{*})-r(i_{\mathrm{r}d}-i_{\mathrm{r}d}^{*})+n_{\mathrm{p}}\omega_{\mathrm{m}}^{*}L_{\mathrm{r}}(i_{\mathrm{r}q}-i_{\mathrm{r}q}^{*})+n_{\mathrm{p}}\omega_{\mathrm{m}}^{*}L_{\mathrm{m}}(i_{\mathrm{s}q}-i_{\mathrm{s}q}^{*})\\ V_{\mathrm{r}q}=V_{\mathrm{r}q}^{*}+A_2(\omega_{\mathrm{m}}-\omega_{\mathrm{m}}^{*})-r(i_{\mathrm{r}q}-i_{\mathrm{r}q}^{*})-n_{\mathrm{p}}\omega_{\mathrm{m}}^{*}L_{\mathrm{r}}(i_{\mathrm{r}d}-i_{\mathrm{r}d}^{*})-n_{\mathrm{p}}\omega_{\mathrm{m}}^{*}L_{\mathrm{m}}(i_{\mathrm{s}d}-i_{\mathrm{s}d}^{*})\\ A_1=n_{\mathrm{p}}i_{\mathrm{r}q}^{*}\left[L_{\mathrm{r}}+\dfrac{L_{\mathrm{m}}(i_{\mathrm{s}d}-i_{\mathrm{s}d}^{*})}{i_{\mathrm{r}d}-i_{\mathrm{r}d}^{*}}\right]\\ A_2=n_{\mathrm{p}}i_{\mathrm{r}d}^{*}\left(\dfrac{L_{\mathrm{m}}^{2}}{L_{\mathrm{s}}}-L_{\mathrm{r}}\right)\end{cases} \tag{4.27}$$

双馈风力发电系统机侧变换器采用基于能量的励磁控制策略的全部过程可由图 4.3 描述,图中 DFIG 指双馈感应发电机(doubly-fed induction generator)。如图 4.3 所示,在本节非线性的励磁控制策略中,对转子期望转速的设定取决于风速和从发电机反馈回的实际转速。利用期望转速可以由期望平衡点设定方程式(4.16)求解获得系统达到平衡时各状态变量的期望值。根据设定好的期望平衡点,机侧励磁电压就可由基于能量的控制器式(4.27)计算得出。最终,通过机侧变换器按照基于能量的励磁控制策略进行相应的开关通断,可使发电机在本节励磁下实际转速达到预先设定的期望值。

5. 额定风速以下基于能量的双馈风力发电系统机侧控制方法控制性能

为了检验建立在双馈风力发电系统机侧子系统端口受控哈密顿模型上的基于能量的励磁控制策略的控制效果,本节建立额定功率为 2 MW 的双馈风力发电系统仿真平台对控制策略进行仿真。该双馈风力发电系统参数如下。

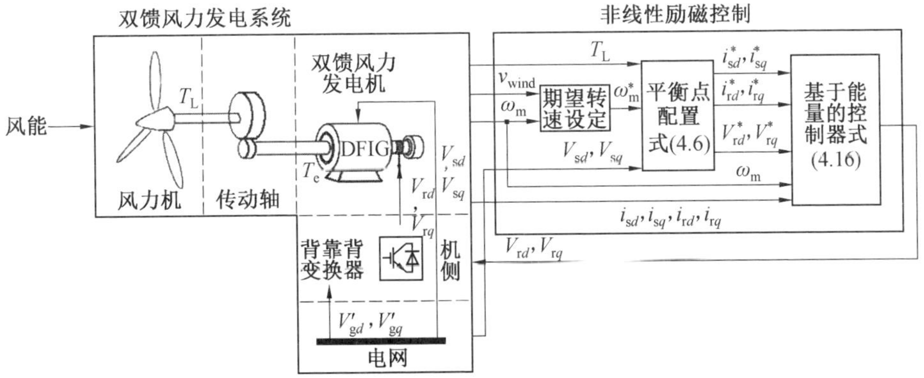

图 4.3 基于能量的励磁控制策略示意图

(1) 风力机和齿轮箱。

启动风速 4 m/s，额定风速 12 m/s，总转动惯量 $j=120\ \mathrm{kg \cdot m^2}$，风轮半径 $R_t=37.5$ m，齿轮箱变速比 $n_g=80$。

(2) 双馈感应发电机。

最小转速 856 r/min，额定转速 1 569 r/min，额定功率 $P_{rate}=2$ MW，极对数 $n_p=2$，摩擦系数 $f=0.01$ N·m·s/rad，定子电阻 $R_s=5\ \mathrm{m\Omega}$，转子电阻 $R_r=5\ \mathrm{m\Omega}$，定子电感 $L_s=4.93$ mH，转子电感 $L_s=4.9$ mH，互感 $L_m=4.8$ mH。

(3) 变换器和电网。

网侧电阻 $R_g=2.2\ \Omega$，网侧电感 $L_g=2$ mH，直流电容 $C=2.2$ mF，网侧电压 $V'_g=V_s=690$ V，电网频率 $f_g=50$ Hz，网侧同步旋转角频率 $\sigma_s=314$ rad/s。

针对机侧控制效果进行仿真，本书采用涵盖 $A-D$ 阶段的扰动风速作为注入双馈风力发电系统的风速，如图 4.4 所示。风速时间序列为 420 s，以 0.01 s 为采样时间，扰动强度为5%。风速从 5 m/s 到 11.5 m/s，以每 30 s 阶跃 0.5 m/s 的上升幅度持续增长。这样，整个过程就可涉及额定风速以下双馈感应发电机运行的全部阶段。具体来说，$A-B$ 阶段为风速低于 6 m/s，即仿真的前 60 s；$B-C$ 阶段为风速从 6 m/s 到 11 m/s，即仿真的 60 s 到 390 s；$C-D$ 阶段为风速大于 11 m/s 但小于额定风速，即仿真的最后 30 s。需要说明的是，当风速在 10.5 m/s 左右时，发电机的转速将在同步转速附近，当风速达到 11 m/s 时，发电机的转速将达到额定转速。

因此，根据转子转速期望值设定原则，将期望转速在前 60 s 设定为发电机最小转速 856 r/min，在风速大于 11 m/s 时设定为发电机额定转速 1 569 r/min，在 60 s 到 390 s 间设定为 $\omega_m^*=n_g\lambda_{opt}v_{wind}/R_t$，该值将随风速的变化产生相应变化。

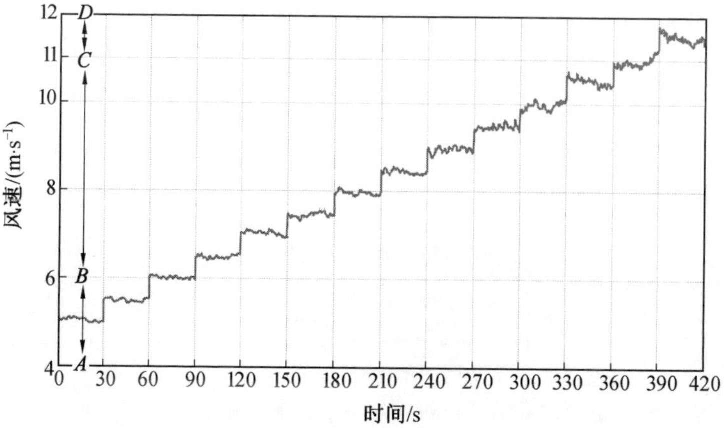

图 4.4 涵盖 $A-D$ 阶段的扰动风速

设定的转速期望值如图 4.5(a) 中虚线所示。控制变量，即根据能量控制策略得到的转子励磁电压，将其由 dq 旋转坐标系变换到 abc 静止坐标系，波形随风速变化而产生的动态变化如图 4.5(b) 所示，从 120 ～ 150 s时间段的放大细节中，可观察出励磁电压为三相正弦波。另外，图 4.5(b) 还给出了 330 ～ 360 s时间段波形的放大细节。在这一时间段，平均风速为 10.5 m/s左右，发电机转速在同步转速附近，因此，双馈感应发电机会在亚同步工况和超同步工况间切换，其表现为三相励磁电压出现换相过程。在这种励磁控制下，由图 4.5(a)，可发现发电机的实际转速 ω_m(图中实线所示) 对期望转速 ω_m^* 具有良好的跟踪效果。

在基于能量的励磁控制策略下，对风能的捕获能力如图 4.6 所示。在仿真的前 60 s，即 $A-B$ 阶段，此阶段风速还不足以推动风力机带动转子转速以获得最

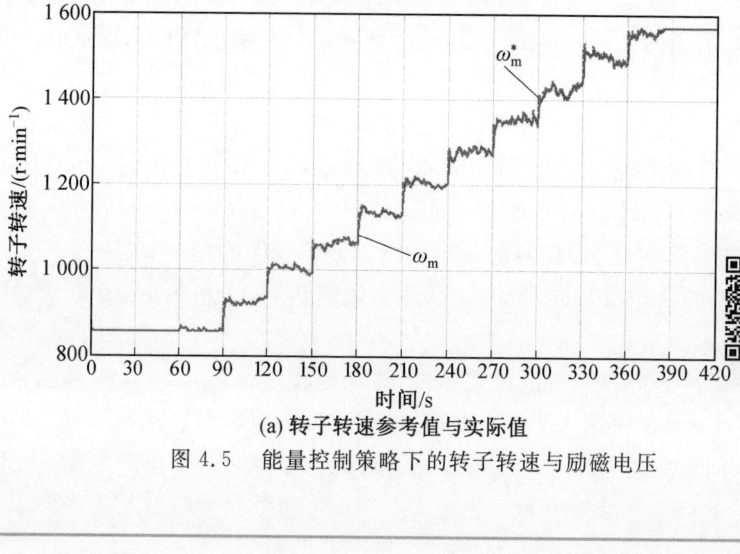

(a) 转子转速参考值与实际值

图 4.5 能量控制策略下的转子转速与励磁电压

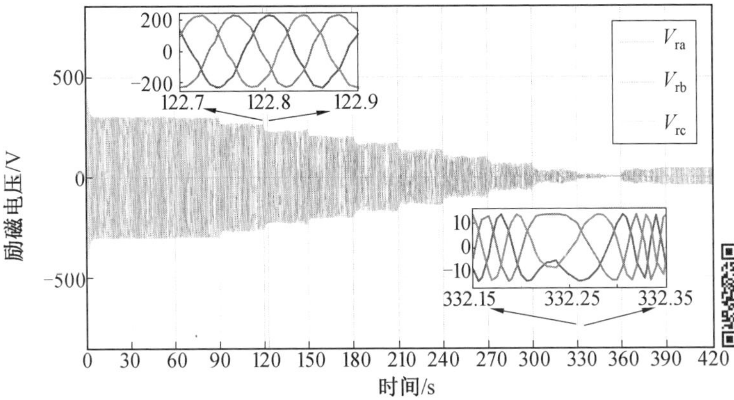

(b) 励磁电压

续图 4.5

佳叶尖速比 $\lambda_{opt}=7$，如图 4.6(a) 所示。功率转换系数也因此无法达到其最大值 $C_{pmax}=0.44$，如图 4.6(b) 所示。而对于仿真的后 30 s，即 $C-D$ 阶段，双馈感应发电机的转速被控制恒定在发电机的额定值，因此，后 30 s 叶尖速比 λ 和功率转换系数 C_p 又偏离了最优值。在双馈风力发电系统工作的主要区域，即 $B-C$ 阶段，叶尖速比 λ 从第 60 s 到第 390 s 一直保持在最优值。而不论发电机的转差率 s 的符号是正是负，相应的功率转换系数 C_p 一直保持在其最大值 0.44。换言之，在基于能量的控制策略下，无论双馈感应发电机处在亚同步工况还是超同步工况，都能较好地实现风能最大捕获。另外，图 4.6(a) 同时反映出基于能量的控制策略对于风速变化后的转速调整具有很快的收敛速度，即当系统状态偏离平衡

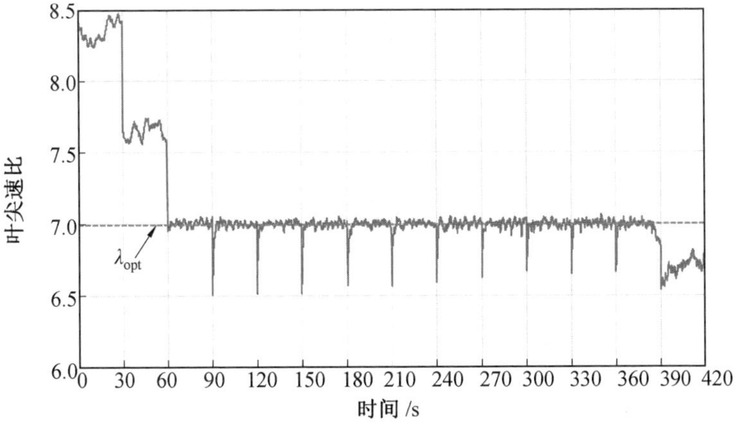

(a) 叶尖速比

图 4.6　风能捕获能力：叶尖速比、功率转换系数 C_p 及转差率 s

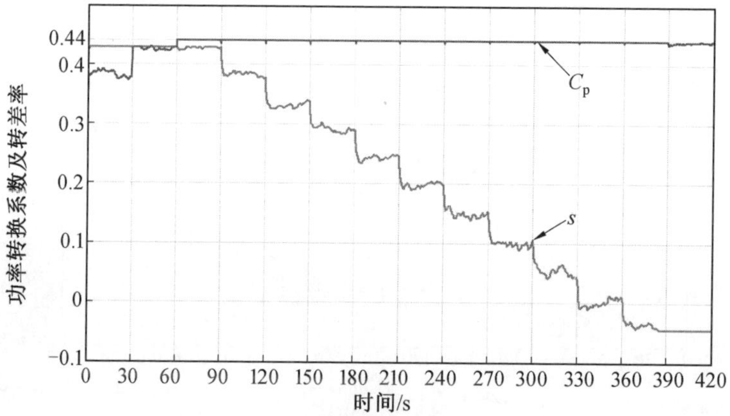

(b) 功率转换系数及转差率

续图 4.6

点时，能够迅速有效地使系统状态恢复到平衡点而达到稳定。

图 4.7 所示为基于能量的控制策略下的机械功率 P_m、定子功率 P_s 和转子功率 P_r。从初始到 330 s，即在双馈感应发电机的亚同步工况下，可以看到机械功率 P_m 随着风速的增长而上升，但其大小始终小于定子功率 P_s，因为此时的转子功率 P_r 是由电网流向发电机的转子侧（$P_r < 0$），转子功率与机械功率共同为定子端传送功率。而在发电机的超同步工况下，即从第 360 s 到最后，转子功率 P_r 流向逆转，从发电机的转子侧流向电网，这使得此时的机械功率 P_m 大于定子功率 P_s，机械功率同时为定子端和转子端提供功率。从图 4.7 中可观察出，基于能

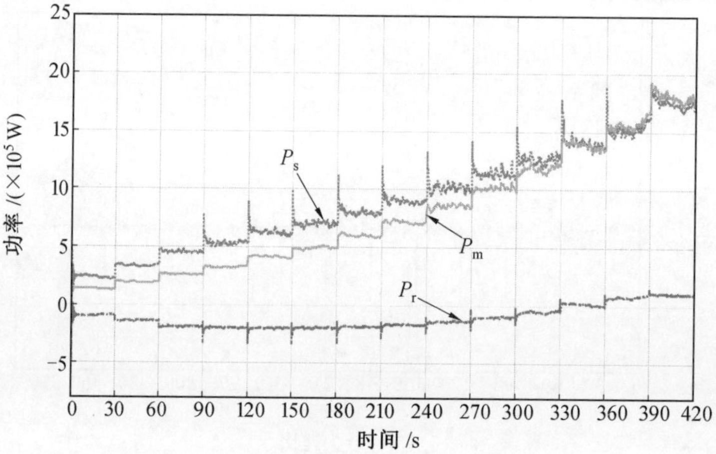

图 4.7　基于能量的控制策略下的机械功率 P_m、定子功率 P_s 和转子功率 P_r

量的控制策略在发电机转子侧能量双向流动的情况下依然可保证较好的功率控制效果。

4.2.2 双馈风力发电系统网侧能量成型控制

同机侧子系统建模过程类似，根据已设计的直流子系统和网端子系统的端口受控哈密顿模型，将双馈风力发电系统网侧子系统端口受控哈密顿模型的能量变量选择为网侧电感的磁链和直流环节的电容电量：

$$\boldsymbol{x}_{\mathrm{con}}=[\lambda_{gd},\lambda_{gq},CV_{\mathrm{dc}}]^{\mathrm{T}} \tag{4.28}$$

网侧子系统的能量函数为直流子系统和网端子系统能量函数的加和：

$$\boldsymbol{H}_{\mathrm{con}}(\boldsymbol{x}_{\mathrm{con}})=\boldsymbol{H}_{\mathrm{g}}(\boldsymbol{x}_{\mathrm{g}})+\boldsymbol{H}_{\mathrm{dc}}(\boldsymbol{x}_{\mathrm{dc}})=\frac{1}{2}\boldsymbol{x}_{\mathrm{con}}^{\mathrm{T}}\boldsymbol{M}_{\mathrm{con}}^{-1}\boldsymbol{x}_{\mathrm{con}} \tag{4.29}$$

其中

$$\boldsymbol{M}_{\mathrm{con}}=\begin{bmatrix}L_{\mathrm{g}} & 0 & 0\\ 0 & L_{\mathrm{g}} & 0\\ 0 & 0 & C\end{bmatrix} \tag{4.30}$$

因此

$$\nabla\boldsymbol{H}_{\mathrm{con}}=\boldsymbol{M}_{\mathrm{con}}^{-1}\boldsymbol{x}_{\mathrm{con}}=[i_{gd},i_{gq},V_{\mathrm{dc}}]^{\mathrm{T}} \tag{4.31}$$

基于能量变量和能量函数的设定，设计网侧子系统的端口受控哈密顿模型为

$$\Sigma_{\mathrm{con}}:\begin{cases}\dot{\boldsymbol{x}}_{\mathrm{con}}=[\boldsymbol{J}_{\mathrm{con}}-\boldsymbol{R}_{\mathrm{con}}]\nabla\boldsymbol{H}_{\mathrm{con}}+\boldsymbol{g}_{\mathrm{con1}}\boldsymbol{u}_{\mathrm{con1}}+\boldsymbol{g}_{\mathrm{con2}}\boldsymbol{u}_{\mathrm{con2}}\\ \boldsymbol{y}_{\mathrm{con1}}=\boldsymbol{g}_{\mathrm{con1}}^{\mathrm{T}}\nabla\boldsymbol{H}_{\mathrm{con}}\\ \boldsymbol{y}_{\mathrm{con2}}=\boldsymbol{g}_{\mathrm{con2}}^{\mathrm{T}}\nabla\boldsymbol{H}_{\mathrm{con}}\end{cases} \tag{4.32}$$

其中，内联结构矩阵为

$$\boldsymbol{J}_{\mathrm{con}}=-\boldsymbol{J}_{\mathrm{con}}^{\mathrm{T}}=\begin{bmatrix}0 & \omega_{\mathrm{s}}L_{\mathrm{g}} & -s_{gd}\\ -\omega_{\mathrm{s}}L_{\mathrm{g}} & 0 & -s_{gq}\\ s_{gd} & s_{gq} & 0\end{bmatrix} \tag{4.33}$$

耗散结构矩阵为

$$\boldsymbol{R}_{\mathrm{con}}=\boldsymbol{R}_{\mathrm{con}}^{\mathrm{T}}=\begin{bmatrix}R_{\mathrm{G}} & 0 & 0\\ 0 & R_{\mathrm{G}} & 0\\ 0 & 0 & 0\end{bmatrix} \tag{4.34}$$

内外部交互结构矩阵为

$$\boldsymbol{g}_{\mathrm{con1}}=\begin{bmatrix}1 & 0 & 0 & 0\\ 0 & 1 & 0 & 0\\ 0 & 0 & -s_{gd} & -s_{gq}\end{bmatrix},\quad \boldsymbol{g}_{\mathrm{con2}}=\begin{bmatrix}0 & 0 & 0 & 0\\ 0 & 0 & 0 & 0\\ 0 & 0 & -s_{md} & -s_{mq}\end{bmatrix} \tag{4.35}$$

输入端口变量为

$$\boldsymbol{u}_{\mathrm{con1}}=\begin{bmatrix}V'_{\mathrm{g}d}\\V'_{\mathrm{g}q}\\0\\0\end{bmatrix},\quad \boldsymbol{u}_{\mathrm{con2}}=\begin{bmatrix}0\\0\\i_{\mathrm{r}d}\\i_{\mathrm{r}q}\end{bmatrix} \tag{4.36}$$

将式(4.31)和式(4.35)代入式(4.32),可以得到输出端口变量为

$$\boldsymbol{y}_{\mathrm{con1}}=\begin{bmatrix}i_{\mathrm{g}d}\\i_{\mathrm{g}q}\\-V_{\mathrm{g}d}\\-V_{\mathrm{g}q}\end{bmatrix},\quad \boldsymbol{y}_{\mathrm{con2}}=\begin{bmatrix}0\\0\\-V_{\mathrm{r}d}\\-V_{\mathrm{r}q}\end{bmatrix} \tag{4.37}$$

其中

$$\begin{bmatrix}V_{\mathrm{g}d}\\V_{\mathrm{g}q}\end{bmatrix}=\begin{bmatrix}s_{\mathrm{g}d}V_{\mathrm{dc}}\\s_{\mathrm{g}q}V_{\mathrm{dc}}\end{bmatrix},\quad \begin{bmatrix}V_{\mathrm{r}d}\\V_{\mathrm{r}q}\end{bmatrix}=\begin{bmatrix}s_{\mathrm{m}d}V_{\mathrm{dc}}\\s_{\mathrm{m}q}V_{\mathrm{dc}}\end{bmatrix} \tag{4.38}$$

可见,经计算得到的输出端口变量 $\boldsymbol{y}_{\mathrm{con1}}$、$\boldsymbol{y}_{\mathrm{con2}}$,即式(4.37),与图4.1中网侧子系统的原输出端口的设计吻合。值得指出的是网侧子系统端口受控哈密顿模型中的内外部交互结构矩阵 $\boldsymbol{g}_{\mathrm{con1}}$、$\boldsymbol{g}_{\mathrm{con2}}$,其融入了开关函数 $s_{\mathrm{m}d}$、$s_{\mathrm{m}q}$、$s_{\mathrm{g}d}$、$s_{\mathrm{g}q}$ 的信息,这与实际系统中开关器件的导通和关断决定了子系统和外界环境端口处能量交互结构相符。另外,容易证明若将网侧子系统的端口受控哈密顿模型式(4.32)的结构矩阵展开,所得到的偏微分方程与双馈风力发电系统的基本网侧模型是一致的。因此得到结论:双馈风力发电系统的网侧子系统也可以进行端口受控哈密顿实现。

1. 网侧能量双向流动的零动态分析

传统的对于三相PWM变换器的控制,主要是采用双闭环形式,以电流内环对功率因数进行补偿,以电压外环进行电压调节,在每一环控制中采用PI控制策略或反馈线性化控制策略等。然而,由于双馈风力发电系统具有转子端能量双向流动的特点,对网侧变换器进行零动态分析可发现,采用传统方法以典型的电感电流或电容电压作为输出,会引起变换器工作的不稳定。根据前文给出的网侧变换器拓扑结构和其 dq 旋转坐标系下的基本模型,本节从网侧变换器的平均模型入手对其零动态稳定性进行研究。

如图4.8所示,设网侧变换器所接三相电网电压为 $V'_{\mathrm{ga}}=E\sin(\omega t)$、$V'_{\mathrm{gb}}=E\sin(\omega t-2\pi/3)$、$V'_{\mathrm{gc}}=E\sin(\omega t+2\pi/3)$。$E$ 为网侧相电压幅值;C 为直流侧滤波电容;R_{G}、L_{g} 分别为网侧电阻和电感;i_{L} 为机侧等效电流。网侧6个开关管的开

关状态为{-1,1},同一桥臂上下开关满足 $\bar{s}_{gi}=-s_{gi}$,$i=\mathrm{a,b,c}$。基于电路的三相轮换对称结构,可简化稳定性分析,通过单相交流全桥进行说明,分别采用 $E\sin(\omega t)$、$i\sin(\omega t)$ 和 $s(t)$ 表示网侧的电压 V'_{g}、电流 i_{g} 和控制信号 s_{g}。

那么,全桥变换器的平均模型可表示为

$$\begin{cases} L_{\mathrm{g}}\dfrac{\mathrm{d}i_{\mathrm{g}}}{\mathrm{d}t}=V'_{\mathrm{g}}-R_{\mathrm{G}}i_{\mathrm{g}}-s_{\mathrm{g}}V_{\mathrm{dc}} \\ C\dfrac{\mathrm{d}V_{\mathrm{dc}}}{\mathrm{d}t}=s_{\mathrm{g}}i_{\mathrm{g}}-i_{\mathrm{L}} \end{cases} \tag{4.39}$$

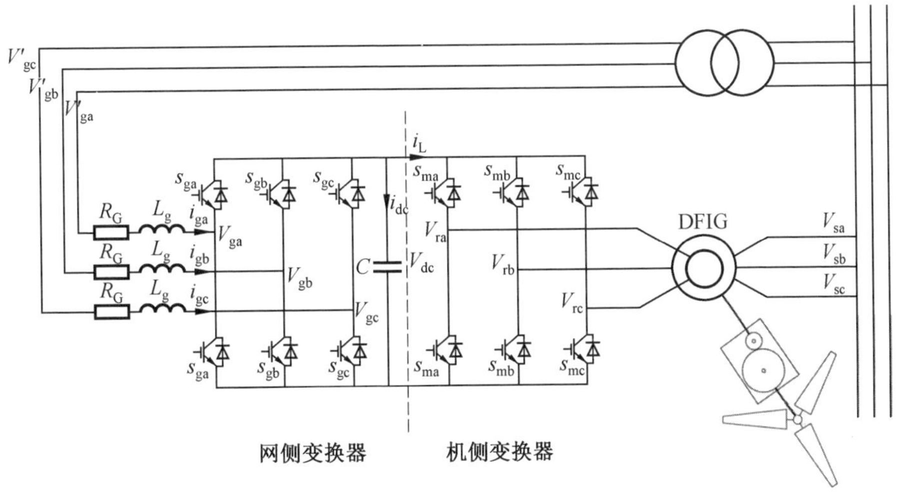

图 4.8　双馈风力发电系统的背靠背变换器结构图

如果选取系统输出为电感电流,其期望值为 $i_{\mathrm{d}}\sin(\omega t)$,那么通过式(4.39)可得到开关函数和直流电压动态为

$$\begin{cases} s(t)=\dfrac{(E-R_{\mathrm{G}}i_{\mathrm{d}})\sin(\omega t)-\omega L_{\mathrm{g}}i_{\mathrm{d}}\cos(\omega t)}{V_{\mathrm{dc}}} \\ \dfrac{\mathrm{d}V_{\mathrm{dc}}}{\mathrm{d}t}=-\dfrac{i_{\mathrm{L}}}{C}+\dfrac{(E-R_{\mathrm{G}}i_{\mathrm{d}})i_{\mathrm{d}}\sin^2(\omega t)-\omega L_{\mathrm{g}}i_{\mathrm{d}}^2\sin(\omega t)\cos(\omega t)}{CV_{\mathrm{dc}}} \end{cases} \tag{4.40}$$

如果选取系统输出为电容电压,其期望值为 $V_{\mathrm{dc}}^{\mathrm{d}}$,那么通过式(4.39)可得到开关函数和电感电流动态为

$$\begin{cases} s(t)=\dfrac{i_{\mathrm{L}}}{i_{\mathrm{g}}} \\ \dfrac{\mathrm{d}i_{\mathrm{g}}}{\mathrm{d}t}=\dfrac{-i_{\mathrm{L}}V_{\mathrm{dc}}^{\mathrm{d}}+E\sin(\omega t)i_{\mathrm{g}}-R_{\mathrm{G}}i_{\mathrm{g}}^2}{L_{\mathrm{g}}i_{\mathrm{g}}} \end{cases} \tag{4.41}$$

可见,式(4.40)和(4.41)都具有阿贝尔二阶常微分方程的形式,直流电压和

电感电流零动态特性正是式(4.39)的解。由阿贝尔二阶常微分方程的常数项为正则方程存在不稳定解的特性可知，若式(4.40)中 $-i_L/C>0$ 或式(4.41)中 $-i_L V_{dc}^d>0$，则网侧变换器模型将有不稳定解，即若要保持零动态稳定，i_L 的符号需要为正。但对于双馈风力发电系统转子端能量双向的流动过程，i_L 的符号是无法固定的，不论单纯选择电压还是电流作为系统输出，都不能保证系统内部是动态稳定的。因此，对于网侧变换器的控制，需要一种不仅以电压或电流为系统输出的新型控制方法，能够对于机侧等效电流 i_L 的方向和大小变化具有鲁棒性，并在状态变量偏离平衡点时能迅速调整使其回到平衡状态。能量控制正是一种多输入多输出、多状态同时反馈的非线性控制方法，它能够避免双闭环线性控制中存在的零动态不稳定性的问题，且无须对系统非线性状态方程进行完全线性化，使设计得到简化，鲁棒性好。下面分期望平衡点设定和控制策略设计两个环节对双馈风力发电系统网侧部分的能量控制进行具体实现。

2. 双馈风力发电系统网侧控制目标及期望平衡点设定

双馈风力发电系统网侧控制的目标主要有两个：① 不论转子侧功率的方向和幅值如何，保证直流电容电压稳定在期望值；② 若电网侧对无功功率无特殊要求，则只需确保网侧变换器运行具有单位功率因数，即网侧变换器与电网只进行有功功率交换，从而使得双馈感应发电机的无功功率仅从定子侧向电网传输。由于网侧采用同步旋转坐标系的 d 轴准确定向于电网电压空间矢量方向，因此满足

$$\begin{cases} V'_{gd}=\text{const} \\ V'_{gq}=0 \end{cases} \tag{4.42}$$

则电网处的有功功率 P_g 和无功功率 Q_g 分别为

$$P_g=V'_{gd}i_{gd}+V'_{gq}i_{gq}=V'_{gd}i_{gd} \tag{4.43}$$

$$Q_g=V'_{gq}i_{gd}-V'_{gd}i_{gq}=-V'_{gd}i_{gq} \tag{4.44}$$

那么，若想控制网侧具有单位功率因数，需将网侧 q 轴电流的期望值 i_{gq}^* 设定为零。直流电容电压期望值 V_{dc}^* 设定为常数。根据双馈风力发电系统网侧子系统端口受控哈密顿模型式(4.32)，网侧状态的期望平衡点可通过下式获得。

$$\dot{\boldsymbol{x}}_{con}\big|_{\boldsymbol{x}_{con}=\boldsymbol{x}_{con}^*}=[\boldsymbol{J}_{con}-\boldsymbol{R}_{con}]\nabla\boldsymbol{H}_{con}+\boldsymbol{g}_{con1}\boldsymbol{u}_{con1}+\boldsymbol{g}_{con2}\boldsymbol{u}_{con2}\big|_{\boldsymbol{x}_{con}=\boldsymbol{x}_{con}^*}=0 \tag{4.45}$$

整理式(4.45)可得

$$\begin{cases} -R_G i_{gd}^*+\omega_s L_g i_{gq}^*-s_{gd}^*V_{dc}^*+V'_{gd}=0 \\ -\omega_s L_g i_{gd}^*-R_G i_{gq}^*-s_{gq}^*V_{dc}^*+V'_{gq}=0 \\ s_{gd}^*i_{gd}^*+s_{gq}^*i_{gq}^*-s_{md}^*i_{rd}^*-s_{mq}^*i_{rq}^*=0 \end{cases} \tag{4.46}$$

将 $i_{gq}^*=0$ 与 $V_{dc}^*=\mathrm{const}$ 代入式(4.46)，可解出

$$i_{gd}^*=[V'_{gd}-\sqrt{V'^2_{gd}-4R_G V_{dc}^*(s_{md}^* i_{rd}^*+s_{mq}^* i_{rq}^*)}]/(2R_G) \tag{4.47}$$

由此，双馈风力发电系统网侧期望平衡点可设定为

$$\boldsymbol{x}_{con}^*=\begin{bmatrix}\lambda_{gd}^*\\ \lambda_{gq}^*\\ CV_{dc}^*\end{bmatrix}=\begin{bmatrix}L_g i_{gd}^*\\ L_g i_{gq}^*\\ CV_{dc}^*\end{bmatrix} \tag{4.48}$$

式中

$$\begin{cases}V_{dc}^*=\mathrm{const}\\ i_{gq}^*=0\\ i_{gd}^*=[V'_{gd}-\sqrt{V'^2_{gd}-4R_G V_{dc}^*(s_{md}^* i_{rd}^*+s_{mq}^* i_{rq}^*)}]/(2R_G)\end{cases} \tag{4.49}$$

在通过式(4.45)求解 i_{gd}^* 过程中，也存在两个解，为使系统在稳定时的功耗能够较小，选取绝对值较小的解。

3. 基于能量的双馈风力发电系统网侧控制策略设计

与设计基于能量的双馈风力发电系统机侧控制策略类似，设计基于能量的双馈风力发电系统网侧控制策略首先需要建立网侧能量状态匹配方程

$$\dot{\boldsymbol{x}}_{con}=[\boldsymbol{J}_{con}-\boldsymbol{R}_{con}]\nabla\boldsymbol{H}_{con}+\boldsymbol{g}_{con1}\boldsymbol{u}_{con1}+\boldsymbol{g}_{con2}\boldsymbol{u}_{con2}=(\boldsymbol{J}_d-\boldsymbol{R}_d)\nabla\boldsymbol{H}_d \tag{4.50}$$

式中，由于期望能量函数 $\boldsymbol{H}_d$ 在 $\boldsymbol{x}_{con}^*$ 处具有极小值，因此将 $\boldsymbol{H}_d$ 设计为

$$\boldsymbol{H}_d=\frac{1}{2}(\boldsymbol{x}_{con}-\boldsymbol{x}_{con}^*)^{\mathrm{T}}\boldsymbol{M}_{con}^{-1}(\boldsymbol{x}_{con}-\boldsymbol{x}_{con}^*) \tag{4.51}$$

但与机侧控制策略设计不同的是，在网侧子系统端口受控哈密顿系统模型式(4.32)中，网侧子系统的控制变量——网侧变换器开关函数 s_{gd}、s_{gq}，实际存在于模型的内联结构矩阵 $\boldsymbol{J}_{con}$ 中，而非通过输入 $\boldsymbol{u}_{con1}$、$\boldsymbol{u}_{con2}$ 实现控制。因此，当控制能量 $\boldsymbol{H}_a$ 注入系统，系统内联结构矩阵 $\boldsymbol{J}_{con}$(也就是系统内部的能量转换结构)就会随开关函数的变化而变化。基于这个特点，可将原来由于控制能量注入系统内部产生的新能量转换结构矩阵 $\boldsymbol{J}_a$ 和新能量耗散结构矩阵 $\boldsymbol{R}_a$ 设置为零，于是可得到简化后的能量匹配方程

$$\boldsymbol{g}_{con1}\boldsymbol{u}_{con1}+\boldsymbol{g}_{con2}\boldsymbol{u}_{con2}=(\boldsymbol{J}_{con}-\boldsymbol{R}_{con})\nabla\boldsymbol{H}_a \tag{4.52}$$

其中

$$\boldsymbol{H}_a=\boldsymbol{H}_d-\boldsymbol{H}_{con}=\frac{1}{2}(\boldsymbol{x}_{con}^*)^{\mathrm{T}}\boldsymbol{M}_{con}^{-1}\boldsymbol{x}_{con}^*-(\boldsymbol{x}_{con}^*)^{\mathrm{T}}\boldsymbol{M}_{con}^{-1}\boldsymbol{x}_{con} \tag{4.53}$$

则

$$\nabla\boldsymbol{H}_a=\frac{\partial\boldsymbol{H}_a}{\partial\boldsymbol{x}_{con}}=-\boldsymbol{M}_{con}^{-1}\boldsymbol{x}_{con}^* \tag{4.54}$$

将网侧子系统端口受控哈密顿模型中的具体变量代入式(4.52),经整理可得

$$\begin{cases}R_G i_{gd}^* - \omega_s L_g i_{gq}^* + s_{gd} V_{dc}^* - V'_{gd} = 0 \\ \omega_s L_g i_{gd}^* + R_G i_{gq}^* + s_{gq} V_{dc}^* - V'_{gq} = 0 \\ s_{gd} i_{gd}^* + s_{gq} i_{gq}^* = s_{md}^* i_{rd}^* + s_{mq}^* i_{rq}^*\end{cases} \tag{4.55}$$

通过式(4.55)可求解网侧控制策略:

$$\begin{cases}s_{gd} = (V'_{gd} - R_G i_{gd}^* + \omega_s L_g i_{gq}^*)/V_{dc}^* \\ s_{gq} = (V'_{gq} - R_G i_{gq}^* - \omega_s L_g i_{gd}^*)/V_{dc}^*\end{cases} \tag{4.56}$$

基于能量的双馈风力发电系统网侧控制由式(4.56)和式(4.49)给出。可见,该控制是一种多变量反馈控制,并保持了系统闭环动态的非线性特性。另外,由式(4.56)可知,网侧控制变量 s_{gd}、s_{gq} 是由网侧期望平衡点状态决定的,而且主要是由 i_{gd}^* 决定的。对式(4.49)分析可知,i_{gd}^* 计算式中的 $s_{md}^* i_{rd}^* + s_{mq}^* i_{rq}^*$ 项包含了系统机侧期望达到的平衡状态信息,因而此种控制策略也体现了网侧变换器对机侧变换器需求的配合关系。

4. 基于能量的双馈风力发电系统网侧控制策略控制性能

在2 MW双馈风力发电系统仿真平台上,采用60 s的扰动风速(图4.9)时间序列对基于能量的网侧控制策略进行效果评估。采样时间为0.01 s,每20 s风速阶跃一次,60 s内三段平均风速分别为9.6 m/s、10.226 m/s和11 m/s,扰动强度为20%。这三段风速分别使双馈感应发电机运行在亚同步、近同步和超同步状态。

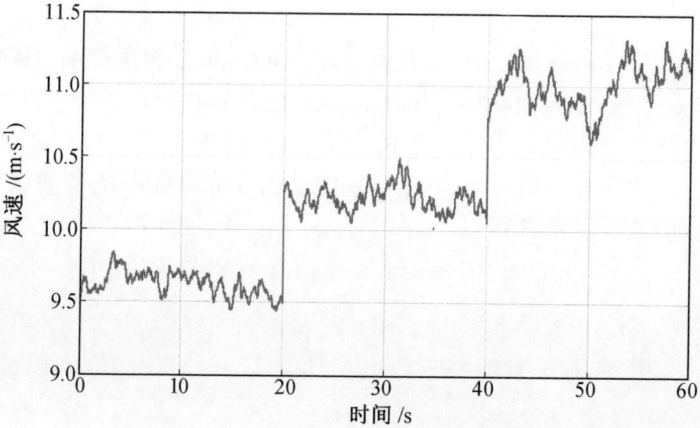

图 4.9　扰动风速

在此种风速下，基于能量的网侧控制变量 s_{gd}、s_{gq} 转换到三相静止坐标系下的波形曲线如图 4.10 所示。

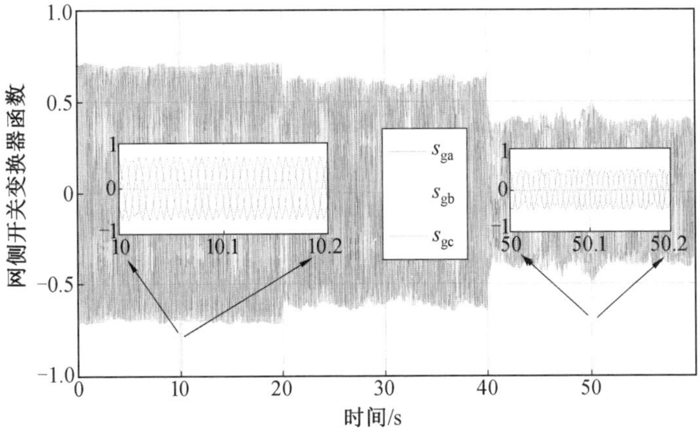

图 4.10　三相静止坐标系下网侧变换器开关函数波形曲线

任取时间区间[10,10.2]和[50,50.2]对波形细节进行放大，可见 s_{ga}、s_{gb}、s_{gc} 皆在[−1,1]内，这一性质使得网侧控制可以应用 PWM 方法在实验环境下执行。基于能量的网侧控制策略下的直流环节电压如图 4.11 所示。

图 4.11 所示为在每次风速阶跃后，直流环节电压都可再次达到稳定，并在有扰风速下大致保持在期望值 1 200 V。从数据点标签中可以看出网侧控制每次调整电压至期望值所需的时间在 4 s 之内。在时间 0 s、20 s、40 s 处，电压存在着较大的扰动，这些扰动主要源自风速的阶跃。由图 4.9 可知选用的风速曲线在 $t=0$ s 处是由 0 m/s 跳变到 9.5 m/s，在 $t=20$ s 处是由 9.5 m/s 跳变到 10.3 m/s，在 $t=40$ s 处是由 10 m/s 跳变到 11 m/s。可见，阶跃的幅度越大，扰动越剧烈。幸运的是，在实际情况中风速是渐变的，因此大幅扰动并不会存在。用阶跃信号来模拟风速，可以测试风速变化极限情况下控制方法的响应速度，此外，设置三个阶跃可以使风速覆盖风力发电机亚同步、同步、超同步的整个工作区域以观察控制效果。图 4.11 说明对于风速变化极限，基于能量的网侧控制策略的响应时间在 4 s 之内，同时，该控制策略还可适用于发电机的任意工况。

图 4.12 所示为基于能量的网侧控制策略下网侧转子端有功功率 P_g 和无功功率 Q_g 的动态变化。可以看到网侧转子端有功功率在发电机处于亚同步状态时，即初始 20 s 中，值为负，说明能量由网侧流入发电机转子侧；在发电机处于近同步状态时，即中间 20 s 中，网侧转子端有功功率几近为零；在发电机处于超同步状态时，即后 20 s 中，网侧转子端有功功率大于零，能量流换向，由发电机转子

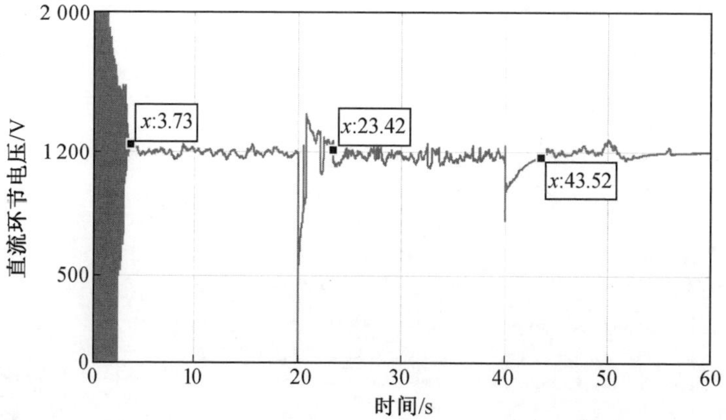

图 4.11　基于能量的网侧控制策略下的直流环节电压

侧流向电网。而网侧转子端无功功率在基于能量的网侧控制策略下一直保持在零值附近，因此保证了网侧具有单位功率因数。

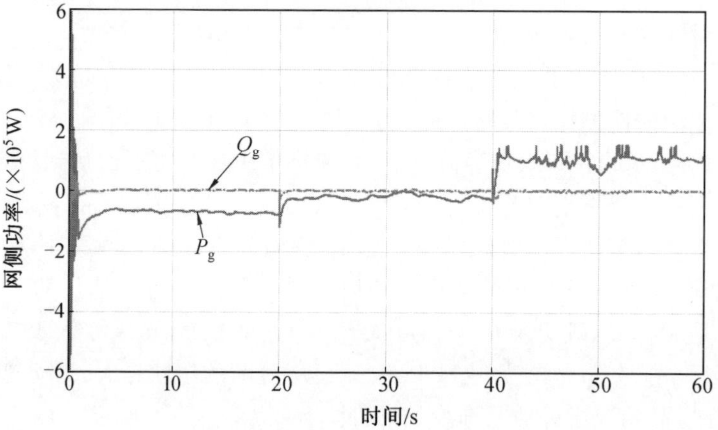

图 4.12　基于能量的网侧控制策略下的网侧转子端有功功率 P_g 和无功功率 Q_g 动态变化

4.2.3　双馈风力发电系统机侧网侧联合能量成型控制

直流电容作为双馈风力发电系统转子端背靠背变换器中的能量中转站，实现了机侧变换器和网侧变换器的控制解耦。目前，大多数控制方法都把两侧变换器视为独立的个体，针对机侧和网侧各自不同的控制目的进行分别控制。但是，从系统能量流动的角度分析，机侧和网侧独立控制存在根本缺点，即割裂了整流和逆变过程间的配合和联系。如果两部分没能实现协调配合，会造成机侧与网侧瞬时能量存在较大的差值，进而引起直流电压出现较大波动。这样，在电路中就需要通过提高电容容量来稳定电压，而采用大电容导致的直接后果就是系统的成本提高，质量体积增大，故障率增加，对于大型风力发电系统这种问题更为明显。针对此种情况，本章以能量的观点将机侧变换器、网侧变换器以及双馈感应发电机有机结合，建立系统整体端口受控哈密顿顿模型，并在该模型基础上设计双馈风力发电系统基于能量的机侧网侧联合控制方法，有效提高风力发电机组控制响应速度并减弱直流电容上的电压波动幅度，从而降低系统对电容容量的需求，进一步使机组运行稳定性得到提高。

1. 基于能量的机侧网侧联合控制策略

双馈风力发电系统基于能量的机侧网侧联合控制策略，实质是将机侧和网侧视为相互影响的整体，寻找两侧关联的开关函数，使得整个系统 Σ_{w} 的闭环动态仍为端口受控哈密顿系统，即满足

$$\dot{\boldsymbol{x}}_{\mathrm{w}}=(\boldsymbol{J}_{\mathrm{d}}-\boldsymbol{R}_{\mathrm{d}})\nabla\boldsymbol{H}_{\mathrm{d}} \tag{4.57}$$

式中，$\boldsymbol{H}_{\mathrm{d}}$ 为期望能量函数，在期望平衡点 $\boldsymbol{x}_{\mathrm{w}}^{*}$ 处具有严格局部最小值；$\boldsymbol{J}_{\mathrm{d}}=-\boldsymbol{J}_{\mathrm{d}}^{\mathrm{T}}$，$\boldsymbol{R}_{\mathrm{d}}=\boldsymbol{R}_{\mathrm{d}}^{\mathrm{T}}\geqslant 0$，分别为系统内部期望的内联结构矩阵和耗散结构矩阵。

将

$$\Sigma_{\mathrm{w}}:\begin{cases}\dot{\boldsymbol{x}}_{\mathrm{w}}=(\boldsymbol{J}_{\mathrm{w}}-\boldsymbol{R}_{\mathrm{w}})\nabla\boldsymbol{H}_{\mathrm{w}}+\boldsymbol{g}_{\mathrm{w1}}\boldsymbol{u}_{\mathrm{w1}}+\boldsymbol{g}_{\mathrm{w2}}\boldsymbol{u}_{\mathrm{w2}}+\boldsymbol{g}_{\mathrm{w3}}\boldsymbol{u}_{\mathrm{w3}}\\ \boldsymbol{y}_{\mathrm{w1}}=\boldsymbol{g}_{\mathrm{w1}}^{\mathrm{T}}\nabla\boldsymbol{H}_{\mathrm{w}}\\ \boldsymbol{y}_{\mathrm{w2}}=\boldsymbol{g}_{\mathrm{w2}}^{\mathrm{T}}\nabla\boldsymbol{H}_{\mathrm{w}}\\ \boldsymbol{y}_{\mathrm{w3}}=\boldsymbol{g}_{\mathrm{w3}}^{\mathrm{T}}\nabla\boldsymbol{H}_{\mathrm{w}}\end{cases}$$

中的 $\dot{\boldsymbol{x}}_{\mathrm{w}}$ 代入式(4.57)，可以导出能量匹配方程

$$(\boldsymbol{J}_{\mathrm{w}}-\boldsymbol{R}_{\mathrm{w}})\nabla\boldsymbol{H}_{\mathrm{w}}+\boldsymbol{g}_{\mathrm{w1}}\boldsymbol{u}_{\mathrm{w1}}+\boldsymbol{g}_{\mathrm{w2}}\boldsymbol{u}_{\mathrm{w2}}+\boldsymbol{g}_{\mathrm{w3}}\boldsymbol{u}_{\mathrm{w3}}=(\boldsymbol{J}_{\mathrm{d}}-\boldsymbol{R}_{\mathrm{d}})\nabla\boldsymbol{H}_{\mathrm{d}} \tag{4.58}$$

根据系统期望平衡点处满足具有能量极小值的要求，将期望能量函数 $\boldsymbol{H}_{\mathrm{d}}$ 设计为

$$\boldsymbol{H}_{\mathrm{d}}=\frac{1}{2}(\boldsymbol{x}_{\mathrm{w}}-\boldsymbol{x}_{\mathrm{w}}^{*})^{\mathrm{T}}\boldsymbol{N}^{-1}(\boldsymbol{x}_{\mathrm{w}}-\boldsymbol{x}_{\mathrm{w}}^{*}) \tag{4.59}$$

那么，系统通过端口从外界得到的所需控制能量 $\boldsymbol{H}_{\mathrm{a}}$ 为

$$\boldsymbol{H}_{\mathrm{a}}=\boldsymbol{H}_{\mathrm{d}}-\boldsymbol{H}_{\mathrm{w}}=\frac{1}{2}\boldsymbol{x}_{\mathrm{w}}^{*\,\mathrm{T}}\boldsymbol{N}^{-1}\boldsymbol{x}_{\mathrm{w}}^{*}-\boldsymbol{x}_{\mathrm{w}}^{*\,\mathrm{T}}\boldsymbol{N}^{-1}\boldsymbol{x}_{\mathrm{w}}^{*} \tag{4.60}$$

另外，$\boldsymbol{J}_{\mathrm{d}}$ 和 $\boldsymbol{R}_{\mathrm{d}}$ 满足

$$\begin{cases}\boldsymbol{J}_{\mathrm{d}}=\boldsymbol{J}_{\mathrm{w}}+\boldsymbol{J}_{\mathrm{a}}\\ \boldsymbol{R}_{\mathrm{d}}=\boldsymbol{R}_{\mathrm{w}}+\boldsymbol{R}_{\mathrm{a}}\end{cases} \tag{4.61}$$

式中，$\boldsymbol{J}_{\mathrm{a}}$ 和 $\boldsymbol{R}_{\mathrm{a}}$ 分别描述由于控制能量 $\boldsymbol{H}_{\mathrm{a}}$ 的注入系统内联结构矩阵和耗散结构矩阵发生的改变。

观察矩阵 $\boldsymbol{J}_{\mathrm{w}}$ 中的元素变量，开关函数 $s_{\mathrm{m}d}$、$s_{\mathrm{m}q}$、s_{gd}、s_{gq}，磁链 $\varphi_{\mathrm{r}d}$、$\varphi_{\mathrm{r}q}$ 是会在控制过程中发生变化的，而 $\omega_{\mathrm{s}}L_{\mathrm{s}}$、$\omega_{\mathrm{s}}L_{\mathrm{r}}$、$\omega_{\mathrm{s}}L_{\mathrm{m}}$、$\omega_{\mathrm{s}}L_{\mathrm{g}}$ 为常数项，保持不变。因此，将矩阵 $\boldsymbol{J}_{\mathrm{a}}$ 构造为如下形式：

$$\boldsymbol{J}_{\mathrm{a}}=\begin{bmatrix} 0 & 0 & 0 & A_1 & A_2 & 0 & 0 & 0 \\ 0 & 0 & 0 & 0 & 0 & 0 & 0 & 0 \\ 0 & 0 & 0 & 0 & 0 & 0 & 0 & 0 \\ -A_1 & 0 & 0 & 0 & 0 & B_1 & 0 & 0 \\ -A_2 & 0 & 0 & 0 & 0 & B_2 & 0 & 0 \\ 0 & 0 & 0 & -B_1 & -B_2 & 0 & B_3 & B_4 \\ 0 & 0 & 0 & 0 & 0 & -B_3 & 0 & 0 \\ 0 & 0 & 0 & 0 & 0 & -B_4 & 0 & 0 \end{bmatrix} \tag{4.62}$$

式中，A_1、A_2 占据矩阵 $\boldsymbol{J}_{\mathrm{a}}$ 第一行的第四列和第五列，对应着能量变量 $j\omega_{\mathrm{m}}$ 与 $\varphi_{\mathrm{r}d}$、$\varphi_{\mathrm{r}q}$，其描述了发电机中转子机械能与电能间的等量转换关系；B_1、B_2 占据矩阵 $\boldsymbol{J}_{\mathrm{a}}$ 第六列的第四行和第五行，对应着能量变量 $\varphi_{\mathrm{r}d}$、$\varphi_{\mathrm{r}q}$ 与 CV_{dc}，其描述了发电机转子侧电能和直流电容存储电能的等量转换关系；B_3、B_4 占据矩阵 $\boldsymbol{J}_{\mathrm{a}}$ 第六行的第七列和第八列，对应着能量变量 CV_{dc} 与 λ_{gd}、λ_{gq}，其描述了直流电容存储电能和电网侧电能的等量转换关系。由此可见，矩阵 $\boldsymbol{J}_{\mathrm{a}}$ 具有清晰的物理含义，可依据系统能量转换过程进行相应设计。$\boldsymbol{J}_{\mathrm{a}}$ 中的未知变量 A_1、A_2、B_1、B_2、B_3、B_4 可由能量匹配方程式(4.58) 得到求解。由于系统控制变量机侧变换器开关函数 $s_{\mathrm{m}d}$、$s_{\mathrm{m}q}$，网侧变换器开关函数 s_{gd}、s_{gq} 都存在于系统整体模型的结构矩阵 $\boldsymbol{J}_{\mathrm{w}}$ 中，而并非通过输入端口实现控制，因此由端口反馈而产生的系统等效耗散结构矩阵 $\boldsymbol{R}_{\mathrm{a}}$ 应设置为零。在分别确定 $\boldsymbol{H}_{\mathrm{a}}$、$\boldsymbol{J}_{\mathrm{a}}$、$\boldsymbol{R}_{\mathrm{a}}$ 后，即明确了 $\boldsymbol{H}_{\mathrm{d}}$、$\boldsymbol{J}_{\mathrm{d}}$、$\boldsymbol{R}_{\mathrm{d}}$，将 $\boldsymbol{H}_{\mathrm{d}}$、$\boldsymbol{J}_{\mathrm{d}}$、$\boldsymbol{R}_{\mathrm{d}}$ 代入式(4.58)，可得

$$\begin{aligned} &\boldsymbol{g}_{\mathrm{w1}}\boldsymbol{u}_{\mathrm{w1}}+\boldsymbol{g}_{\mathrm{w2}}\boldsymbol{u}_{\mathrm{w2}}+\boldsymbol{g}_{\mathrm{w3}}\boldsymbol{u}_{\mathrm{w3}}=(\boldsymbol{J}_{\mathrm{a}}-\boldsymbol{R}_{\mathrm{a}})\nabla\boldsymbol{H}_{\mathrm{w}}+(\boldsymbol{J}_{\mathrm{d}}-\boldsymbol{R}_{\mathrm{d}})\nabla\boldsymbol{H}_{\mathrm{a}} \\ \Rightarrow &-\boldsymbol{J}_{\mathrm{a}}\nabla\boldsymbol{H}_{\mathrm{w}}+\boldsymbol{g}_{\mathrm{w1}}\boldsymbol{u}_{\mathrm{w1}}+\boldsymbol{g}_{\mathrm{w2}}\boldsymbol{u}_{\mathrm{w2}}+\boldsymbol{g}_{\mathrm{w3}}\boldsymbol{u}_{\mathrm{w3}}=(\boldsymbol{J}_{\mathrm{w}}+\boldsymbol{J}_{\mathrm{a}}-\boldsymbol{R}_{\mathrm{w}}-\boldsymbol{R}_{\mathrm{a}})\nabla\boldsymbol{H}_{\mathrm{a}} \end{aligned} \tag{4.63}$$

在求解式(4.63) 过程中，根据方程两边对应解耦变量相应系数相等的原则，可得到

$$\begin{cases} s_{\mathrm{m}d}=s_{\mathrm{m}d}^{*}+[-A_1(\omega_{\mathrm{m}}-\omega_{\mathrm{m}}^{*})+n_{\mathrm{p}}\omega_{\mathrm{m}}^{*}L_{\mathrm{r}}(i_{\mathrm{r}q}-i_{\mathrm{r}q}^{*})+ \\ \qquad n_{\mathrm{p}}\omega_{\mathrm{m}}^{*}L_{\mathrm{m}}(i_{\mathrm{s}q}-i_{\mathrm{s}q}^{*})+B_1(V_{\mathrm{dc}}-V_{\mathrm{dc}}^{*})]/V_{\mathrm{dc}}^{*} \\ s_{\mathrm{m}q}=s_{\mathrm{m}q}^{*}+[-A_2(\omega_{\mathrm{m}}-\omega_{\mathrm{m}}^{*})-n_{\mathrm{p}}\omega_{\mathrm{m}}^{*}L_{\mathrm{r}}(i_{\mathrm{r}d}-i_{\mathrm{r}d}^{*})- \\ \qquad n_{\mathrm{p}}\omega_{\mathrm{m}}^{*}L_{\mathrm{m}}(i_{\mathrm{s}d}-i_{\mathrm{s}d}^{*})+B_2(V_{\mathrm{dc}}-V_{\mathrm{dc}}^{*})]/V_{\mathrm{dc}}^{*} \\ s_{gd}=s_{gd}^{*}+B_3(V_{\mathrm{dc}}-V_{\mathrm{dc}}^{*})/V_{\mathrm{dc}}^{*} \\ s_{gq}=s_{gq}^{*}+B_4(V_{\mathrm{dc}}-V_{\mathrm{dc}}^{*})/V_{\mathrm{dc}}^{*} \end{cases} \tag{4.64}$$

式中

$$
\begin{cases}
A_1 = -n_{\mathrm{p}} i_{rq}^{*} (L_{\mathrm{r}} - L_{\mathrm{m}}^2 / L_{\mathrm{s}}) \\
A_2 = n_{\mathrm{p}} i_{rd}^{*} (L_{\mathrm{r}} - L_{\mathrm{m}}^2 / L_{\mathrm{s}}) \\
B_1 = -n_{\mathrm{p}} \omega_{\mathrm{m}}^{*} i_{rq}^{*} (L_{\mathrm{r}} - L_{\mathrm{m}}^2 / L_{\mathrm{s}}) / V_{\mathrm{dc}}^{*} \\
B_2 = n_{\mathrm{p}} \omega_{\mathrm{m}}^{*} i_{rd}^{*} (L_{\mathrm{r}} - L_{\mathrm{m}}^2 / L_{\mathrm{s}}) / V_{\mathrm{dc}}^{*} \\
B_3 = 0 \\
B_4 = 0
\end{cases}
\tag{4.65}
$$

整理式(4.64)，最终得到基于能量的机侧网侧联合控制策略为

$$
\begin{cases}
s_{\mathrm{m}d} = s_{\mathrm{m}d}^{*} + [-A_1(\omega_{\mathrm{m}} - \omega_{\mathrm{m}}^{*}) + n_{\mathrm{p}} \omega_{\mathrm{m}}^{*} L_{\mathrm{r}} (i_{\mathrm{r}q} - i_{\mathrm{r}q}^{*}) + \\
\qquad n_{\mathrm{p}} \omega_{\mathrm{m}}^{*} L_{\mathrm{m}} (i_{\mathrm{s}q} - i_{\mathrm{s}q}^{*}) + B_1 (V_{\mathrm{dc}} - V_{\mathrm{dc}}^{*})] / V_{\mathrm{dc}}^{*} \\
s_{\mathrm{m}q} = s_{\mathrm{m}q}^{*} + [-A_2(\omega_{\mathrm{m}} - \omega_{\mathrm{m}}^{*}) - n_{\mathrm{p}} \omega_{\mathrm{m}}^{*} L_{\mathrm{r}} (i_{\mathrm{r}d} - i_{\mathrm{r}d}^{*}) - \\
\qquad n_{\mathrm{p}} \omega_{\mathrm{m}}^{*} L_{\mathrm{m}} (i_{\mathrm{s}d} - i_{\mathrm{s}d}^{*}) + B_2 (V_{\mathrm{dc}} - V_{\mathrm{dc}}^{*})] / V_{\mathrm{dc}}^{*} \\
s_{\mathrm{g}d} = (V_{\mathrm{g}d}' - R_{\mathrm{g}} i_{\mathrm{g}d}^{*} + \omega_{\mathrm{s}} L_{\mathrm{g}} i_{\mathrm{g}q}^{*}) / V_{\mathrm{dc}}^{*} \\
s_{\mathrm{g}q} = (V_{\mathrm{g}q}' - R_{\mathrm{g}} i_{\mathrm{g}q}^{*} - \omega_{\mathrm{s}} L_{\mathrm{g}} i_{\mathrm{g}d}^{*}) / V_{\mathrm{dc}}^{*} \\
A_1 = -n_{\mathrm{p}} i_{\mathrm{r}q}^{*} (L_{\mathrm{r}} - L_{\mathrm{m}}^2 / L_{\mathrm{s}}) \\
A_2 = n_{\mathrm{p}} i_{\mathrm{r}d}^{*} (L_{\mathrm{r}} - L_{\mathrm{m}}^2 / L_{\mathrm{s}}) \\
B_1 = \omega_{\mathrm{m}}^{*} A_1 / V_{\mathrm{dc}}^{*} \\
B_2 = \omega_{\mathrm{m}}^{*} A_2 / V_{\mathrm{dc}}^{*}
\end{cases}
\tag{4.66}
$$

从式(4.66)中可以看出，对于联合控制策略，机侧开关函数 $s_{\mathrm{m}d}$、$s_{\mathrm{m}q}$ 中包括直流环节电压的动态信息，体现在 $B_1(V_{\mathrm{dc}} - V_{\mathrm{dc}}^{*})/V_{\mathrm{dc}}^{*}$、$B_2(V_{\mathrm{dc}} - V_{\mathrm{dc}}^{*})/V_{\mathrm{dc}}^{*}$ 项；网侧开关函数 $s_{\mathrm{g}d}$、$s_{\mathrm{g}q}$ 中存在网侧 d 轴的期望值 $i_{\mathrm{g}d}^{*}$，$i_{\mathrm{g}d}^{*}$ 含有的 $s_{\mathrm{m}d}^{*} i_{\mathrm{r}d}^{*} + s_{\mathrm{m}q}^{*} i_{\mathrm{r}q}^{*}$ 为网侧引入了系统机侧期望转子转速的动态信息。因此，机网两侧信息的相互融入，使得机侧和网侧的变换器能够更及时地协调配合，从而有效抑制机侧变换器和网侧变换器间由瞬时能量产生不平稳功率流引发的直流电压波动。

图 4.13 所示为基于能量的联合控制策略在双馈风力发电系统中应用的完整控制框图。该控制框图显示了联合控制器不仅保持了系统闭环动态的非线性特性，而且将机侧变换器和网侧变换器的控制整合成了一个整体。

将基于能量的机侧网侧联合控制策略式(4.66)同机侧独立控制策略式(4.27)和网侧独立控制策略式(4.56)进行对比：对于网侧控制，两种控制方法的结果是一致的，因为网侧控制主要是配合机侧控制需要以保持直流母线电压恒定，所以两种控制中网侧控制都必然会融入机侧控制的动态信息。对于机侧控制，机侧网侧联合控制以直流环节电压变化动态代替了机侧网侧独立控制中转

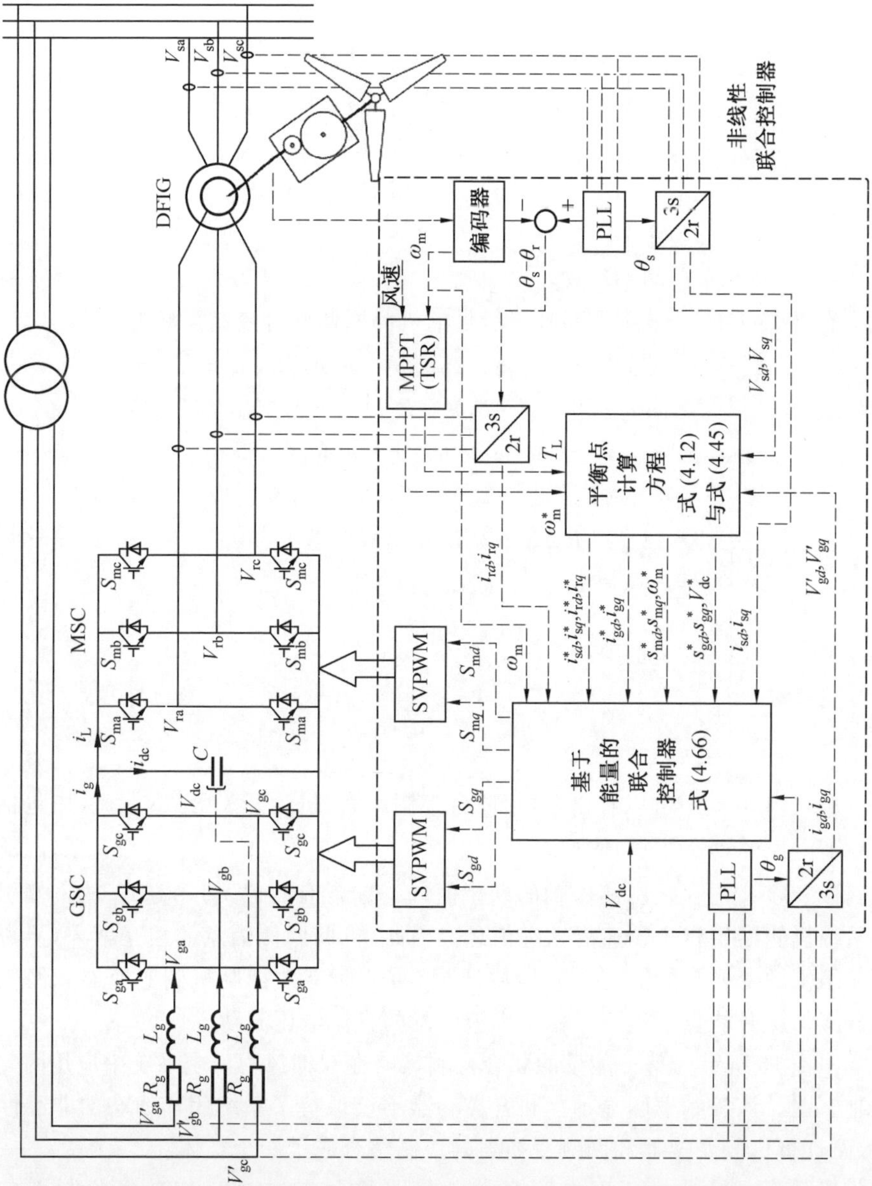

图 4.13　基于能量的联合控制策略在双馈风力发电系统中应用的完整控制框图（GSC：grid-side control，网侧控制。MSC：machine-side control，机侧控制。SVPWM：space vector pulse width modulation，空间矢量脉宽调制。MPPT：maximum power point tracking，最大功率追踪。TSR：tip speed ratio，叶尖速比）

子电流的变化动态，即在机侧控制中融入了网侧信息，这样会使联合控制对机侧网侧变换器间的协调比独立控制更容易，对直流环节电压波动的响应比独立控制更快。

2. 基于能量的机侧网侧联合控制策略的控制性能

为验证基于能量的机侧网侧联合控制策略的控制性能，在软件环境下采用与机侧网侧独立控制策略相同的 2 MW 双馈风力发电系统仿真平台，并通过覆盖风力发电机亚同步、同步和超同步三个工况的无扰动风速与有扰动风速分别对该控制策略进行测试。图 4.14(a) 所示为无扰动风速，总时长为 60 s，前 20 s 风速为 10.2 m/s，中段 20 s 风速为 10.226 m/s，后 20 s 风速为 10.3 m/s。由图 4.14(b) 可看出在此模拟风速下，发电机在前 20 s，转差率大于零，处于亚同步运行状态；在 20 ～ 40 s，转差率等于零，处于同步运行状态；在后 20 s，转差率小于零，处于超同步运行状态。联合控制策略的机侧控制效果可由风能转换系数反映，其动态变化如图 4.14(c) 所示，显示了风力发电机机侧可控制风能转换系数 C_p 一直保持在 $C_{pmax}=0.44$ 处，实现最大风能捕获。在联合控制策略下，系统直流环节电压如图 4.14(d) 所示，可以看出经过初始几秒的调整后，直流环节电压在风速阶跃突变的情况下也能保证平稳在 1 200 V，并无较大波动。另外，在图 4.14(d) 中，初始几秒中，直流环节电压在调整过程中升至 2 000 V，若实际中也出现该种情况，对于小容量电容是无法承受的。但通过分析风速曲线可知，直流环节电压在初始调整阶段的大幅上升，是由于模拟风速在初始 20 s 选用 10.2 m/s，也就是说对于仿真系统，风速在初始零时刻，实际产生了由 0 m/s 至 10.2 m/s 的大幅阶跃，而风速阶跃的幅度越大，直流环节电压的变动的幅度也会越大。在实际情况中风力发电系统的运行是从启动风速开始，跟随风速的渐变过程进行控制，风速不会在某个时刻出现大幅度的阶跃。对于风速渐变过程的小幅变动，联合控制稳定直流环节电压的能力可从图 4.14(d) 所示的在 $t=20$ s 和 $t=40$ s 处对风速阶跃的响应看出，联合控制对于稳定机侧变换器和网侧变换器中间环节的直流环节电压有着良好的效果。图 4.14(e) 所示为联合控制下发电机转子的三相励磁电流，在风速阶跃变化后，励磁电流会出现短暂调整，并达到稳定。可以观察到在发电机亚同步和超同步状态下转子励磁电流为三相交流，当发电机同步运行时，三相电流周期趋于无穷大，每相电流皆可看作直流。图 4.14(f) 所示机侧变换器交流侧和网侧变换器交流侧在 dq 轴下的功率（即机侧和网侧功率），两者有着较好的吻合。两侧功率的平衡也说明了背靠背变换器中部的直流母线处的电压波动会得到有效降低。

在对无扰动风速下联合控制策略的机侧网侧控制效果进行分析后，对联合

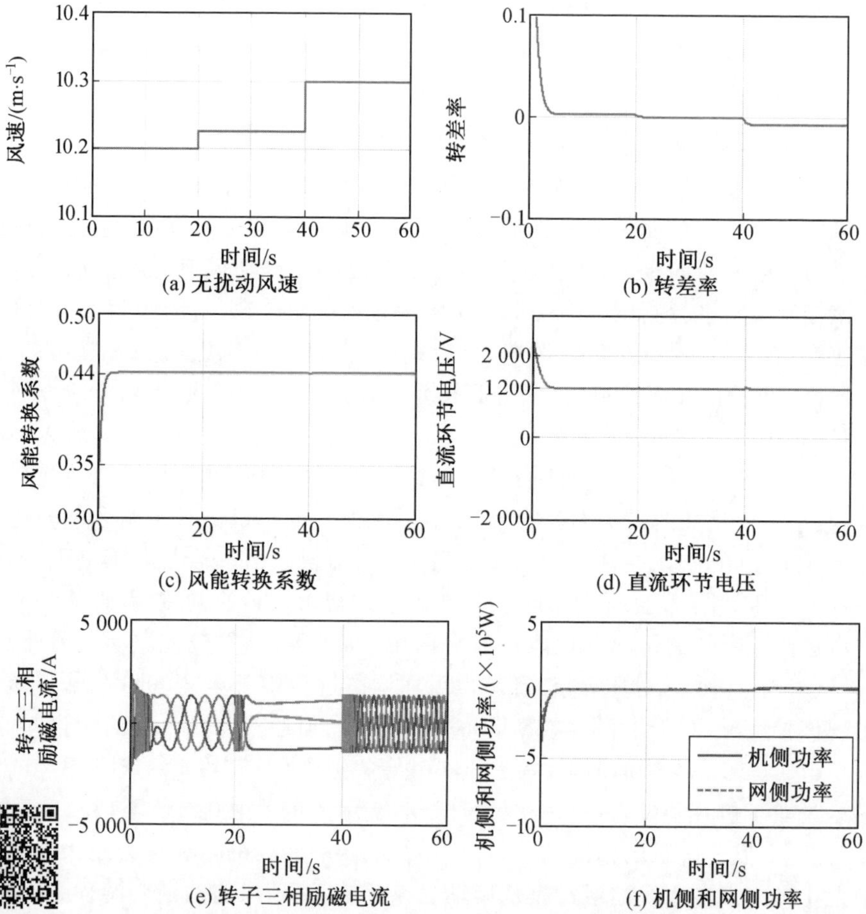

图 4.14　无扰动风速下机侧网侧联合控制效果

控制策略在扰动风速下的机侧网侧控制效果进行测试。仿真采用的风速序列总时长为 80 s，扰动强度为 20%，以 0.01 s 为采样时间，平均风速每 20 s 阶跃上升 0.5 m/s，如图 4.15(a) 所示。在此种风速下，发电机的转差率如图 4.15(b) 所示，根据转差率的正负，可判断在 60 s 之前，发电机为亚同步运行状态，在 $t=60$ s 之后，发电机进入超同步运行状态。根据双馈风力发电系统机侧和网侧控制目标，观察联合控制策略下的系统风能转换系数，如图 4.15(c) 所示，以及系统直流环节电压，如图 4.15(d) 所示。可以看出在扰动风速下，机侧的风能转换系数可以快速收敛并稳定在最优值，能够较好地实现对风能的最大功率追踪；网侧的直流电压则可大致稳定在 1 200 V 左右。由于仿真平台中未添加额外滤波环节，因此直流环节电压在每个 20 s 的间隔段中会较敏感地随着风速的扰动产生小的波动，而对于每个风速阶跃时刻，直流电压的波动则反映了联合控制策略对极端风速变化的控制效果。由于在机侧网侧联合控制中，网侧控制融入了机侧信息，使得网侧对机侧变化的响应加快，在风速阶跃时刻，直流环节电压的波动并没有像机侧网侧独立控制中那样出现大幅变化，特别是初始时刻直流环节电压的收敛速度和振荡幅度皆得到明显改善。图 4.15(e) 为扰动风速下发电机转子的三相励磁电流，电流幅值随风速的增加而增大，在风速阶跃变化后能够较快得到稳定。为便于观察波形细节，任选某一时刻($t=45.9$ s) 附近稳定后的电流波形进行放大，可以看出在基于能量的联合控制策略下，风速随机扰动并没有对转子三相励磁电流波形产生较大干扰。图 4.15(f) 对扰动风速下的机侧变换器交流侧和网侧变换器交流侧在 dq 轴下的功率进行了对比，两者的较好吻合说明联合控制策略使机侧瞬时能量和网侧瞬时能量没有出现较大差异，两侧能量得到了较好的平衡，这也是图 4.15(d) 中直流环节电压能够快速稳定，波动较小的根本原因。

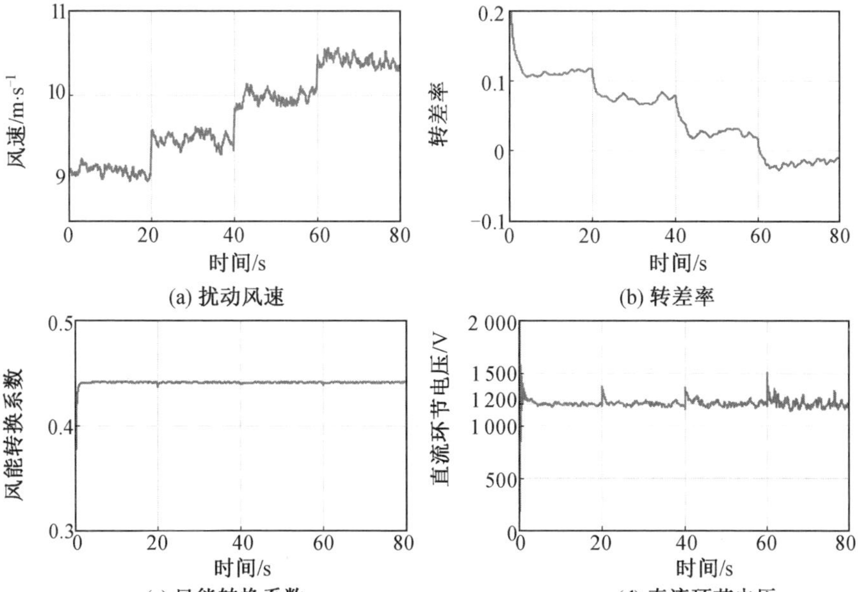

(a) 扰动风速　(b) 转差率

(c) 风能转换系数　(d) 直流环节电压

图 4.15　扰动风速下机侧网侧联合控制效果

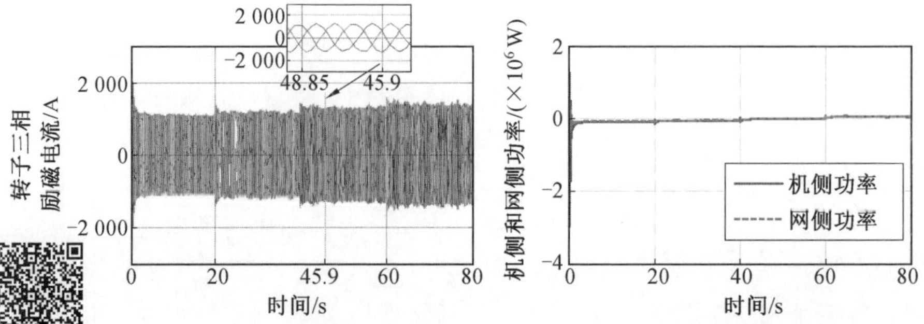

(e) 转子三相励磁电流速　　(f) 机侧和网侧功率

续图 4.15

综上所述，不论对于无扰动风速还是扰动风速，双馈风力发电系统通过基于能量的机侧网侧联合控制，能够在各工况下较为理想地实现机侧和网侧控制目标，同时还可有效抑制背靠背变换器的直流环节电压波动。

4.2.4　双馈风力发电系统能量成型控制与经典 PI 控制的对比分析

双馈风力发电仿真系统的各参数如前文所述，对于 PI 控制器所需整定的参数，在本仿真中采用 Ziegler-Nichols 方法对机侧和网侧的六个 PI 控制模块参数按照风力发电系统参数进行整定，其中将对有功功率 P_s 的调节增益转化为对转子转速 ω_m 的调节增益，整定结果为：转子转速调节比例参数 K_P 选取 4 545.3，积分参数 K_I 选取 1 362.95；转子侧变换器 d 轴电流比例参数 K_P 选取 5.0，积分参数 K_I 选取 1.0，q 轴电流比例参数 K_P 选取 0.9，积分参数 K_I 选取 5.0；直流环节电压调节增益比例参数 K_P 选取 0.454 5，积分参数 K_I 选取 1.364；网侧变换器 d 轴电流比例参数 K_P 选取 5.0，积分参数 K_I 选取 0.1，q 轴电流比例参数 K_P 选取 5.0，积分参数 K_I 选取 0.1。

在双馈风力发电系统中，风速中存在的随机扰动是影响控制器性能的一个重要因素。若采用的模拟风速中无任何扰动，如图 4.16(a) 所示，风速在前 20 s 为 9.6 m/s，中段 20 s 为 10.226 m/s，后段 20 s 为 11 m/s，其中风速为 10.226 m/s 时使发电机转速达到同步转速，能量控制下的三相转子励磁电压如图 4.16(b) 所示，PI 控制下的三相转子励磁电压如图 4.16(c) 所示，这两种控制都可胜任双馈感应发电机由亚同步经同步过渡到超同步的整个工作阶段。对初始几秒还可观察到，PI 控制达到稳定状态的收敛速度比能量控制稍快。

但是，实际上，风速总是不可避免地伴随着随机扰动，即如图 4.17(a) 所示，模拟风速的每 20 s 的平均风速与图 4.16(a) 所示的无扰动风速一致，风速中加入

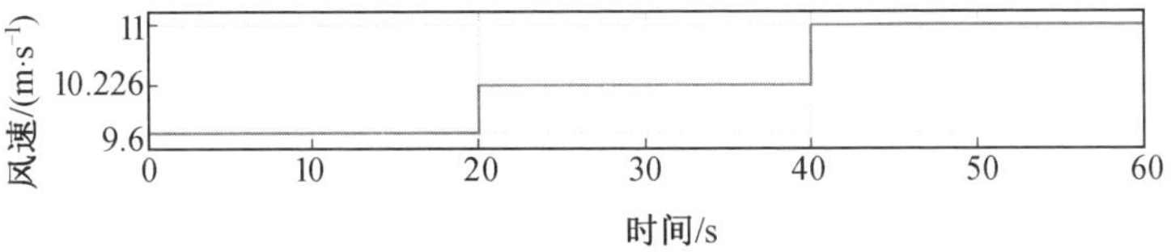

(a) 无扰动风速

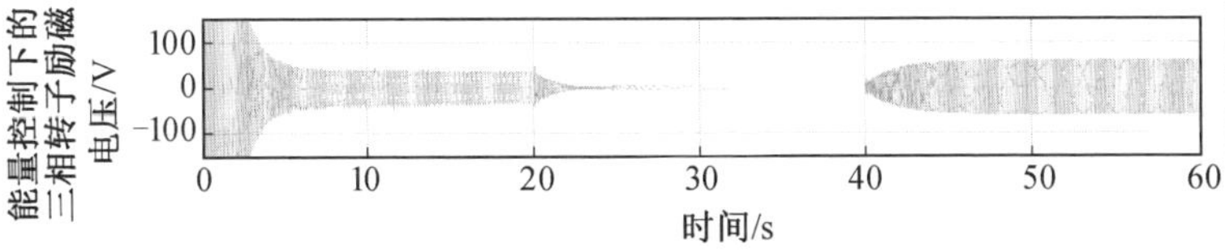

(b) 能量控制下的三相转子励磁电压

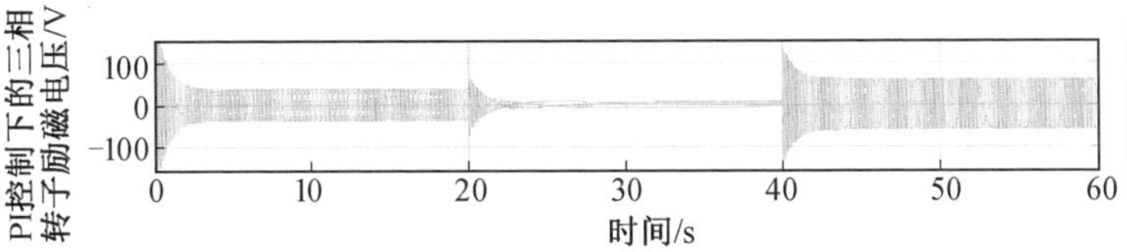

(c) PI控制下的三相转子励磁电压

图 4.16 理想风速下能量控制和 PI 控制下的三相转子励磁电压

了强度 20% 的扰动。此时，能量控制下的三相转子励磁电压如图 4.17(b) 所示，PI 控制下的三相转子励磁电压如图 4.17(c) 所示，可以观察出能量控制下的三相转子励磁电压的抗风速扰动能力要比 PI 控制下的强。在扰动存在时，PI 控制下的三相转子励磁电压中出现了许多尖峰，这将导致电流中的谐波增加，从而影响发电机的发电质量。一旦风力发电系统实际的工作点偏离了 PI 线性化的工作点，PI 控制器对带扰动情况下的系统暂态的控制性能会出现明显降低，而基于能量的控制器所具有的非线性控制特性则可保证系统整个工作范围内任意工作点处的鲁棒性能。

由于双馈风力发电系统的机侧控制目的主要在于实现对风能的最大功率追踪，因此可通过功率转换系数 C_p 动态响应来反映两种控制策略下的机侧控制性能。如图 4.18 所示，在带扰的三段阶跃随机风速下，图 4.18(a) 为能量控制下的

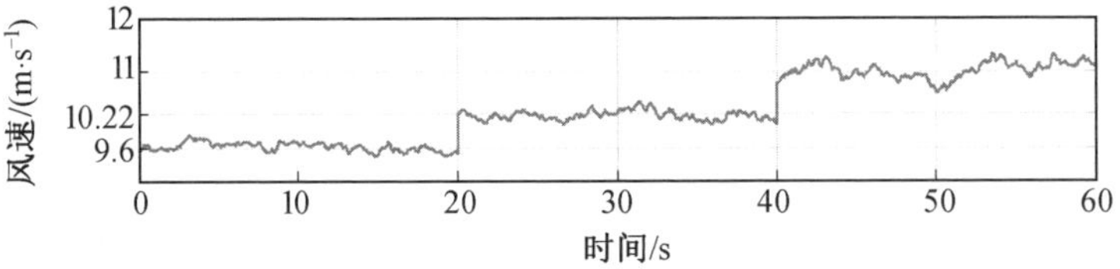

(a) 扰动风速

图 4.17 扰动风速下能量控制和 PI 控制下的三相转子励磁电压

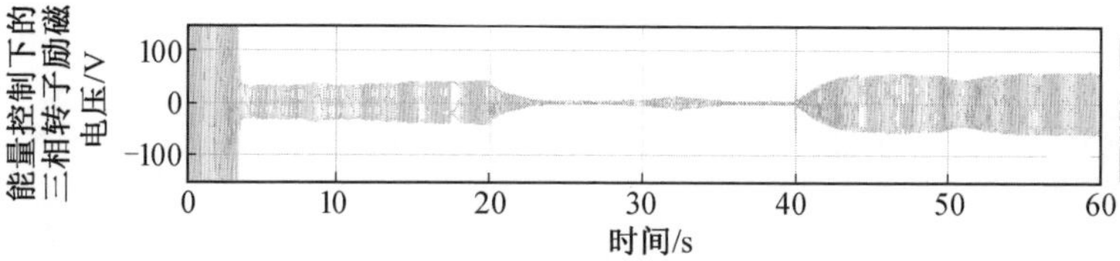

(b) 能量控制下的三相转子励磁电压

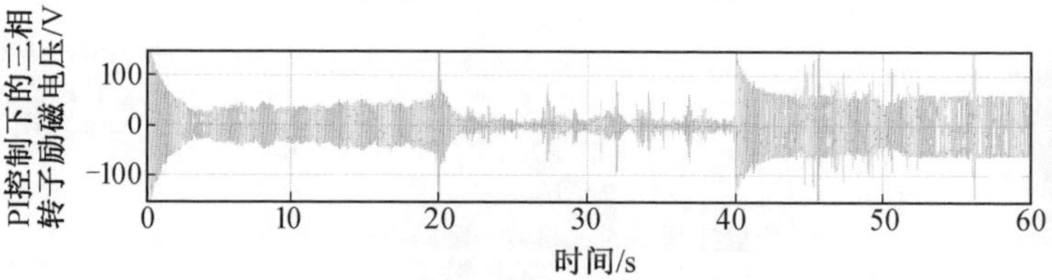

(c) PI控制下的三相转子励磁电压

续图 4.17

功率转换系数，图 4.18(b) 为 PI 控制下的功率转换系数，对比两者可以看出，对于机侧控制，两种控制方法对带扰随机风速的最大风能捕获结果基本一样，均可达到 $C_{\mathrm{pmax}}=0.44$，并在风速变化后都具有快速的稳态收敛速度。但是需要指出的是，PI 控制下的控制性能会较为严重地依赖多个合适的积分和比例参数的选取，而能量控制无须进行人为的参数整定，具有更好的自身调节能力。

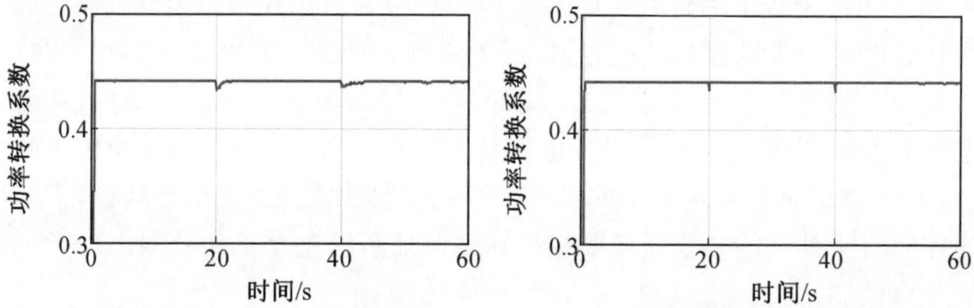

(a) 能量控制下的功率转换系数　　(b) PI控制下的功率转换系数

图 4.18　两种控制策略下的功率转换系数

在带扰随机风速下，对于双馈风力发电系统的网侧控制性能，可通过对直流环节电压的控制结果说明。将能量控制和 PI 控制下的直流环节电压控制效果进行对比，如图 4.19 所示。其中，图 4.19(a) 所示为能量控制下的直流环节电压，图 4.19(b) 所示为 PI 控制下的直流环节电压。易观察得出，两种控制方法都可以使电压稳定在 1 200 V，并且基于能量的网侧控制所含扰动要比基于 PI 方法的网侧控制更小。这种扰动主要来源于风速中的扰动，可分为两种情况：出现在时间 $t=0$ s、$t=20$ s、$t=40$ s 处的电压波动是由于风速的阶跃变化而产生的；出现在时间段 0 ～ 20 s、20 ～ 40 s 和 40 ～ 60 s 的波动是由于风速中的随机扰动而产生

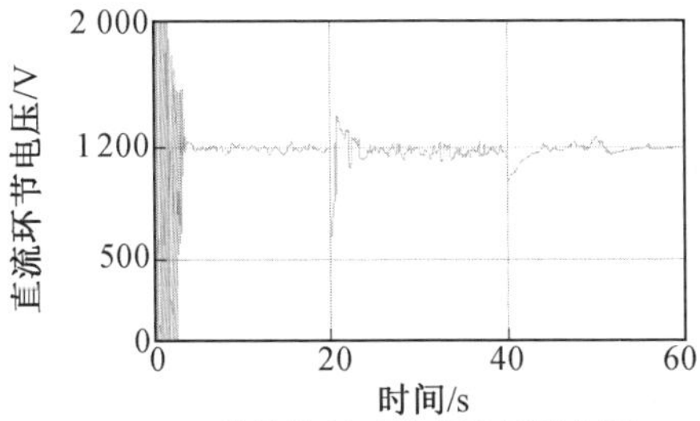

(a) 能量控制下的直流环节电压

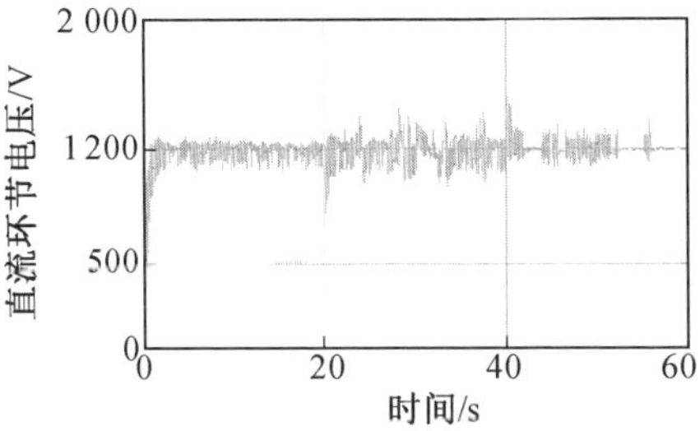

(b) PI控制下的直流环节电压

图 4.19　两种控制策略下的直流环节电压

的。由于风速所具有的渐变连续性，第一种情况的扰动在实际情况中不会出现，在仿真中则说明了控制策略对风速极限变化情况下的响应速度。第二种情况的扰动则是应用于风力发电系统的任何一种控制方法所必须面对的问题。对于时间段内的控制效果则体现了控制方法在随机扰动风速下的鲁棒控制性能，图 4.19 则说明了能量控制在双馈风力发电系统的网侧控制应用中具有比 PI 控制更强的鲁棒性能。

第5章

能量成型控制在双馈风力发电系统低电压穿越控制中的应用(一)

本章针对双馈风力发电系统低电压穿越技术需求，首先明确我国的风电低电压穿越标准要求，分析电网电压跌落时双馈风电系统低电压穿越的两种主要途径。随后基于能量成型控制方法，在实现风力发电系统软穿越时，将小幅低电压跌落视为扰动，采用 L_2 干扰抑制的方法对机侧和网侧变换器进行控制。针对电网电压出现严重跌落的情况，对撬棒电路的电阻阻值和退出时刻进行分析，给出了网侧无功补偿策略。基于低电压穿越的全工况，采用 Stateflow 状态切换方法实现双馈风电系统状态变换，从而实现双馈风力发电系统的低电压穿越。

5.1 双馈风力发电系统低电压穿越技术

5.1.1 我国的风电低电压穿越标准要求

我国风电标准要求电网电压跌落到最小值 0.15 p.u. 时能够持续并网运行 625 ms,并且在电网电压发生跌落后能够在 2 s 内恢复至 0.9 p.u. 以上、风电场内的风电机组保持不脱网连续运行。如图 5.1 所示,电力系统在故障期间没有切出风电场,其有功功率在故障清除后应快速恢复,自故障清除时刻开始,以至少每秒 10%额定功率的功率变化率恢复至故障前的值;标准还要求对于总装机容量百万千瓦以上风电基地内的风电场,在低电压穿越(low voltage ride through,LVRT)过程中应具有下列动态无功支撑能力:

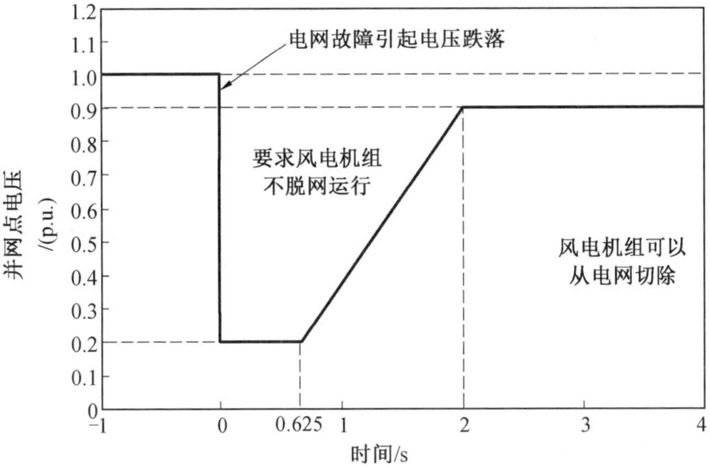

图 5.1 我国低电压穿越标准

(1)电力系统发生三相短路故障引起电压跌落,当风电场并网点电压处于额定电压的 20%～90%区间内时，风电场通过注入无功电流支撑电压恢复，自电压跌落出现的时刻起，该动态无功电流控制的响应时间不大于 80 ms，并能持续 600 ms 的时间。

(2)风电场注入电力系统的动态无功电流为

$$I_Q = 2\times(0.9 - U_T)I_N,\quad 0.2\leqslant U_T\leqslant 0.9 \tag{5.1}$$

式中 I_N——风电场的额定电流；

U_T——故障期间并网点电压标幺值。

5.1.2 双馈风电系统硬穿越研究现状

双馈风电系统最为常见的硬件保护电路是转子侧撬棒(active crowbar)电路，如图 5.2 所示。当电网故障导致转子电流超过变换器的安全阈值后撬棒电路投入工作，同时将机侧变换器关断。由于撬棒电路工作时双馈感应发电机转子的励磁完全来自于定子侧，需要从电网中吸收无功功率建立磁场，不利于电网电压回升，因此撬棒电路应该在保证风电系统安全后及时退出运行。相关文献提出可通过增大撬棒电路电阻并配合改进后的变换器控制来尽可能缩短撬棒电路的工作时间，但对于撬棒电路运行时长没有具体的设计。还有文献提出可通过对不同故障情况进行分析来探讨撬棒电路阻值和投切控制策略对低电压穿越效果的影响。针对撬棒电路运行时带来的控制性能下降的问题，相关文献提出可对转子侧撬棒电路的拓扑进行改进，通过增加电容元件来改进撬棒电路工作时的暂态性能，还可使用晶闸管代替撬棒电路中的全控器件，从而进一步降低配置撬棒电路的成本。也有文献提出了一种无撬棒电路的低电压穿越方法，通过在转子回路与机侧变换器之间串联 RL 电路并且在机侧 PI 控制增加相应的前馈补偿器实现低电压穿越，这种方法虽然避免了撬棒电路的使用，但是依然引入了其他硬件设备。

除了转子侧撬棒电路外，被应用于双馈风电系统低电压穿越的硬件保护电路还有直流母线斩波电路、定子侧撬棒电路等。直流母线斩波电路投入后能够消耗掉直流母线上的过剩能量，避免母线电容过压。而定子侧撬棒电路原理与转子侧撬棒电路类似，但是它在工作时会切断发电机定子与电网的连接，造成临时脱网，因此并不能完全满足低电压穿越的要求。有研究表明可在发电机转子侧增加超导磁储能装置，实现对故障时过剩能量的重复利用，但是其经济性仍然值得深入考虑。

硬件设备除了用于直接对双馈风电系统进行保护外，还用来进一步满足风电系统对电网电压支撑的要求。例如，可采用动态电压恢复器(dynamic voltage

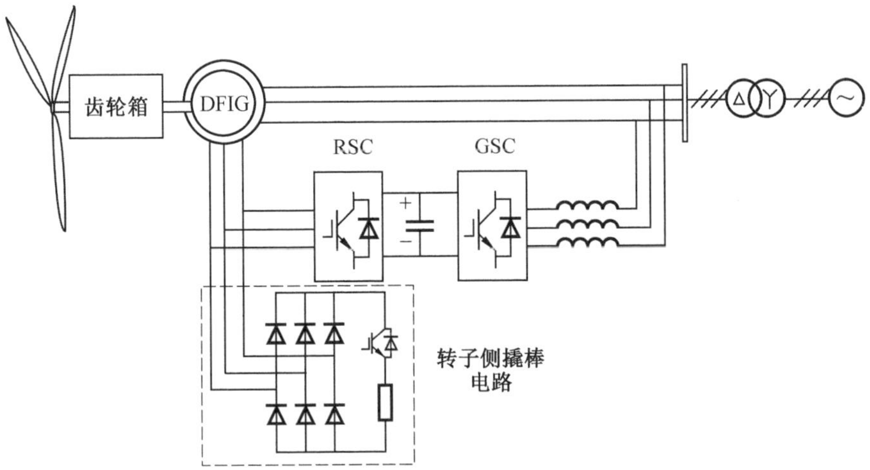

图 5.2 转子侧撬棒电路

(RSC:rotor-side control,转子侧控制)

restorer,DVR)对并网点电压进行补偿,还可通过使用静止同步补偿器(static synchronous compensator,STATCOM)在故障期间提供无功功率来支撑电网电压。此外,由于机侧变换器关闭后网侧变换器和直流母线电容构成与STATCOM的拓扑结构,因此可使用网侧变换器作为STATCOM对电网进行无功补偿的控制策略。

5.1.3 双馈风电系统软穿越研究现状

考虑到系统复杂性和运行成本,添加硬件装置并不总是解决问题的最佳办法。现在安装的双馈风电系统大多数采用矢量控制来控制系统发出的功率,但是矢量控制都是根据双馈风电系统的稳态运行条件设计的,不能为双馈风电系统提供低电压穿越能力。因此,一些修正的矢量控制被用于满足双馈风电系统的低电压穿越要求。有关研究提出可将前馈瞬态电流控制融合到机侧变换器的控制中以抑制转子过流,但是这种方法是通过增大转子输入电压来抑制转子过流的,且从转子侧馈入的功率没有变换,直流母线电压的波动也没有明显的改善。有学者提出通过控制转子磁链追踪定子磁链以减小两者的误差来抑制转子电流的幅值,但是这种控制方法需要计算磁链的大小,计算复杂,还有学者提出可通过使用虚拟电阻代替撬棒电路限制转子过流,通过增加虚拟电阻来增大系统的阻尼,从而减小转子电流和系统的振荡时间,但是这种控制同样会增加转子输入电压。

当电网电压出现跌落时，双馈风电系统的非线性行为大大降低了经典线性控制的性能，会导致系统不稳定。随着现代控制理论的发展，一些先进的策略被深入研究，用以增强双馈风电系统的低电压穿越能力，比如非线性控制和智能控制。有研究者提出了一种鲁棒控制器，可检测出直流母线电压和定子侧端电压幅值变化，以及定子输出的有功功率和无功功率变化，并对其进行补偿；一种基于区间的 type－2 模糊集的转子侧控制策略，这种策略可以处理系统参数的不确定性问题；一种采用 LQ 输出反馈控制理论设计的离散化鲁棒控制器，考虑了系统的非线性行为。

改进控制策略成本比较低，但要通过控制变换器来实现低电压穿越，效果受到变换器容量限制，所以只适用于电网电压出现小幅值跌落的情况。改进控制策略和使用硬件保护电路这两类低电压穿越手段各有利弊，因此通常情况下会根据故障情况的实际需求选择适合的 LVRT 策略。

5.2 基于 L_2 干扰抑制的 DFIG 低电压穿越控制策略

5.2.1 L_2 干扰抑制控制理论应用核心

带有外部干扰的 PCH 系统模型为

$$\begin{cases} \dot{\boldsymbol{x}} = [\boldsymbol{J}(\boldsymbol{x}) - \boldsymbol{R}(\boldsymbol{x})] \dfrac{\partial \boldsymbol{H}(\boldsymbol{x})}{\partial \boldsymbol{x}} + \boldsymbol{g}(\boldsymbol{x})\boldsymbol{u} + \boldsymbol{g}(\boldsymbol{x})\boldsymbol{w} \\ \boldsymbol{y} = \boldsymbol{g}^{\mathrm{T}}(\boldsymbol{x}) \dfrac{\partial \boldsymbol{H}(\boldsymbol{x})}{\partial \boldsymbol{x}} \end{cases} \tag{5.2}$$

式中　$\boldsymbol{w}$—— 有界、未知的干扰输入信号。

L_2 干扰抑制控制可以描述为：给定罚信号 $\boldsymbol{p}$、扰动抑制水平常数 $\gamma \geqslant 0$ 和一个期望平衡点 $\boldsymbol{x}^* \in \mathbf{R}^n$，找到一个控制 $\boldsymbol{u}=\boldsymbol{k}(\boldsymbol{x})$ 和一个正定函数 $\boldsymbol{V}(\boldsymbol{x})$ 满足 γ－耗散不等式：

$$\dot{\boldsymbol{V}}(\boldsymbol{x}) + \boldsymbol{Q}(\boldsymbol{x}) \leqslant \frac{1}{2}(\gamma^2 \| \boldsymbol{w} \|^2 - \| \boldsymbol{p} \|^2), \quad \forall \boldsymbol{w} \tag{5.3}$$

式中，$\boldsymbol{Q}(\boldsymbol{x})$ 为半正定函数。

在控制 $\boldsymbol{u}=\boldsymbol{k}(\boldsymbol{x})$ 下若系统式(5.2) 满足 γ－耗散不等式，则从扰动 $\boldsymbol{\omega}$ 到罚信号 $\boldsymbol{p}$ 的 L_2 增益小于给定的抑制水平 γ。

如果罚信号 $\boldsymbol{p}$ 定义为与系统输出变量有关的量，则 L_2 增益解决的是系统的外部扰动对系统输出的影响。γ 越小，则干扰对系统的输出影响越小，系统越稳定。

5.2.2　基于 L_2 干扰抑制的机侧变换器低电压穿越策略

双馈风力发电系统对电网故障十分敏感,这限制了电网一体化运行中风电场的发展。之前的低电压穿越控制策略大都是基于传统的 PI 控制器改进的,能量成型控制在风电中的应用也只是基于稳态设计的,并没有考虑电网故障的情况。因此,本书在能量成型控制的基础上提出一种改进的机侧变换器控制策略,以提高双馈感应发电机组的低电压穿越能力。该控制策略基于端口受控哈密顿理论和 L_2 干扰抑制改进机侧变换器的控制器。通过对称和不对称故障仿真对比分析,可以得出结论采用 L_2 干扰抑制改进的控制策略使双馈感应发电机在电网出现轻度故障时有更好的动态性能。

相比于原稳定的系统,对于带有扰动的系统,原控制 $\boldsymbol{u}$ 必会有相应的改变以补偿未知扰动 $\boldsymbol{w}$ 对系统的影响。假定反馈控制 $\boldsymbol{u}$ 由原来的 $\boldsymbol{u}=\boldsymbol{\alpha}(\boldsymbol{x})$ 转变为 $\boldsymbol{u}=\boldsymbol{\alpha}(\boldsymbol{x})+\boldsymbol{\beta}(\boldsymbol{x})$,即 $\boldsymbol{\beta}(\boldsymbol{x})$ 为由于 $\boldsymbol{w}$ 的存在而使控制 $\boldsymbol{u}$ 需要做出的修正,用以保证系统仍能在原平衡点处达到稳定。

电网电压的跌落可以看成在输入端口 $\boldsymbol{u}_{e2}=[V_{sd},V_{sq}]^{\mathrm{T}}$ 上又出现的一个有界的外部干扰,现在可以把双馈风电系统 Σ_e 看作带有外部干扰的 PCH 系统,即

$$\Sigma_e:\begin{cases}\dot{\boldsymbol{x}}_e=(\boldsymbol{J}_e-\boldsymbol{R}_e)\nabla\boldsymbol{H}_e+\boldsymbol{g}_{e1}\boldsymbol{u}_{e1}+\boldsymbol{g}_{e2}(\boldsymbol{u}_{e2}+\boldsymbol{w})+\boldsymbol{g}_{e3}\boldsymbol{u}_{e3}\\ \boldsymbol{y}_{e1}=\boldsymbol{g}_{e1}^{\mathrm{T}}\nabla\boldsymbol{H}_e\\ \boldsymbol{y}_{e2}=\gamma_{e2}^{\mathrm{T}}\nabla\boldsymbol{H}_e\\ \boldsymbol{y}_{e3}=\boldsymbol{g}_{e3}^{\mathrm{T}}\nabla\boldsymbol{H}_e\end{cases}\tag{5.4}$$

改进控制的主要任务是获取定子电压干扰对励磁控制电压的影响。为了补偿干扰 $\boldsymbol{w}$ 影响,励磁控制电压 $\boldsymbol{u}_{e3}=[V_{rd},V_{rq}]^{\mathrm{T}}$ 需要改变,以使修正的期望能量函数 $\boldsymbol{H}_d$ 在原来的平衡点处仍然有最小值。因此,假设转子励磁控制电压 $\boldsymbol{u}_{e3}$ 由原来的 $\boldsymbol{\alpha}(\boldsymbol{x})$ 变为 $\boldsymbol{\alpha}(\boldsymbol{x})+\boldsymbol{\beta}(\boldsymbol{x})$。则双馈风电系统机侧闭环系统变为

$$\dot{\boldsymbol{x}}_e=(\boldsymbol{J}_d-\boldsymbol{R}_d)\frac{\partial\boldsymbol{H}_d}{\partial\boldsymbol{x}}+\boldsymbol{g}_{e3}(\boldsymbol{x})\boldsymbol{\beta}(\boldsymbol{x})+\boldsymbol{g}_{e2}(\boldsymbol{x})\boldsymbol{w}\tag{5.5}$$

为了表示定子电压干扰对输出转子电流的影响,罚信号可以设置为

$$\boldsymbol{p}=\boldsymbol{h}(\boldsymbol{x})\boldsymbol{g}_{e3}^{\mathrm{T}}(\boldsymbol{x})\frac{\partial\boldsymbol{H}_d}{\partial\boldsymbol{x}}\tag{5.6}$$

式中　$\boldsymbol{h}(\boldsymbol{x})$—— 加权矩阵。

将新的闭环系统式(5.5)等号两边同时左乘 $\nabla\boldsymbol{H}_d^{\mathrm{T}}$,可以得到

$$\begin{aligned}\dot{\boldsymbol{H}}_d&=-\nabla\boldsymbol{H}_d^{\mathrm{T}}\boldsymbol{R}_d\nabla\boldsymbol{H}_d+\nabla\boldsymbol{H}_d^{\mathrm{T}}\boldsymbol{g}_{e3}(\boldsymbol{x})\boldsymbol{\beta}(\boldsymbol{x})+\nabla\boldsymbol{H}_d^{\mathrm{T}}\boldsymbol{g}_{e2}(\boldsymbol{x})\boldsymbol{w}\\&=-\nabla\boldsymbol{H}_d^{\mathrm{T}}\boldsymbol{R}_d\nabla\boldsymbol{H}_d+\nabla\boldsymbol{H}_d^{\mathrm{T}}\boldsymbol{g}_{e3}(\boldsymbol{x})\beta(\boldsymbol{x})+\nabla\boldsymbol{H}_d^{\mathrm{T}}\boldsymbol{g}_{e2}(\boldsymbol{x})\boldsymbol{w}+\end{aligned}$$

$$
\begin{aligned}
&\frac{1}{2}(\gamma^2\|\boldsymbol{w}\|^2-\|\boldsymbol{p}\|^2)-\frac{1}{2}(\gamma^2\|\boldsymbol{w}\|^2-\|\boldsymbol{p}\|^2)\\
=&-\nabla\boldsymbol{H}_{\mathrm{d}}^{\mathrm{T}}\boldsymbol{R}_{\mathrm{d}}\nabla\boldsymbol{H}_{\mathrm{d}}+\frac{1}{2}(\gamma^2\|\boldsymbol{w}\|^2-\|\boldsymbol{p}\|^2)+\nabla\boldsymbol{H}_{\mathrm{d}}^{\mathrm{T}}\boldsymbol{g}_{\mathrm{e}3}\boldsymbol{\beta}(\boldsymbol{x})+\nabla\boldsymbol{H}_{\mathrm{d}}^{\mathrm{T}}\boldsymbol{g}_{\mathrm{e}2}\boldsymbol{w}-\\
&\frac{1}{2}\gamma^2\|\boldsymbol{w}\|^2+\frac{1}{2}\nabla\boldsymbol{H}_{\mathrm{d}}^{\mathrm{T}}\boldsymbol{g}_{\mathrm{e}3}\boldsymbol{h}^{\mathrm{T}}(x)\boldsymbol{h}(\boldsymbol{x})\boldsymbol{g}_{\mathrm{e}3}^{\mathrm{T}}\nabla\boldsymbol{H}_{\mathrm{d}}\\
=&-\nabla\boldsymbol{H}_{\mathrm{d}}^{\mathrm{T}}(\boldsymbol{R}_{\mathrm{d}})\nabla\boldsymbol{H}_{\mathrm{d}}+\frac{1}{2}(\gamma^2\|\boldsymbol{w}\|^2-\|\boldsymbol{p}\|^2)-\\
&\frac{1}{2}\left\|\gamma w-\frac{1}{\gamma}\boldsymbol{g}_{\mathrm{e}2}^{\mathrm{T}}\frac{\partial\boldsymbol{H}_{\mathrm{d}}}{\partial\boldsymbol{x}}\right\|^2+\nabla\boldsymbol{H}_{\mathrm{d}}^{\mathrm{T}}\boldsymbol{g}_{\mathrm{e}3}\boldsymbol{\beta}(\boldsymbol{x})+\\
&\frac{1}{2}\nabla\boldsymbol{H}_{\mathrm{d}}^{\mathrm{T}}\boldsymbol{g}_{\mathrm{e}3}\boldsymbol{h}^{\mathrm{T}}(x)\boldsymbol{h}(\boldsymbol{x})\boldsymbol{g}_{\mathrm{e}3}^{\mathrm{T}}\nabla\boldsymbol{H}_{\mathrm{d}}+\frac{1}{2}\frac{1}{\gamma^2}\nabla\boldsymbol{H}_{\mathrm{d}}^{\mathrm{T}}\boldsymbol{g}_{\mathrm{e}2}\boldsymbol{g}_{\mathrm{e}2}^{\mathrm{T}}\nabla\boldsymbol{H}_{\mathrm{d}}\\
=&-\nabla\boldsymbol{H}_{\mathrm{d}}^{\mathrm{T}}\left(\boldsymbol{R}_{\mathrm{d}}+a\frac{1}{\gamma^2}\boldsymbol{g}_{\mathrm{e}3}\boldsymbol{g}_{\mathrm{e}3}^{\mathrm{T}}-\frac{1}{2}\frac{1}{\gamma^2}\boldsymbol{g}_{\mathrm{e}2}\boldsymbol{g}_{\mathrm{e}2}^{\mathrm{T}}\right)\nabla\boldsymbol{H}_{\mathrm{d}}+\frac{1}{2}(\gamma^2\|\boldsymbol{w}\|^2-\|\boldsymbol{p}\|^2)-\\
&\frac{1}{2}\left\|\gamma w-\frac{1}{\gamma}\boldsymbol{g}_{\mathrm{e}2}^{\mathrm{T}}\frac{\partial\boldsymbol{H}_{\mathrm{d}}}{\partial\boldsymbol{x}}\right\|^2+\nabla\boldsymbol{H}_{\mathrm{d}}^{\mathrm{T}}\boldsymbol{g}_{\mathrm{e}3}\left[\boldsymbol{\beta}(\boldsymbol{x})+\frac{1}{2}\left(\frac{2aI_2}{\gamma^2}+\boldsymbol{h}^{\mathrm{T}}\boldsymbol{h}\right)\boldsymbol{g}_{\mathrm{e}3}^{\mathrm{T}}\nabla\boldsymbol{H}_{\mathrm{d}}\right]
\end{aligned}
\tag{5.7}
$$

根据式(5.7),令

$$\boldsymbol{\beta}(\boldsymbol{x})=-\frac{1}{2}\left(\frac{2aI_2}{\gamma^2}+\boldsymbol{h}^{\mathrm{T}}\boldsymbol{h}\boldsymbol{g}_{\mathrm{e}3}^{\mathrm{T}}\right)\nabla\boldsymbol{H}_{\mathrm{d}} \tag{5.8}$$

$$\boldsymbol{Q}(\boldsymbol{x})=\frac{\partial^{\mathrm{T}}\boldsymbol{H}_{\mathrm{d}}}{\partial\boldsymbol{x}}\left(\boldsymbol{R}_{\mathrm{d}}+a\frac{1}{\gamma^2}\boldsymbol{g}_{\mathrm{e}3}\boldsymbol{g}_{\mathrm{e}3}^{\mathrm{T}}-\frac{1}{2}\frac{1}{\gamma^2}\boldsymbol{g}_{\mathrm{e}2}\boldsymbol{g}_{\mathrm{e}2}^{\mathrm{T}}\right)\frac{\partial\boldsymbol{H}_{\mathrm{d}}}{\partial\boldsymbol{x}} \tag{5.9}$$

为了满足 $\boldsymbol{Q}(\boldsymbol{x})$ 为半正定函数,则有

$$\boldsymbol{R}_{\mathrm{d}}+a\frac{1}{\gamma^2}\boldsymbol{g}_{\mathrm{e}3}\boldsymbol{g}_{\mathrm{e}3}^{\mathrm{T}}-\frac{1}{2}\frac{1}{\gamma^2}\boldsymbol{g}_{\mathrm{e}2}\boldsymbol{g}_{\mathrm{e}2}^{\mathrm{T}}\geqslant 0 \tag{5.10}$$

可以得到

$$\dot{\boldsymbol{H}}+\boldsymbol{Q}(x)\leqslant\frac{1}{2}(\gamma^2\|\boldsymbol{w}\|^2-\|\boldsymbol{p}\|^2),\quad\forall\boldsymbol{w} \tag{5.11}$$

将期望能量函数 $\boldsymbol{H}_{\mathrm{d}}$ 作为正定 $\boldsymbol{V}(\boldsymbol{x})$ 函数,则式(5.11)满足 γ 耗散不等式。这说明额外的补偿控制 $\boldsymbol{\beta}(\boldsymbol{x})=-\frac{1}{2}\left(\frac{2aI_2}{\gamma^2}+\boldsymbol{h}^{\mathrm{T}}\boldsymbol{h}\boldsymbol{g}_{\mathrm{e}3}^{\mathrm{T}}\right)\nabla\boldsymbol{H}_{\mathrm{d}}$ 时,可使电网电压的干扰对系统的输出转子电流的 L_2 增益小于给定水平 γ,即系统具有 L_2 扰动抑制特性。

其中

$$\boldsymbol{R}_{\mathrm{d}}=\boldsymbol{R}_{\mathrm{e}}+\boldsymbol{R}_{a}=\begin{bmatrix} R_{\mathrm{s}} & 0 & 0 & 0 \\ 0 & R_{\mathrm{s}} & 0 & 0 \\ 0 & 0 & R_{\mathrm{r}}+r & 0 \\ 0 & 0 & 0 & R_{\mathrm{r}}+r \end{bmatrix} \tag{5.12}$$

则由式(5.10)和式(5.12)可得

$$\gamma \geqslant \frac{1}{\sqrt{2R_{\mathrm{s}}}} \tag{5.13}$$

式(5.8)中参数 a 可以任意取值,由式(5.13)可知即使取 a 为无穷大的值,从扰动 $\boldsymbol{w}$ 到罚信号 $\boldsymbol{p}$ 的 L_2 增益也不可能减小到0,即不可能完全消除干扰对系统的影响,但是可以使干扰对系统输入的影响得到有效抑制。

前文已经求出稳态运行时反馈控制 $\boldsymbol{u}_{\mathrm{e3}}=\boldsymbol{\alpha}(\boldsymbol{x})$,当机侧电压出现扰动时,为了抑制电网电压扰动对系统的影响,状态反馈控制变成 $\boldsymbol{u}_{\mathrm{e3}}=\boldsymbol{\alpha}(\boldsymbol{x})+\boldsymbol{\beta}(\boldsymbol{x})$,可得

$$\dot{\boldsymbol{x}}_{\mathrm{e}}=\left[\boldsymbol{J}_{\mathrm{d}}-\boldsymbol{R}_{\mathrm{d}}-\frac{1}{2}\boldsymbol{g}_{\mathrm{e3}}^{\mathrm{T}}\left(\frac{2aI^{2}}{\gamma^{2}}+\boldsymbol{h}^{\mathrm{T}}\boldsymbol{h}\right)\boldsymbol{g}_{\mathrm{e3}}\right]\frac{\partial \boldsymbol{H}_{\mathrm{d}}}{\partial \boldsymbol{x}}+\boldsymbol{g}_{\mathrm{e2}}\boldsymbol{w} \tag{5.14}$$

由式(5.14)可知,加入额外的反馈控制 $\boldsymbol{\beta}(\boldsymbol{x})$ 相当于向闭环系统中注入额外的耗散结构阻尼,即

$$\boldsymbol{R}_{\mathrm{a}} \rightarrow \boldsymbol{R}_{\mathrm{a}}+\frac{1}{2}\boldsymbol{g}_{\mathrm{e3}}^{\mathrm{T}}\left(\frac{2aI^{2}}{\gamma^{2}}+\boldsymbol{h}^{\mathrm{T}}\boldsymbol{h}\right)\boldsymbol{g}_{\mathrm{e3}} \tag{5.15}$$

由式(5.15)可知,PCH 系统的 L_2 干扰抑制可以通过增加耗散矩阵 $\boldsymbol{R}_{\mathrm{a}}$ 的阻值配置获得。

假设罚信号 $\boldsymbol{p}$ 的权重矩阵为

$$\boldsymbol{h}(\boldsymbol{x})=\begin{bmatrix} 1 & 0 \\ 0 & 1 \end{bmatrix} \tag{5.16}$$

由式(5.15)和式(5.16)可得到通过 L_2 干扰抑制修正控制后的 $\boldsymbol{R}_{\mathrm{a}}$ 为

$$\boldsymbol{R}_{\mathrm{a}}=\begin{bmatrix} 0 & 0 & 0 & 0 \\ 0 & 0 & 0 & 0 \\ 0 & 0 & r+\dfrac{1}{2}+\dfrac{a}{\gamma^{2}} & 0 \\ 0 & 0 & 0 & r+\dfrac{1}{2}+\dfrac{a}{\gamma^{2}} \end{bmatrix} \tag{5.17}$$

由式(5.17)可知,电网电压出现故障时,可通过加大阻尼的注入来加快系统多余能量的消耗,从而使系统更快地达到稳定。

系统带有 L_2 干扰抑制的控制器则为

$$\begin{cases} u_{rd}=u_{rd}^{*}-\left(r+\dfrac{1}{2}+\dfrac{a}{\gamma^{2}}\right)(i_{rd}-i_{rd}^{*})+n_{p}\omega_{gen}\psi_{rq}-n_{p}\omega_{gen}^{*}\psi_{rq}^{*} \\ u_{rq}=u_{rq}^{*}-\left(r+\dfrac{1}{2}+\dfrac{a}{\gamma^{2}}\right)(i_{rq}-i_{rq}^{*})+n_{p}\omega_{gen}^{*}\psi_{rd}^{*}-n_{p}\omega_{gen}\psi_{rd} \end{cases} \tag{5.18}$$

由式(5.18)可知，当电压出现跌落时，只需要改变耗散结构矩阵配置的值，就能抑制定子电压跌落对系统造成的影响。

由于 γ 表示扰动 $\boldsymbol{w}$ 到罚信号 $\boldsymbol{p}$ 的抑制水平，当然是希望 γ 越小越好，因此选取 $\gamma=\sqrt{\dfrac{1}{2R_s}}$。由双馈风电系统能量成型控制器设计过程可知，电压正常时选取 $r=0.5$；电网电压出现故障时，若选取 $a=200$，可求得 $r=3.36$。采用 L_2 干扰抑制改进的控制策略框图如图 5.3 所示，一旦检测到电网电压低于 0.9 p.u.，r 值就由正常控制时的 0.5 切换到故障时的 3.36。很明显，L_2 干扰抑制改进控制策略比 PI 控制要简单，基于能量成型的改进控制只需增大阻尼配置的 r 值而保持控制变量的表达式不变。

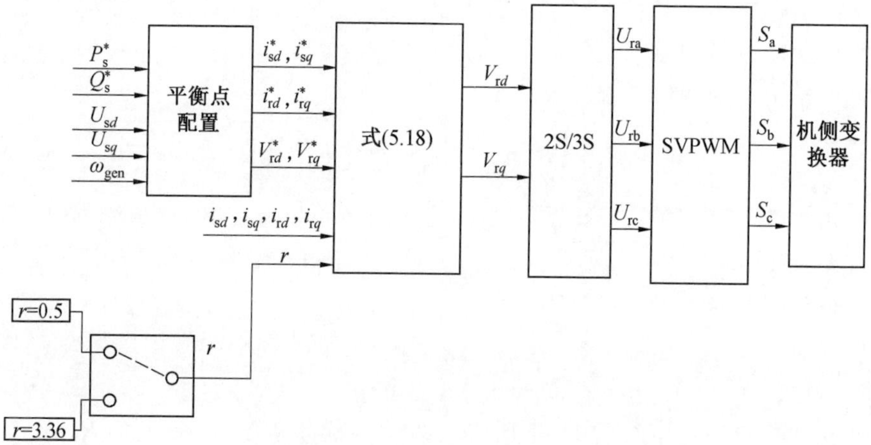

图 5.3　采用 L_2 干扰抑制改进的控制策略框图

5.2.3　轻度故障模式的网侧变换器控制

当双馈风力发电系统处于轻度故障模式时，转子暂态电流流经变换器直流母线造成直流母线电压剧烈波动，影响变换器安全稳定运行。本小节首先分析网侧变换器在轻度故障模式下受到的干扰，将负载电流中的暂态分量视作网侧 PCHD 模型的端口处输入的干扰，随后基于扰动抑制理论对网侧变换器能量成型控制进行改进，以实现轻度故障模式下网侧变换器对直流母线电压的有效控制。最后给出改进控制策略的仿真结果。

1. 轻度故障模式下网侧变换器的扰动分析

根据双馈风力发电系统在电网电压跌落过程中的暂态分析可知，当电网电压故障时，定子侧磁链的暂态直流分量会在转子回路中感生出相应的感应电动势暂态分量。在此暂态电动势的作用下，发电机的转子回路出现暂态交流分量与暂态直流分量。网侧变换器的负载电流正是发电机转子电流经过机侧变换器交－直变换后的直流电流，定子侧电压跌落造成的暂态过程最终会体现在网侧变换器的直流负载电流的剧烈变化上。而直流负载电流的变化会导致直流母线两侧瞬时功率不平衡，造成直流母线电压剧烈波动，影响变换器安全稳定运行。

对于双馈风力发电系统的网侧 PCHD 模型来说，机侧的直流电流是其输入向量的元素之一，当机侧的直流电流由于电机内部的暂态过程而产生波动时，相当于在原有的输入向量的基础上增加了额外的干扰项。这个干扰项叠加在相应的输入项上，经过输入端口矩阵作用在 PCHD 系统中，使得系统的运行状态产生扰动。一般地，输入端口增加了干扰项的 PCHD 系统可以表示为

$$\begin{cases}\dot{\boldsymbol{x}}=[\boldsymbol{J}(x)-\boldsymbol{R}(x)]\nabla\boldsymbol{H}+\boldsymbol{g}(\boldsymbol{x})\boldsymbol{u}+\boldsymbol{g}(\boldsymbol{x})\boldsymbol{w}\\ \boldsymbol{y}=\boldsymbol{g}^{\mathrm{T}}(x)\nabla\boldsymbol{H}\end{cases}\tag{5.19}$$

式中　$\boldsymbol{w}$—— 端口处输入的有界干扰信号。

在干扰信号的作用下系统的运行状态出现扰动。为了使系统在输入端口受到干扰的情况下能够在一定水平内抑制运行状态出现的扰动，反馈控制 $\boldsymbol{u}=\boldsymbol{\alpha}(\boldsymbol{x})$ 需要做出相应的调整。

假设改进后的闭环负反馈控制形式为 $\boldsymbol{u}=\boldsymbol{\alpha}(\boldsymbol{x})+\boldsymbol{\beta}(\boldsymbol{x})$，其中 $\boldsymbol{\beta}(\boldsymbol{x})$ 是控制对干扰做出的调整。为了衡量该控制对系统状态扰动抑制的效果，可以构建一个关于系统状态的函数 $\boldsymbol{p}=\boldsymbol{p}(\boldsymbol{x})$ 作为控制对扰动抑制效果的评价指标，称为罚信号。根据评价角度的不同，罚信号函数的构建方式也不唯一。

根据 L_2 干扰抑制理论，如果在控制 $\boldsymbol{u}=\boldsymbol{\alpha}(\boldsymbol{x})+\boldsymbol{\beta}(\boldsymbol{x})$ 的作用下系统能够在期望平衡点 $\boldsymbol{x}_0$ 处满足 γ 耗散不等式：

$$\dot{\boldsymbol{V}}+\boldsymbol{Q}(x)\leqslant\frac{1}{2}(\gamma^2\|\boldsymbol{w}\|^2-\|\boldsymbol{p}\|^2),\quad\forall\boldsymbol{w}\tag{5.20}$$

式中　$\boldsymbol{V}$—— 正定的存储函数；

$\boldsymbol{Q}(\boldsymbol{x})$—— 给定的半正定函数；

$\boldsymbol{p}$—— 评价扰动抑制效果的罚信号，且满足在平衡点处 $\boldsymbol{p}(\boldsymbol{x}_0)=0$；

γ—— 给定的扰动抑制水平，$\gamma>0$。

那么称控制 $\boldsymbol{u}=\boldsymbol{\alpha}(\boldsymbol{x})+\boldsymbol{\beta}(\boldsymbol{x})$ 能够使系统的罚信号 $\boldsymbol{p}$ 因干扰 $\boldsymbol{w}$ 产生的 L_2 扰动增益

在给定的扰动抑制水平 γ 以下。即控制实现了在系统输入端口受到干扰时在一定水平内抑制运行状态扰动。

根据前文对正常运行模式网侧能量成型控制的设计过程可知，控制最终作用在了网侧变换器开关函数上，而开关函数被包含在 PCHD 模型的内联结构矩阵中。为了便于进行扰动抑制控制，将开关函数从原内联结构矩阵 $\boldsymbol{J}_{\mathrm{g}}$ 中转移至输入向量 $\boldsymbol{u}_{\mathrm{g}}$ 中，网侧 PCHD 模型的形式相应改写为

$$\Sigma_{\mathrm{g}}:\begin{cases}\dot{\boldsymbol{x}}_{\mathrm{g}}=(\boldsymbol{J}_{\mathrm{g}}-\boldsymbol{R}_{\mathrm{g}})\nabla\boldsymbol{H}_{\mathrm{g}}+\boldsymbol{g}_{\mathrm{g1}}\boldsymbol{u}_{\mathrm{g1}}+\boldsymbol{g}_{\mathrm{g2}}\boldsymbol{u}_{\mathrm{g2}}\\ \boldsymbol{y}_{\mathrm{g1}}=\boldsymbol{g}_{\mathrm{g1}}^{\mathrm{T}}\ \nabla\boldsymbol{H}_{\mathrm{g}}\\ \boldsymbol{y}_{\mathrm{g2}}=\boldsymbol{g}_{\mathrm{g2}}^{\mathrm{T}}\ \nabla\boldsymbol{H}_{\mathrm{g}}\end{cases}\tag{5.21}$$

其中

$$\boldsymbol{g}_{\mathrm{g1}}=\boldsymbol{g}_{\mathrm{g}}=\begin{bmatrix}1&0&0\\0&1&0\\0&0&-1\end{bmatrix},\quad \boldsymbol{g}_{\mathrm{g2}}=\begin{bmatrix}-U_{\mathrm{dc}}&0\\0&-V_{\mathrm{dc}}\\i_{\mathrm{g}d}&i_{\mathrm{g}q}\end{bmatrix}$$

$$\boldsymbol{J}_{\mathrm{g}}=\begin{bmatrix}0&\omega_{\mathrm{s}}L_{\mathrm{g}}&0\\-\omega_{\mathrm{s}}L_{\mathrm{g}}&0&0\\0&0&0\end{bmatrix}\tag{5.22}$$

$$\boldsymbol{u}_{\mathrm{g1}}=\boldsymbol{u}_{\mathrm{g}}=[\boldsymbol{u}_{\mathrm{g}d},\boldsymbol{u}_{\mathrm{g}q},i_{\mathrm{load}}]^{\mathrm{T}},\quad \boldsymbol{u}_{\mathrm{g2}}=[s_{\mathrm{g}d},s_{\mathrm{g}q}]^{\mathrm{T}}\tag{5.23}$$

$$\boldsymbol{y}_{\mathrm{g1}}=\boldsymbol{y}_{\mathrm{g}}=[i_{\mathrm{g}d},i_{\mathrm{g}q},-U_{\mathrm{dc}}]^{\mathrm{T}},\quad \boldsymbol{y}_{\mathrm{g2}}=[0,0]^{\mathrm{T}}\tag{5.24}$$

这相当于把开关函数 $s_{\mathrm{g}d}$、$s_{\mathrm{g}q}$ 从内联结构矩阵 $\boldsymbol{J}_{\mathrm{g}}$ 中移出后，在原有 PCHD 系统的基础上增加了一个端口 $\boldsymbol{g}_{\mathrm{g2}}$ 作为开关函数的输入端口，由于这个端口对应的输出 $\boldsymbol{y}_{\mathrm{g2}}$ 为零，因此与原 PCHD 模型是等价的。将开关函数移到输入向量 $\boldsymbol{u}_{\mathrm{g2}}$ 处为接下来扰动抑制控制的设计提供了一定的便利。

2. 网侧变换器的扰动抑制改进控制

为了保证系统的安全运行，电网侧轻度故障模式控制的目标是在直流负载电流剧烈变化的情况下维持直流母线电压的稳定。根据前面的分析，为了在网侧输入的直流电流受到干扰的情况下依然能够在期望平衡点处运行并抑制直流母线电压上出现的扰动，需要对控制 $\boldsymbol{u}_{\mathrm{g2}}$ 进行改进，以使得系统在新的控制作用下能够满足 γ 耗散不等式即式(5.20)。

假设原控制 $\boldsymbol{u}_{\mathrm{g2}}=\boldsymbol{\alpha}(\boldsymbol{x})$ 变为 $\boldsymbol{u}_{\mathrm{g2}}=\boldsymbol{\alpha}(x)+\boldsymbol{\beta}(x)$，其中 $\boldsymbol{\beta}(\boldsymbol{x})$ 是为了抑制干扰 $\boldsymbol{w}$ 带来的系统扰动所做出的调整。那么当系统达到期望平衡点时系统网侧期望能量函数构成的闭环结构变为

$$\Sigma_g:\begin{cases}\dot{\boldsymbol{x}}_g=(\boldsymbol{J}_d-\boldsymbol{R}_d)\nabla\boldsymbol{H}_d+\boldsymbol{g}_{g1}\boldsymbol{w}+\boldsymbol{g}_{g2}\boldsymbol{\beta}(\boldsymbol{x})\\\boldsymbol{z}_{g1}=\boldsymbol{g}_{g1}^{T}\nabla\boldsymbol{H}_d\\\boldsymbol{z}_{g2}=\boldsymbol{g}_{g2}^{T}\nabla\boldsymbol{H}_d\end{cases}\tag{5.25}$$

式中，$\boldsymbol{g}_{g1}\boldsymbol{w}$ 为干扰项对系统造成的影响，而 $\boldsymbol{g}_{g2}\boldsymbol{\beta}(\boldsymbol{x})$ 为控制为抑制扰动做出的相应调整。由于在平衡点处期望能量函数 $\boldsymbol{H}_d$ 有极小值，因此此时输出 $\boldsymbol{z}_{g1}$、$\boldsymbol{z}_{g2}$ 均为零。

为了衡量新的控制对系统扰动进行抑制的效果，需选择合适的评价指标，即罚信号 $\boldsymbol{p}$。由于直流母线电压在双馈风电系统遭遇低电压故障时极易受到波及出现剧烈波动，是低电压穿越过程中不可忽视的因素，因此选择以直流母线电压为基础的罚信号 $\boldsymbol{p}$ 作为评价控制效果的指标。在式(5.25)所示的 PCHD 模型中，直流母线电压存在于输出向量 $\boldsymbol{z}_{g1}$ 中，因此罚信号可设为

$$\boldsymbol{p}=\boldsymbol{h}(x)\boldsymbol{z}_{g1}=\boldsymbol{h}(x)\boldsymbol{g}_{g1}^{T}(\boldsymbol{x})\nabla\boldsymbol{H}_d\tag{5.26}$$

式中　$\boldsymbol{h}(x)$——加权系数矩阵。

将式(5.25)第一个等式左右同时左乘 $\nabla\boldsymbol{H}_d^{T}$，得到期望能量函数 $\boldsymbol{H}_d$ 对时间的变化率为

$$\begin{aligned}\dot{\boldsymbol{H}}_d&=-\nabla\boldsymbol{H}_d^{T}\boldsymbol{R}_d\nabla\boldsymbol{H}_d+\nabla\boldsymbol{H}_d^{T}\boldsymbol{g}_{g2}\boldsymbol{\beta}(\boldsymbol{x})+\nabla\boldsymbol{H}_d^{T}\boldsymbol{g}_{g1}\boldsymbol{w}\\&=-\nabla\boldsymbol{H}_d^{T}\boldsymbol{R}_d\nabla\boldsymbol{H}_d+\nabla\boldsymbol{H}_d^{T}\boldsymbol{g}_{g2}\boldsymbol{\beta}(\boldsymbol{x})+\nabla\boldsymbol{H}_d^{T}\boldsymbol{g}_{g1}\boldsymbol{w}+\frac{1}{2}(\gamma^2\|\boldsymbol{w}\|^2-\|\boldsymbol{p}\|^2)-\\&\quad\frac{1}{2}(\gamma^2\|\boldsymbol{w}\|^2-\|\boldsymbol{p}\|^2)\\&=-\nabla\boldsymbol{H}_d^{T}\boldsymbol{R}_d\nabla\boldsymbol{H}_d+\frac{1}{2}(\gamma^2\|\boldsymbol{w}\|^2-\|\boldsymbol{p}\|^2)+\nabla\boldsymbol{H}_d^{T}\boldsymbol{g}_{g2}\boldsymbol{\beta}(\boldsymbol{x})+\nabla\boldsymbol{H}_d^{T}\boldsymbol{g}_{g1}\boldsymbol{w}-\\&\quad\frac{1}{2}\gamma^2\|\boldsymbol{w}\|^2+\frac{1}{2}\nabla\boldsymbol{H}_d^{T}\boldsymbol{g}_{g2}\boldsymbol{h}^{T}h\boldsymbol{g}_{g2}^{T}\nabla\boldsymbol{H}_d\\&=-\nabla\boldsymbol{H}_d^{T}\boldsymbol{R}_d\nabla\boldsymbol{H}_d+\frac{1}{2}(\gamma^2\|\boldsymbol{w}\|^2-\|\boldsymbol{p}\|^2)-\\&\quad\frac{1}{2}\left\|\gamma w-\frac{1}{\gamma}\boldsymbol{g}_{g1}^{T}\nabla\boldsymbol{H}_d\right\|^2+\nabla\boldsymbol{H}_d^{T}\boldsymbol{g}_{g2}\boldsymbol{\beta}(\boldsymbol{x})+\\&\quad\frac{1}{2}\nabla\boldsymbol{H}_d^{T}\boldsymbol{g}_{g1}\boldsymbol{h}^{T}\boldsymbol{h}\boldsymbol{g}_{g1}^{T}\nabla\boldsymbol{H}_d+\frac{1}{2}\frac{1}{\gamma^2}\nabla\boldsymbol{H}_d^{T}\boldsymbol{g}_{g1}\boldsymbol{g}_{g1}^{T}\nabla\boldsymbol{H}_d\\&=-\nabla\boldsymbol{H}_d^{T}\boldsymbol{R}_d\nabla\boldsymbol{H}_d+\frac{1}{2}(\gamma^2\|\boldsymbol{w}\|^2-\|\boldsymbol{p}\|^2)-\\&\quad\frac{1}{2}\left\|\gamma w-\frac{1}{\gamma}\boldsymbol{g}_{g1}^{T}\nabla\boldsymbol{H}_d\right\|^2+\nabla\boldsymbol{H}_d^{T}\cdot\end{aligned}$$

$$\left[\boldsymbol{g}_{g2}\boldsymbol{\beta}(x)+\frac{1}{2}\boldsymbol{g}_{g2}\left(\frac{\boldsymbol{E}}{\gamma^2}+\boldsymbol{h}^{\mathrm{T}}\boldsymbol{h}\right)\boldsymbol{g}_{g2}^{\mathrm{T}}\ \nabla\boldsymbol{H}_{\mathrm{d}}\right] \tag{5.27}$$

观察式(5.27)可以发现，对于任意给定的扰动抑制水平 γ，如果设计的反馈控制 $\boldsymbol{\beta}(\boldsymbol{x})$ 能够满足

$$\boldsymbol{g}_{g2}\boldsymbol{\beta}(\boldsymbol{x})=-\frac{1}{2}\boldsymbol{g}_{g1}\left(\frac{\boldsymbol{E}}{\gamma^2}+\boldsymbol{h}^{\mathrm{T}}\boldsymbol{h}\right)\boldsymbol{g}_{g1}^{\mathrm{T}}\ \nabla\boldsymbol{H}_{\mathrm{d}} \tag{5.28}$$

并令半正定函数 $\boldsymbol{Q}(\boldsymbol{x})$ 为

$$\boldsymbol{Q}(\boldsymbol{x})=\nabla\boldsymbol{H}_{\mathrm{d}}^{\mathrm{T}}\boldsymbol{R}_{\mathrm{d}}\ \nabla\boldsymbol{H}_{\mathrm{d}} \tag{5.29}$$

那么，根据式(5.27)可得

$$\dot{\boldsymbol{H}}_{\mathrm{d}}+\boldsymbol{Q}(x)\leqslant\frac{1}{2}(\gamma^2\ \|\boldsymbol{w}\|^2-\|\boldsymbol{p}\|^2),\quad \forall\,\boldsymbol{w} \tag{5.30}$$

又根据期望能量函数的结构可知 $\boldsymbol{H}_{\mathrm{d}}$ 正定，因此可以作为存储函数 $\boldsymbol{V}$，即式(5.30)满足 γ 耗散不等式即式(5.20)。这说明此时控制 $\boldsymbol{\beta}(\boldsymbol{x})$ 可以实现对于系统扰动的抑制，从而实现轻度故障下维持直流母线电压稳定的控制目标。

根据以上推导可知，满足要求的反馈控制 $\boldsymbol{\beta}(\boldsymbol{x})$ 可以通过式(5.28)得到。将式(5.28)代入式(5.25)可得

$$\dot{\boldsymbol{x}}_{\mathrm{g}}=\left[\boldsymbol{J}_{\mathrm{d}}-\boldsymbol{R}_{\mathrm{d}}-\frac{1}{2}\boldsymbol{g}_{g1}\left(\frac{\boldsymbol{E}}{\gamma^2}+\boldsymbol{h}^{\mathrm{T}}\boldsymbol{h}\right)\boldsymbol{g}_{g1}\right]\nabla\boldsymbol{H}_{\mathrm{d}}+\boldsymbol{g}_{g2}\boldsymbol{w} \tag{5.31}$$

根据式(5.31)可知，对原控制的改进相当于在系统原来的耗散结构矩阵中增加了虚拟阻抗，从而增强了系统抵抗扰动的能力，即

$$\boldsymbol{R}_{\mathrm{a}}\rightarrow\boldsymbol{R}_{\mathrm{a}}+\frac{1}{2}\boldsymbol{g}_{g1}\left(\frac{\boldsymbol{E}}{\gamma^2}+\boldsymbol{h}^{\mathrm{T}}\boldsymbol{h}\right)\boldsymbol{g}_{g1} \tag{5.32}$$

如果令罚信号中的加权系数矩阵 $\boldsymbol{h}$ 为单位阵，那么根据式(5.32)可知新的增加了扰动抑制控制的耗散结构矩阵为

$$\boldsymbol{R}_{\mathrm{a}}=\begin{bmatrix} r_1+\frac{1}{2}\left(\frac{1}{\gamma^2}+1\right) & 0 & 0\\ 0 & r_2+\frac{1}{2}\left(\frac{1}{\gamma^2}+1\right) & 0\\ 0 & 0 & r_3+\frac{1}{2}\left(\frac{1}{\gamma^2}+1\right)\end{bmatrix} \tag{5.33}$$

简化后的能量匹配方程为

$$\boldsymbol{g}_{\mathrm{g}}(\boldsymbol{x}_{\mathrm{g}})\boldsymbol{u}_{\mathrm{g}}=(\boldsymbol{J}_{\mathrm{a}}-\boldsymbol{R}_{\mathrm{a}})\ \nabla\boldsymbol{H}_{\mathrm{g}}+(\boldsymbol{J}_{\mathrm{d}}-\boldsymbol{R}_{\mathrm{d}})\ \nabla\boldsymbol{H}_{\mathrm{a}} \tag{5.34}$$

将式(5.33)代入能量匹配方程式(5.34)中，解得双馈风力发电系统轻度故障模式的网侧能量成型控制策略为

$$
\begin{cases}
s_{gd}=s_{gd}^{*}-\dfrac{i_{gd}^{*}}{U_{dc}^{*2}}\left(r_1+\dfrac{1}{2\gamma^2}+\dfrac{1}{2}\right)(U_{dc}-U_{dc}^{*})+\dfrac{1}{U_{dc}^{*}}\left(r_1+\dfrac{1}{2\gamma^2}+\dfrac{1}{2}\right)(i_{gd}-i_{gd}^{*})\\
s_{gq}=s_{gq}^{*}-\dfrac{i_{gq}^{*}}{U_{dc}^{*2}}\left(r_1+\dfrac{1}{2\gamma^2}+\dfrac{1}{2}\right)(U_{dc}-U_{dc}^{*})+\dfrac{1}{U_{dc}^{*}}\left(r_1+\dfrac{1}{2\gamma^2}+\dfrac{1}{2}\right)(i_{gq}-i_{gq}^{*})
\end{cases}
\tag{5.35}
$$

正常运行模式下网侧的控制为

$$
\begin{cases}
s_{gd}=s_{gd}^{*}-\dfrac{r_1 i_{gd}^{*}}{U_{dc}^{*2}}(U_{dc}-U_{dc}^{*})+\dfrac{r_1}{U_{dc}^{*}}(i_{gd}-i_{gd}^{*})\\
s_{gq}=s_{gq}^{*}-\dfrac{r_1 i_{gq}^{*}}{U_{dc}^{*2}}(U_{dc}-U_{dc}^{*})+\dfrac{r_1}{U_{dc}^{*}}(i_{gq}-i_{gq}^{*})
\end{cases}
\tag{5.36}
$$

对比式(5.35)与式(5.36),可以发现,改进后的能量成型控制通过增加控制中耗散结构矩阵的阻尼来实现系统的扰动抑制,因此只需在原有控制基础上根据给定的扰动抑制水平对控制的耗散结构矩阵进行重新配置即可得到改进的控制策略。两种控制策略之间只需通过控制耗散结构矩阵即可实现切换,如图 5.4 所示。

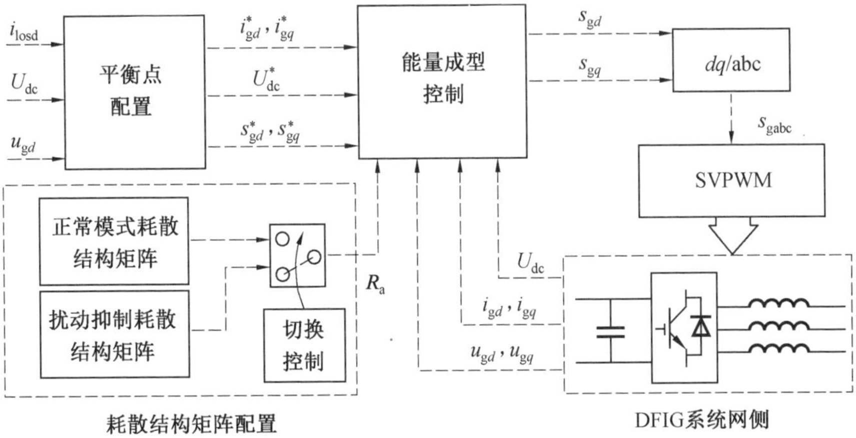

图 5.4　轻度故障模式下的改进网侧控制策略框图

5.3　基于撬棒电路的 DFIG 低电压穿越控制策略

5.3.1　电网对称故障时 DFIG 转子电流暂态分析

如果想要得出准确的撬棒电路电阻阻值和撬棒电路最佳切除时间的估算,需要对双馈感应发电机的暂态特性进行深入的分析。为了便于分析 DFIG 的转子动态电流，本节采用空间矢量在定子轴下重新描述DFIG的数学模型。

假设磁路是线性的，仍然采用电动机惯例，当采用控制矢量时，在定子轴系下DFIG定、转子电压以及磁链方程可以重新表示为如下形式。

电压方程：

$$\boldsymbol{v}_{\mathrm{s}}=R_{\mathrm{s}}\boldsymbol{i}_{\mathrm{s}}+\frac{\mathrm{d}\boldsymbol{\psi}_{\mathrm{s}}}{\mathrm{d}t} \tag{5.37}$$

$$\boldsymbol{v}_{\mathrm{r}}=R_{\mathrm{r}}\boldsymbol{i}_{\mathrm{r}}+\frac{d\boldsymbol{\psi}_{\mathrm{r}}}{\mathrm{d}t}-\mathrm{j}\omega_{\mathrm{r}}\boldsymbol{\psi}_{\mathrm{r}} \tag{5.38}$$

磁链方程：

$$\boldsymbol{\psi}_{\mathrm{s}}=L_{\mathrm{s}}\boldsymbol{i}_{\mathrm{s}}+L_{\mathrm{m}}\boldsymbol{i}_{\mathrm{r}} \tag{5.39}$$

$$\boldsymbol{\psi}_{\mathrm{r}}=L_{\mathrm{m}}\boldsymbol{i}_{\mathrm{s}}+L_{\mathrm{r}}\boldsymbol{i}_{\mathrm{r}} \tag{5.40}$$

式中　$\boldsymbol{v}$，$\boldsymbol{i}$，$\boldsymbol{\psi}$——分别表示电压、电流和磁链的空间矢量；

下标s，r——分别表示定子和转子变量；

L_{m}——发电机的励磁电感；

L_{s}，L_{r}——分别表示定子、转子电感，且$L_{\mathrm{s}}=L_{\mathrm{ls}}+L_{\mathrm{m}}$，$L_{\mathrm{r}}=L_{\mathrm{lr}}+L_{\mathrm{m}}$，其中$L_{\mathrm{ls}}$、$L_{\mathrm{lr}}$分别为定子、转子漏感。

式(5.37)～(5.40)中所有的参数都折算到定子侧。基于式(5.37)和式(5.38)，定子轴系下DFIG等效电路如图5.5所示。

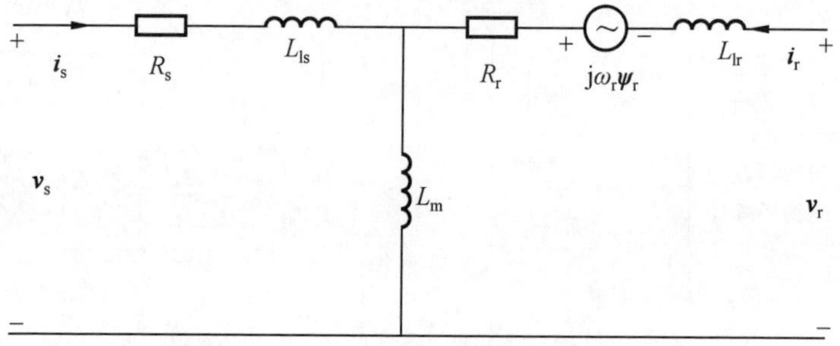

图5.5　定子轴系下DFIG等效电路

将转子磁链表达为转子电流与定子磁链的关系可消除式(5.38)中的转子磁链，进一步简化式(5.38)。

由式(5.39)可得

$$\boldsymbol{i}_{\mathrm{s}}=\frac{1}{L_{\mathrm{s}}}(\boldsymbol{\psi}_{\mathrm{s}}-L_{\mathrm{m}}\boldsymbol{i}_{\mathrm{r}}) \tag{5.41}$$

将式(5.41)代入式(5.40)可得转子磁链与定子磁链和转子电流的关系为

$$\boldsymbol{\psi}_{\mathrm{r}}=\frac{L_{\mathrm{m}}}{L_{\mathrm{s}}}\boldsymbol{\psi}_{\mathrm{s}}+\left(L_{\mathrm{r}}-\frac{L_{\mathrm{m}}^{2}}{L_{\mathrm{s}}}\right)\boldsymbol{i}_{\mathrm{r}} \tag{5.42}$$

将式(5.42)代入式(5.38)可得以转子电流矢量作为状态变量的转子动态方程：

$$L_{\mathrm{r}\sigma}\frac{\mathrm{d}\boldsymbol{i}_{\mathrm{r}}}{\mathrm{d}t}=-R_{\mathrm{r}}\boldsymbol{i}_{\mathrm{r}}+L_{\mathrm{r}\sigma}\mathrm{j}\omega_{\mathrm{r}}\boldsymbol{i}_{\mathrm{r}}-\boldsymbol{E}+\boldsymbol{v}_{\mathrm{r}} \tag{5.43}$$

式中　$L_{\mathrm{r}\sigma}$—— 转子瞬态电感，是与转子电流动态有关的量，$L_{\mathrm{r}\sigma}=L_{\mathrm{r}}-L_{\mathrm{m}}^{2}/L_{\mathrm{s}}$；

$\boldsymbol{E}$—— 转子线圈感应电动势，反映了定子动态对转子电流动态的影响。

则 $\boldsymbol{E}$ 与定子磁链的关系可以表示为

$$\boldsymbol{E}=\frac{L_{\mathrm{m}}}{L_{\mathrm{s}}}\left(\frac{\mathrm{d}\boldsymbol{\psi}_{\mathrm{s}}}{\mathrm{d}t}-\mathrm{j}\omega_{\mathrm{r}}\boldsymbol{\psi}_{\mathrm{s}}\right) \tag{5.44}$$

为简化式(5.44)，引入定子电感耦合系统 $k_{\mathrm{s}}=L_{\mathrm{m}}/L_{\mathrm{s}}$，则式(5.44)可以重新表示为

$$\boldsymbol{E}=k_{\mathrm{s}}\left(\frac{\mathrm{d}\boldsymbol{\psi}_{\mathrm{s}}}{\mathrm{d}t}-\mathrm{j}\omega_{\mathrm{r}}\boldsymbol{\psi}_{\mathrm{s}}\right) \tag{5.45}$$

当转子电路运行在开路状态下，即转子电流 $\boldsymbol{i}_{\mathrm{r}}=0$ 时，由式(5.43)可知，转子开路电压为

$$\boldsymbol{v}_{\mathrm{r0}}=\boldsymbol{E}=k_{\mathrm{s}}\left(\frac{\mathrm{d}\boldsymbol{\psi}_{\mathrm{s}}}{\mathrm{d}t}-\mathrm{j}\omega_{\mathrm{r}}\boldsymbol{\psi}_{\mathrm{s}}\right) \tag{5.46}$$

由式(5.46)可知，转子开路电压由定子磁链决定。

将式(5.46)代入式(5.43)可得

$$L_{\mathrm{r}\sigma}\frac{\mathrm{d}\boldsymbol{i}_{\mathrm{r}}}{\mathrm{d}t}=-R_{\mathrm{r}}\boldsymbol{i}_{\mathrm{r}}+L_{\mathrm{r}\sigma}\mathrm{j}\omega_{\mathrm{r}}\boldsymbol{i}_{\mathrm{r}}-\boldsymbol{v}_{\mathrm{r0}}+\boldsymbol{v}_{\mathrm{r}} \tag{5.47}$$

在转子轴系下，式(5.47)可以重新表示为

$$L_{\mathrm{r}\sigma}\frac{\mathrm{d}\boldsymbol{i}_{\mathrm{r}}^{\mathrm{r}}}{\mathrm{d}t}=-R_{\mathrm{r}}\boldsymbol{i}_{\mathrm{r}}^{\mathrm{r}}-\boldsymbol{v}_{\mathrm{r0}}^{\mathrm{r}}+\boldsymbol{v}_{\mathrm{r}}^{\mathrm{r}} \tag{5.48}$$

式中，上标 r 表示矢量空间的转子参考轴系。

由式(5.48)可以得出转子轴系下转子等效电路，如图 5.6 所示。由定子磁链感应的转子开路电压 $\boldsymbol{v}_{\mathrm{r0}}^{\mathrm{r}}$ 和由控制器控制的转子电压 $\boldsymbol{v}_{\mathrm{r}}^{\mathrm{r}}$ 共同决定转子电流大小。

在 $t=t_0$ 时刻，电网电压发生对称故障，电压的跌落深度为 p，且 $0\leqslant p\leqslant 1$，稳态时定子电压以同步转速旋转，则故障前后定子电压可以表示为

$$\boldsymbol{v}_{\sigma}=\begin{cases}V_{\mathrm{s}}\mathrm{e}^{\mathrm{j}\omega_{\mathrm{s}}t}, & t<t_0\\(1-p)V_{\mathrm{s}}\mathrm{e}^{\mathrm{j}\omega_{\mathrm{s}}t}, & t\geqslant t_0\end{cases} \tag{5.49}$$

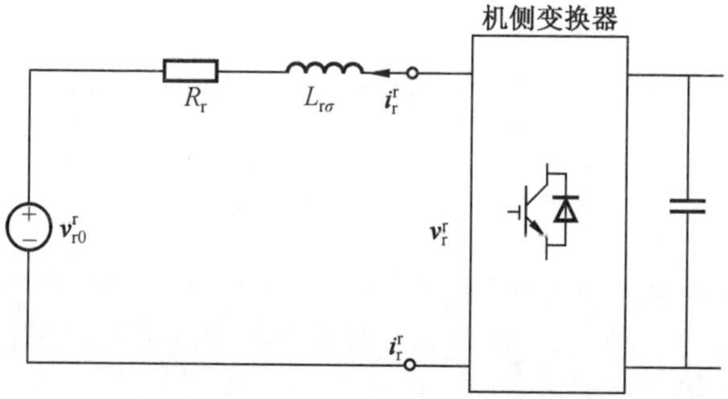

图 5.6　转子轴系下转子等效电路

式中　V_s—— 定子电压的幅值。

由于定子电阻很小，可忽略定子电阻的作用，由式(5.37)和式(5.49)可知，故障前后定子磁链的强迫分量即稳态分量为

$$\boldsymbol{\psi}_{sf}=\begin{cases}\dfrac{V_s e^{j\omega_s t}}{j\omega_s}, & t<t_0\\ \dfrac{(1-p)V_s e^{j\omega_s t}}{j\omega_s}, & t\geqslant t_0\end{cases} \tag{5.50}$$

将式(5.50)代入式(5.46)可得故障前后转子开路电压的稳态分量为

$$\boldsymbol{v}_{rf}=\begin{cases}k_s s V_s e^{j\omega_s t}, & t<t_0\\ (1-p)k_s s V_s e^{j\omega_s t}, & t\geqslant t_0\end{cases} \tag{5.51}$$

在转子轴系下，式(5.51)可以重新表示为

$$\boldsymbol{v}_{rf}^{r}=\begin{cases}k_s s V_s e^{js\omega_s t}, & t<t_0\\ (1-p)k_s s V_s e^{js\omega_s t}, & t\geqslant t_0\end{cases} \tag{5.52}$$

由图 5.6 可知故障前转子电流为

$$\boldsymbol{i}_r^r=\frac{\boldsymbol{v}_r^r-\boldsymbol{v}_{r0}^r}{R_r+js\omega_s L_{r\sigma}}, \quad t<t_0 \tag{5.53}$$

由式(5.53)可知，稳态时转子电流是由机侧变换器提供的控制电压 $\boldsymbol{v}_r^r$ 决定的。由于变换器容量的限制，在重度故障时，机侧变换器不能提供足够大的电压来帮助实现低电压穿越，此时就需要硬件保护电路来保证机侧变换器的安全。由于转子电压空间矢量以滑差角频率 $s\omega_s$ 旋转，因此转子电压空间矢量可以表示为

$$\boldsymbol{v}_r^r=V_r e^{js\omega_s t} \tag{5.54}$$

由式(5.52)～(5.54)可得故障前的转子电流为

$$\boldsymbol{i}_{\mathrm{r}}^{\mathrm{r}}=\frac{V_{\mathrm{r}}-k_{\mathrm{s}}sV_{\mathrm{s}}}{R_{\mathrm{r}}+\mathrm{j}s\omega_{\mathrm{s}}L_{\mathrm{r}\sigma}}\mathrm{e}^{\mathrm{j}s\omega_{\mathrm{s}}t},\quad t<t_0 \tag{5.55}$$

由磁链守恒定理可知，故障前后磁链必须保持连续变化，即 $\boldsymbol{\psi}_{\mathrm{s}}(\boldsymbol{t}_{0-})=\boldsymbol{\psi}_{\mathrm{s}}(\boldsymbol{t}_{0+})$。当电机的运行状态发生变化时，为了保证定子磁链连续变化，定子磁链中出现了第二部分自然分量，也称为暂态分量 $\boldsymbol{\psi}_{\mathrm{sn}}$。暂态分量以定子时间常数 T_{s} 进行衰减。假设 $t_0=0$，由式(5.50)可得故障之后定子磁链的暂态直流分量为

$$\boldsymbol{\psi}_{\mathrm{sn}}=\frac{pV_{\mathrm{s}}}{\mathrm{j}\omega_{\mathrm{s}}}\mathrm{e}^{-\frac{t}{T_{\mathrm{s}}}} \tag{5.56}$$

其中

$$T_{\mathrm{s}}=\frac{L_{\mathrm{s}\sigma}}{R_{\mathrm{s}}} \tag{5.57}$$

式中 $L_{\mathrm{s}\sigma}$—— 定子瞬态电感，$L_{\mathrm{s}\sigma}=L_{\mathrm{s}}-L_{\mathrm{m}}^2/L_{\mathrm{r}}$。

故障后，定子磁链的两个分量在转子线圈中也感应出两个电压分量，因此故障后的定子轴系下，转子开环电压为

$$\boldsymbol{v}_{\mathrm{r0}}=\boldsymbol{v}_{\mathrm{rf}}+\boldsymbol{v}_{\mathrm{rn}},\quad t\geqslant 0_+ \tag{5.58}$$

将式(5.56)代入式(5.46)可得故障后转子开路电压的暂态值为

$$\boldsymbol{v}_{\mathrm{rn}}=-k_{\mathrm{s}}\left(\mathrm{j}\omega_{\mathrm{r}}+\frac{1}{T_{\mathrm{s}}}\right)\frac{pV_{\mathrm{s}}}{\mathrm{j}\omega_{\mathrm{s}}}\mathrm{e}^{-\frac{t}{T_{\mathrm{s}}}} \tag{5.59}$$

忽略 $1/T_{\mathrm{s}}$，在转子轴系下式(5.59)可以重新表示为

$$\boldsymbol{v}_{\mathrm{rn}}^{\mathrm{r}}=-k_{\mathrm{s}}(1-s)pV_{\mathrm{s}}\mathrm{e}^{-\mathrm{j}\omega_{\mathrm{r}}t}\mathrm{e}^{-\frac{t}{T_{\mathrm{s}}}} \tag{5.60}$$

则

$$\boldsymbol{v}_{\mathrm{r0}}^{\mathrm{r}}=\boldsymbol{v}_{\mathrm{rf}}^{\mathrm{r}}+\boldsymbol{v}_{\mathrm{rn}}^{\mathrm{r}}=k_{\mathrm{s}}s(1-p)V_{\mathrm{s}}\mathrm{e}^{\mathrm{j}\omega_{\mathrm{s}}t}-k_{\mathrm{s}}(1-s)pV_{\mathrm{s}}\mathrm{e}^{-\mathrm{j}\omega_{\mathrm{r}}t}\mathrm{e}^{-\frac{t}{T_{\mathrm{s}}}},\quad t\geqslant 0_+ \tag{5.61}$$

由式(5.52)可知，电网电压正常时转子的开路电压的幅值约为定子电压的幅值的 $k_{\mathrm{s}}s$ 倍。假设在转差率为 -0.2 的情况下，故障后电网电压的跌落深度为 80%，由式(5.60)可知，故障瞬间转子的开路电压的暂态值为非故障情况下的 4.8 倍，而稳态值仅仅为非故障情况下的 0.2 倍，可见转子开路电压的暂态值是导致转子过流的主要原因。

由以上分析可知，故障期间的转子电流动态方程为

$$L_{\mathrm{r}\sigma}\frac{\mathrm{d}\boldsymbol{i}_{\mathrm{r}}^{\mathrm{r}}}{\mathrm{d}t}=-R_{\mathrm{r}}\boldsymbol{i}_{\mathrm{r}}^{\mathrm{r}}-\boldsymbol{v}_{\mathrm{rf}}^{\mathrm{r}}-\boldsymbol{v}_{\mathrm{rn}}^{\mathrm{r}}+\boldsymbol{v}_{\mathrm{r}}^{\mathrm{r}} \tag{5.62}$$

正如式(5.62)所示，当转子开路电压从 $\boldsymbol{v}_{\mathrm{r0}}^{\mathrm{r}}(0_-)$ 变为 $\boldsymbol{v}_{\mathrm{r0}}^{\mathrm{r}}(0_+)$ 时，转子等效电路电流变化为一阶微分方程。假设电网电压故障后撬棒电路立即切入短接转子绕组，即电网电压故障后 $\boldsymbol{v}_{\mathrm{r}}^{\mathrm{r}}=0$，则电网电压故障后转子侧的等效电路可以分为两

个部分，如图 5.7 所示。图 5.7(a) 所示为转子开路电压稳态分量决定的电路，图 5.7(b) 所示为转子开路电压暂态分量决定的电路。

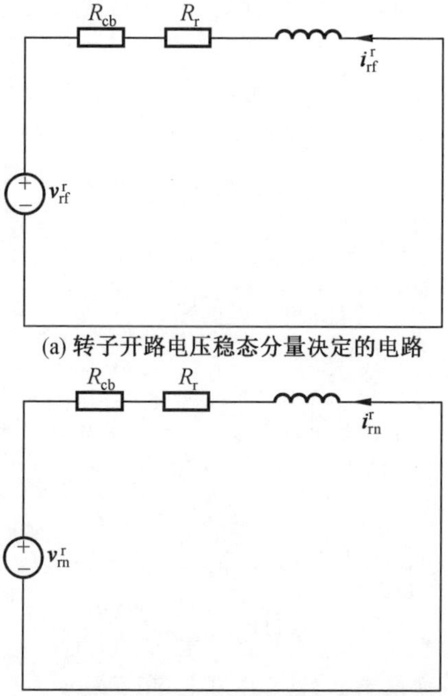

(a) 转子开路电压稳态分量决定的电路

(b) 转子开路电压暂态分量决定的电路

图 5.7　故障后转子侧等效电路

故障后，一阶偏微分方程式(5.62) 的解包含两个部分，即

$$\boldsymbol{i}_r^r = \boldsymbol{i}_r^{r'} + \boldsymbol{i}_r^{r''}, \quad t \geqslant 0_+ \tag{5.63}$$

式中　$\boldsymbol{i}_r^{r'}$—— 转子电流交流分量；

$\boldsymbol{i}_r^{r''}$—— 转子电流直流分量。

交流分量也分两个部分，即

$$\boldsymbol{i}_r^{r'} = \boldsymbol{i}_{rf}^r + \boldsymbol{i}_{rn}^r \tag{5.64}$$

式(5.64) 等号右边第一项是由转子开路电压的稳态分量决定的，频率依然为转差频率。由图 5.7(a) 可得

$$\boldsymbol{i}_{rf}^r = -\frac{\boldsymbol{v}_{rf}^r}{R_r + R_{cb} + js\omega_s L_{r\sigma}} = -\frac{k_s s(1-p)V_s}{R_r + R_{cb} + js\omega_s L_{r\sigma}} e^{js\omega_s t} \tag{5.65}$$

式(5.64) 等号右边第二项是由定子磁链暂态直流分量在转子线圈中感应出的交流分量，即转子开路电压的暂态分量决定的，它一边以转子频率旋转，一边以定子时间常数进行衰减。由图 5.7(b) 可得，式(5.64) 等号右边第二项可表

示为

$$\boldsymbol{i}_{\mathrm{rn}}^{\mathrm{r}}=-\frac{\boldsymbol{v}_{\mathrm{rn}}^{\mathrm{r}}}{R_{\mathrm{r}}+R_{\mathrm{cb}}-\mathrm{j}\omega_{\mathrm{r}}L_{\mathrm{r}\sigma}}=\frac{k_{\mathrm{s}}(1-s)pV_{\mathrm{s}}}{R_{\mathrm{r}}+R_{\mathrm{cb}}-\mathrm{j}\omega_{\mathrm{r}}L_{\mathrm{r}\sigma}}\mathrm{e}^{-\mathrm{j}\omega_{\mathrm{r}}t}\mathrm{e}^{-\frac{t}{T_{\mathrm{s}}}}\tag{5.66}$$

将式(5.65) 和式(5.66) 代入式(5.64) 可得

$$\boldsymbol{i}_{\mathrm{r}}^{\mathrm{r}'}=\frac{-k_{\mathrm{s}}s(1\quad p)V_{\mathrm{s}}}{R_{\mathrm{r}}+R_{\mathrm{cb}}+\mathrm{j}s\omega_{\mathrm{s}}L_{\mathrm{r}\sigma}}\mathrm{e}^{\mathrm{j}s\omega_{\mathrm{s}}t}+\frac{k_{\mathrm{s}}(1-s)pV_{\mathrm{s}}}{R_{\mathrm{r}}+R_{\mathrm{cb}}-\mathrm{j}\omega_{\mathrm{r}}L_{\mathrm{r}\sigma}}\mathrm{e}^{-\mathrm{j}\omega_{\mathrm{r}}t}\mathrm{e}^{-\frac{t}{T_{\mathrm{s}}}}\tag{5.67}$$

式(5.63) 中的直流分量以转子时间常数进行指数衰减。撬棒电路切入后的转子时间常数可以表示为

$$T_{\mathrm{r}}'=\frac{L_{\mathrm{r}\sigma}}{R_{\mathrm{r}}+R_{\mathrm{cb}}}\tag{5.68}$$

式中　R_{cb}—— 撬棒电路电阻的阻值。

因此,转子电流中直流分量可以表示为

$$\boldsymbol{i}_{\mathrm{r}}^{\mathrm{r}''}=[\boldsymbol{i}_{\mathrm{r}}^{\mathrm{r}}(0_{+})-\boldsymbol{i}_{\mathrm{r}}^{\mathrm{r}'}(0_{+})]\mathrm{e}^{-\frac{t}{T_{\mathrm{r}}'}}\tag{5.69}$$

在 RL 电路中,电流不能突变,则其中 $\boldsymbol{i}_{\mathrm{r}}^{\mathrm{r}}(0_{+})$ 可以表示为

$$\boldsymbol{i}_{\mathrm{r}}^{\mathrm{r}}(0_{+})=\frac{V_{\mathrm{r}}-k_{\mathrm{s}}sV_{\mathrm{s}}}{R_{\mathrm{r}}+\mathrm{j}s\omega_{\mathrm{s}}L_{\mathrm{r}\sigma}}\tag{5.70}$$

由式(5.67) 可得

$$\boldsymbol{i}_{\mathrm{r}}^{\mathrm{r}'}(0_{+})=\frac{-k_{\mathrm{s}}s(1-p)V_{\mathrm{s}}}{R_{\mathrm{r}}+R_{\mathrm{cb}}+\mathrm{j}\omega_{\mathrm{s}}L_{\mathrm{r}\sigma}}+\frac{k_{\mathrm{s}}(1-s)pV_{\mathrm{s}}}{R_{\mathrm{r}}+R_{\mathrm{cb}}-\mathrm{j}\omega_{\mathrm{r}}L_{\mathrm{r}\sigma}}\tag{5.71}$$

将式(5.70) 和式(5.71) 代入式(5.69) 可得

$$\boldsymbol{i}_{\mathrm{r}}^{\mathrm{r}''}=\left[\frac{V_{\mathrm{r}}-k_{\mathrm{s}}sV_{\mathrm{s}}}{R_{\mathrm{r}}+\mathrm{j}s\omega_{\mathrm{s}}L_{\mathrm{r}\sigma}}+\frac{k_{\mathrm{s}}s(1-p)V_{\mathrm{s}}}{R_{\mathrm{r}}+R_{\mathrm{cb}}+\mathrm{j}\omega_{\mathrm{s}}L_{\mathrm{r}\sigma}}-\frac{k_{\mathrm{s}}(1-s)pV_{\mathrm{s}}}{R_{\mathrm{r}}+R_{\mathrm{cb}}-\mathrm{j}\omega_{\mathrm{r}}L_{\mathrm{r}\sigma}}\right]\mathrm{e}^{-\frac{t}{T_{\mathrm{r}}'}}\tag{5.72}$$

将式(5.67) 和式(5.72) 代入式(5.63) 可得

$$\begin{aligned}\boldsymbol{i}_{\mathrm{r}}^{\mathrm{r}}=&\frac{-k_{\mathrm{s}}s(1-p)V_{\mathrm{s}}}{R_{\mathrm{r}}+R_{\mathrm{cb}}+\mathrm{j}s\omega_{\mathrm{s}}L_{\mathrm{r}\sigma}}\mathrm{e}^{\mathrm{j}s\omega_{\mathrm{s}}t}+\frac{k_{\mathrm{s}}(1-s)pV_{\mathrm{s}}}{R_{\mathrm{r}}+R_{\mathrm{cb}}-\mathrm{j}\omega_{\mathrm{r}}L_{\mathrm{r}\sigma}}\mathrm{e}^{-\mathrm{j}\omega_{\mathrm{r}}t}\mathrm{e}^{-\frac{t}{T_{\mathrm{s}}}}+\\&\left[\frac{V_{\mathrm{r}}-k_{\mathrm{s}}sV_{\mathrm{s}}}{R_{\mathrm{r}}+\mathrm{j}s\omega_{\mathrm{s}}L_{\mathrm{r}\sigma}}+\frac{k_{\mathrm{s}}s(1-p)V_{\mathrm{s}}}{R_{\mathrm{r}}+R_{\mathrm{cb}}+\mathrm{j}s\omega_{\mathrm{s}}L_{\mathrm{r}\sigma}}-\frac{k_{\mathrm{s}}(1-s)pV_{\mathrm{s}}}{R_{\mathrm{r}}+R_{\mathrm{cb}}-\mathrm{j}\omega_{\mathrm{r}}L_{\mathrm{r}\sigma}}\right]\mathrm{e}^{-\frac{t}{T_{\mathrm{r}}'}},\quad t\geqslant 0_{+}\end{aligned}\tag{5.73}$$

由式(5.73) 可以看出当 DFIG 从稳态进入故障状态时转子电流包含三种分量:① 稳态的交流分量,其旋转频率为 $s\omega_{\mathrm{s}}$;② 以定子时间常数 T_{s} 衰减的交流分量,其旋转频率为 ω_{r};③ 以转子时间常数 T_{r}' 衰减的直流分量。

为了分析两个因素各自对发电机暂态过程的影响,前文在分析过程中假设撬棒电路投入时的定、转子电流已经达到稳态。事实上,当重度的电压跌落故障发生后,发电机内部过电流在极短时间内即达到撬棒保护电路的动作阈值,此时定、转子电流并未达到故障发生后的稳态。因此,在考虑完整的低电压故障穿越

暂态过程时，定、转子电流初始状态应该根据式(5.74)计算得到：

$$\begin{cases} \boldsymbol{i}_{s}^{s} = I_{sf}e^{j\omega_{s}t} + I_{sn}e^{j\omega_{r}t}e^{-\frac{t-t_0}{T_r'}} + I_{sdc}e^{-\frac{t-t_0}{T_s}} \\ \boldsymbol{i}_{r}^{r} = I_{rf}e^{js\omega_{s}t} + I_{rn}e^{-j\omega_{r}t}e^{-\frac{t-t_0}{T_s}} + I_{rdc}e^{-\frac{t-t_0}{T_r'}} \end{cases}, \quad t \geqslant t_0 \tag{5.74}$$

由于在严重故障的情况下，从电网电压跌落到撬棒电路工作的时间极短，为便于分析，可将故障发生的时刻等同于撬棒电路启动的时刻并且视之为初始时刻，即 $t_{dip} = t_{cb} = t_0$，那么定、转子电压的变化状态可以表示为

$$\boldsymbol{u}_{s}^{s} = \begin{cases} U_{s}e^{j\omega_{s}t}, & t < t_0 \\ (1-p)U_{s}e^{j\omega_{s}t}, & t \geqslant t_0 \end{cases} \tag{5.75}$$

$$\boldsymbol{u}_{r}^{r} = \begin{cases} U_{r}e^{js\omega_{s}t}, & t < t_0 \\ 0, & t \geqslant t_0 \end{cases} \tag{5.76}$$

综合考虑定子侧电压跌落和转子侧撬棒电路动作，可知定、转子侧的感应电动势分别为

$$\boldsymbol{E}_{s}^{s} = \begin{cases} \dfrac{k_{r}U_{r}}{s}e^{j\omega_{s}t}, & t < t_0 \\ \dfrac{(1-s)k_{r}U_{r}e^{js\omega_{s}t_0}}{s}e^{j\omega_{r}t}e^{-\frac{t-t_0}{T_s}}, & t \geqslant t_0 \end{cases} \tag{5.77}$$

$$\boldsymbol{E}_{r}^{r} = \begin{cases} k_{s}sU_{s}e^{js\omega_{s}t}, & t < t_0 \\ (1-p)k_{s}sU_{s}e^{js\omega_{s}t} - k_{s}(1-s)pU_{s}e^{j\omega_{s}t_0}e^{-j\omega_{r}t}e^{-\frac{t-t_0}{T_s}}, & t \geqslant t_0 \end{cases} \tag{5.78}$$

DFIG 的暂态等效电路如图 5.8 所示。

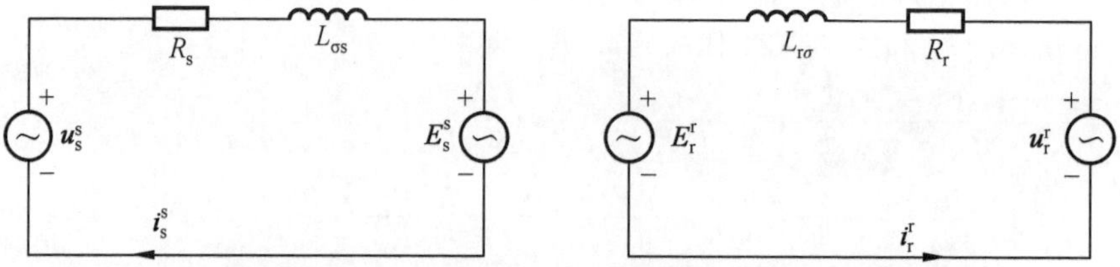

(a) 定子侧回路　　　　(b) 转子侧回路

图 5.8　DFIG 的暂态等效电路

定、转子侧电流的交流分量为

$$\boldsymbol{i}_{sac}^{s} = \frac{\boldsymbol{u}_{s}^{s} - \boldsymbol{E}_{s}^{s}}{Z_s} = \frac{(1-p)U_s}{R_s + j\omega_{s}L_{s\sigma}}e^{j\omega_{s}t} - \frac{(1-s)k_{r}U_{r}e^{js\omega_{s}t_0}}{s(R_s + j\omega_{r}L_{s\sigma})}e^{j\omega_{r}t}e^{-\frac{t-t_0}{T_s}} \tag{5.79}$$

$$\boldsymbol{i}_{rac}^{r} = \frac{\boldsymbol{u}_{r}^{r} - \boldsymbol{E}_{r}^{r}}{Z_r} = -\frac{(1-p)k_{s}sU_{s}}{R_r + R_{cb} + js\omega_{s}L_{r\sigma}}e^{js\omega_{s}t} + \frac{(1-s)k_{s}pU_{s}e^{j\omega_{s}t_0}}{R_r + R_{cb} - j\omega_{r}L_{r\sigma}}e^{-j\omega_{r}t}e^{-\frac{t-t_0}{T_s}} \tag{5.80}$$

其中，定、转子电流初始状态可以根据式(5.74)求解：

$$\begin{cases} \boldsymbol{i}_{\mathrm{s}}^{\mathrm{s}}(t_0^-) = \dfrac{sU_{\mathrm{s}} - k_{\mathrm{r}}U_{\mathrm{r}}}{s(R_{\mathrm{s}} + \mathrm{j}\omega_{\mathrm{s}}L_{\mathrm{s}\sigma})}\mathrm{e}^{\mathrm{j}\omega_{\mathrm{s}}t_0} \\ \boldsymbol{i}_{\mathrm{r}}^{\mathrm{r}}(t_0^-) = \dfrac{U_{\mathrm{r}} - sk_{\mathrm{s}}U_{\mathrm{s}}}{R_{\mathrm{r}} + \mathrm{j}s\omega_{\mathrm{s}}L_{\mathrm{r}\sigma}}\mathrm{e}^{\mathrm{j}s\omega_{\mathrm{s}}t_0} \end{cases} \tag{5.81}$$

在故障开始后，由于电流不能突变，因此在故障时刻暂态电流交流分量和直流分量之和应该等于电流初始值，即电流具有连续性。根据这一性质可得，定、转子侧电流的直流分量为

$$\begin{aligned} \boldsymbol{i}_{\mathrm{sdc}}^{\mathrm{s}} &= [\boldsymbol{i}_{\mathrm{s}}^{\mathrm{s}}(t_0^-) - \boldsymbol{i}_{\mathrm{sac}}^{\mathrm{s}}(t_0^+)]\mathrm{e}^{-\frac{t-t_0}{T_{\mathrm{s}}}} \\ &= \left[\frac{(sU_{\mathrm{s}} - k_{\mathrm{r}}U_{\mathrm{r}})\mathrm{e}^{\mathrm{j}\omega_{\mathrm{s}}t_0}}{s(R_{\mathrm{s}} + \mathrm{j}\omega_{\mathrm{s}}L_{\mathrm{s}\sigma})} - \frac{(1-p)U_{\mathrm{s}}\mathrm{e}^{\mathrm{j}\omega_{\mathrm{s}}t_0}}{R_{\mathrm{s}} + \mathrm{j}\omega_{\mathrm{s}}L_{\mathrm{s}\sigma}} + \frac{(1-s)k_{\mathrm{r}}U_{\mathrm{r}}\mathrm{e}^{\mathrm{j}\omega_{\mathrm{s}}t_0}}{s(R_{\mathrm{s}} + \mathrm{j}\omega_{\mathrm{r}}L_{\mathrm{s}\sigma})}\right]\mathrm{e}^{-\frac{t-t_0}{T_{\mathrm{s}}}} \\ &= \left[\frac{(spU_{\mathrm{s}} - k_{\mathrm{r}}U_{\mathrm{r}})\mathrm{e}^{\mathrm{j}\omega_{\mathrm{s}}t_0}}{s(R_{\mathrm{s}} + \mathrm{j}\omega_{\mathrm{s}}L_{\mathrm{s}\sigma})} + \frac{(1-s)k_{\mathrm{r}}U_{\mathrm{r}}\mathrm{e}^{\mathrm{j}\omega_{\mathrm{s}}t_0}}{s(R_{\mathrm{s}} + \mathrm{j}\omega_{\mathrm{r}}L_{\mathrm{s}\sigma})}\right]\mathrm{e}^{-\frac{t-t_0}{T_{\mathrm{s}}}} \end{aligned} \tag{5.82}$$

$$\begin{aligned} \boldsymbol{i}_{\mathrm{rdc}}^{\mathrm{r}} &= [\boldsymbol{i}_{\mathrm{r}}^{\mathrm{r}}(0^-) - \boldsymbol{i}_{\mathrm{rac}}^{\mathrm{r}}(0^+)]\mathrm{e}^{-\frac{t-t_0}{T_{\mathrm{r}}'}} \\ &= \left[\frac{(U_{\mathrm{r}} - sk_{\mathrm{s}}U_{\mathrm{s}})\mathrm{e}^{\mathrm{j}s\omega_{\mathrm{s}}t_0}}{R_{\mathrm{r}} + \mathrm{j}s\omega_{\mathrm{s}}L_{\mathrm{r}\sigma}} + \frac{(1-p)sk_{\mathrm{s}}U_{\mathrm{s}}\mathrm{e}^{\mathrm{j}s\omega_{\mathrm{s}}t_0}}{R_{\mathrm{r}} + R_{\mathrm{cb}} + \mathrm{j}s\omega_{\mathrm{s}}L_{\mathrm{r}\sigma}} - \frac{(1-s)k_{\mathrm{s}}pU_{\mathrm{s}}\mathrm{e}^{\mathrm{j}s\omega_{\mathrm{s}}t_0}}{R_{\mathrm{r}} + R_{\mathrm{cb}} - \mathrm{j}\omega_{\mathrm{r}}L_{\mathrm{r}\sigma}}\right]\mathrm{e}^{-\frac{t-t_0}{T_{\mathrm{r}}'}} \end{aligned} \tag{5.83}$$

将暂态电流的交流分量式(5.80)、式(5.81)和直流分量式(5.82)、式(5.83)相加，得到电压跌落后撬棒电路动作导致的定、转子侧暂态电流表达式：

$$\begin{cases} \boldsymbol{i}_{\mathrm{s}}^{\mathrm{s}} = I_{\mathrm{sf}}\mathrm{e}^{\mathrm{j}\omega_{\mathrm{s}}t} + I_{\mathrm{sn}}\mathrm{e}^{\mathrm{j}\omega_{\mathrm{r}}t}\mathrm{e}^{-\frac{t-t_0}{T_{\mathrm{r}}'}} + I_{\mathrm{sdc}}\mathrm{e}^{-\frac{t-t_0}{T_{\mathrm{s}}}} \\ \boldsymbol{i}_{\mathrm{r}}^{\mathrm{r}} = I_{\mathrm{rf}}\mathrm{e}^{\mathrm{j}s\omega_{\mathrm{s}}t} + I_{\mathrm{rn}}\mathrm{e}^{-\mathrm{j}\omega_{\mathrm{r}}t}\mathrm{e}^{-\frac{t-t_0}{T_{\mathrm{s}}}} + I_{\mathrm{rdc}}\mathrm{e}^{-\frac{t-t_0}{T_{\mathrm{r}}'}} \end{cases}, \quad t \geqslant t_0 \tag{5.84}$$

式中

$$\begin{bmatrix} I_{\mathrm{sf}} \\ I_{\mathrm{sn}} \\ I_{\mathrm{sdc}} \end{bmatrix} = \begin{bmatrix} \dfrac{(1-p)U_{\mathrm{s}}}{R_{\mathrm{s}} + \mathrm{j}\omega_{\mathrm{s}}L_{\mathrm{s}\sigma}} \\ \dfrac{-(1-s)k_{\mathrm{r}}U_{\mathrm{r}}\mathrm{e}^{\mathrm{j}s\omega_{\mathrm{s}}t_0}}{s(R_{\mathrm{s}} + \mathrm{j}\omega_{\mathrm{r}}L_{\mathrm{s}\sigma})} \\ \dfrac{(spU_{\mathrm{s}} - k_{\mathrm{r}}U_{\mathrm{r}})\mathrm{e}^{\mathrm{j}\omega_{\mathrm{s}}t_0}}{s(R_{\mathrm{s}} + \mathrm{j}\omega_{\mathrm{s}}L_{\mathrm{s}\sigma})} + \dfrac{(1-s)k_{\mathrm{r}}U_{\mathrm{r}}\mathrm{e}^{\mathrm{j}\omega_{\mathrm{s}}t_0}}{s(R_{\mathrm{s}} + \mathrm{j}\omega_{\mathrm{r}}L_{\mathrm{s}\sigma})} \end{bmatrix} \tag{5.85}$$

$$\begin{bmatrix} I_{\mathrm{rf}} \\ I_{\mathrm{rn}} \\ I_{\mathrm{rdc}} \end{bmatrix} = \begin{bmatrix} \dfrac{-(1-p)k_{\mathrm{s}}sU_{\mathrm{s}}}{R_{\mathrm{r}} + R_{\mathrm{cb}} + \mathrm{j}s\omega_{\mathrm{s}}L_{\mathrm{r}\sigma}} \\ \dfrac{(1-s)k_{\mathrm{s}}pU_{\mathrm{s}}\mathrm{e}^{\mathrm{j}\omega_{\mathrm{s}}t_0}}{R_{\mathrm{r}} + R_{\mathrm{cb}} - \mathrm{j}\omega_{\mathrm{r}}L_{\mathrm{r}\sigma}} \\ \dfrac{(U_{\mathrm{r}} - sk_{\mathrm{s}}U_{\mathrm{s}})\mathrm{e}^{\mathrm{j}s\omega_{\mathrm{s}}t_0}}{R_{\mathrm{r}} + \mathrm{j}s\omega_{\mathrm{s}}L_{\mathrm{r}\sigma}} + \dfrac{(1-p)sk_{\mathrm{s}}U_{\mathrm{s}}\mathrm{e}^{\mathrm{j}s\omega_{\mathrm{s}}t_0}}{R_{\mathrm{r}} + R_{\mathrm{cb}} + \mathrm{j}s\omega_{\mathrm{s}}L_{\mathrm{r}\sigma}} - \dfrac{(1-s)k_{\mathrm{s}}pU_{\mathrm{s}}\mathrm{e}^{\mathrm{j}s\omega_{\mathrm{s}}t_0}}{R_{\mathrm{r}} + R_{\mathrm{cb}} - \mathrm{j}\omega_{\mathrm{r}}L_{\mathrm{r}\sigma}} \end{bmatrix} \tag{5.86}$$

5.3.2 撬棒电阻最优阻值选取

撬棒电阻阻值的选取十分关键。当撬棒电阻被串联到转子电路中时，在电压跌落和恢复过程中，撬棒电阻阻值越大，转子侧过电流幅值越小，所以撬棒电阻阻值越大对转子电流的抑制越有效。但是随着撬棒电阻阻值的增大，其两端的电位差增大，过大的电压会在撬棒电路投入时，通过与 IGBT 开关管反并联二极管对背靠背变换器中的直流母线电容进行反充电，进而影响到直流母线安全运行。所以，合适的撬棒电阻应该既能满足使转子侧过电流得到有效衰减，又可以保证直流侧的电压在系统安全可承受的范围内。考虑最严重电网故障时双馈风电系统的运行状态对撬棒电阻阻值进行整定，能够确保系统在所有运行条件下的保护有效性。假设并网点电网电压的跌落深度 $p=1$，即 DFIG 定子端发生三相短路故障，在这种情况下，故障后的转子电流为

$$\begin{aligned}\boldsymbol{i}_{\mathrm{r}}^{\mathrm{r}}=&\frac{(1-s)k_{\mathrm{s}}V_{\mathrm{s}}}{R_{\mathrm{r}}+R_{\mathrm{cb}}-\mathrm{j}\omega_{\mathrm{r}}L_{\mathrm{r}\sigma}}\mathrm{e}^{-\mathrm{j}\omega_{\mathrm{r}}t}\mathrm{e}^{-\frac{t}{T_{\mathrm{s}}}}+\\&\left[\frac{V_{\mathrm{r}}-sk_{\mathrm{s}}V_{\mathrm{s}}}{R_{\mathrm{r}}+\mathrm{j}s\omega_{\mathrm{s}}L_{\mathrm{r}\sigma}}-\frac{(1-s)k_{\mathrm{s}}V_{\mathrm{s}}}{R_{\mathrm{r}}+R_{\mathrm{cb}}-\mathrm{j}\omega_{\mathrm{r}}L_{\mathrm{r}\sigma}}\right]\mathrm{e}^{-\frac{t}{T_{\mathrm{r}}}},\quad t\geqslant 0_{+}\end{aligned}\tag{5.87}$$

一般情况下转子的最大电流在故障后的 $\frac{T_{\mathrm{s}}}{2}$ 内出现。由于旁路电阻的接入，转子侧衰减时间常数明显减小，从而式(5.84) 等号右侧第二项衰减比第一项快得多，因此，定、转子短路电流的幅值主要取决于式(5.84) 等号右侧的第一项。

由系统的参数可以计算出定子时间常数为

$$T_{\mathrm{s}}=\frac{L_{\mathrm{s}\sigma}}{R_{\mathrm{s}}}=0.112\,9\ (\mathrm{s})\tag{5.88}$$

可近似认定转子故障电流的最大值为

$$I_{\mathrm{rmax}}=\frac{0.915(1-s)k_{\mathrm{s}}V_{\mathrm{s}}}{\sqrt{(R_{\mathrm{r}}+R_{\mathrm{cb}})^2+(\omega_{\mathrm{r}}L_{\mathrm{r}\sigma})^2}}\tag{5.89}$$

从安全性上分析，假设撬棒电阻的取值有最大值，这个最大值应该使直流母线侧电压不超过给定的安全电压值，即

$$\sqrt{3}\,I_{\mathrm{rmax}}R_{\mathrm{c}}\leqslant V_{\mathrm{dc\_safe}}\tag{5.90}$$

式中　$V_{\mathrm{dc\_safe}}$—— 直流母线侧正常工作电压的上限值。

由于撬棒电阻阻值远大于转子电阻，因此忽略转子电阻，将式(5.89) 代入式(5.90) 可得

$$R_{\mathrm{cmax}}=\frac{V_{\mathrm{dc\_safe}}\omega_{\mathrm{r}}L_{\mathrm{r}\sigma}}{\sqrt{3[0.915(1-s)k_{\mathrm{s}}V_{\mathrm{s}}]^2-V_{\mathrm{dc\_safe}}^2}}\tag{5.91}$$

在合理的范围内,撬棒电阻阻值越大,抑制过流的效果越好,即 $R_c = \lambda R_{cmax}$,其中 λ 为安全裕度,一般取 0.9 ~ 0.95。

由式(5.91) 可得,最大撬棒电阻阻值的选择与转差率有关,假设双馈感应发电机可以达到的最大转差率为 −0.3。本章选取的直流母线安全值为 1.3 倍的额定值,即 $U_{dc\_safe} = 1\ 560$ V。将直流母线电压折算到定子侧为 672.75 V,其标幺值为 $\frac{672.75}{690\sqrt{2}} = 0.689\ 4$ p.u. 。将上述参数以及系统参数代入式(5.91) 可得

$$R_{cmax} = \frac{0.689\ 4 \times 1.3 \times 0.296\ 1}{\sqrt{3 \times \left(0.915 \times \frac{5.419}{5.586} \times \frac{1}{\sqrt{3}} \times 1.3\right)^2 - (0.689\ 4)^2}} = 0.29\ (\text{p.u.}) \tag{5.92}$$

因此,撬棒电阻最优值为 $R_{cb} = 0.95 \times 0.29$ p.u. $= 0.275\ 5$ p.u. 。

5.3.3　撬棒电路退出时刻研究

在故障恢复之后,撬棒电路切除之前,双馈感应发电机会从电网吸收大量的无功功率,因此当故障恢复之后需要及时切除撬棒电路,但是如果撬棒电路的退出时间过早,转子电流没有得到有效的衰减,有可能造成撬棒电路的反复投切,加剧系统的振荡。合适的撬棒电路退出时间既可以使转子电流得到有效的衰减,又能减少撬棒电路吸收的无功功率。

由式(5.68) 可知,在本系统中撬棒电路切入后转子时间常数为

$$T'_r = \frac{L'_r}{R_{cb} + R_r} = 4.9 \times 10^{-4}\quad (\text{s}) \tag{5.93}$$

同故障发生时一样,故障恢复瞬间,定子磁链中既会出现稳态分量,也会出现暂态分量,因而转子电流中既会出现以定子时间常数衰减的量,也会出现以转子时间常数衰减的量。由式(5.88) 和式(5.93) 可知转子时间常数远小于定子时间常数,以转子时间常数衰减的量很快衰减完毕,因此暂态电流还是主要取决于以定子时间常数衰减的量。下面分析不同的退出时间对系统的影响。

双馈风电系统的初始状态同前文一样,转子撬棒电阻阻值设置为 0.277 5 p.u. 。当 $t = 0.4$ s 时,电网电压发生跌落 80% 的对称故障,故障持续时间为 0.2 s,$t = 0.6$ s 时电压恢复至额定值。分别设置 $t = 0.65$ s,$t = 0.7$ s 和 $t = 0.8$ s 时刻切除转子撬棒电路,投入机侧变换器。由于是电网电压的最严重故障,暂态电流初值较大,当 $t = 0.65$ s 时,$e^{-0.05/0.112\ 9} = 0.64$,转子暂态电流衰减未过半,此时切除转子撬棒电路可能会引起撬棒电路再次切入,当 $t = 0.7$ s 时,$e^{-0.01/0.112\ 9} = 0.41$,

转子暂态电流已衰减过半，由仿真结果可知若此时切除撬棒电路能保证系统的稳态；在 $t=0.8$ s时切除撬棒电路，虽然也能保证系统的稳定，但是撬棒电路的长时间运行会从电网吸收大量的无功功率，并且机侧变换器处于失控状态对系统是不利的。下面通过仿真对比分析不同撬棒电路退出时刻对系统的影响。图5.9～5.11分别给出了不同退出时刻转子电流有效值、机侧变换器电流有效值和直流母线电压仿真结果。

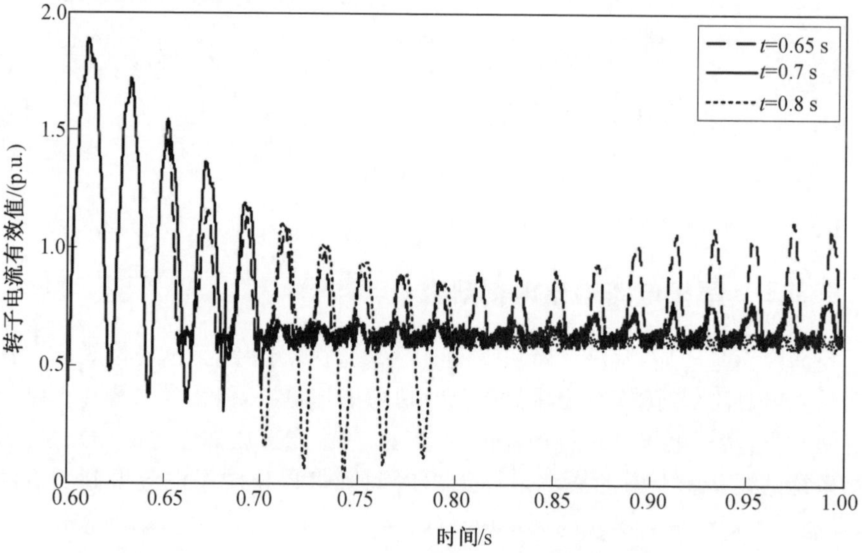

图 5.9　不同退出时刻转子电流有效值仿真结果

由图5.9和图5.10可知，故障恢复后太早切除撬棒电路，转子电流不能得到有效衰减，会导致撬棒电路的二次切入，并且在撬棒电路切除之后转子电流会出现振荡。

由图5.11可以看出，太早切除撬棒电路，在撬棒电路切除瞬间，直流母线电压会出现一个较大波动幅值。因此，太早切除撬棒电路不利于故障后系统快速恢复稳定。

为了分析图5.11中直流母线电压出现大幅振荡的原因，分别对网侧有功和无功功率进行仿真，分别如图5.12和图5.13所示。

由图5.12可以看出，太早切除撬棒电路，由电网恢复引起的暂态能量还没有被消耗掉，此时机侧变换器恢复控制，会有大量的有功功率通过背靠背变换器流向电网，直流母线电压两侧的变换器出现严重的功率不平衡，造成直流母线电压出现较大的波动。

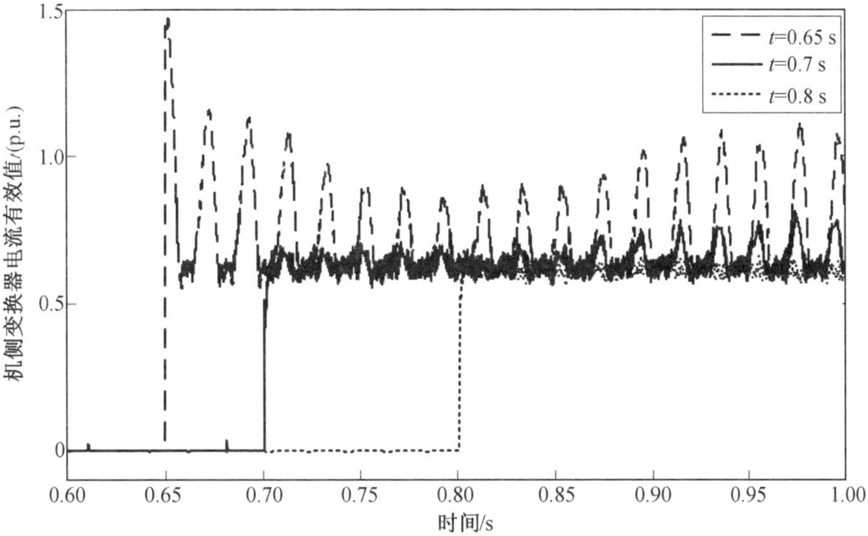

图 5.10　不同退出时刻机侧变换器电流有效值仿结果

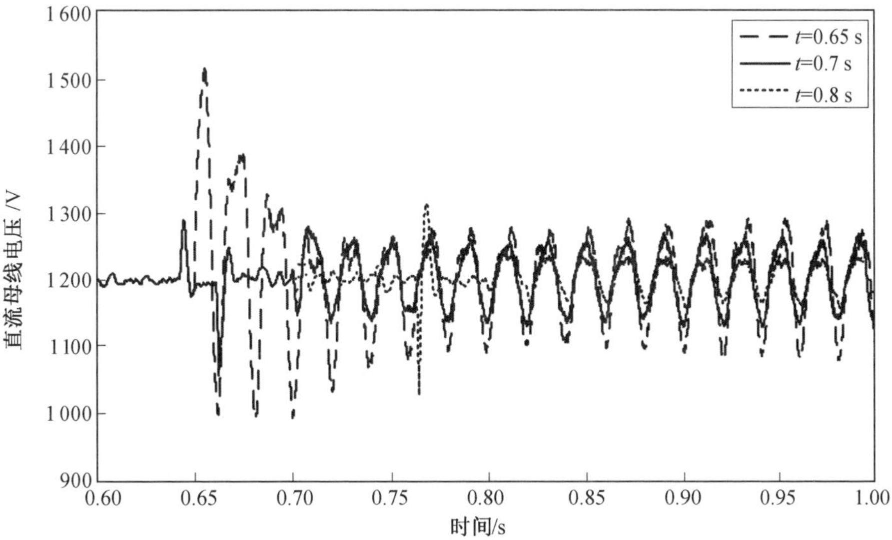

图 5.11　不同退出时刻直流母线电压仿真结果

由图 5.13 可以看出，太晚切除撬棒电路，无功功率也会出现大的波动，从而导致直流母线电压的不稳定。

综上所述，在 $t=0.7$ s 时刻切除撬棒电路比 $t=0.65$ s 和 $t=0.8$ s 更合适，由理论分析可以得出结论：此时的暂态电流已得到大幅衰减，不会再引起撬棒电路

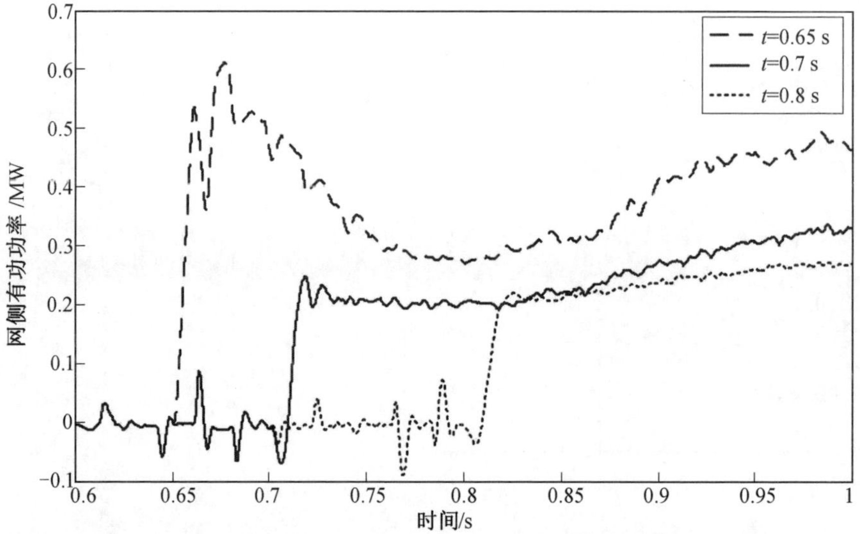

图 5.12　不同退出时刻网侧有功功率仿真结果

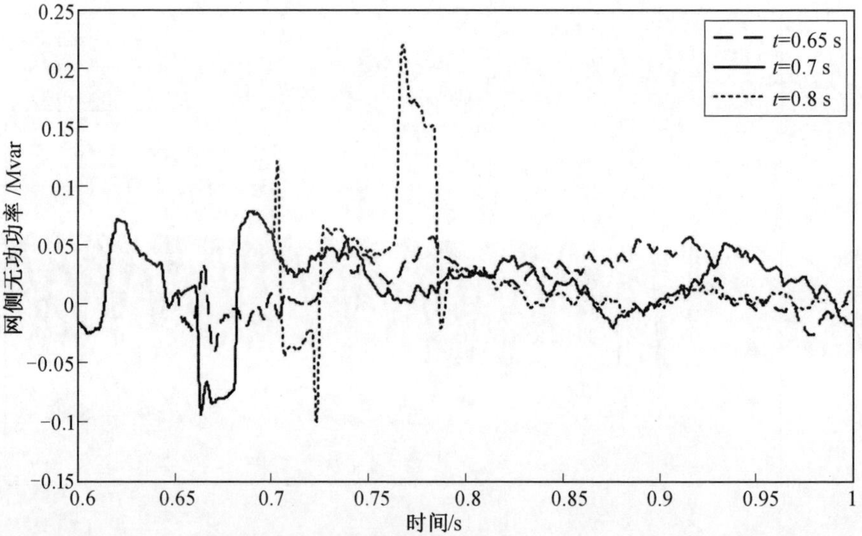

图 5.13　不同退出时刻网侧无功功率仿真结果

的反复投切。

5.3.4　重度故障模式的网侧无功功率补偿策略

在双馈风电系统正常运行模式和轻度故障模式下，网侧变换器的控制目标为以单位功率因数运行,因此设置无功功率为零;在重度故障模式下,为了实现无功功率支撑,网侧变换器的控制目标由以单位功率因数运行转变为最大限度发出无功功率。网侧变换器的无功电流期望值满足约束:

$$i_{gq}^{*} \leqslant \sqrt{I_{g}^{2}-\left(i_{gd}^{*}\right)^{2}} \tag{5.94}$$

式中　I_g—— 网侧变换器电流的有效值。

为了最大限度地给电网提供无功功率支撑,实现对发电机消耗无功功率的补偿,可以令式(5.94) 中的无功电流期望值取变换器电流允许范围内的最大值,即

$$i_{gq}^{*}=\sqrt{I_{g\max}^{2}-\left(i_{gd}^{*}\right)^{2}} \tag{5.95}$$

除了对无功功率的补偿以外,在重度故障模式下的网侧依然需要满足与轻度故障模式下相同的控制目标,即抑制直流母线电压在故障期间的剧烈波动,因此其控制策略依然采用具有扰动抑制能力的能量成型控制。重度故障模式下系统网侧无功功率补偿的控制策略如图 5.14 所示。

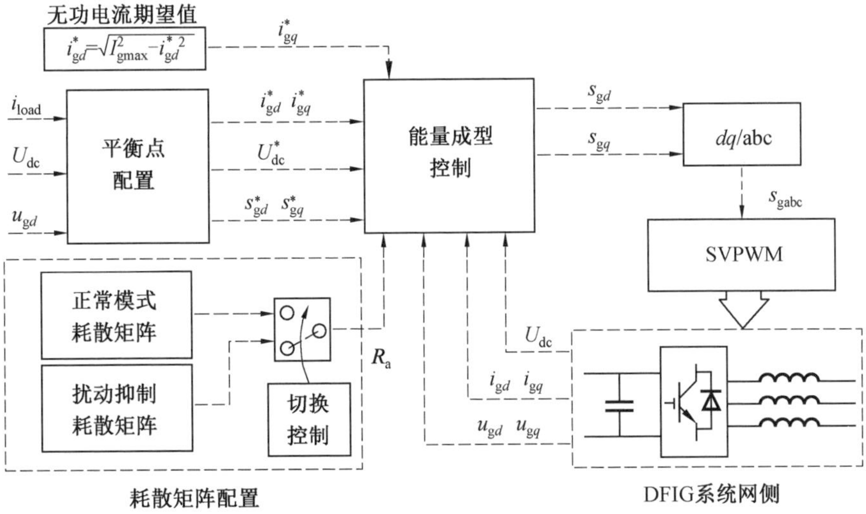

图 5.14　重度故障模式下系统网侧无功功率补偿的控制策略

在之前搭建的仿真平台上验证重度故障模式下系统网侧无功功率补偿控制的有效性。仿真设置:在 0.2 s 电网电压跌落至额定电压的 30%,在 0.6 s 电网电压回升,并增加撬棒电路,当转子电流或直流母线电压超过安全阈值时撬棒电路触发,系统进入重度故障模式,撬棒电路每次运行 20 ms,其触发信号如图 5.22(b) 所示。仿真模型的其余参数同 5.3.3 小节中设置一致。分别在未采用

无功功率补偿和采用无功功率补偿两种情况下进行仿真对比，结果如图 5.15 所示。图 5.15(a) 所示为重度故障模式下撬棒电路的触发信号。从图 5.15(b) 中可以看出，在撬棒电路运行的几段区间内，网侧变换器有效地向电网输出了无功功率，其中，在电压跌落时间段内输出的无功功率较小，而在电压回升后输出的无功功率较大，这是由网侧电压在故障期间较低导致的。图 5.15(c) 说明了网侧无功功率对系统总无功功率的补偿作用，可以看出，电压回升时，相对于未补偿无功功率的情况，系统消耗的无功功率大为减少。图 5.15(d) 说明了网侧补偿的无功功率不能完全抵消机侧的无功功率消耗，这是由双馈风电系统变换器容量有限决定的。图 5.15(e) 和图 5.15(f) 所示分别为两种情况下的网侧有功功率和变换器直流母线电压，可以看到对于无功功率补偿的改进并没有对二者产生显著影响。

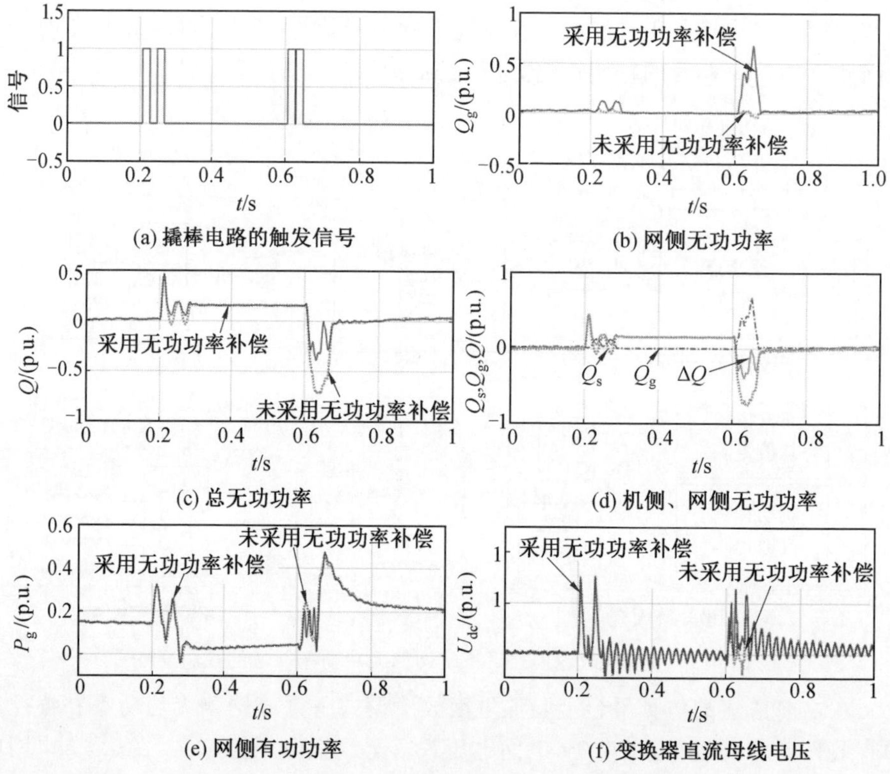

图 5.15　无功功率补偿控制策略仿真结果

5.4　双馈风力发电系统全工况低电压穿越过程

由前文可知，当电网电压跌落不严重时，可通过改进控制策略来帮助双馈感应发电机实现低电压穿越；当电网电压出现严重跌落时，转子侧会出现过流、直流母线电压会出现过压，就需要增加硬件保护电路来帮助双馈感应发电机实现低电压穿越。如果不考虑脱网运行状态，整个低电压穿越的过程中双馈风电系统有正常运行状态、轻度故障运行状态和重度故障运行三种运行状态。三种运行状态对应不同的控制策略，可采用 Stateflow 实现双馈风力发系统低电压穿越过程中控制的自主切换。

5.4.1　双馈风电系统状态划分

Stateflow 可以实现图形化设计与开发功能，主要用于对包含复杂控制逻辑的控制系统进行建模仿真。利用 Stateflow 搭建的仿真模型具有可视化和直观仿真能力，可以将复杂的状态逻辑关系清晰、简洁地反映出来。有限状态机理论是 Stateflow 的理论基础，它通过创建状态图、流程图的方式，对状态切换控制系统进行建模与仿真。

状态是 Stateflow 中的重要元素之一，在系统中被看作记忆元件，它有活动的和非活动的两种工作模式，当它运行于其中一种工作模式时，将一直保持该模式至系统改变其工作模式。也就是说，如果状态是非活动的，则状态就会一直保持非活动状态，直到系统改变其工作模式为止。具有低电压穿越功能的双馈风电系统运行过程是一个多状态切换的运行过程，包括正常运行状态、轻度故障运行状态和重度故障运行状态。三种不同状态对应不同的控制模态和不同的模型结构。正常运行状态采用 PQ 控制，实现最大功率追踪；轻度故障运行状态采用 L_2 干扰抑制改进的控制策略；重度故障运行状态采用转子撬棒电路，此时机侧变换器被旁路，背靠背变换器的直流母线电容和网侧变换器工作在 STATCOM 状态下，为电网提供无功支持。

5.4.2　基于 Stateflow 的双馈风电系统状态切换设计

根据我国的低电压穿越标准的规定，当电网电压 $U \geqslant 0.9$ p. u. 时，双馈风电机组处于正常运行状态，风力发电机组按照正常的 PQ 控制模式实现最大功率追踪；当 $U < 0.9$ p. u. 时，双馈风电系统就进入了低电压穿越模式。为了保护机侧

变换器，当转子电流或者直流母线电压超过安全值时，需要切入转子撬棒电路，闭锁机侧变换器的PWM脉冲信号，此时双馈风电系统进入重度故障运行状态。

本章选取机侧变换器电流的额定值为1 200 A，过流可以达到1 250 A，因此转子电流的安全值为1 250 A，即机侧变换器电流峰值超过1.63 p.u.时，切入转子撬棒电路。直流母线电压的安全值为1 560 V。因此，从正常运行状态到轻度故障运行状态的驱动事件可以设置为$U < 0.9$ p.u.；从正常运行状态到重度故障运行状态的驱动事件可设置为$U < 0.9$ p.u. &&($i_r > 1\,250$ A $\|$ $V_{dc} > 1\,560$ V；从轻度故障运行状态到重度故障运行状态的驱动事件可设置为$i_r > 1\,250$ A $\|$ $V_{dc} > 1\,560$ V；从轻度故障状态恢复到正常运行状态的驱动事件可设置为$U \geqslant 0.9$ p.u.。由以上条件可知双馈风电系统低电压穿越整体控制策略框图如图5.16所示。

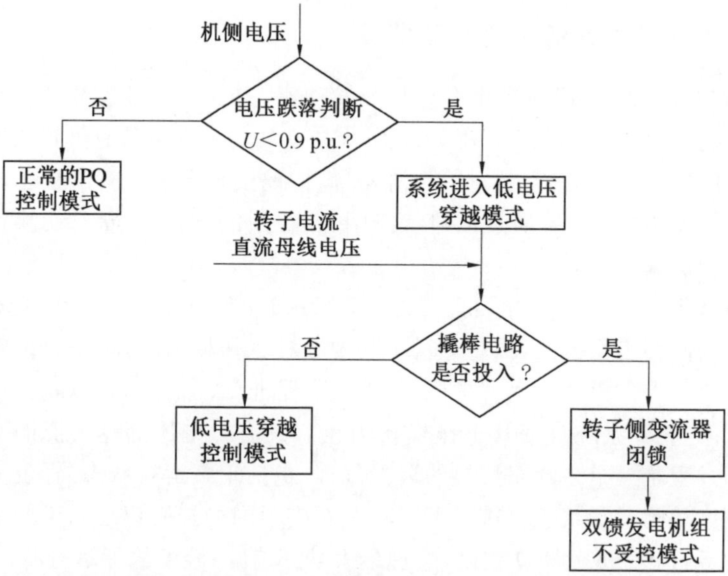

图5.16　双馈风电系统低电压穿越整体控制策略框图

由正常运行状态到轻度故障运行状态和重度故障运行状态，以及从轻度故障运行状态到正常运行状态和重度故障运行状态的驱动事件已经明确。目前尚缺少从重度故障运行状态到轻度故障运行状态和正常运行状态的驱动事件。如果一旦转子电流和直流母线电压低于安全值就将转子撬棒电路切除，则切除撬棒电路引起暂态和电网故障叠加会引起撬棒电路的反复投切，这会缩短电力电子开关的使用寿命。因此，当电网电压恢复时，需要撬棒电路运行一段时间之后才将转子撬棒电路切除。

选择合适的撬棒电路切除时间十分重要，由转子电流的暂态分析可知，暂态电流的大小与电网电压变化的幅值有关，并且当撬棒电路切入之后，与转子时间常数有关的暂态分量迅速衰减，转子的暂态电流主要取决于与定子时间常数有关的暂态分量，因此可以假设撬棒电路切除信号为

$$i=(1-p)\mathrm{e}^{-t/T_s} \tag{5.96}$$

式中，i 与电压的跌落程度和转子暂态电流随定子时间常数的衰减有关。

可以将 i 的值设置为故障恢复后撬棒电路切除时间的择定标准。这样既能保证转子暂态电流衰减到安全范围内，又能减小撬棒电路在不同故障程度下运行时间。i 取值的大小很重要，根据指数的衰减规律，在第一个时间周期内的衰减速度最快，因此可设置 $i=\mathrm{e}^{-1}=0.37$。

当电网电压发生70%对称跌落时，采用 L_2 干扰抑制改进后的控制策略基本上能将转子电流的幅值控制在1 p.u.左右，远远没有达到转子电流的上限1.67 p.u.。并不是当电网电压恢复到额定值的0.9倍之后，双馈风电系统才从重度故障运行状态退出，为减少撬棒电路运行时间，从重度故障运行状态到轻度故障运行状态的驱动事件可设置为 $0.7\ \text{p.u.}\leqslant V<0.9\ \text{p.u.}\ \&\&\ i_r\leqslant 1\,250\ \text{A}\ \&\&\ V_{dc}\leqslant 1\,560\ \text{V}\ \&\&\ i<0.37$，即当DFIG定子端电压恢复到额定值的0.7倍以上、转子电流和直流母线电压降到安全值以下，并且转子暂态电流得到了有效衰减，就可以将转子撬棒电路切除。此时切除撬棒电路引起的转子电流的暂态分量加上原来的暂态分量再加上转子电流的稳态分量不会引起撬棒电路的再次切入。或许从重度故障运行状态到轻度故障运行状态的定子电压条件的值还可以再小，但本章只是研究驱动事件设置的可行性，不再讨论轻度故障运行状态与重度故障运行状态之间的电压划分。重度故障运行状态到正常运行状态的驱动事件可以设置为 $V\geqslant 0.9\ \text{p.u.}\ \&\&\ i_r\leqslant 1\,250\ \text{A}\ \&\&\ V_{dc}\leqslant 1\,560\ \text{V}\ \&\&\ i<0.37$，即当DFIG定子端电压恢复到额定值的0.9倍以上、转子电流和直流母线电压降到安全值以下，并且转子暂态电流得到了有效衰减，双馈风电系统就可以直接从重度故障运行状态恢复至正常运行状态。根据以上分析可以建立双馈风电系统的有限状态机示意图，如图5.17所示。

根据有限状态机设计内容，在已经建立好的双馈风电系统的模型中加入切换控制的Stateflow模型，如图5.18所示。图中V、ir和Vdc是从双馈风电系统的模型中输入的数据，其中V表示DFIG定子端电压的幅值，ir表示DFIG转子三相电流中电流幅值的最大值，Vdc表示直流母线电压。图中，H、L是状态标志位，表示风电系统的状态。H=0，L=0，表示双馈风电系统处于正常运行状态；H=0，

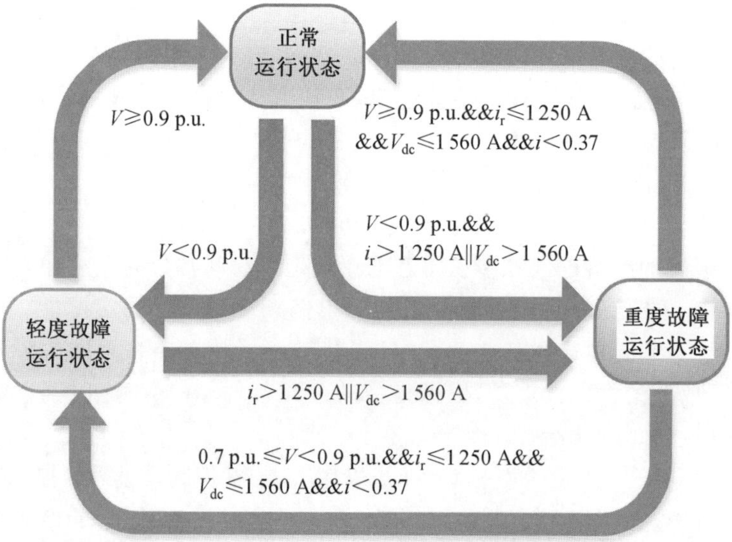

图 5.17　双馈风电系统的有限状态机示意图

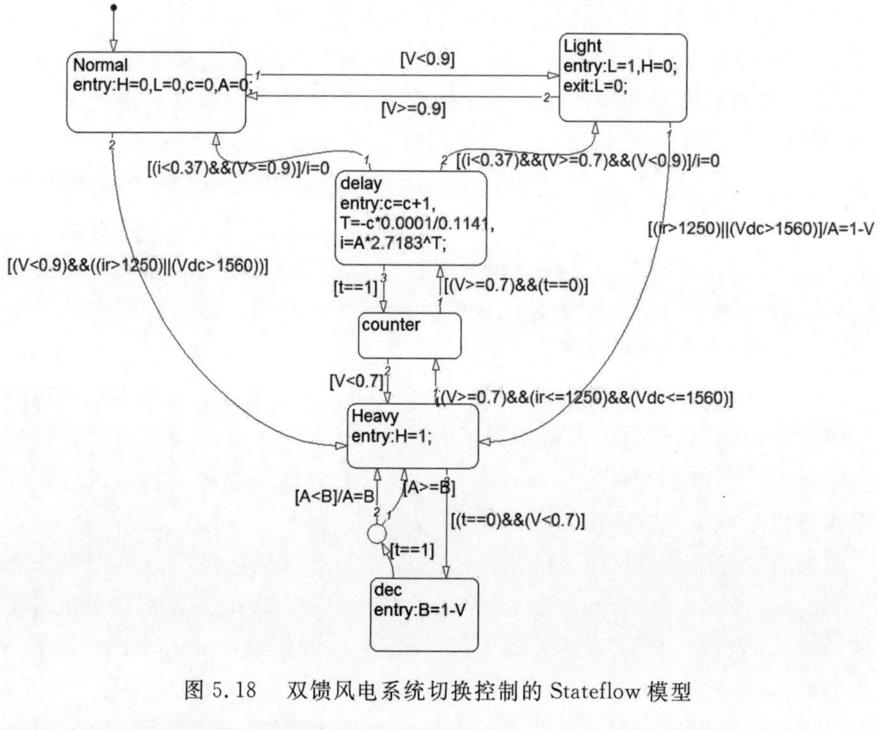

图 5.18　双馈风电系统切换控制的 Stateflow 模型

$L=1$，表示双馈风电系统处于轻度故障状态；$H=1$，$L=0$，表示双馈风电系统处于重度故障运行状态。将 H、L 输出到双馈风电系统的模型中可用于风机的切换控制。图中 Normal 表示双馈风电系统的正常运行状态，Light 表示双馈风电系统的轻度故障运行状态，Heavy 表示双馈风电系统的重度故障运行状态。参数 A、B 属于 Stateflow 的内部参数，表示定子端电压幅值的跌落程度。图中的 dec 状态图表示不断检测电网电压的跌落幅值，其存在的作用是将电网电压最大的跌落幅值赋给参数 A。counter 是一个空状态，当检测到 $V>0.7$ p. u. &&ir $\leqslant$ 1 250 A&&Vdc $\leqslant$ 1 560 V 后进入此状态，表示开始为撬棒电路切除做准备。Delay 表示撬棒电路切除前的延时，这段时间是电网电压恢复引起转子暂态变量的衰减时间，当这个暂态变量衰减低于某个值时就可以切除撬棒电路，机侧变换器又重新恢复对有功功率和无功功率的控制。图中的参数 t 是 Stateflow 外部的脉冲输入信号，脉冲的周期为 0.000 1 s，而参数 c 是 Stateflow 内部的一个变量，用于计数，c 与 t 的乘积就是时间的变化。进入 Delay 状态时，触发计数，也就是触发了延时的开始。

下面通过仿真验证采用 Stateflow 切换控制设计的正确性，双馈风电系统参数保持不变，初始状态为：风速恒定为 15 m/s，转子转速恒定为 1.2 p. u.，电机输出的有功功率为 1 p. u.，输出的无功功率为 0。根据我国的低电压穿越标准设置系统电压故障的变化情况，系统的定子侧电压幅值变化情况如图 5.19 所示，$t=0.4$ s 时刻，定子侧电压幅值降到 0.7 p. u.；$t=0.6$ s 时刻，定子侧电压幅值进一步降到 0.2 p. u.；$t=1.225$ s 时刻，定子侧电压幅值恢复至 0.8 p. u.；$t=2.4$ s 时刻，定子侧电压幅值恢复至 0.9 p. u.。图 5.20～5.26 分别为状态标志位 L、状态标志位 H、转子电流有效值、机侧变换器电流有效值、直流母线电压、双馈风电系统发出的总的有功功率和双馈风电系统发出的总的无功功率的变化情况。

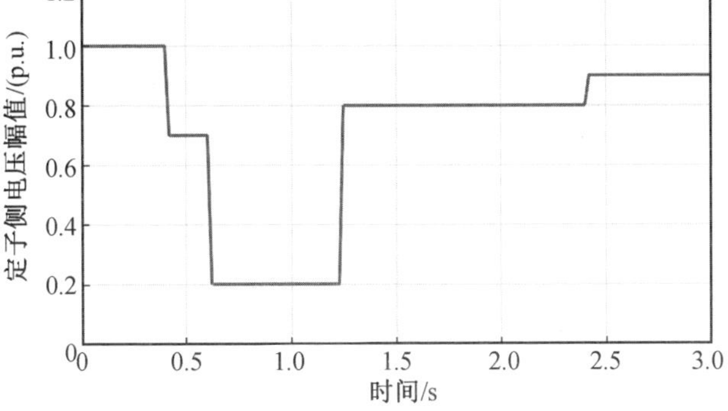

图 5.19　定子侧电压幅值变化情况

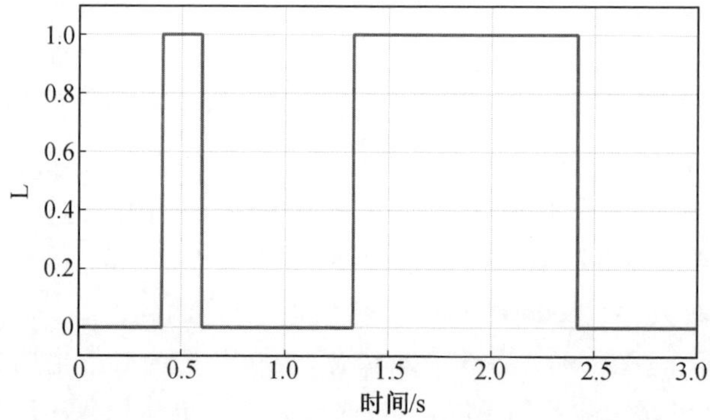

图 5.20　状态标志位 L 的变化情况

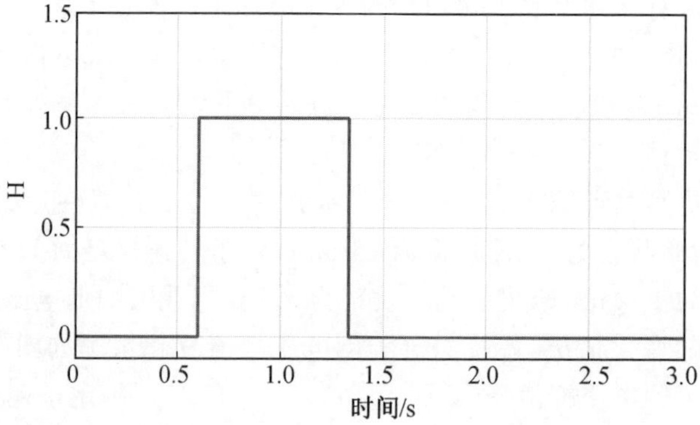

图 5.21　状态标志位 H 的变化情况

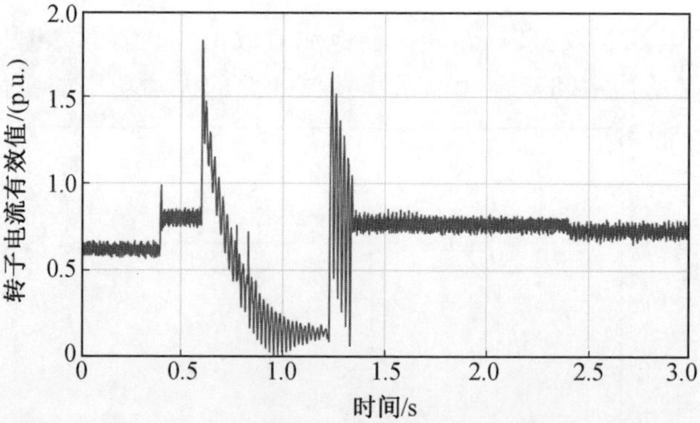

图 5.22　转子电流有效值的变化情况

由图 5.19～5.22 可以看出，当 t=0.4 s 时，DFIG 定子侧电压幅值开始下降到 0.7 p.u.，由于定子侧电压幅值小于 0.9 p.u.，但是转子电流有效值和直流母

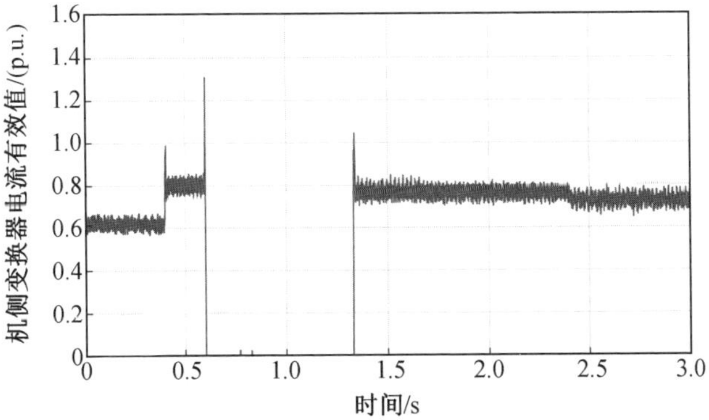

图 5.23　机侧变换器电流有效值的变化情况

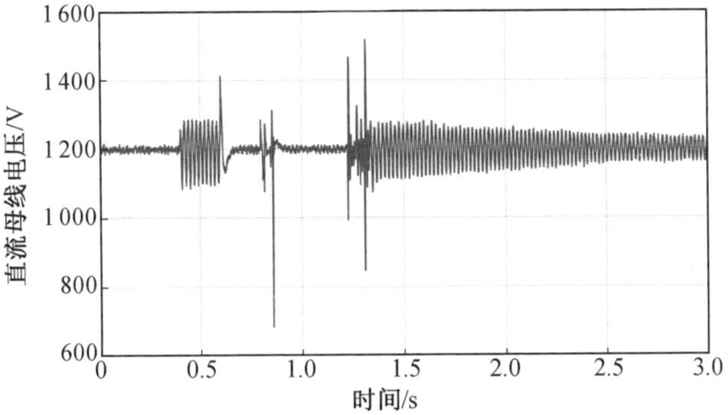

图 5.24　直流母线电压的变化情况

线电压还没有超过设定值，标志位 L=1.0，H=0，系统进入轻度故障运行状态。当 t=0.6 s 时，电网电压进一步跌落，当流过机侧变换器的电流超过设定值时，标志位 H=1.0，L=0，系统进入重度故障运行状态；当 t=1.225 s 时，DFIG 定子侧电压辐值变为 0.8 p.u.，虽然故障恢复了，但撬棒电路还需要运行一段时间，大约在 t=1.3 s 的时候 H=0，L=1.0，双馈风力发电系统进入轻度故障运行状态；在 t=2.4 s 左右时双馈风力发电系统的故障清除，H=0，L=0，双馈风力发电系统恢复至正常运行状态。以上说明设计的 Stateflow 能够很好地实现双馈风电系统运行状态的切换。

由图 5.22～5.24 可以看出，在采用 Stateflow 实现的切换控制下，转子电流有效值和直流母线电压都能够控制在安全的范围内。由图 5.25 可以看出，当电网故障恢复后，有功功率能快速恢复至额定值。由图 5.26 可以看出，在整个低电压穿越的过程中，双馈风电系统能够向电网提供一定的无功功率支持。

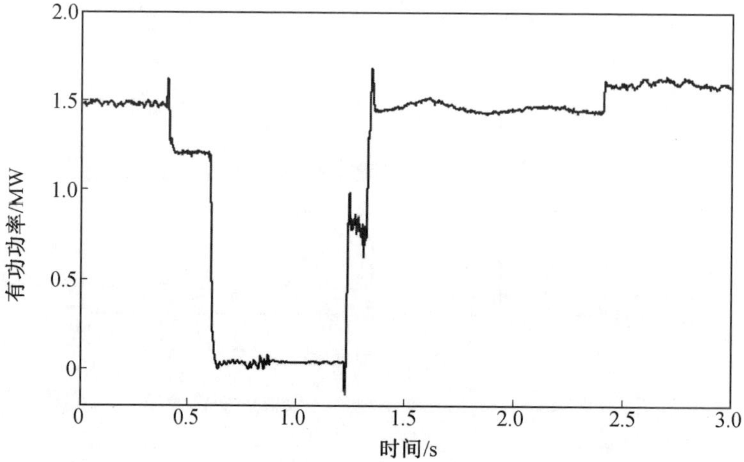

图 5.25　双馈风电系统发出的总的有功功率的变化情况

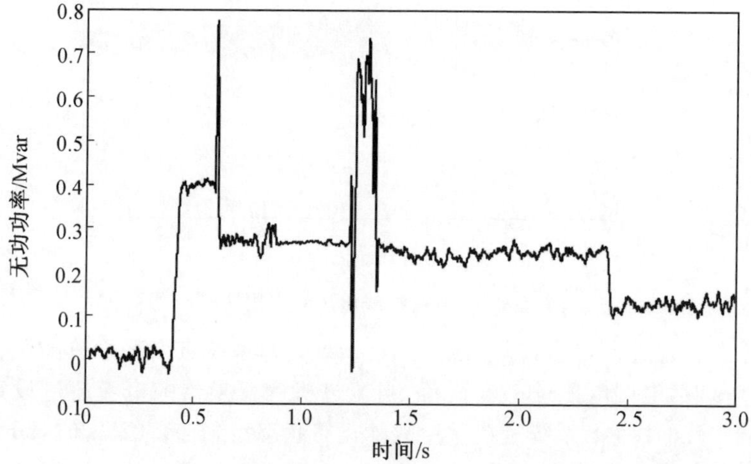

图 5.26　双馈风电系统发出的总的无功功率的变化情况

综上所述，对于低电压穿越过程，设计的 Stateflow 能够很好地实现双馈风电系统控制的稳定自主切换。首先对双馈风电系统状态进行划分，分为正常运行状态、轻度故障运行状态和重度故障运行状态。根据双馈风电系统不同的状态对应不同的控制方式，建立了三状态间切换的六条切换条件，满足我国风电接入电力系统的并网标准，并且保证撬棒电路无反复切入。然后根据双馈风电系统的不同运行状态间的驱动事件建立了整个双馈风电系统切换控制的 Stateflow 模型，最后通过仿真验证建立的切换控制 Stateflow 模型的实现了具有低电压穿越性能的双馈风电系统依据运行工况自主切换控制的目标。

第6章

能量成型控制在双馈风力发电系统低电压穿越控制中的应用(二)

本章基于切换系统理论的全新角度,依据双馈风电系统内部能量流动过程和端口受控哈密顿系统的结构要求,建立了双馈风电系统的切换 PCHD 模型,在能量交互的层面上对双馈风电系统的低电压穿越过程进行了完整刻画,并提出了双馈风电切换系统 LVRT 的控制策略,分别采用事件驱动和逻辑控制作为系统运行状态恶化和好转情况的切换规则,同时为保证系统在故障恢复后的安全平稳切换,通过暂态转子电流表达式计算得到撬棒电路最短工作时间,时延达到后系统由轻度故障运行模式切换至正常运行模式,从而可兼顾系统安全和控制性能两方面的需求。最后,采用多李雅普诺夫函数方法对双馈风电切换系统的稳定性进行分析。

6.1　基于切换系统理论的双馈风力发电系统低电压穿越策略研究

6.1.1　双馈风电系统低电压穿越暂态分析

1. 双馈感应发电机的暂态模型

在双馈风电系统遭遇低电压故障时，由于双馈感应发电机的定子侧直接与电网相连，对电压的跌落非常敏感，系统内部产生复杂的暂态过程，导致转子侧过电流。而提供转子励磁电压的机侧变换器容量有限，转子侧过电流极易超过变换器电力电子器件的安全阈值造成损害。为了保护变换器，转子侧通常在电流过大时接入撬棒电路以迅速衰减暂态电流，通过暂时关闭机侧变换器避免过电流对变换器的损害。对双馈风电系统低电压的暂态分析能为低电压穿越控制的设计提供依据。为了便于暂态分析，本节在前文的基础上进一步得到 DFIG 的暂态模型。

当电网电压发生跌落时，首先受到影响的是定子磁链。磁链方程为

$$\begin{cases}\Psi_s^s = L_s i_s^s + L_m i_r^s \\ \Psi_r^r = L_r i_r^r + L_m i_s^r\end{cases} \tag{6.1}$$

根据式(6.1)可以得到定、转子电流与磁链的关系为

$$\begin{cases}i_s^s = \dfrac{1}{L_s - L_m^2/L_r}\Psi_s^s - \dfrac{L_m}{L_r}\dfrac{1}{L_s - L_m^2/L_r}\Psi_r^s \\[2ex] i_r^r = \dfrac{1}{L_r - L_m^2/L_s}\Psi_r^r - \dfrac{L_m}{L_s}\dfrac{1}{L_r - L_m^2/L_s}\Psi_s^r\end{cases} \tag{6.2}$$

由式(6.2)可以得到定、转子磁链之间的关系为

$$\begin{cases}\Psi_s^s = k_r\Psi_r^s + L_{s\sigma} i_s^s \\ \Psi_r^r = k_s\Psi_s^r + L_{r\sigma} i_r^r\end{cases} \tag{6.3}$$

式中，$k_s=L_m/L_s$，$k_r=L_m/L_r$，$L_{s\sigma}=L_s-L_m^2/L_r$，$L_{r\sigma}=L_r-L_m^2/L_s$。

考虑式(6.3)与发电机模型电压方程，双馈感应发电机的暂态模型为

$$\begin{cases} L_{s\sigma}\dfrac{di_s^s}{dt}=-R_s i_s^s-E_s^s+u_s^s \\ L_{r\sigma}\dfrac{di_r^r}{dt}=-R_r i_r^r-E_r^r+u_r^r \end{cases} \tag{6.4}$$

式中　E_s^s——定子感应电动势，$E_s^s=k_r\mathrm{d}\Psi_r^s/\mathrm{d}t$；

E_r^r——转子感应电动势，$E_r^r=k_s\mathrm{d}\Psi_s^r/\mathrm{d}t$。

根据式(6.4)画出双馈感应发电机暂态电路图，如图6.1所示，其中定子侧与转子侧物理量均使用各自的自然坐标系表示。

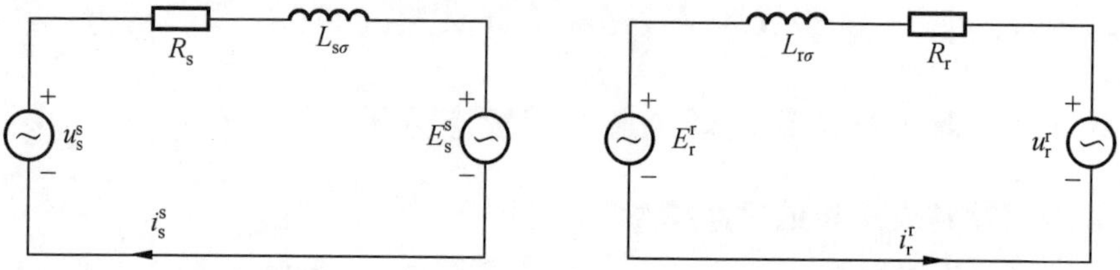

(a) 定子回路

(b) 转子回路

图6.1　DFIG暂态电路图

2. 定子电压跌落时的暂态响应

双馈风电系统电机定子电压跌落可以通过如下方法表示：

$$u_s^s=\begin{cases} U_s e^{j\omega_s t}, & t<t_{dip} \\ (1-p)U_s e^{j\omega_s t}, & t\geqslant t_{dip} \end{cases} \tag{6.5}$$

式中　U_s——定子电压幅值；

p——电压跌落幅值比例；

t_{dip}——故障开始时刻。

当定子电压发生突变时，定子磁链也会发生相应改变。由于发电机回路电阻远小于电抗，在忽略定子电阻后可得定子磁链稳态分量 Ψ_{sf}^s 为

$$\Psi_{sf}^s=\begin{cases} \dfrac{U_s}{j\omega_s}e^{j\omega_s t}, & t<t_{dip} \\ \dfrac{(1-p)U_s}{j\omega_s}e^{j\omega_s t}, & t\geqslant t_{dip} \end{cases} \tag{6.6}$$

在正常运行状态下，定子磁链仅包含稳态分量。在故障发生后，由于磁链不能突变，因此定子磁链会产生一个以定子时间常数衰减的暂态分量 Ψ_{sn}^s 以保证故障瞬间的磁链守恒，即

$$\Psi(t^-) = \Psi(t^+) = \Psi_f(t^+) + \Psi_n(t^+) \tag{6.7}$$

因此磁链暂态直流分量为

$$\Psi_{sn}^s = [\Psi_s^s(t_{dip}^-) - \Psi_{sf}^s(t_{dip}^+)]e^{-\frac{t-t_{dip}}{T_s}} = \frac{pU_s e^{j\omega_s t_{dip}}}{j\omega_s} e^{-\frac{t-t_{dip}}{T_s}} \tag{6.8}$$

式中　T_s—— 定子时间常数，$T_s = L_{s\sigma}/R_s$。

根据式(6.6) 与式(6.8)，得到转子感应电动势的稳态分量与暂态分量分别为

$$E_{rf}^r = \begin{cases} k_s s U_s e^{js\omega_s t}, & t < t_{dip} \\ (1-p)k_s s U_s e^{js\omega_s t}, & t \geqslant t_{dip} \end{cases} \tag{6.9}$$

$$E_{rn}^r = -k_s(1-s)pU_s e^{j\omega_s t_{dip}} e^{-j\omega_r t} e^{-\frac{t-t_{dip}}{T_s}}, \quad t \geqslant t_{dip} \tag{6.10}$$

对于轻度的电压跌落故障，电流或电压的幅值不会达到撬棒电路的触发阈值，此时机侧变换器仍然处于工作状态，为转子提供励磁电压。在单独考虑定子电压跌落的影响时，本章假设双馈风电系统的机侧变换器正常运行，因此转子电压为

$$u_r^r = U_r e^{js\omega_s t} \tag{6.11}$$

式中　U_r—— 转子励磁电压幅值。

类似于定子侧的处理方法，忽略转子回路内阻，可得转子磁链为

$$\Psi_r^r = \frac{U_r}{js\omega_s} e^{j\omega_s t} \tag{6.12}$$

可得定子回路感应电动势为

$$E_s^s = \frac{k_r U_r}{s} e^{j\omega_s t} \tag{6.13}$$

故障发生之后，定子、转子电流在各自初始值的基础上开始变化，发电机的暂态过程是一阶微分方程，其解包括暂态电流的交流分量与直流分量两部分：

$$\begin{cases} i_s^s = i_{sac}^s + i_{sdc}^s \\ i_r^r = i_{rac}^r + i_{rdc}^r \end{cases}, \quad t < t_{dip} \tag{6.14}$$

式中，下标 ac、dc 分别表示交流分量和直流分量。

根据图 6.1 所示的暂态电路可得到定子、转子暂态电流的交流分量分别为

$$i_{sac}^s = \frac{u_s^s - E_s^s}{Z_s} = \frac{s(1-p)U_s - k_r U_r}{s(R_s + j\omega_s L_{s\sigma})} e^{j\omega_s t} \tag{6.15}$$

$$i_{rac}^r = \frac{u_r^r - E_{rf}^r - E_{rn}^r}{Z_r} = \frac{U_r - sk_s(1-p)U_s}{R_r + js\,\omega_r L_{r\sigma}} e^{j\omega_s t} + \frac{(1-s)k_s pU_s e^{j\omega_s t_{dip}}}{R_r - j\omega_r L_{r\sigma}} e^{-j\omega_r t} e^{-\frac{t-t_{dip}}{T_s}} \tag{6.16}$$

在故障开始后，由于电流不能突变，因此在故障时刻暂态电流交流分量与直流分量之和应该等于电流初始值，即

$$i(t^-)=i(t^+)=i_{ac}(t^+)+i_{dc}(t^+) \tag{6.17}$$

因此暂态电流的直流分量为

$$i_{dc}=[i_{dc}(t_{dip}^+)]e^{-\frac{t-t_{dip}}{T}}=[i(t_{dip}^-)-i_{ac}(t_{dip}^+)]e^{-\frac{t-t_{dip}}{T}} \tag{6.18}$$

因此，可计算出定子、转子电流在故障开始时的值为

$$\begin{cases} i_s^s(t_{dip}^-)=\dfrac{sU_s-k_rU_r}{s(R_s+j\omega_sL_{s\sigma})}e^{j\omega_st_{dip}} \\ i_r^r(t_{dip}^-)=\dfrac{U_r-sk_sU_s}{R_r+js\,\omega_sL_{r\sigma}}e^{j\omega_st_{dip}} \end{cases} \tag{6.19}$$

可以分别得到定子、转子的暂态直流分量为

$$i_{sdc}^s=[i_s^s(t_{dip}^-)-i_{sac}^s(t_{dip}^+)]e^{-\frac{t-t_{dip}}{T_s}}=\frac{pU_se^{j\omega_st_{dip}}}{R_s+j\omega_sL_{s\sigma}}e^{-\frac{t-t_{dip}}{T_s}} \tag{6.20}$$

$$i_{rdc}^r=[i_r^r(t_{dip}^-)-i_{rac}^r(t_{dip}^+)]e^{-\frac{t-t_{dip}}{T_r}}=\left[\frac{-sk_spU_se^{js\omega_st_{dip}}}{R_r+j\omega_sL_{r\sigma}}-\frac{(1-s)k_spU_se^{js\omega_st_{dip}}}{R_r-j\omega_sL_{r\sigma}}\right]e^{-\frac{t-t_{dip}}{T_r}} \tag{6.21}$$

式中　T_r——转子时间常数，$T_r=L_{r\sigma}/R_r$。

将以上各分量相加，得到在定子电压跌落的作用下定子、转子暂态电流为

$$\begin{cases} i_s^s=I_{sf}e^{j\omega_st}+I_{sdc}e^{-\frac{t-t_{dip}}{T_s}} \\ i_r^r=I_{rf}e^{js\omega_st}+I_{rn}e^{-j\omega_rt}e^{-\frac{t-t_{dip}}{T_s}}+I_{rdc}e^{-\frac{t-t_{dip}}{T_r}} \end{cases} \tag{6.22}$$

其中

$$\begin{bmatrix} I_{sf} \\ I_{sdc} \end{bmatrix}=\begin{bmatrix} \dfrac{s(1-p)U_s-k_rV_r}{s(R_s+j\omega_sL_{s\sigma})} \\ \dfrac{pU_se^{j\omega_st_{dip}}}{R_s+j\omega_sL_{s\sigma}} \end{bmatrix} \tag{6.23}$$

$$\begin{bmatrix} I_{rf} \\ I_{rn} \\ I_{rdc} \end{bmatrix}=\begin{bmatrix} \dfrac{U_r-sk_s(1-p)V_s}{R_r+js\,\omega_sL_{r\sigma}} \\ \dfrac{(1-s)k_spU_se^{j\omega_st_{dip}}}{R_r-j\omega_rL_{r\sigma}} \\ \dfrac{-sk_spU_se^{js\omega_st_{dip}}}{R_r+js\omega_sL_{r\sigma}}-\dfrac{(1-s)k_spU_se^{js\omega_st_{dip}}}{R_r-j\omega_sL_{r\sigma}} \end{bmatrix} \tag{6.24}$$

根据式(6.22)可知，在定子电压跌落的作用下，DFIG定子、转子回路产生暂态电流。其中，定子侧的暂态电流包含稳态交流分量与暂态直流分量。而转子

侧的暂态电流相较于定子侧,额外产生了暂态交流分量,该分量是由定子侧暂态磁链的直流分量在转子回路中引起的感应电动势产生的,由于转子回路中相对于定子回路以转子的电角速度旋转,因此该感应电动势在转子坐标系下是与电角速度同频的暂态交流量,且以定子时间常数衰减,从而产生了转子电流相应的暂态交流分量。

另一方面,根据式(6.23)与式(6.24)可以看出定子、转子电流的暂态分量幅值均与电压跌落程度正相关,定子电流的稳态分量与电压跌落程度负相关。转子电流的稳态分量与转子励磁电压以及电压跌落程度均有关,而转子励磁电压可以通过机侧变换器进行控制。因此,当机侧变换器仍然处于工作状态时,转子电流的稳态分量在一定程度上依然是可控的。

需要注意的是,由于机侧变换器的容量有限,输出的励磁电压存在上限,随着电压故障程度加深,故障在转子回路中产生的感应电动势也会增大,很可能超过机侧变换器的调节范围。并且,当转子侧的暂态电流流经变换器时,除了过电流可能直接导致电力电子器件损坏之外,还存在

$$C\frac{\mathrm{d}U_{\mathrm{dc}}}{\mathrm{d}t}=i_{\mathrm{dc}}-i_{\mathrm{load}}=i_{\mathrm{dc}}-S_{\mathrm{r}}i_{\mathrm{r}} \tag{6.25}$$

即转子侧电流的暂态过程同时会带来变换器直流母线两侧的电流不平衡,导致变换器直流母线电压产生剧烈变化,这正是造成直流母线过压的原因。

综上,定子电压的跌落会在定子、转子回路中产生相应的暂态电流,而转子侧的暂态电流在故障程度较轻的情况下可以通过调整变换器励磁电压的方法来进行一定程度的改善,而随着故障程度加深,转子侧的暂态电流可能会导致变换器过流或直流母线过压,因此需要硬件保护电路投入使用。

3. 转子侧撬棒电路投入时的暂态响应

撬棒电路投入后,机侧变换器同时关断,此时转子回路的励磁电压为零:

$$u_{\mathrm{r}}^{\mathrm{r}}=\begin{cases}U_{\mathrm{r}}\mathrm{e}^{\mathrm{j}s\omega_{\mathrm{s}}t}, & t<t_{\mathrm{cb}}\\ 0, & t\geqslant t_{\mathrm{cb}}\end{cases} \tag{6.26}$$

式中　t_{cb}—— 撬棒电路投入的时刻。

可以得到定子侧的感应电动势为

$$E_{\mathrm{s}}^{\mathrm{s}}=\begin{cases}\dfrac{k_{\mathrm{r}}U_{\mathrm{r}}}{s}\mathrm{e}^{\mathrm{j}\omega_{\mathrm{s}}t}, & t<t_{\mathrm{cb}}\\ \dfrac{(1-s)k_{\mathrm{r}}U_{\mathrm{r}}\mathrm{e}^{\mathrm{j}s\omega_{\mathrm{s}}t_{\mathrm{cb}}}}{s}\mathrm{e}^{\mathrm{j}\omega_{\mathrm{r}}t}\mathrm{e}^{-\frac{t-t_{\mathrm{cb}}}{T_{\mathrm{s}}}}, & t\geqslant t_{\mathrm{cb}}\end{cases} \tag{6.27}$$

定子侧的电压在跌落后保持不变:

$$u_{\mathrm{s}}^{\mathrm{s}}=(1-p)U_{\mathrm{s}}\mathrm{e}^{\mathrm{j}\omega_{\mathrm{s}}t} \tag{6.28}$$

相应产生的转子侧感应电动势为

$$E_{\mathrm{r}}^{\mathrm{r}}=k_{\mathrm{s}}s(1-p)V_{\mathrm{s}}\mathrm{e}^{\mathrm{j}s\omega_{\mathrm{s}}t} \tag{6.29}$$

为了更加清晰地分析撬棒电路动作对发电机定子、转子电流的影响，不妨假设在撬棒电路动作前，定子、转子电流已经达到了电网电压跌落后的稳态，那么，定子、转子电流在撬棒电路动作时刻的初值为

$$\begin{cases} i_{\mathrm{s}}^{\mathrm{s}}(t_{\mathrm{cb}}^{-})=\dfrac{s(1-p)U_{\mathrm{s}}-k_{\mathrm{r}}U_{\mathrm{r}}}{s(R_{\mathrm{s}}+\mathrm{j}\omega_{\mathrm{s}}L_{\mathrm{s}\sigma})}\mathrm{e}^{\mathrm{j}\omega_{\mathrm{s}}t_{\mathrm{cb}}} \\ i_{\mathrm{r}}^{\mathrm{r}}(t_{\mathrm{cb}}^{-})=\dfrac{U_{\mathrm{r}}-sk_{\mathrm{s}}(1-p)U_{\mathrm{s}}}{R_{\mathrm{r}}+\mathrm{j}s\,\omega_{\mathrm{s}}L_{\mathrm{r}\sigma}}\mathrm{e}^{\mathrm{j}s\omega_{\mathrm{s}}t_{\mathrm{cb}}} \end{cases} \tag{6.30}$$

将以上条件代入 DFIG 的暂态模型中，经过整理可得到撬棒电路投入后的定子、转子的暂态电流：

$$\begin{cases} i_{\mathrm{s}}^{\mathrm{s}}=I_{\mathrm{sf}}\mathrm{e}^{\mathrm{j}\omega_{\mathrm{s}}t}+I_{\mathrm{sn}}\mathrm{e}^{\mathrm{j}\omega_{\mathrm{r}}t}\mathrm{e}^{-\frac{t-t_{\mathrm{cb}}}{T_{\mathrm{r}}'}}+I_{\mathrm{sdc}}\mathrm{e}^{-\frac{t-t_{\mathrm{cb}}}{T_{\mathrm{s}}}} \\ i_{\mathrm{r}}^{\mathrm{r}}=I_{\mathrm{rf}}\mathrm{e}^{\mathrm{j}s\omega_{\mathrm{s}}t}+I_{\mathrm{rdc}}\mathrm{e}^{-\frac{t-t_{\mathrm{cb}}}{T_{\mathrm{r}}'}} \end{cases},\quad t>t_{\mathrm{cb}} \tag{6.31}$$

其中

$$T_{\mathrm{r}}'=\frac{L_{\mathrm{r}\sigma}}{R_{\mathrm{r}}+R_{\mathrm{cb}}} \tag{6.32}$$

$$\begin{bmatrix} I_{\mathrm{sf}} \\ I_{\mathrm{sn}} \\ I_{\mathrm{sdc}} \end{bmatrix}=\begin{bmatrix} \dfrac{(1-p)U_{\mathrm{s}}}{R_{\mathrm{s}}+\mathrm{j}\omega_{\mathrm{s}}L_{\mathrm{s}\sigma}} \\ \dfrac{-(1-s)k_{\mathrm{r}}U_{\mathrm{r}}\mathrm{e}^{\mathrm{j}s\omega_{\mathrm{s}}t_{\mathrm{cb}}}}{s(R_{\mathrm{s}}+\mathrm{j}\omega_{\mathrm{r}}L_{\mathrm{s}\sigma})} \\ \dfrac{-k_{\mathrm{r}}U_{\mathrm{r}}\mathrm{e}^{\mathrm{j}\omega_{\mathrm{s}}t_{\mathrm{cb}}}}{s(R_{\mathrm{s}}+\mathrm{j}\omega_{\mathrm{s}}L_{\mathrm{s}\sigma})}-\dfrac{(1-s)k_{\mathrm{r}}U_{\mathrm{r}}\mathrm{e}^{\mathrm{j}\omega_{\mathrm{s}}t_{\mathrm{cb}}}}{s(R_{\mathrm{s}}+\mathrm{j}\omega_{\mathrm{r}}L_{\mathrm{s}\sigma})} \end{bmatrix} \tag{6.33}$$

$$\begin{bmatrix} I_{\mathrm{rf}} \\ I_{\mathrm{rdc}} \end{bmatrix}=\begin{bmatrix} \dfrac{-sk_{\mathrm{s}}(1-p)U_{\mathrm{s}}}{R_{\mathrm{r}}+R_{\mathrm{cb}}+\mathrm{j}s\omega_{\mathrm{s}}L_{\mathrm{r}\sigma}} \\ \dfrac{[U_{\mathrm{r}}-k_{\mathrm{s}}s(1-p)U_{\mathrm{s}}]\mathrm{e}^{\mathrm{j}s\omega_{\mathrm{s}}t_{\mathrm{cb}}}}{R_{\mathrm{r}}+\mathrm{j}s\,\omega_{\mathrm{s}}L_{\mathrm{r}\sigma}}+\dfrac{k_{\mathrm{s}}s(1-p)U_{\mathrm{s}}\mathrm{e}^{\mathrm{j}s\omega_{\mathrm{s}}t_{\mathrm{cb}}}}{R_{\mathrm{r}}+R_{\mathrm{cb}}+\mathrm{j}s\,\omega_{\mathrm{s}}L_{\mathrm{r}\sigma}} \end{bmatrix} \tag{6.34}$$

可以看出，与定子电压跌落的情况相比，转子侧撬棒电路的投入在定子回路中额外产生了暂态交流分量，该分量由转子侧磁链的暂态直流分量在定子回路中生成生的感应电动势造成。撬棒电路的投入有效减小了转子时间常数，使得转子回路中的暂态直流分量衰减速度加快。

同时，由于机侧变换器关闭，转子回路的励磁电压完全来自于转子感应电动势，吸收电网侧无功功率，造成功率因数减小。此时 DFIG 的工作状态与鼠笼式异步电机(SCIG) 相同。机侧变换器若长期无法对发电机进行有效的控制，将无

法满足电网的并网要求,因此撬棒电路的工作时间不应过长。

4. 低电压穿越全过程暂态分析

上文分别考虑了双馈风电系统对于定子电压跌落以及转子侧撬棒电路投入两个因素的暂态响应过程。下面在此基础上对双馈风电系统在两个因素共同作用下完整的低电压穿越过程进行分析。

(1) 低电压故障开始时的暂态过程。

为了分析两个因素各自对发电机暂态过程的影响,前文在分析过程中假设撬棒电路投入时的定子电流和转子电流已经达到稳态。事实上,重度的电压跌落故障发生后,发电机内部过电流在极短时间内即可达到撬棒电路的动作阈值,此时定子电流和转子电流并未达到故障发生后的稳态。因此,在考虑完整的低电压故障穿越暂态过程时,式(6.30) 中的定、转子电流初始状态应该根据式(6.22) 计算得到。

由于在严重故障的情况下,从电网电压跌落到撬棒电路工作的时间极短,为便于分析,可将故障发生的时刻等同于撬棒电路投入的时刻并且视之为初始时刻,即 $t_{\mathrm{dip}}=t_{\mathrm{cb}}=t_0$。那么定子电压与转子电压的变化状态分别可以表示为

$$u_{\mathrm{s}}^{\mathrm{s}}=\begin{cases}U_{\mathrm{s}}\mathrm{e}^{\mathrm{j}\omega_{\mathrm{s}}t}, & t<t_0\\(1-p)U_{\mathrm{s}}\mathrm{e}^{\mathrm{j}\omega_{\mathrm{s}}t}, & t\geqslant t_0\end{cases}\tag{6.35}$$

$$u_{\mathrm{r}}^{\mathrm{r}}=\begin{cases}U_{\mathrm{r}}\mathrm{e}^{\mathrm{j}s\omega_{\mathrm{s}}t}, & t<t_0\\0, & t\geqslant t_0\end{cases}\tag{6.36}$$

综合考虑定子侧电压跌落和转子侧撬棒动作,可知定子、转子侧的感应电动势分别为

$$E_{\mathrm{s}}^{\mathrm{s}}=\begin{cases}\dfrac{k_{\mathrm{r}}U_{\mathrm{r}}}{s}\mathrm{e}^{\mathrm{j}\omega_{\mathrm{s}}t}, & t<t_0\\\dfrac{(1-s)k_{\mathrm{r}}U_{\mathrm{r}}\mathrm{e}^{\mathrm{j}s\omega_{\mathrm{s}}t_0}}{s}\mathrm{e}^{\mathrm{j}\omega_{\mathrm{r}}t}\mathrm{e}^{-\frac{t-t_0}{T_{\mathrm{s}}}}, & t\geqslant t_0\end{cases}\tag{6.37}$$

$$E_{\mathrm{r}}^{\mathrm{r}}=\begin{cases}k_{\mathrm{s}}sU_{\mathrm{s}}\mathrm{e}^{\mathrm{j}s\omega_{\mathrm{s}}t}, & t<t_0\\(1-p)k_{\mathrm{s}}s\mathrm{e}^{\mathrm{j}s\omega_{\mathrm{s}}t}-k_{\mathrm{s}}(1-s)pU_{\mathrm{s}}\mathrm{e}^{\mathrm{j}\omega_{\mathrm{s}}t_0}\mathrm{e}^{-\mathrm{j}\omega_{\mathrm{r}}t}\mathrm{e}^{-\frac{t-t_0}{T_{\mathrm{s}}}}, & t\geqslant t_0\end{cases}\tag{6.38}$$

根据 DFIG 的暂态等效电路,定子、转子回路电流的交流分量可以分别表示为

$$i_{\mathrm{sac}}^{\mathrm{s}}=\frac{u_{\mathrm{s}}^{\mathrm{s}}-E_{\mathrm{s}}^{\mathrm{s}}}{Z_{\mathrm{s}}}=\frac{(1-p)U_{\mathrm{s}}}{R_{\mathrm{s}}+\mathrm{j}\omega_{\mathrm{s}}L_{\mathrm{s}\sigma}}\mathrm{e}^{\mathrm{j}\omega_{\mathrm{s}}t}-\frac{(1-s)k_{\mathrm{r}}U_{\mathrm{r}}\mathrm{e}^{\mathrm{j}s\omega_{\mathrm{s}}t_0}}{s(R_{\mathrm{s}}+\mathrm{j}\omega_{\mathrm{r}}L_{\mathrm{s}\sigma})}\mathrm{e}^{\mathrm{j}\omega_{\mathrm{r}}t}\mathrm{e}^{-\frac{t-t_0}{T_{\mathrm{s}}}}\tag{6.39}$$

$$i_{\mathrm{rac}}^{\mathrm{r}}=\frac{u_{\mathrm{r}}^{\mathrm{r}}-E_{\mathrm{r}}^{\mathrm{r}}}{Z_{\mathrm{r}}}=-\frac{(1-p)k_{\mathrm{s}}sU_{\mathrm{s}}}{R_{\mathrm{r}}+R_{\mathrm{cb}}+\mathrm{j}s\,\omega_{\mathrm{s}}L_{\mathrm{r}\sigma}}\mathrm{e}^{\mathrm{j}s\omega_{\mathrm{s}}t}+\frac{(1-s)k_{\mathrm{s}}pU_{\mathrm{s}}\mathrm{e}^{\mathrm{j}\omega_{\mathrm{s}}t_0}}{R_{\mathrm{r}}+R_{\mathrm{cb}}-\mathrm{j}\omega_{\mathrm{r}}L_{\mathrm{r}\sigma}}\mathrm{e}^{-\mathrm{j}\omega_{\mathrm{r}}t}\mathrm{e}^{-\frac{t-t_0}{T_{\mathrm{s}}}}\tag{6.40}$$

定子、转子电流初始状态可以求解如下：

$$\begin{cases} i_s^s(t_0^-)=\dfrac{sU_s-k_rU_r}{s(R_s+j\omega_sL_{s\sigma})}e^{j\omega_st_0} \\ i_r^r(t_0^-)=\dfrac{U_r-sk_sU_s}{R_r+js\omega_sL_{r\sigma}}e^{js\omega_st_0} \end{cases} \tag{6.41}$$

根据电流连续性，定子、转了电流的直流分量为

$$\begin{aligned} i_{sdc}^s&=[i_s^s(t_0^-)-i_{sac}^s(t_0^+)]e^{-\frac{t-t_0}{T_s}} \\ &=\left[\frac{(sU_s-k_rU_r)}{s(R_s+j\omega_sL_{s\sigma})}-\frac{(1-p)U_se^{j\omega_st_0}}{R_s+j\omega_sL_{s\sigma}}+\frac{(1-s)k_rU_re^{j\omega_st_0}}{s(R_s+j\omega_rL_{s\sigma})}\right]e^{-\frac{t-t_0}{T_s}} \\ &=\left[\frac{(spU_s-k_rU_r)e^{j\omega_st_0}}{s(R_s+j\omega_sL_{s\sigma})}+\frac{(1-s)k_rU_re^{j\omega_st_0}}{s(R_s+j\omega_rL_{s\sigma})}\right]e^{-\frac{t-t_0}{T_s}} \end{aligned} \tag{6.42}$$

$$\begin{aligned} i_{rdc}^r&=[i_r^r(0^-)-i_{rac}^r(0^+)]e^{-\frac{t-t_0}{T_r'}} \\ &=\left[\frac{(U_r-sk_sU_s)e^{js\omega_st_0}}{R_r+js\omega_sL_{r\sigma}}+\frac{(1-p)sk_sU_se^{js\omega_st_0}}{R_r+R_{cb}+js\omega_sL_{r\sigma}}-\frac{(1-s)k_spU_se^{js\omega_st_0}}{R_r+R_{cb}-j\omega_rL_{r\sigma}}\right]e^{-\frac{t-t_0}{T_r'}} \end{aligned} \tag{6.43}$$

根据以上条件，电压跌落后撬棒电路动作导致的暂态电流为

$$\begin{cases} i_s^s=I_{sf}e^{j\omega_st}+I_{sn}e^{j\omega_rt}e^{-\frac{t-t_0}{T_r'}}+I_{sdc}e^{-\frac{t-t_0}{T_s}} \\ i_r^r=I_{rf}e^{js\omega_st}+I_{rn}e^{-j\omega_rt}e^{-\frac{t-t_0}{T_s}}+I_{rdc}e^{-\frac{t-t_0}{T_r'}} \end{cases},\quad t\geqslant t_0 \tag{6.44}$$

其中

$$\begin{bmatrix} I_{sf} \\ I_{sn} \\ I_{sdc} \end{bmatrix}=\begin{bmatrix} \dfrac{(1-p)U_s}{R_s+j\omega_sL_{s\sigma}} \\ \dfrac{-(1-s)k_rU_re^{js\omega_st_0}}{s(R_s+j\omega_rL_{s\sigma})} \\ \dfrac{(spU_s-k_rU_r)e^{j\omega_st_0}}{s(R_s+j\omega_sL_{s\sigma})}+\dfrac{(1-s)k_rU_re^{j\omega_st_0}}{s(R_s+j\omega_rL_{s\sigma})} \end{bmatrix} \tag{6.45}$$

$$\begin{bmatrix} I_{rf} \\ I_{rn} \\ I_{rdc} \end{bmatrix}=\begin{bmatrix} \dfrac{-(1-p)k_ssU_s}{R_r+R_{cb}+js\omega_sL_{r\sigma}} \\ \dfrac{(1-s)k_spU_se^{j\omega_st_0}}{R_r+R_{cb}-j\omega_rL_{r\sigma}} \\ \dfrac{(U_r-sk_sU_s)e^{js\omega_st_0}}{R_r+js\omega_sL_{r\sigma}}+\dfrac{(1-p)sk_sU_se^{js\omega_st_0}}{R_r+R_{cb}+js\omega_sL_{r\sigma}}-\dfrac{(1-s)k_spU_se^{js\omega_st_0}}{R_r+R_{cb}-j\omega_rL_{r\sigma}} \end{bmatrix} \tag{6.46}$$

(2) 低电压故障恢复时的暂态过程。

以上分析均是针对故障开始时的暂态现象的,事实上,在双馈风电系统低电压穿越的过程中,故障恢复时电压回升的过程同样可能导致双馈风电系统过压过流,给双馈风电系统的安全运行带来威胁。为了设计合理的保护策略,本节在此给出故障恢复时的暂态分析。类似于之前对故障发生时的分析,假设 t_1 时刻电压回升后撬棒电路便被触发,那么故障恢复时定子电压和转子电压分别可以表示为

$$u_s^s = \begin{cases} (1-p)U_s e^{j\omega_s t}, & t < t_1 \\ U_s e^{j\omega_s t}, & t \geqslant t_1 \end{cases} \tag{6.47}$$

$$u_r^r = \begin{cases} U_r e^{js\omega_s t}, & t < t_1 \\ 0, & t \geqslant t_1 \end{cases} \tag{6.48}$$

综合考虑定子侧电压跌落和转子侧撬棒电路动作,根据式(6.47) 和式(6.48),可知定子、转子侧的感应电动势分别为

$$E_s^s = \begin{cases} \dfrac{k_r U_r}{s} e^{j\omega_s t}, & t < t_1 \\ \dfrac{(1-s)k_r U_r e^{js\omega_s t_1}}{s} e^{j\omega_r t} e^{-\frac{t-t_1}{T_s}}, & t \geqslant t_1 \end{cases} \tag{6.49}$$

$$E_r^r = \begin{cases} (1-p)k_s s U_s e^{js\omega_s t}, & t < t_1 \\ k_s s U_s e^{js\omega_s t} + k_s(1-s)pU_s e^{j\omega_s t_1} e^{-j\omega_r t} e^{-\frac{t-t_1}{T_s}}, & t \geqslant t_1 \end{cases} \tag{6.50}$$

类似于电压故障开始时的推导过程,分别求出定子电流、转子电流的交流分量与直流分量,整理得到电压回升后撬棒电路工作状态下的暂态电流为

$$\begin{cases} i_s^s = I_{sf} e^{j\omega_s t} + I_{sn} e^{j\omega_r t} e^{-\frac{t-t_1}{T_r'}} + I_{sdc} e^{-\frac{t-t_1}{T_s}} \\ i_r^r = I_{rf} e^{js\omega_s t} + I_{rn} e^{-j\omega_r t} e^{-\frac{t-t_1}{T_s}} + I_{rdc} e^{-\frac{t-t_1}{T_r'}} \end{cases}, \quad t \geqslant t_1 \tag{6.51}$$

其中

$$\begin{bmatrix} I_{sf} \\ I_{sn} \\ I_{sdc} \end{bmatrix} = \begin{bmatrix} \dfrac{U_s}{R_s + j\omega_s L_{s\sigma}} \\ \dfrac{-(1-s)k_r U_r e^{js\omega_s t_1}}{s(R_s + j\omega_r L_{s\sigma})} \\ \dfrac{-(spU_s + k_r U_r)e^{j\omega_s t_1}}{s(R_s + j\omega_s L_{s\sigma})} + \dfrac{(1-s)k_r U_r e^{j\omega_s t_1}}{s(R_s + j\omega_r L_{s\sigma})} \end{bmatrix} \tag{6.52}$$

$$\begin{bmatrix} I_{rf} \\ I_{rn} \\ I_{rdc} \end{bmatrix} = \begin{bmatrix} \dfrac{-k_s s U_s}{R_r + R_{cb} + js\omega_s L_{r\sigma}} \\ \dfrac{-(1-s)k_s p U_s e^{j\omega_s t_1}}{R_r + R_{cb} - j\omega_r L_{r\sigma}} \\ \dfrac{(U_r - sk_s U_s)e^{js\omega_s t_1}}{R_r + js\omega_s L_{r\sigma}} + \dfrac{sk_s U_s e^{js\omega_s t_1}}{R_r + R_{cb} + js\omega_s L_{r\sigma}} + \dfrac{(1-s)k_s p U_s e^{js\omega_s t_1}}{R_r + R_{cb} - j\omega_r L_{r\sigma}} \end{bmatrix} \tag{6.53}$$

比较式(6.44)与式(6.51)可以得知，在故障开始与恢复时的定子、转子暂态电流均包含三个分量:稳态交流分量、暂态交流分量和暂态直流分量。定子电流稳态交流分量的频率为电网频率，而转子电流稳态交流分量的频率为转差频率；定子、转子电流的暂态交流分量均由对方磁链的暂态直流分量在各自回路中感生出的感应电动势产生，并以对方的时间常数衰减，由于转子相对于定子旋转，定子、转子电流的暂态交流分量均以转子电角速度变化且方向相反；定子、转子电流的暂态直流分量与故障程度以及故障开始/恢复时刻电流的初始值有关，并且以各自的时间常数从初值衰减。转子侧撬棒电路的投入使得转子时间常数增大，因此与之相关的转子电流暂态直流分量和定子电流暂态交流分量衰减迅速。

另一方面，从式(6.44)与式(6.51)的比较可以看出，故障发生和恢复所造成的转子暂态电流中，故障恢复时稳态交流分量和暂态直流分量的幅值比故障发生时更大，使得故障恢复时的转子电流大于故障发生时的转子电流。因此，在故障恢复电压回升时，更加需要考虑双馈风电系统的保护控制以保证系统的安全性。

6.1.2 双馈风电切换系统哈密顿模型

1. 切换系统理论基础

(1) 切换系统模型结构。

切换系统的动态特性由若干个“子系统”模型描述，而切换系统状态之间的变化则通过“切换规则”刻画。切换规则使得切换系统的运行状态能够在不同的“子系统”之间进行切换。由于系统在同一时刻不会处于两种运行状态，因此切换系统在同一时刻只能有一个“子系统”工作。

切换系统理论中“子系统”的概念不同于通常意义上的子系统，各“子系统”的不同在于是系统运行过程中参数或状态等方面，属于同一系统的不同运行模式而不是整体系统的局部组成部分，切换系统的结构可以用图6.2表示。如果针对切换系统不同“子系统”的运行状态设计相应的控制器,那么各个控制器之间的切换同样可以依靠切换规则的设计来实现,切换系统不同“子系统”的控制器切换结构如图 6.3 所示。

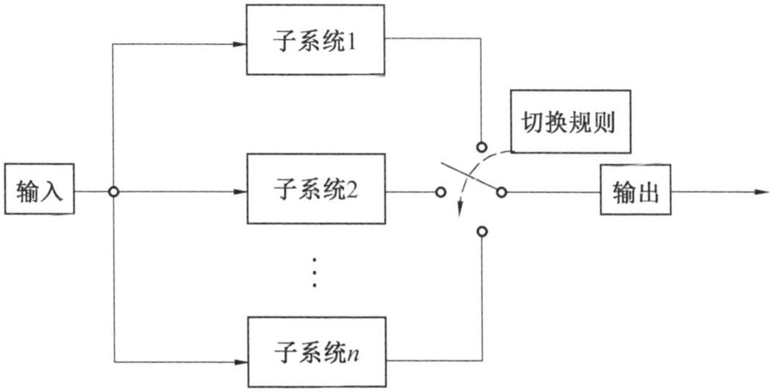

图 6.2　切换系统的结构

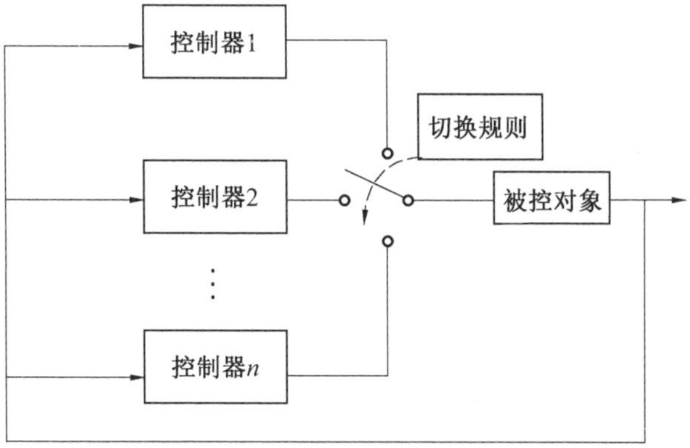

图 6.3　切换系统不同“子系统”的控制器切换结构

一般的,切换系统的数学模型可以表示为“子系统”数学模型与切换规则的组合。每个“子系统”均可通过微分方程或差分方程进行描述,而切换规则可以用分段常值函数表示,该函数的值与时间一一对应,决定“子系统”的工作顺序。切换系统整体则可以用如下的数学模型表示:

$$\begin{cases}\dot{\boldsymbol{x}}(t)=f_{\lambda(t)}[\boldsymbol{x}(t),\boldsymbol{u}(t)]\\ \boldsymbol{y}(t)=g_{\lambda(t)}[\boldsymbol{x}(t),\boldsymbol{u}(t)]\end{cases}\tag{6.54}$$

式中,$\boldsymbol{x}(t)\in\mathbf{R}^n$ 是系统的 n 维状态向量,$\boldsymbol{y}(t)\in\mathbf{R}^m$ 是系统的 m 维输出向量,$\boldsymbol{u}(t)\in\mathbf{R}^q$ 是 q 维输入(或控制)向量。$f_\lambda(\cdot,\cdot):\mathbf{R}^n\times\mathbf{R}^q\rightarrow\mathbf{R}^n$ 与 $g_\lambda(\cdot,\cdot):\mathbf{R}^n\times\mathbf{R}^q\rightarrow\mathbf{R}^m$ 是系统局部运行状态的模型,即所谓的“子系统”。$\lambda(t):[t_0,+\infty)\rightarrow\Lambda=\{1,$

$2, \cdots, N\}$ 为系统切换规则，用右连续的时域函数表示。为了符合实际系统的运行状态，每一时刻切换系统只能切换到一个“子系统”中。

按照不同的切换规则，切换系统可分为以下几种。

① 任意切换。这类切换系统的切换规则约束最少，系统运行状态可以在任意“子系统”之间切换。

② 逻辑切换。这类切换系统的切换规则可以根据系统运行状态或者外界输入信号进行逻辑判断，从而选择合适的“子系统”状态。通过对切换规则的逻辑进行合理设计，可以实现对这类切换系统切换过程的控制。

③ 周期切换。这类切换系统又称常切换，是指切换规则为一个固定周期和顺序的切换系统，此类切换系统在各个“子系统”状态下按照固定顺序和固定时长切换。

④ 随机切换。这类切换系统的切换规则是一个随机过程，即切换规则按随机过程变化。

切换规则的改变会造成整个切换系统的动态行为产生相应的改变，从而使得切换系统能够对复杂的运行动态进行完整的刻画，因此在很多情况下将切换规则也视为整个切换系统控制的一部分。由于切换规则的存在，切换系统整体的性质并不是各“子系统”性质的简易组合。例如，通过设计合适的切换规则，可以用不稳定的“子系统”组成一个稳定的切换系统，也可以用稳定的“子系统”构建出不稳定的切换系统。又或者，在描述非线性系统的过程中，通过构建特定的切换规则，能够实现用线性“子系统”对非线性系统运行动态进行准确刻画。因此，切换规则是切换系统不可或缺的组成部分，也是切换系统明显区分于其他系统的特点。

切换规则的设计对切换系统的运行特性有极大的影响，因此也可视作一种控制 —— 切换控制。通过对切换控制的合理设计，可以实现系统的安全稳定运行。

(2) 双馈风电切换系统研究流程。

根据前面对切换系统结构和和双馈风电系统低电压穿越运行特点的分析，双馈风电系统实际运行中，在正常运行模式和轻度故障运行模式之间存在着控制策略的切换；在重度故障运行模式下，撬棒电路的投入和切除又会导致模型结构的切换。这个特点与切换系统运行过程中“子系统”之间的切换现象非常契合。因此，可以使用切换系统理论对双馈风电系统的低电压穿越过程重新进行完整的描述。

从切换系统的定义中可以发现，切换系统的各个“子系统”在某一时刻仅能有一个处于运行状态,这与通常理解下的子系统作为同一个系统内部不同的单元的概念有所不同,为了避免切换系统理论中“子系统”概念与通常概念的混淆,本章在以后的行文中将双馈风电切换系统的“子系统”称为运行模式,以避免误解。另一方面,由于切换系统各个运行模式之间的切换规则也可以看作系统控制的一部分,本章将双馈风电切换系统的切换规则视作“切换控制”,并与各种运行模式下变换器的控制策略共同组成最终的低电压穿越控制策略。

接下来本章以切换系统理论为指导,建立完整描述双馈风电系统低电压穿越过程的切换系统模型,对双馈风电系统运行动态进行刻画,并在此模型基础上,为双馈风电系统设计可有效实现 LVRT 的各模式控制策略与运行模式之间科学合理的切换控制,从而为双馈风电系统的低电压穿越过程提供完整的解决方案。双馈风电切换系统研究方案流程图如图 6.4 所示。

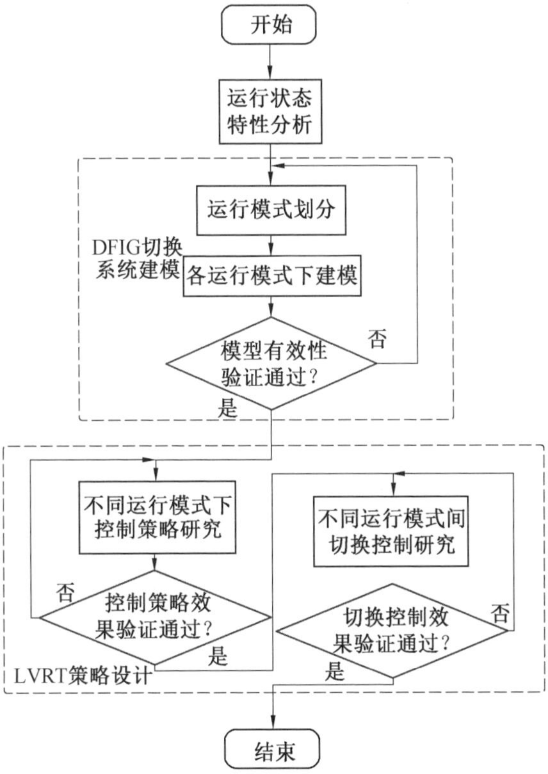

图 6.4　双馈风电切换系统研究方案流程图

2. 双馈风电切换系统运行模式划分

(1) 低电压穿越运行模式的划分。

表 6.1 说明了根据双馈风电系统在低电压穿越过程中的运行特点所划分出的三种运行模式。需要说明的是，双馈风电切换系统的运行模式并不是由电网电压的故障状态所决定的。例如，当电网电压从故障状态恢复到额定值后，双馈风电切换系统的运行模式依然可能保持为轻度故障运行模式或重度故障运行模式。双馈风电切换系统运行在何种模式下是由切换规则控制的。

表 6.1　双馈风电切换系统在 LVRT 过程中的三种运行模式

运行模式	变换器控制策略	撬棒电路工作情况
正常运行模式	正常运行控制	不工作
轻度故障运行模式	LVRT 控制	不工作
重度故障运行模式	机侧变换器关闭	工作

(2) 双馈风电切换系统的切换规则。

完成双馈风电切换系统运行模式划分后，需要对不同运行模式之间的切换规则进行合理的描述，以准确地刻画双馈风电切换系统在低电压穿越过程中对运行模式的切换。为了双馈风电切换系统建模的需要，这里首先给出该系统切换规则的基本框架。根据切换系统定义中对切换规则的描述，切换规则既可以由外部事件驱动产生，也可以依赖于时间或者按照某种逻辑来进行设计。为了准确描述双馈风电切换系统的切换过程，首先需要明确其低电压穿越过程中的切换规则。图 6.5 所示为双馈风电切换系统运行模式的切换过程。

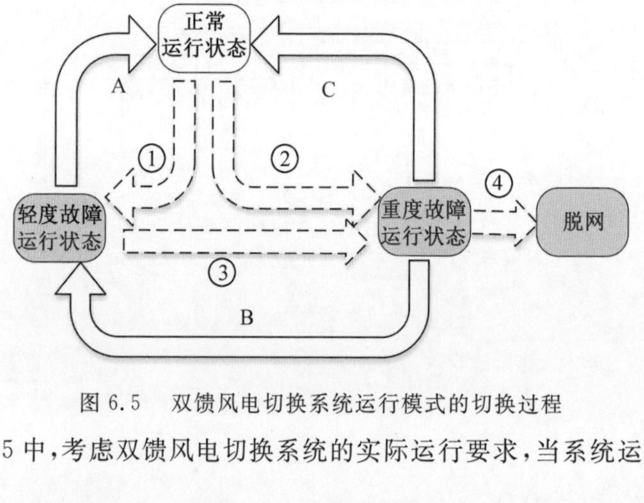

图 6.5　双馈风电切换系统运行模式的切换过程

在图 6.5 中，考虑双馈风电切换系统的实际运行要求，当系统运行情况恶化时(①、②、③、④ 所示箭头),切换规则应该由外部驱动事件决定,以保证双馈风电切换系统的安全运行;而当系统运行情况向良性变化时(A、B、C 所示箭头),切换规则可以按照设计进行切换控制,从而获得理想的低电压穿越效果。

当运行情况恶化时,系统的运行模式从正常运行模式向两种程度的故障运行模式发展,为了实现低电压穿越过程中双馈风电切换系统的安全运行,相应的机侧与网侧控制策略或者转子侧撬棒电路应及时作用,即当故障产生后双馈风电切换系统应立刻根据故障程度切换至所划分的故障运行模式。这种切换是根据故障事件所产生的,属于事件驱动的切换规则。系统的运行模式切换随着相应事件的发生而动作,因此对于此类事件驱动的切换规则只需确定相应驱动事件。

具体到图 6.5 中,事件驱动的切换规则 ①、②、③、④ 主要考虑故障情况对双馈风电切换系统安全运行的威胁程度,由于双馈风电切换系统中电力电子变换器的容量有限,其在故障电压电流的作用下最为脆弱,因此选取并网点电压、开关器件电流限值,以及直流母线电容耐压限值作为事件驱动切换规则的驱动事件。

① 处驱动事件:并网点电压下跌至电网标准规定的波动幅值以下(低于 95%)且转子侧变换器电流与直流母线电压均在安全值以下。执行切换:由正常运行模式切换至 LVRT 控制策略的模式。

② 处驱动事件:并网点电压下跌至电网标准规定的波动幅值以下(低于 95%)且转子侧变换器电流与直流母线电压至少有一项超出安全限值。执行切换:由正常运行模式切换至撬棒电路运行的模式。

③ 处驱动事件:转子侧变换器电流与直流母线电压至少有一项超出安全限值。执行切换:由 LVRT 控制策略的模式切换至撬棒电路运行的模式。

④ 处驱动事件:电网的线电压在低电压穿越要求轮廓线以下。执行切换:从电网切除(系统停止运行)。

当运行情况好转时,系统运行对于安全性要求的紧迫性得到缓解,转而需求更为优良的低电压穿越控制效果。而由于系统模式切换的动作会对系统运行产生一定的扰动,如果运行模式之间的切换不当,双馈风电切换系统在低电压穿越过程会出现较大的扰动,影响风电系统低电压穿越的效果。因此,对此时的切换控制应该进行更加仔细的研究和设计。图 6.5 中的 A、B、C 三处切换可以表示如下。

A 处切换:从轻度故障运行模式到正常运行模式的切换,即从 LVRT 控制策略的模式切换至正常运行控制策略的模式。

B 处切换：从重度故障运行模式到轻度故障运行模式的切换，即由撬棒电路运行的模式切换至 LVRT 控制策略的模式。

C 处切换：从重度故障运行模式到正常运行模式的切换，由于实际运行过程中，电网电压严重跌落后，撬棒电路运行一段时间后会再次切除，系统的运行模式变为轻度故障运行模式，因此重度故障运行模式至正常运行模式的切换将由 A－B 的过程实现。

3. 双馈风电切换系统哈密顿建模

在确定了双馈风电切换系统的模式划分以及切换规则后，本章接下来对不同运行模式下的双馈风电切换系统建立合适的数学模型。双馈风电切换系统运行模式的切换在本质上是系统能量交互方式的变化，因此从能量的角度看，切换系统的切换过程具有能量方面的动态连续性。PCHD 模型结构体现了系统的能量属性，是用来刻画切换系统不同运行模式下能量交互的理想工具。此外，在对切换系统进行稳定性分析时通常使用李雅普诺夫方法，对于系统李雅普诺夫函数的选取是稳定性分析的关键。而基于 PCHD 模型所建立的期望能量函数满足作为系统的李雅普诺夫函数的条件，故可以采用 PCHD 模型的期望能量函数作为李雅普诺夫函数对系统进行稳定性分析。

PCH 结构的本质是根据牛顿运动定律对系统动力学特性的描述，具体形式为

$$\begin{cases} \dot{\boldsymbol{x}} = \boldsymbol{J}(\boldsymbol{x}) \dfrac{\partial \boldsymbol{H}(\boldsymbol{x})}{\partial \boldsymbol{x}} + \boldsymbol{g}(\boldsymbol{x})\boldsymbol{u} \\ \boldsymbol{y} = \boldsymbol{g}^{\mathrm{T}}(\boldsymbol{x}) \dfrac{\partial H(\boldsymbol{x})}{\partial \boldsymbol{x}} \end{cases} \tag{6.55}$$

式中 $\boldsymbol{x}$—— 描述系统能量状态的变量，又称能量变量；

$\boldsymbol{H}(\boldsymbol{x})$—— 表征系统总能量的函数，称为能量函数；

$\boldsymbol{u}$、$\boldsymbol{y}$—— 分别为输入和输出端口向量，且两者共轭；

$\boldsymbol{J}(\boldsymbol{x})$—— 系统内联结构矩阵，反对称矩阵，$\boldsymbol{J}(x) = -\boldsymbol{J}^{\mathrm{T}}(x)$，描述系统内部的能量转化特性；

$\boldsymbol{g}(\boldsymbol{x})$—— 端口互联矩阵，表征了系统与外界进行能量交互的端口特性。

考虑实际系统中广泛存在损耗（如摩擦、电阻等），引入能量耗散的概念，式(6.55) 进一步变为 PCHD 模型：

$$\begin{cases} \dot{\boldsymbol{x}} = [\boldsymbol{J}(\boldsymbol{x}) - \boldsymbol{R}(\boldsymbol{x})] \nabla \boldsymbol{H} + \boldsymbol{g}(\boldsymbol{x})\boldsymbol{u} \\ \boldsymbol{y} = \boldsymbol{g}^{\mathrm{T}}(\boldsymbol{x}) \nabla \boldsymbol{H} \end{cases} \tag{6.56}$$

式中 $\boldsymbol{R}(\boldsymbol{x})$—— 系统耗散结构矩阵，半正定对称矩阵，$\boldsymbol{R}(x) = \boldsymbol{R}^{\mathrm{T}}(x) \geqslant 0$，刻画

了系统内部能量的耗散；

∇—— 哈密顿算符，$\nabla=\frac{\partial}{\partial \boldsymbol{x}}$。

哈密顿系统具有能量平衡的特性，对能量函数求导有

$$\begin{aligned}\frac{\mathrm{d}\boldsymbol{H}}{\mathrm{d}t}&=(\nabla \boldsymbol{H})^{\mathrm{T}}[\boldsymbol{J}(\boldsymbol{x})-\boldsymbol{R}(\boldsymbol{x})]\nabla \boldsymbol{H}+(\nabla \boldsymbol{H})^{\mathrm{T}}\boldsymbol{g}(\boldsymbol{x})\boldsymbol{u}\\&=-(\nabla \boldsymbol{H})^{\mathrm{T}}\boldsymbol{R}(\boldsymbol{x})\nabla \boldsymbol{H}+\boldsymbol{y}^{\mathrm{T}}\boldsymbol{u}\end{aligned}\tag{6.57}$$

式(6.57)右边第二行第一项为系统内部的能量消耗，第二项为外界与系统的能量交互。将式(6.57)对时间积分并整理后得到

$$\boldsymbol{H}(\boldsymbol{x})-\boldsymbol{H}(\boldsymbol{x}_0)=\int_0^t \boldsymbol{y}^{\mathrm{T}}(\xi)\boldsymbol{u}(\xi)\mathrm{d}\xi-\int_0^t[\nabla \boldsymbol{H}(\boldsymbol{x}(\xi))^{\mathrm{T}}\boldsymbol{R}(\boldsymbol{x}(\xi))\nabla \boldsymbol{H}(\boldsymbol{x}(\xi))]\mathrm{d}\xi\tag{6.58}$$

由式(6.58)可以看出，在 PCHD 系统中，系统在一段时间内的能量的变化量为系统同外界交互能量与系统自身耗散能量的差值。由 $\boldsymbol{R}(x)=\boldsymbol{R}^{\mathrm{T}}(x)\geqslant 0$ 可知式(6.58)右边第二项恒为负，因此有

$$\boldsymbol{H}(\boldsymbol{x})\leqslant \boldsymbol{H}(\boldsymbol{x}_0)+\int_0^t \boldsymbol{y}^{\mathrm{T}}(\xi)\boldsymbol{u}(\xi)\mathrm{d}\xi\tag{6.59}$$

根据式(6.59)以及无源性和耗散性的相关定义可知，PCHD 系统具有耗散性和无源性。双馈风电切换系统本质上是将风能转化为电能的能量转化装置，风能与电能均是系统同外部交互的能量，系统本身存储的能量随时间耗散，具有无源性。因此，可以将其视为 PCHD 系统。

双馈风电切换系统运行模式的切换在本质上是系统能量交互方式的变化。对于不同的运行模式，双馈风电切换系统内部的能量转化及耗散方式、与外界能量的交互方式以及端口的输入输出能量均可能发生相应的变化，为了从能量的角度完整描述双馈风电切换系统运行模式的切换，将切换系统理论与 PCHD 结构结合，建立双馈风电切换系统的 PCHD 结构：

$$\begin{cases}\dot{\boldsymbol{x}}=[\boldsymbol{J}_{\lambda(t)}(\boldsymbol{x})-\boldsymbol{R}_{\lambda(t)}(\boldsymbol{x})]\dfrac{\partial \boldsymbol{H}_{\lambda(t)}(\boldsymbol{x})}{\partial \boldsymbol{x}}+\boldsymbol{g}_{\lambda(t)}(\boldsymbol{x})\boldsymbol{u}\\ \boldsymbol{y}=\boldsymbol{g}_{\lambda(t)}^{\mathrm{T}}(\boldsymbol{x})\dfrac{\partial \boldsymbol{H}_{\lambda(t)}(\boldsymbol{x})}{\partial \boldsymbol{x}}\end{cases}\tag{6.60}$$

式中　$\lambda(t)$—— 双馈风电切换系统的切换控制，$\lambda(t)=i\in\Lambda$，且 $\Lambda=\{1,2,3\}$。

$\lambda(t)=1$ 时，双馈风电切换系统处于正常运行模式；$\lambda(t)=2$ 时，处于轻度故障运行模式；$\lambda(t)=3$ 时，处于重度故障运行模式。

6.1.3 双馈风电切换系统切换控制研究

双馈风电切换系统的控制包含了不同运行模式下机侧和网侧变换器的控制策略，以及各种运行模式之间的切换控制。其中，关于不同运行模式下网侧变换器的控制策略已经在第 4 章中进行了详细的研究。本节接下来对双馈风电切换系统不同运行模式之间的切换控制进行研究。

1. 轻度故障运行模式向正常运行模式的切换

双馈风电切换系统在不同运行模式下的控制策略包括机侧控制和网侧控制。前文完成了不同运行模式下网侧变换器控制的设计，而对于双馈风电切换系统的机侧变换器来说，由于在重度故障运行模式下机侧变换器处于关闭状态，因此其控制策略仅有正常运行模式和轻度故障运行模式两种。在对不同运行模式之间的切换控制进行设计前，应对机侧变换器相应的控制进行必要的说明。

当双馈风电切换系统处于正常运行模式下时，机侧变换器的控制目标是实现对风力发电机输入功率的最大功率跟踪，以及对风力发电机定子发出的有功功率和无功功率的解耦控制。根据这个控制目标，双馈风电切换系统机侧 PCHD 模型设计能量成型控制为

$$\begin{cases}\boldsymbol{u}_{rd}=u_{rd}^{*}-r(i_{rd}-i_{rd}^{*})+\omega_{r}\psi_{rq}-\omega_{r}^{*}\psi_{rq}^{*}\\ \boldsymbol{u}_{rq}=u_{rq}^{*}-r(i_{rq}-i_{rq}^{*})+\omega_{r}^{*}\psi_{rd}^{*}-\omega_{r}\psi_{rd}\end{cases}\tag{6.61}$$

其中

$$\begin{cases}i_{sd}^{*}=(P_{s}^{*}\boldsymbol{u}_{sd}+Q_{s}^{*}\boldsymbol{u}_{sq})/(u_{sd}^{2}+u_{sq}^{2})\\ i_{sq}^{*}=(P_{s}^{*}\boldsymbol{u}_{sq}-Q_{s}^{*}\boldsymbol{u}_{sd})/(u_{sd}^{2}+u_{sq}^{2})\\ i_{rd}^{*}=(-R_{s}i_{sq}^{*}-\omega_{s}L_{s}i_{sd}^{*}+\boldsymbol{u}_{sd})/(\omega_{s}L_{m})\\ i_{rq}^{*}=(R_{s}i_{sd}^{*}-\omega_{s}L_{s}i_{sq}^{*}-\boldsymbol{u}_{sq})/(\omega_{s}L_{m})\\ u_{rd}^{*}=R_{r}i_{rd}^{*}-(\omega_{s}-\omega_{r}^{*})(L_{m}i_{sq}^{*}+L_{r}i_{rq}^{*})\\ u_{rq}^{*}=R_{r}i_{rq}^{*}+(\omega_{s}-\omega_{r}^{*})(L_{m}i_{sd}^{*}+L_{r}i_{rd}^{*})\end{cases}\tag{6.62}$$

轻度故障运行模式下，将定子电压的轻度跌落作为双馈风电切换系统机侧 PCHD 模型的输入端口干扰项，对系统机侧输出的直流电流产生的扰动进行抑制，基于此目标改进的轻度故障运行模式机侧能量成型控制为

$$\begin{cases}\boldsymbol{u}_{rd}=u_{rd}^{*}-\left(r+\dfrac{1}{2}+\dfrac{1}{\gamma^{2}}\right)(i_{rd}-i_{rd}^{*})+\omega_{r}\psi_{rq}-\omega_{r}^{*}\psi_{rq}^{*}\\ \boldsymbol{u}_{rq}=u_{rq}^{*}-\left(r+\dfrac{1}{2}+\dfrac{1}{\gamma^{2}}\right)(i_{rq}-i_{rq}^{*})+\omega_{r}^{*}\psi_{rd}^{*}-\omega_{r}\psi_{rd}\end{cases}\tag{6.63}$$

由此可得双馈风电切换系统正常运行模式和轻度故障运行模式下的控制策

略由式(6.61)和式(6.63)构成;而在重度故障模式下,由于转子侧撬棒电路的接入,机侧变换器暂停工作,而网侧变换器通过改变平衡点设定为整个系统提供无功功率补偿。

当双馈风电切换系统遇到轻度低电压故障时,在切换控制的作用下,双馈风电切换系统的运行模式由正常运行模式切换为轻度故障运行模式。根据分析,由于在故障开始时以保护系统安全运行为首要目标,为了保证双馈风电切换系统运行模式的及时切换,从正常运行模式至轻度故障运行模式的切换应该设定为事件驱动,在事件驱动的切换控制下,电网电压轻度故障后,双馈风电切换系统必然立即运行在轻度故障运行模式下。

下面分析双馈风电切换系统从轻度故障运行模式向正常运行模式的切换控制设计。当系统从轻度故障运行模式向正常运行模式进行切换时,由于故障情况好转,系统对安全性的要求不再迫切,对于切换规则的设计可以更多地考虑系统的平稳切换。

根据双馈感应发电机的暂态特性分析结果可知,在转子暂态电流的三个分量中,稳态交流分量可以通过变换器输出的励磁电压进行控制。因此,在变换器容量允许范围内,机侧变换器通过采用轻度故障运行模式机侧能量成型控制可以在一定程度上实现对转子暂态电流的控制。为了配合机侧变换器的控制,网侧变换器同样采用轻度故障运行模式能量成型控制,以保持变换器直流母线电压的稳定。为保证 LVRT 效果,电压故障期间双馈风电切换系统都应运行在轻度故障运行模式下。即双馈风电切换系统从轻度故障运行模式向正常运行模式的切换时刻不早于电网电压恢复的时刻。

另一方面,根据前文分析可知,电网电压回升时发电机同样会产生转子暂态电流,并且其稳态分量和暂态直流分量的幅值相较于电压跌落时更大。因此,在电网电压恢复后的一段时间里,双馈风电切换系统依然保持轻度故障运行模式运行,以保证系统运行的安全和切换的平稳。

根据以上分析,可以将双馈风电切换系统在轻度故障运行模式和正常运行模式下的切换控制设计为

$$\lambda(t)=\begin{cases}1, & t\notin [t_{\mathrm{dip}},t_{\mathrm{rec}}+\Delta t_1)\\ 2, & t\in [t_{\mathrm{dip}},t_{\mathrm{rec}}+\Delta t_1)\end{cases}\tag{6.64}$$

式中　t_{dip}、t_{rec}—— 分别为电压故障开始和恢复的时刻;

Δt_1—— 电网电压恢复后在轻度故障运行模式下持续运行的时间。

2. 转子侧撬棒电路切换控制的研究

当电网故障程度比较严重时,双馈风电切换系统的变换器不足以再控制转

子回路中的暂态电流。为了防止变换器损坏，当流经变换器的电流或直流母线的电压超过安全阈值时，转子侧撬棒电路被触发，双馈风电切换系统进入重度故障运行模式。影响撬棒电路运行效果的因素主要有撬棒阻值和工作时间两方面。

(1) 撬棒阻值的选取。

撬棒电阻的作用首先体现在对转子电流的消耗方面。随着撬棒阻值的增加，转子电流各分量的幅值均能有效减小、转子时间常数也会减小，转子电流暂态直流分量的衰减速率因此加快。从限制转子过电流幅值，加速暂态电流衰减的角度出发，撬棒电阻的阻值需取在允许范围内的最大值。

另一方面，撬棒电阻如果设置过大，转子回路暂态电流流经撬棒电路时产生的电压随之增大。虽然此时机侧变换器已经停止工作，但该电压仍会通过与变换器中的开关器件反向并联的二极管对直流母线电压产生影响，导致直流母线电压升高，影响系统的安全运行，因此对于撬棒电阻的阻值选取必须考虑到变换器直流母线电压的安全限制，即

$$\sqrt{3}\,I_{\mathrm{rmax}}R_{\mathrm{cb}} \leqslant U_{\mathrm{dclim}} \tag{6.65}$$

式中　I_{rmax}—— 转子暂态电流的最大幅值；

U_{dclim}—— 变换器直流母线电压的安全限制。

撬棒电路启动后的转子暂态电流的稳态交流分量、暂态交流分量、暂态直流分量的初始幅值分别为 I_{rf}、I_{rn} 和 I_{rdc}。稳态交流分量的幅值 I_{rf} 有限，对转子暂态电流的幅值影响有限；转子时间常数由于撬棒电阻的接入而大大减小，因此转子电流的暂态直流分量 I_{rdc} 迅速衰减，其对转子的暂态电流幅值的影响也十分有限。而转子暂态电流的暂态交流分量由定子侧磁链的暂态分量感应出的电动势产生并以定子时间常数衰减，其衰减速度较慢，作用时间较长，因此 I_{rn} 是影响转子电流暂态幅值的主要因素。将 I_{rn} 视作转子暂态电流的最大幅值，即

$$I_{\mathrm{rmax}} = \frac{(1-s)k_{\mathrm{s}}pU_{\mathrm{s}}}{\sqrt{(R_{\mathrm{cb}}+R_{\mathrm{r}})^2+(\omega_{\mathrm{r}}L_{\mathrm{r}\sigma})^2}} \tag{6.66}$$

将式(6.66)代入式(6.65)，并且由于 $R_{\mathrm{cb}} \gg R_{\mathrm{r}}$，忽略转子电阻后，解得撬棒电阻的上限为

$$R_{\mathrm{cb\,max}} = \frac{\omega_{\mathrm{r}}L_{\mathrm{r}\sigma}U_{\mathrm{dclim}}}{\sqrt{3\left[(1-s)k_{\mathrm{s}}pU_{\mathrm{s}}\right]^2-U_{\mathrm{dclim}}^2}} \tag{6.67}$$

(2) 撬棒电路工作时间的选取。

根据风电系统运行状态恶化时的切换控制设计，为了保证双馈风电切换系统自身的安全，系统从其他运行模式切换到重度故障运行模式的切换控制设定

为由事件驱动,当转子电流或者直流母线电压超过安全阈值后,双馈风电切换系统立即切换到重度故障运行模式下运行,转子侧撬棒电路投入工作。

撬棒电路的投入可以及时地消耗转子回路的暂态电流,保护变换器不受损害。然而,撬棒电路工作时机侧变换器停止工作,双馈感应发电机失去变换器励磁后,发电机输出的有功功率和无功功率无法有效控制,进而影响双馈风电切换系统的向电网输出电能的质量。因此,在转子电流衰减至一定范围后,撬棒电路应该及时切除,使机侧变换器的控制恢复,以满足电网对风电系统的并网要求。

撬棒电路触发的条件为转子电流或直流母线电压超过安全阈值,这是一种简单有效的事件触发式切换规则。然而撬棒电路切除时的规则并不能简单地将撬棒电路触发的条件取反得到。这是由于转子暂态电流存在周期性的交流分量,因此其幅值也随时间周期性地变化,如果转子电流和直流母线电压刚刚下降至安全阈值以下撬棒电路即切除,此时电机内部的暂态电流往往并没有衰减充分,在下一个周期转子电流便会再次达到安全阈值,导致撬棒电路再次触发,依此类推反复多次,撬棒电路的频繁投切不但会增加系统的震荡,还会使得双馈风电切换系统反复工作在安全阈值的临界状态,十分不利于系统安全。

为了防止出现上述情况,可以为撬棒电路预设一定的工作时间 Δt_{cb},在工作时间内撬棒电路持续对转子电流消耗衰减,而对转子电流在阈值上下的周期波动不产生投切动作,从而避免了反复投切的情况。当时间达到工作时长 Δt_{cb} 后撬棒电路切除。

如果撬棒电路工作时间 Δt_{cb} 设置较长,转子电流的衰减更加彻底,系统的安全运行保障更加充分,但撬棒电路工作时间的延长会增加双馈感应发电机的无功消耗,降低系统低电压穿越时的发电性能;另一方面,若将撬棒电路工作时间 Δt_{cb} 设置较短,则撬棒电路切除时转子电流未必衰减充分,依然可能会导致转子过流或直流母线过压的情况再次发生,不利于双馈风电切换系统的安全运行。因此,对于撬棒电路退出时刻的选择需要同时权衡双馈风电切换系统安全性和 LVRT 性能两方面因素。

导致直流母线电压过压的原因是转子暂态电流造成的直流母线两侧功率失衡。因此,保证系统安全的根本因素还是在于保证转子暂态电流衰减充分。为了在保证转子电流衰减充分的基础上尽可能缩短撬棒电路的工作时间,可以根据转子暂态电流的衰减情况设计撬棒电路切除的时刻,作为双馈风电切换系统从重度故障运行模式向其他运行模式的切换控制。

由于转子电流的暂态直流分量 I_{rdc} 衰减十分迅速,因此电压故障开始和结束时的转子暂态电流的主要分量是其暂态交流分量 I_{rn}。当 I_{rn} 衰减完毕后,转子电流中仅含稳态交流分量 I_{rf}。对电压跌落时的转子电流，其稳态交流分量 I_{rf} 与电网剩余电压的幅值相关，在重度故障下其幅值远低于电流安全阈值；而对于电压回升时的转子电流，其稳态分量 I_{rf} 就是额定电流，同样低于安全阈值。综上，无论是电压跌落时还是电压回升时的转子电流，只要暂态交流分量 I_{rn} 衰减充分即可保证系统安全。

由于转子电流暂态直流分量以转子时间常数迅速衰减，在忽略转子电流暂态交流分量 I_{rdc} 后，可以得到

$$i_r \approx (I_{rf}e^{js\omega_s t} + I_{rn}e^{-j\omega_r t}e^{-\frac{t}{T_s}}) \leqslant (I_{rf} + I_{rn}e^{-\frac{t}{T_s}}) \tag{6.68}$$

式(6.68)最右边一项表示转子暂态电流幅值的包络线，表示了每个时刻转子暂态电流可能的最大幅值。为了保证系统安全，取该包络线作为转子暂态电流幅值进行计算，得到转子暂态电流充分衰减所需的撬棒电路工作时长最短为

$$\Delta t_{cb} \geqslant -T_s \ln\left(\frac{\rho I_{rlim} - I_{rf}}{I_{rn}}\right) \tag{6.69}$$

式中 Δt_{cb}—— 撬棒电路工作时间；

ρ—— 安全裕度，可取 0.8 ~ 0.9；

I_{rlim}—— 转子暂态电流安全阈值。

由于在不同故障情况下的转子暂态电流情况不同，式(6.69)根据转子暂态电流计算得到的撬棒工作时间 Δt_{cb} 也不同。因此，式(6.69)可以在不同的故障情况下得到对应该情况的最短撬棒电路工作时间。

3. 双馈风电系统 LVRT 的切换控制策略

结合以上对双馈风电切换系统 3 种运行模式之间切换规则的讨论，可以将双馈风电系统低电压穿越过程的切换控制策略设计为

$$\lambda(t) = \begin{cases} 1, & t \notin [t_{dip}, t_{rec} + \Delta t_1) \text{ 且 } t \notin [t_{cb}, t_{cb} + \Delta t_{cb}) \\ 2, & t \in [t_{dip}, t_{rec} + \Delta t_1) \text{ 且 } t \notin [t_{cb}, t_{cb} + \Delta t_{cb}) \\ 3, & t \in [t_{cb}, t_{cb} + \Delta t_{cb}) \end{cases} \tag{6.70}$$

式中 t_{dip}—— 并网点电压跌落至额定电压允许范围以下的时刻；

t_{rec}—— 并网点电压恢复至额定电压允许范围以内的时刻；

t_{cb}—— 转子电流或直流母线电压超过安全阈值的时刻；

Δt_1—— 故障恢复后在轻度故障运行模式下持续运行时长，满足 $\Delta t_1 > \Delta t_{cb}$；

Δt_{cb}—— 撬棒电路工作时间。

在实际运行中，双馈风电切换系统遭遇严重故障时，在电压跌落和电压回升时均会产生危及系统安全的暂态电流。从电压在 t_{dip} 时刻开始跌落到在 t_{cb} 时刻

引起撬棒电路触发之间的时间非常短暂，因此有 $t_{dip} \approx t_{cb}$；同理，在电压回升时有 $t_{rec} \approx t_{cb}$。

重度故障下电压跌落后，双馈风电切换系统切换到 $\lambda(t)=3$ 的重度故障运行模式运行，当双馈风电切换系统在 $t \in [t_{dip}, t_{dip}+\Delta t_{cb})$ 区间的重度故障运行模式运行完毕后，根据式(6.70)所示的切换控制策略，系统切换至 $\lambda(t)=2$ 的轻度故障运行模式运行。而当电压回升后，系统在此切换至 $\lambda(t)=3$ 的重度故障运行模式运行，在系统从 $t \in [t_{rec}, t_{rec}+\Delta t_{cb})$ 区间的重度故障运行模式运行完毕后，切换到 $\lambda(t)=2$ 还是 $\lambda(t)=1$ 则需要通过比较故障恢复后撬棒电路工作时长 Δt_{cb} 与轻度故障运行模式在电网故障恢复后的持续工作时间 Δt_1 的长短。根据实际需要，为了取得更平稳的切换效果，可以在重度故障运行模式和正常运行模式之间插入一段轻度故障运行模式，以更好地抑制并衰减撬棒电路未完全消耗的残余暂态电流。因此，在式(6.70)中增加条件 $\Delta t_1 > \Delta t_{cb}$ 以保证系统在电压恢复后按照 $\lambda(t)=3 \rightarrow \lambda(t)=2 \rightarrow \lambda(t)=1$ 的顺序切换运行。

至此，基于切换系统理论的双馈风电切换系统低电压穿越控制策略设计完成。完整的控制策略包括对三种运行模式下双馈风电切换系统的 PCHD 模型的机侧、网侧能量成型控制策略，以及不同运行模式之间的切换控制策略。双馈风电切换系统和本书所设计的低电压穿越控制策略结构如图 6.6 所示。

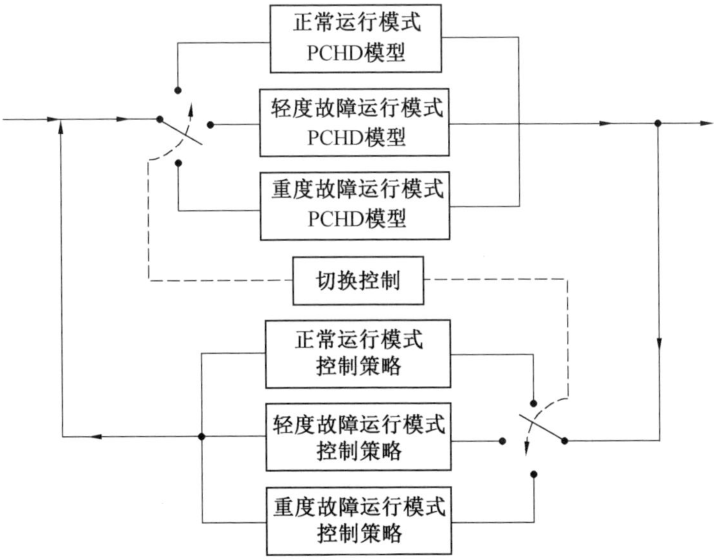

图 6.6　双馈风电切换系统和本书所设计的低电压穿越控制策略结构

6.2 双馈风电切换系统的稳定性分析

根据前文介绍可知切换系统的切换控制策略对系统运行的稳定性有重要的影响，在切换规则的作用下，整体系统的稳定性并不一定能够继承切换“子系统”各自的稳定性。因此，需要根据设计的切换规则对切换系统的稳定性进行分析与讨论。本节使用多李雅普诺夫函数方法证明系统在本书所设计切换控制下的稳定性。

6.2.1 双馈风电切换系统的多李雅普诺夫函数设计

在对切换系统进行稳定性分析时所用的分析方法绝大多数是在系统的类李雅普诺夫函数的基础上进行讨论的。如果切换系统的各个类李雅普诺夫函数可以组成系统的多李雅普诺夫函数，那么对于系统李雅普诺夫函数的选取是确保后续进行稳定性分析的基础。

如果函数 $V(\boldsymbol{x})$ 满足以下条件，称其为切换系统的类李雅普诺夫函数：

$$\begin{cases} V(\boldsymbol{x}) > 0, & \boldsymbol{x} \neq \boldsymbol{x}^* \\ V(\boldsymbol{x}) = 0, & \boldsymbol{x} = \boldsymbol{x}^* \\ \dot{V}(\boldsymbol{x}) \leqslant 0 \end{cases} \tag{6.71}$$

式中　$\boldsymbol{x}^*$ —— 系统的平衡点，$\boldsymbol{x} \in \mathbf{R}^n$，$V(\boldsymbol{x}) \in \mathbf{R}^+$。

对于双馈风电切换系统的任意一种运行模式，增加了能量成型控制后PCHD结构能量平衡方程均为

$$[\boldsymbol{J}(\boldsymbol{x}) - \boldsymbol{R}(\boldsymbol{x})]\nabla \boldsymbol{H}(\boldsymbol{x}) + \boldsymbol{g}(\boldsymbol{x})\boldsymbol{u} = \dot{\boldsymbol{x}} = [\boldsymbol{J}_{\mathrm{d}}(\boldsymbol{x}) - \boldsymbol{R}_{\mathrm{d}}(\boldsymbol{x})]\nabla \boldsymbol{H}_{\mathrm{d}}(\boldsymbol{x}) \tag{6.72}$$

而期望能量函数 $\boldsymbol{H}_{\mathrm{d}}(\boldsymbol{x})$ 的形式为

$$\boldsymbol{H}_{\mathrm{d}}(\boldsymbol{x}) = \frac{1}{2}(\boldsymbol{x} - \boldsymbol{x}^*)^{\mathrm{T}}\boldsymbol{L}^{-1}(\boldsymbol{x} - \boldsymbol{x}^*)$$

式中，$\boldsymbol{L} > 0$。

对该式求导可得

$$\dot{\boldsymbol{H}}_{\mathrm{d}}(\boldsymbol{x}) = \nabla \boldsymbol{H}_{\mathrm{d}}^{\mathrm{T}}\dot{\boldsymbol{x}} = \nabla \boldsymbol{H}_{\mathrm{d}}^{\mathrm{T}}[(\boldsymbol{J}_{\mathrm{d}} - \boldsymbol{R}_{\mathrm{d}})\nabla \boldsymbol{H}_{\mathrm{d}}] = -\nabla \boldsymbol{H}_{\mathrm{d}}^{\mathrm{T}}\boldsymbol{R}_{\mathrm{d}}\nabla \boldsymbol{H}_{\mathrm{d}} \leqslant 0 \tag{6.73}$$

因此期望能量函数 $\boldsymbol{H}_{\mathrm{d}}(\boldsymbol{x})$ 满足切换系统类李雅普诺夫函数的条件式。

6.2.2 双馈风电切换系统的稳定性研究

双馈风电切换系统在切换控制 $\lambda(t)$ 的作用下于三种运行模式之间切换，即

$\lambda(t)=i\in\Lambda,\Lambda=\{1,2,3\}$。假设双馈风电切换系统自 t_0 时刻开始运行，初始时系统的运行模式为 $\lambda(t_0)=i_0\in\Lambda$；$t_1$ 时刻系统开始第 1 次切换，运行模式变为 $\lambda(t_1)=i_1\in\Lambda,i_1\neq i_0$；依此类推，$t_m$ 时刻系统进行第 m 次切换，运行模式切换至 $\lambda(t_m)=i_m\in\Lambda,i_m\neq i_{m-1},m\in\mathbf{N}$。为了方便对系统的上述复杂切换过程进行说明，首先给出如下定义。

定义 6.1 （切换时刻序列）系统在各种运行模式之间切换的切换时刻序列记为 $\{t_m\}_{m=0}^{+\infty},m\in\mathbf{N}$，且 $t_0<t_1<\cdots<t_m<\cdots<+\infty$。

定义 6.2 （运行模式序列）系统从初始时刻开始的运行模式序列记为 $\{i_m\}_{m=0}^{+\infty}=\{i_0,i_1,\cdots,i_m,\cdots\},i_m\in\Lambda=\{1,2,3\}$。

为了表达简洁，将系统在 t_m 时刻的状态记作 $\boldsymbol{x}_m$：$\boldsymbol{x}_m\triangleq\boldsymbol{x}(t_m)$，将系统在第 i 种运行模式下的期望能量函数记为 $\boldsymbol{H}_i(\boldsymbol{x})$：

$$\boldsymbol{H}_i(\boldsymbol{x})\triangleq\boldsymbol{H}_{\mathrm{d}|\lambda(t)=i}(\boldsymbol{x})=\frac{1}{2}(\boldsymbol{x}-\boldsymbol{x}^*)^{\mathrm{T}}\boldsymbol{P}_i(\boldsymbol{x}-\boldsymbol{x}^*)\tag{6.74}$$

式中　$\boldsymbol{P}_i$——双馈风电切换系统第 i 种运行模式下能量函数系数矩阵，为实正定对称矩阵，$\boldsymbol{P}_i\triangleq\boldsymbol{P}_{\mathrm{d}|\lambda(t)=i}$。

根据期望能量函数 $\boldsymbol{H}_i(\boldsymbol{x})$ 的结构可知，当双馈风电切换系统在切换控制 $\lambda(t):[t_0,+\infty)\rightarrow\Lambda=\{1,2,3\}$ 的作用下运行在第 $i(i\in\Lambda)$ 种运行模式下时，系统的期望能量函数满足如下性质。

性质 6.1 　$\forall i\in\Lambda,\forall\boldsymbol{x}_1,\boldsymbol{x}_2\in\mathbf{R}^n,\boldsymbol{H}_i(\boldsymbol{x}_1)\leqslant\boldsymbol{H}_i(\boldsymbol{x}_2)\Leftrightarrow\|\boldsymbol{x}_1-\boldsymbol{x}^*\|_P\leqslant\|\boldsymbol{x}_2-\boldsymbol{x}^*\|_P$，其中 $\|\boldsymbol{x}\|_P\triangleq\sup\limits_{\|\boldsymbol{x}\|=1}\boldsymbol{x}^{\mathrm{T}}\boldsymbol{P}\boldsymbol{x}$。

当双馈风电切换系统在 t_m 时刻进行第 m 次切换后，系统切换至 $\lambda(t_m)=i_m\in\Lambda$ 的运行模式，由于系统是一个耗散的哈密顿系统，可得期望能量函数 $\boldsymbol{H}_{i_m}$ 对时间的导数满足

$$\dot{\boldsymbol{H}}_{i_m}=\nabla\boldsymbol{H}_{i_m}^{\mathrm{T}}\dot{\boldsymbol{x}}=-\nabla\boldsymbol{H}_{i_m}^{\mathrm{T}}\boldsymbol{R}_{i_m}\nabla\boldsymbol{H}_{i_m}\leqslant 0\tag{6.75}$$

因此，系统期望能量函数 $\boldsymbol{H}_{i_m}(\boldsymbol{x})$ 在切换时刻序列 $\{t_m\}_{m=0}^{+\infty}$ 上满足

$$\boldsymbol{H}_{i_m}(\boldsymbol{x}_{m+1})\leqslant\boldsymbol{H}_{i_m}(\boldsymbol{x}_m)\tag{6.76}$$

因此，分析可知在切换时刻序列 $\{t_m\}_{m=0}^{+\infty}$ 上系统状态变量 $\boldsymbol{x}$ 满足

$$\|\boldsymbol{x}_{m+1}-\boldsymbol{x}^*\|_P\leqslant\|\boldsymbol{x}_m-\boldsymbol{x}^*\|_P,\quad\forall m\in\mathbf{N}$$

再根据性质 6.1 可得

$$\boldsymbol{H}_i(\boldsymbol{x}_{m+1})\leqslant\boldsymbol{H}_i(\boldsymbol{x}_m),\quad\forall m\in\mathbf{N},\forall i\in\Lambda\tag{6.77}$$

由式(6.77)可知，该切换系统所有运行模式下的期望能量函数在运行模式序列 $\{i_m\}_{m=0}^{+\infty}$ 上均是非增的，同一种运行模式的期望能量函数在每次运行开始(或结束运行)时刻的值形成的序列递减，所有运行模式下的期望能量函数可以

组成系统的多李雅普诺夫函数。根据多李雅普诺夫函数稳定性证明方法可知，该切换系统可以在任意切换规则下稳定。进一步考虑到系统的耗散特性，根据前文对于切换耗散哈密顿系统的稳定性证明可知，该切换系统在任意切换规则控制下是全局渐近稳定的。双馈风电切换系统在本书所设计的控制策略下的稳定性由此得证。

第7章

能量成型控制在储能系统中的应用

本章考虑储能技术与储能系统控制策略研究现状，将能量成型控制方法应用于蓄电池储能系统(battery energy storage system，BESS)与超导磁储能系统(superconducting-magnetic energy storage system，SMES)的控制中，考虑微电网中的并网与孤岛运行模式，并与传统线性PI方法进行性能对比，采用IDA能量成型控制策略进行控制器的设计。研究结果表明：无论对于蓄电池储能系统还是超导磁储能系统，能量成型控制方法在暂态性能、稳态性能、鲁棒性、抗干扰和追踪能力、谐波抑制等方面都有更为突出的表现。

微电网有多种运行模式，当微电网处于并网模式时能量可以通过电力变换器实现双向流动，当传统外部电网出现短暂系统崩溃时微电网脱离主网进入孤岛模式，给其中的重要敏感负荷持续供电。本章首先明确储能系统的研究意义并对国内外在此领域的研究进行分析。为了保证在微电网处于并网模式时储能装置正确动作（不出现过充、过放等不当动作），需要对并网控制策略深入研究；为保证在孤岛模式下，微电网能稳定向负载提供频率恒定的电力供应，需要离网控制器相应的控制策略；同时为了维护储能装置寿命和提高储能装置的效率，需要研究不同储能装置间的协调控制策略。本章内容将从以下几个方面展开。

（1）对不同储能装置的相关特性进行对比分析，找到合适的功率型储能装置和能量型储能装置的搭配；选取适当的混合储能系统接入外部电网的方式。对蓄电池和超导磁储能装置的物理特性进行研究，选取适当的电力变换器类型，并进行数学建模分析。

（2）采取能量成型（energy-shaping，ES）策略设计并离网控制器内环，设计蓄电池储能系统控制器和超导磁储能系统控制器的端口受控哈密顿模型，并对能量平衡点进行设定：并网时能量在外部电网和内部微电网间双向交互，要求储能装置输出功率能响应指令变化，外环采用定功率控制（简称 PQ 控制）；离网时要求控制器能保持微电网频率稳，外环采用定频率控制（简称 V/f 控制），并进行仿真研究。

（3）构建含有 BESS 和 SMES 的混合储能系统，采用新型变时间常数低通滤波算法平抑间歇式能源功率波动，将储能装置的荷电状态（state of charge，SOC）和系统剩余电量因素纳入考虑，应用模糊控制理论设计协调分配 BESS 和 SMES 功率指令的控制器，尽可能增加能量型储能装置 BESS 的使用寿命和储能系统工作效率，并仿真验证其有效性。

7.1 储能系统研究现状

小型分布式能源(distributed energy resource,DER)发电,如内燃机发电、微型燃气轮机发电、光伏发电、风力发电、燃料电池等,近年来获得了快速的发展和推广。以风力发电和光伏发电为代表的新能源发电给传统的电力运行设备的运营和管理带来了革命性的变化。其中,可再生能源以其独特优点在当今世界能源格局中扮演着越来越重要的角色。可再生能源与传统能源相比,其根本区别在于:能源具有可再生性、发电出力具有间歇性,同时其空间布置具有分散性。可再生性是其得天独厚的优势,但是发电出力间歇性和空间布置分散性会给电力系统的安全稳定带来挑战。社会和技术不断发展,伴随而来的能源政策和工业结构的转型导致变化的进程逐步变快,电力工业达到需要转型的临界点。因此,如何在现有的电力调控中实现电网的稳定安全运行、灵活动作成为此领域亟须解决的热点、难点问题。集中式的电力线路的传输能力正在快速接近其上限,而与之矛盾的是负载侧的功率需要和能源成本却在上升。

在这种大环境下,随着我国经济发展,对能源的需求量越来越大,传统常规能源的供应和其所带来的环境问题逐步显现。因此,在把环境、技术、经济、资源、发展潜力等因素综合考虑在内后,大力发展风力发电、光伏发电等间歇式能源来缓解我国资源紧张危机是必然趋势。以风力发电为例,风力发电来源是自然界中的风,风具有间歇性及随机波动性,因此风力发电输出功率也会有相应的波动。与其相似,光伏发电具有相同的现实因素。随着此类有间歇式特性的可再生能源在电力系统中所占比例的增加,其对电力系统的影响将不容忽视。在包含此类间歇式能源的发电系统中,储能技术成为保证系统稳定和改善电能质量的关键手段之一。

传统电网发展掣肘于不断增加的用电负荷,同时用户对电能质量和品质要求日益升高,与此同时,一次侧的电力网络的建设未能响应需求的快速增长,远距离输电容量越来越大。除了用电和发电的主要矛盾外,国家政策和环境问题也要求传统电网转型。因此,微电网(microgrid,MG)的概念被提出,它能解决上述发展过程中出现的问题,能较好地将分布式能源和传统大电网联系到一起,而不是孤立地分别处理分布式能源与其他电源的关系。在微电网中,当外部电网因故障短时间出现崩溃时,通过控制其内部分布式电源自给供应负荷用电仍然能保证微电网的正常运行;当间歇式能源输出功率出现波动会对大电网产生不利影响时，微电网可以相对独立于传统大电网工作，将危害降至最低。因此，微电网这一解决方案可以使得对分布式能源的利用更为高效。

微电网中间歇式能源的功率具有波动性，因此微电网频率是判断微电网是否稳定运行的重要条件。在并网模式(grid-connected)下，微电网通过和上层大电网进行交互功率来维持用需平衡、保持频率稳定，但是在孤岛模式下，失去大电网的支撑后，频率稳定问题变得尤为关键。微电网中常见的分布式能源，例如内燃机和微型燃气轮机可以一定程度上解决这个问题，但是这些设备动态响应速度慢，很难满足微电网对于频率调整的要求。

储能技术在微电网中有极大的应用空间，我国农村地区地域广阔，有着很大的用电需求，但是这些地区供电可靠性并不高，提高设备可靠性的投入和成本又相当大，微电网若能建立在负荷相对集中的地区，配以储能系统存储能量，满足该地区平稳用电，则会很好地解决上述问题。由上述分析可见，如何解决储能技术的关键问题并配以适合的控制策略是微电网研究的热点和重点。

7.1.1 储能技术研究现状

储能技术的加入使得发用电之间的功率交换不再是瞬间交换。存在储能装置这一中间环节，使得能量可以存储在储能系统中。较大规模的储能系统的应用可以很好地解决间歇式能源并入电网给电网带来的负面影响。储能技术除了在电力行业有较高的应用价值外，同时也是其他行业如航天、交通运输等的重要基础技术。储能系统中储能装置按其能量密度和功率密度高低主要分为能量型储能装置和功率型储能装置两种。其中，能量型储能装置的主要代表是蓄电池等，蓄电池是目前光伏系统的主要储能设备；功率型储能装置的主要代表则是超级电容和超导磁储能装置等。按储能形式对储能技术进行分类则大致可以将其分为物理储能(即储能装置将电能转化成动能或势能保存)、电磁储能(即储能装置将电能直接保存或转化成磁能保存)以及电化学储能(即储能装置通过化学反应将电能存储在电池内)。

近年来，全球储能产业呈现蓬勃发展局面，由商业化初期向规模化发展转变。根据数据分析，2022 年全球新增投运储能装机规模达到 30 GW，年增长率超过 160%。其中新型储能新增规模突破 20 GW，是 2020 年的 4 倍。中国、欧洲和美国已经成为储能装备产业三大市场。截止到 2022 年底，我国储能装机规模已经接近 60 GW，年增长率接近 40%，其中新型储能新增装机规模已经达到 7.4 GW，同比增长 200%。

从储能技术来看，抽水蓄能、锂离子电池目前已经达到了商业化应用的水平，而且我国的锂离子电池储能、压缩空气储能等技术也已经达到了国际领先水平。自 1991 年索尼商业化应用以来，中国锂电池能量密度提高了接近 4 倍，循环寿命增加了 10 倍以上；全钒液流电池产业链初步形成；钠离子电池等储能技术也已进入了工程化示范应用阶段。

在国家和地方的大力支持之下，单个储能项目工程规模在稳步提升。目前已经投产的抽水蓄能电站的单机规模达到了 400 MW 级别，最新单机装机容量达 450 MW，液流电池和压缩空气储能试点示范应用规模已经达到了百 MW 级。

目前超过 300 Ah 的储能大电芯已成为行业主流，电芯单体能量密度已经突破了 200 W · h/kg，储能循环寿命超过了 12 000 次。根据试点示范应用的最新情况，目前已投产的单座锂离子电池储能电站最大规模达到 200 MW/800 MW · h，并逐步向 GW · h 方向迈进。随着 300 Ah 以上大容量电芯迈入量产阶段，5 MW · h以上的储能系统产品的比拼已经拉开序幕。

国电龙源卧牛石全钒液流电池储能电站，作为全球范围内运行时间最长的全钒液流电池储能项目，已经连续运行了 11 年的时间，至今仍然保持百分之百的容量保持率。液流电池目前试点示范应用最大规模已经达到 100 MW/400 MW · h。

2023 年 12 月，湖北应城 300 MW 级压缩空气储能电站示范工程全面进入调试阶段，为机组整套启动和并网发电奠定了坚实基础。该工程投产后将成为世界上首个投入商业运行的 300 MW 级非补燃压缩空气储能电站，并将在非补燃压缩空气储能领域实现单机功率、储能规模、转换效率 3 项世界领先。值得一提的是，该项目所用的全球首套 300 MW 级压缩空气储能系列化大容量电机为中国企业自主研制。

7.1.2 储能系统控制策略研究现状

由于传统分布式能源和间歇式能源接入电网的比例增加，为了使电网稳定运行，以及为了向未来智能电网方向转型，电力储能技术是解决相关技术问题的关键手段之一。储能技术实现依托的设备大致分为能量型和功率型两类。能量型储能装置如蓄电池和抽水蓄能等，其优点为有着较高的能量密度、设备容量可以制造得较大、储存能量时间长，同时也有着功率密度小、寿命动作次数有限的缺点。功率型储能装置如超级电容器、超导磁储能装置、飞轮储能装置等，其发展滞后于能量型储能装置，现有工程级的功率型储能装置尚不能达到很高容量，一般配合能量型储能装置共同投入使用。单一的储能设备很难同时满足微电网对其期望的要求和性能，混合储能这一策略的提出可以使不同种类型的储能设备在功能特性上达成互补。针对混合储能系统的控制分为上下层两个级别：一是针对储能装置的并离网控制策略，二是不同储能装置间控制策略。储能装置一般以直流形式储存能量，所以功率变换器通常与储能装置配套使用，可令能量双向流动，使得贮存在储能装置中的能量可以为微电网和负载所用。不同储能装置间控制策略是根据储能装置的不同特性，为发挥各自优点而设计的协调控制策略。微电网可以看作相对独立于大电网的一个发电单元，并网运行时可以向外部配电系统供电，并网运行时需要满足一定的频率和电压条件。由于微电网内部各发电能源设备的特性各不相同，要想使其达到并网条件，准确灵活的控制是关键。

针对储能系统电力变换器的并离网控制以其建模手法的不同分为线性和非线性控制。线性控制最典型的是 PI 闭环控制策略，其应用广泛且技术成熟，结构简单、成本低，并且基于闭环结构的 PI 控制器控制效果快速性和稳定性都较好，但是结合电力变换器而言，其中的电力电子器件都具有强非线性，因此混合储能系统也具有强非线性。PI 控制器设计时首先将系统模型近似线性化，其中必然会损失一部分时变量导致建模不是十分精确，不能完全地展示系统的动态性能，如此设计的控制器必然会有缺陷，因此 PI 控制器在鲁棒性表现上有些不足。其他的线性控制方法同样存在鲁棒性方面的不足。非线性控制策略可以从根本上解决这一问题，虽然控制器设计上不如线性控制策略简单方便，但是能更好地使被控系统稳定，并保持较好的动态特性和鲁棒性。针对蓄电池和超级电容组成的混合储能系统采用滑模变结构的控制策略这一典型的非线性控制策略，具有较好的动态特性和鲁棒性，但是设计的关键在于超平面的设计，不易实现，且当小幅振荡趋近平衡点时会使系统稳定性受到影响。

针对混合储能系统的控制策略将控制的重点集中在如何将不同储能装置的优点结合起来，目前研究较多的混合储能装置是蓄电池和超级电容构成的系统，但随着超导磁储能装置在价格上的劣势程度不如以往，其本身的能量密度和效率表现比超级电容更强，超导磁储能装置和蓄电池组成的混合储能系统也是未来的研究趋势。研究者们在平滑控制和限幅控制的基础上，对超级电容和蓄电池组成的混合储能系统进行改进，提出了一种新型能量管理方案；从理论论证的角度证明了能量型储能装置和功率型储能装置可以特性互补；利用非线性控制中的多滞环控制电力变换器，以及超级电容循环寿命长的优点，保护蓄电池，使其不用频繁动作，进而优化蓄电池 SOC 波动范围，延长了蓄电池的使用寿命；针对超导磁储能装置和锂电池构成的混合储能系统，采用了低通滤波算法进行分配功率，通过监测不同储能装置的 SOC 来确定分配滤波器的时间常数，以及根据电池的 SOC 确定平抑滤波器时间常数，但是文献中并未给出计算时间常数的方法。

在混合储能系统的控制上，常规方法是基于一阶低通滤波算法的，其原理简单、运行速度快，得到了广泛的应用。通常，一阶低通滤波算法可以分为两类：固定时间常数和变时间常数。固定时间常数的算法是保持滤波常数恒定，通过添加其他典型反馈环节来实现控制目标。变时间常数的算法则是滤波常数不再恒定，而是依据一定的规则进行变化以实现控制目标。例如，通过实时检测电池SOC和放电深度对滤波时间常数做出相应调整，从而使电池的SOC稳定在一定范围内，避免电池误动作缩短电池寿命。

7.2 蓄电池储能系统能量成型控制

7.2.1 微电网中蓄电池储能系统的总体方案

在本节示例中，考虑较为常见的结构，测试AC MG包括风力发电机、柴油发电机（diesel generator，DG）、BESS和负载。测试MG的结构和参数如图7.1所示。简单起见，使用固定速度风力发电机作为MG的主要电源，DG用作备用电源。其中，BESS控制器与可再生能源发电的类型无关，PCC是公共连接点。因此，设计的BESS控制器可以自然地应用于含有不同类型可再生能源发电的任何其他AC MG配置。各电源的正方向如图7.1所示，蓄电池电流可以是双向的，定义充电方向为正方向。

首先，假设电池和能源管理系统的存储容量已经正确设计，因为它们不是本章的关注点。因此，在以下部分中忽略BESS的SOC。控制器的设计取决于BESS的拓扑结构，如图7.2所示。

本书采用了蓄电池的通用模型。该模型可以精确地表示蓄电池的一般行为，适用于动态模拟。采用简单的单级结构，这意味着只使用一个VSC。三相VSC用于直接将电池与MG连接。该BESS拓扑结构可应用于含有常见可再生能源发电的AC MG，例如风力和光伏发电。在图7.2中，$S_1 \sim S_6$表示绝缘栅双极型晶体管（IGBT）。连接电感用于抑制高频谐波。显然，当电池充电时，VSC处于整流器模式；相反，当电池放电时，VSC处于逆变器模式。应该强调的是，由于电池的SOC，VSC的DC电压不恒定。直流电压必须足够高，以保证VSC的正常运行。

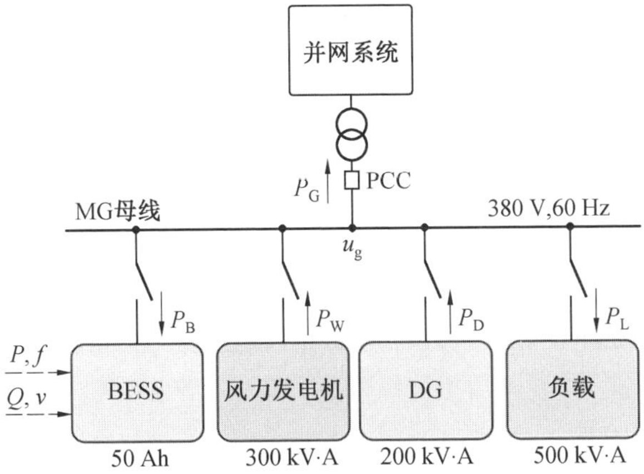

图 7.1　测试 MG 的结构和参数

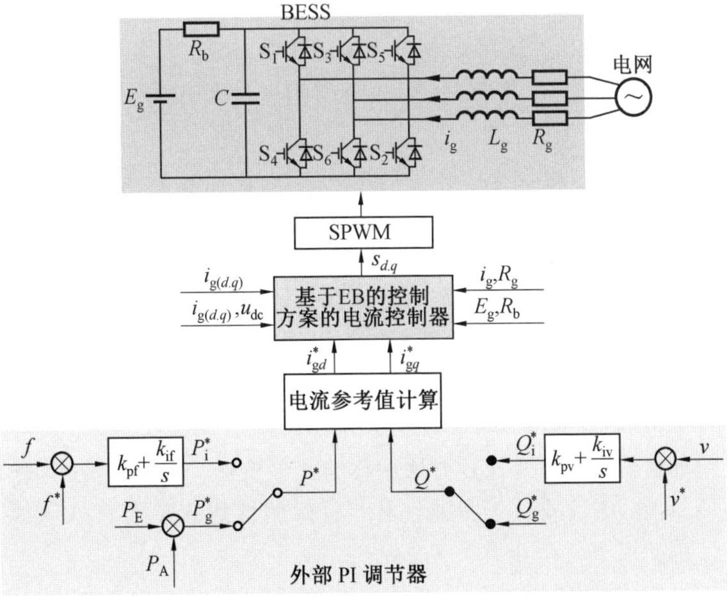

图 7.2　BESS 和基于 EB 的控制方案的拓扑结构

基于 EB 的控制方案的拓扑结构也如图 7.2 所示。采用 $d-q$ 变换来简化控制器的设计。控制器的输入是功率参考值，输出是变换器的占空比 s，控制对象是 BESS 电流。EB 方法可以通过当前闭环控制使 BESS 功率跟踪功率参考值的变化。通常，PI 方法用于电流回路中。在本节中，采用 EB 方法以提高系统的稳健性。参考电流直接由参考功率计算：

$$\begin{cases} i_{gd}^{*}=\dfrac{\dfrac{2}{3}(u_{gd}P^{*}+u_{gq}Q^{*})}{u_{gd}^{2}+u_{gq}^{2}} \\ i_{gq}^{*}=\dfrac{\dfrac{2}{3}(u_{gq}P^{*}-u_{gd}Q^{*})}{u_{gd}^{2}+u_{gq}^{2}} \end{cases} \tag{7.1}$$

可以采用附加的功率反馈外环来提高功率的控制精度。然而,难以设计出具有足够稳定裕度的双回路系统。在并网模式下,可以控制 BESS 功率以平滑风力发电的输出。如图 7.2 所示,BESS 的有功功率参考值可以通过 $P_{g}^{*}=P_{E}-P_{A}$ 获得。在孤岛模式下,参考功率可以通过外环 $f-p$ 和 $v-q$ 的 PI 控制器获得。

7.2.2 蓄电池储能系统电流控制器设计

EB 方法建立在被动理论的基础上。根据前文的定义,BESS 显然是一个被动系统。这是因为,如果没有从电网补充能量,BESS 最终将由于耗散而运行到最低能量点。因此,EB 方法可以自然地应用于 BESS。本节接下来将介绍 BESS 中 EB 控制器的详细逐步设计方法,并介绍用于比较的传统 PI 控制器的设计方法。

EB 控制器的输入是参考功率 P^{*} 和 Q^{*}。通过当前的闭环调节,EB 方法可以用参考功率控制 BESS 功率跟踪。EB 方法控制的 BESS 可以应用于普通的 AC MG 配置。首先,BESS 控制相对独立于发电,因此 EB 方法可以在不同的可再生能源发电情况下实施,例如风力和光伏发电。另一方面,BESS 控制本质上是一个功率调节问题。在并网模式下,BESS 功率用于平滑可再生能源发电的输出波动。在孤岛模式下,参考功率由外部 $f-p$ 和 $v-q$ 的 PI 控制器生成,如图 7.2 所示。

配置闭环系统的过程在 EB 方法中称为能量整形。在本研究中,能量整形策略采用 IDA 策略,该策略易于实施且具有较好的性能。使用 IDA 策略的 EB 控制器的设计包括以下 4 个步骤。

1. 蓄电池储能系统建模

EB 控制器设计取决于 BESS 的拓扑结构。图 7.2 所示的 BESS 的 dq 轴数学模型在式(7.2)中提供。应该注意,不同的功率变换器拓扑,其数学模型是不同的。不过,BESS 的 EB 控制器的设计过程类似,可以扩展到一般的 MG 配置:

$$\begin{cases} L_g \dfrac{di_{gd}}{dt} = -R_g i_{gd} + \omega L_g i_{gq} - s_d u_{dc} + u_{gd} \\ L_g \dfrac{di_{gq}}{dt} = -R_g i_{gq} - \omega L_g i_{gd} - s_q u_{dc} + u_{gq} \\ C \dfrac{du_{dc}}{dt} = \dfrac{3}{2} s_d i_{gd} + \dfrac{3}{2} s_q i_{gq} + \dfrac{E_g - u_{dc}}{R_b} \end{cases} \tag{7.2}$$

根据 IDA 策略，需要在 PCH 模型中描述非线性系统，如 BESS：

$$\begin{cases} \dot{\boldsymbol{x}} = [\boldsymbol{J}(\boldsymbol{x}) - \boldsymbol{R}(\boldsymbol{x})] \dfrac{\partial \boldsymbol{H}(\boldsymbol{x})}{\partial \boldsymbol{x}} + \boldsymbol{g}(\boldsymbol{x})\boldsymbol{u} \\ \boldsymbol{y} = \boldsymbol{g}^{\mathrm{T}}(\boldsymbol{x}) \dfrac{\partial \boldsymbol{H}(\boldsymbol{x})}{\partial \boldsymbol{x}} \end{cases} \tag{7.3}$$

在 PCH 模型中，$\boldsymbol{u}$ 和 $\boldsymbol{y}$ 的二进制乘积反映了系统与外部交互的能力，$\boldsymbol{R}(\boldsymbol{x}) = \boldsymbol{R}^{\mathrm{T}}(\boldsymbol{x}) > 0$ 是反映系统阻尼特性的内部耗散结构矩阵；$\boldsymbol{J}(\boldsymbol{x})$ 和 $\boldsymbol{g}(\boldsymbol{x})$ 揭示了系统的结构特征；$\boldsymbol{H}(\boldsymbol{x})$ 描述了系统中的总存储能量。

将式(7.2)与式(7.3)进行比较，可以构建 BESS 的 PCH 模型：

$$\begin{cases} \boldsymbol{x} = \left[L_g i_{gd}, L_g i_{gq}, \dfrac{2}{3} C u_{dc}\right]^{\mathrm{T}} \\ \boldsymbol{u} = \left[u_{gd}, u_{gq}, \dfrac{2E_g}{3R_b}\right]^{\mathrm{T}} \\ \boldsymbol{y} = [i_{gd}, i_{gq}, u_{dc}]^{\mathrm{T}} \end{cases} \tag{7.4}$$

$$\begin{cases} \boldsymbol{H} = \dfrac{1}{2} L_g i_{gd}^2 + \dfrac{1}{2} L_g i_{gq}^2 + \dfrac{1}{2}\left(\dfrac{2}{3} C\right) u_{dc}^2 \\ \nabla \boldsymbol{H} = [i_{gd}, i_{gq}, u_{dc}]^{\mathrm{T}} \end{cases} \tag{7.5}$$

$$\boldsymbol{J} = \begin{bmatrix} 0 & \omega L_g & -s_d \\ -\omega L_g & 0 & -s_q \\ s_d & s_q & 0 \end{bmatrix}, \quad \boldsymbol{g} = \begin{bmatrix} 1 & 0 & 0 \\ 0 & 1 & 0 \\ 0 & 0 & 1 \end{bmatrix}, \quad \boldsymbol{R} = \begin{bmatrix} R_g & 0 & 0 \\ 0 & R_g & 0 \\ 0 & 0 & \dfrac{2}{3R_b} \end{bmatrix} \tag{7.6}$$

2. 系统平衡点的确定

构造哈密顿函数 $\boldsymbol{H}_d(\boldsymbol{x})$，它将在平衡点 $\boldsymbol{x}^*$ 处获得最小值。同时，它是具有闭环反馈的期望能量函数。在 EB 方法中，输入为 $\boldsymbol{u} = \alpha(\boldsymbol{x})$，应该将闭环耗散系统设为

$$\dot{\boldsymbol{x}} = [\boldsymbol{J}_d(\boldsymbol{x}) - \boldsymbol{R}_d(\boldsymbol{x})] \frac{\partial \boldsymbol{H}_d(\boldsymbol{x})}{\partial \boldsymbol{x}}$$

$$\begin{cases}\boldsymbol{J}_{\mathrm{d}}(\boldsymbol{x})=\boldsymbol{J}(\boldsymbol{x})+\boldsymbol{J}_{\mathrm{a}}(\boldsymbol{x})=-\boldsymbol{J}_{\mathrm{d}}^{\mathrm{T}}(\boldsymbol{x})\\ \boldsymbol{R}_{\mathrm{d}}(\boldsymbol{x})=\boldsymbol{R}(\boldsymbol{x})+\boldsymbol{R}_{\mathrm{a}}(\boldsymbol{x})=\boldsymbol{R}_{\mathrm{d}}^{\mathrm{T}}(\boldsymbol{x})>0\\ \boldsymbol{H}_{\mathrm{d}}(\boldsymbol{x})=\boldsymbol{H}(\boldsymbol{x})+\boldsymbol{H}_{\mathrm{a}}(\boldsymbol{x})\end{cases} \tag{7.7}$$

在式(7.7)中，$\boldsymbol{H}_{\mathrm{a}}(\boldsymbol{x})$是要确定的函数，是控制器注入的能量，以使系统在平衡点处稳定。为了满足上述要求，在 BESS 中构建 $\boldsymbol{H}_{\mathrm{d}}(x)$：

$$\begin{cases}\boldsymbol{H}_{\mathrm{d}}=\dfrac{1}{2}L_{\mathrm{g}}\ (i_{gd}-i_{gd}^{*})^{2}+\dfrac{1}{2}L_{\mathrm{g}}\ (i_{gq}-i_{gq}^{*})^{2}+\dfrac{1}{2}\left(\dfrac{2}{3}C\right)(u_{\mathrm{dc}}-u_{\mathrm{dc}}^{*})^{2}\\ \nabla\boldsymbol{H}_{\mathrm{d}}=[i_{gd}-i_{gd}^{*}\quad i_{gq}-i_{gq}^{*}\quad u_{\mathrm{dc}}-u_{\mathrm{dc}}^{*}]^{\mathrm{T}}\end{cases} \tag{7.8}$$

在式(7.8)中使用梯度而不是 x 的偏导数。dq 坐标系下的 BESS 参考电流可以通过参考功率直接获取，其已经在式(7.1)中提供。系统的其他平衡点可以通过下式获得：

$$\dot{\boldsymbol{x}}|_{\boldsymbol{x}=\boldsymbol{x}^{*}}=0\Rightarrow\frac{\partial\boldsymbol{H}_{\mathrm{d}}(\boldsymbol{x}^{*})}{\partial\boldsymbol{x}}=0 \tag{7.9}$$

由式(7.1)、式(7.2)和式(7.9)可以获得系统的其他平衡点：

$$\begin{cases}u_{\mathrm{dc}}^{*}=\dfrac{E_{\mathrm{g}}+\sqrt{E_{\mathrm{g}}^{2}-6R_{\mathrm{b}}R_{\mathrm{g}}(i_{gd}^{*2}+i_{gq}^{*2})+4R_{\mathrm{b}}P^{*}}}{2}\\ s_{d}^{*}=\dfrac{-R_{\mathrm{g}}i_{gd}^{*}+\omega L_{\mathrm{g}}i_{gq}^{*}+u_{gd}}{u_{\mathrm{dc}}^{*}}\\ s_{q}^{*}=\dfrac{-R_{\mathrm{g}}i_{gq}^{*}-\omega L_{\mathrm{g}}i_{gd}^{*}+u_{gq}}{u_{\mathrm{dc}}^{*}}\end{cases} \tag{7.10}$$

3. 函数参数的确定

应识别合适的 $\boldsymbol{J}_{\mathrm{a}}(x)$和 $\boldsymbol{R}_{\mathrm{a}}(x)$，并满足 IDA 策略的要求。比较联立式(7.3)和式(7.7)，简化后的结果为

$$(\boldsymbol{J}_{\mathrm{d}}-\boldsymbol{R}_{\mathrm{d}})(-\nabla\boldsymbol{H}_{\mathrm{a}})=(\boldsymbol{J}_{\mathrm{a}}-\boldsymbol{R}_{\mathrm{a}})\nabla\boldsymbol{H}-\boldsymbol{g}\boldsymbol{u} \tag{7.11}$$

式(7.11)在 EB 方法设计中是关键的，其用于求解未确定的系数。BESS 的 EB 控制器中未确定的功能选择为

$$\boldsymbol{J}_{\mathrm{a}}=\begin{bmatrix}0&0&A_{1}\\0&0&A_{2}\\-A_{1}&-A_{2}&0\end{bmatrix},\quad\boldsymbol{R}_{\mathrm{a}}=\begin{bmatrix}R_{1}&0&0\\0&R_{1}&0\\0&0&R_{2}\end{bmatrix} \tag{7.12}$$

将上述式子导入式(7.11)，整理后得到

$$\begin{cases}s_{d}=s_{d}^{*}+\dfrac{R_{1}(i_{gd}-i_{gd}^{*})-A_{1}(u_{\mathrm{dc}}-u_{\mathrm{dc}}^{*})}{u_{\mathrm{dc}}^{*}}\\ s_{q}=s_{q}^{*}+\dfrac{R_{1}(i_{gq}-i_{gq}^{*})-A_{2}(u_{\mathrm{dc}}-u_{\mathrm{dc}}^{*})}{u_{\mathrm{dc}}^{*}}\end{cases} \tag{7.13}$$

$$\frac{R_1 i_{gd}^*(i_{gd}-i_{gd}^*)-A_1 i_{gd}^*(u_{dc}-u_{dc}^*)+R_1 i_{gq}^*(i_{gq}-i_{gq}^*)-A_2 i_{gq}^*(u_{dc}-u_{dc}^*)}{u_{dc}^*}+$$
$$A_1(i_{gd}-i_{gd}^*)+A_2(i_{gq}-i_{gq}^*)+R_2(u_{dc}-u_{dc}^*)=0 \tag{7.14}$$

未确定系数的选择应满足式(7.14)。最后，通过观察，得到

$$\begin{cases} A_1=\dfrac{-R_1 i_{gd}^*}{u_{dc}^*} \\ A_2=\dfrac{-R_1 i_{gq}^*}{u_{dc}^*} \\ R_1=\dfrac{2u_{dc}^{*2}}{3R_b(i_{gd}^{*2}+i_{gq}^{*2})} \\ R_2=-\dfrac{2}{3R_b} \end{cases} \tag{7.15}$$

4. 稳定性分析

控制器应考虑稳定性问题。为了检验 EB 方法的稳定性，本节采用李雅普诺夫第二种方法。考虑到 $\boldsymbol{H}_d$ 是一个正定能量函数，在平衡点仅等于零，可以直接选择李雅普诺夫函数，这将显著简化稳定性分析。系统的稳定性取决于 $\boldsymbol{H}_d$ 的一阶导数：

$$\frac{d\boldsymbol{H}_d}{dt}=[\nabla\boldsymbol{H}_d]^T\dot{\boldsymbol{x}}=[\nabla\boldsymbol{H}_d]^T(\boldsymbol{J}_d-\boldsymbol{R}_d)\nabla\boldsymbol{H}_d \tag{7.16}$$

因为 $\boldsymbol{J}_d$ 是一个倾斜对称矩阵，所以有 $[\nabla\boldsymbol{H}_d]^T\boldsymbol{J}_d\nabla\boldsymbol{H}_d\equiv0$。考虑到 $\boldsymbol{R}_d$ 是正对称矩阵，可以很容易地得到

$$\frac{d\boldsymbol{H}_d}{dt}=[\nabla\boldsymbol{H}_d]^T\dot{\boldsymbol{x}}=-[\nabla\boldsymbol{H}_d]^T\boldsymbol{R}_d\nabla\boldsymbol{H}_d\leqslant0 \tag{7.17}$$

式中，$\boldsymbol{H}_d$ 的导数是负的，在平衡点仅等于零。用李雅普诺夫第二种方法判断，平衡点是渐近稳定的。此外，很明显，当 $\|\boldsymbol{x}\|\to\infty$，$\boldsymbol{H}_d\to\infty$。因此，在平衡点处实现了大范围的渐近稳定性。值得注意的是，卓越的稳定性是 EB 方法的显著优势。

通过上述步骤，完成了能量控制器的初步设计，接下来继续探讨对系统整体上的分析和 PI 控制器的设计。

由于模型误差和噪声的影响，EB 方法可能具有静态误差，此时引入积分环节可以解决这个问题，提高系统的鲁棒性。考虑到控制变量是 s_d 和 s_q，需要将它们的位置从内联结构矩阵 $\boldsymbol{J}$ 中转移到控制输入 $\boldsymbol{u}$ 中

$$\begin{cases}\dot{\boldsymbol{x}}=(\boldsymbol{J}-\boldsymbol{R})\nabla \boldsymbol{H}+\boldsymbol{g}\boldsymbol{u}=(\boldsymbol{J}_{\text{new}}-\boldsymbol{R})\nabla \boldsymbol{H}+\boldsymbol{g}_1\boldsymbol{u}_1+\boldsymbol{g}_2\boldsymbol{u}_2\\ \boldsymbol{y}_1=\boldsymbol{g}_1^{\text{T}}\ \nabla \boldsymbol{H}\\ \boldsymbol{y}_2=\boldsymbol{g}_2^{\text{T}}\ \nabla \boldsymbol{H}\end{cases}\tag{7.18}$$

$$\boldsymbol{g}_1=\boldsymbol{g}=\begin{bmatrix}1&0&0\\0&1&0\\0&0&1\end{bmatrix},\quad \boldsymbol{g}_2=\begin{bmatrix}-u_{\text{dc}}&0\\0&-u_{\text{dc}}\\i_{gd}&i_{gq}\end{bmatrix},\quad \boldsymbol{J}_{\text{new}}=\begin{bmatrix}0&\omega L_{\text{g}}&0\\-\omega L_{\text{g}}&0&0\\0&0&0\end{bmatrix}\tag{7.19}$$

$$\begin{cases}u_1=u=\left[u_{gd},u_{gq},\dfrac{2E_{\text{g}}}{3R_{\text{b}}}\right]^{\text{T}}\\ u_2=[s_d,s_q]^{\text{T}}\\ \boldsymbol{y}_1=\boldsymbol{y}=[i_{gd},i_{gq},u_{\text{dc}}]^{\text{T}}\\ \boldsymbol{y}_2=[0,0]^{\text{T}}\end{cases}\tag{7.20}$$

定义 $\boldsymbol{y}_{2\text{d}}=\boldsymbol{g}_2^{\text{T}}\ \nabla \boldsymbol{H}_{\text{d}}$。由式(7.8)可以发现$\nabla \boldsymbol{H}_{\text{d}}$ 代表误差。因此定义一个量如下：

$$\boldsymbol{Z}=-\boldsymbol{K}_{\text{I}}\int \boldsymbol{y}_{2\text{d}}\,\text{d}t=-\boldsymbol{K}_{\text{I}}\int \boldsymbol{g}_2^{\text{T}}\ \nabla \boldsymbol{H}_{\text{d}}\,\text{d}t\tag{7.21}$$

式(7.21)中,$\boldsymbol{Z}$ 是误差的积分。很明显有 $\dot{\boldsymbol{Z}}=-\boldsymbol{K}_{\text{I}}\boldsymbol{g}_2^{\text{T}}\ \nabla \boldsymbol{H}_{\text{d}}$。当 $\dot{\boldsymbol{Z}}$ 趋于零,没有稳定的误差。定义

$$\begin{cases}\boldsymbol{H}_{\text{dZ}}=\dfrac{\boldsymbol{Z}^{\text{T}}\boldsymbol{K}_{\text{I}}^{-1}\boldsymbol{Z}}{2}\\ \boldsymbol{H}_{\text{T}}(\boldsymbol{x},\boldsymbol{Z})=\boldsymbol{H}_{\text{d}}(\boldsymbol{x})+\boldsymbol{H}_{\text{dZ}}(\boldsymbol{Z})\end{cases}\tag{7.22}$$

现在构建一个新的扩展 PCH 模型：

$$\begin{bmatrix}\dot{\boldsymbol{x}}\\ \dot{\boldsymbol{Z}}\end{bmatrix}=\begin{bmatrix}\boldsymbol{J}_{\text{d}}-\boldsymbol{R}_{\text{d}}&\boldsymbol{K}_{\text{I}}\boldsymbol{g}_2\\-\boldsymbol{K}_{\text{I}}\boldsymbol{g}_2^{\text{T}}&0\end{bmatrix}\begin{bmatrix}\dfrac{\partial \boldsymbol{H}_{\text{T}}(\boldsymbol{x},\boldsymbol{Z})}{\partial \boldsymbol{x}}\\ \dfrac{\partial \boldsymbol{H}_{\text{T}}(\boldsymbol{x},\boldsymbol{Z})}{\partial \boldsymbol{Z}}\end{bmatrix}\tag{7.23}$$

此外,可以得到

$$\begin{cases}\dfrac{\partial \boldsymbol{H}_{\text{T}}(\boldsymbol{x},\boldsymbol{Z})}{\partial \boldsymbol{x}}=\nabla \boldsymbol{H}_{\text{d}}\\ \dfrac{\partial \boldsymbol{H}_{\text{T}}(\boldsymbol{x},\boldsymbol{Z})}{\partial \boldsymbol{Z}}=\boldsymbol{K}_{\text{I}}^{-1}\boldsymbol{Z}\end{cases}\tag{7.24}$$

原始 PCH 系统中 $\boldsymbol{x}^*$ 的所有稳定性特性都保留在新的扩展 PCH 系统中。对于这个扩展的 PCH 系统有

$$\begin{bmatrix} s_{d\text{new}} \\ s_{q\text{new}} \end{bmatrix} = \begin{bmatrix} s_d \\ s_q \end{bmatrix} + \boldsymbol{Z} = \begin{bmatrix} s_d \\ s_q \end{bmatrix} - \boldsymbol{K}_\text{I}\int \boldsymbol{g}_2^\text{T}\ \nabla \boldsymbol{H}_\text{d}\,\text{d}t \tag{7.25}$$

在替换后，最终可以获得

$$\begin{cases} s_{d\text{new}} = s_d + \boldsymbol{K}_\text{I}\int u_\text{dc}(i_{gd} - i_{gd}^*)\text{d}t - \boldsymbol{K}_\text{I}\int i_{gd}(u_\text{dc} - u_\text{dc}^*)\text{d}t \\ s_{q\text{new}} = s_q + \boldsymbol{K}_\text{I}\int u_\text{dc}(i_{gq} - i_{gq}^*)\text{d}t - \boldsymbol{K}_\text{I}\int i_{gq}(u_\text{dc} - u_\text{dc}^*)\text{d}t \end{cases} \tag{7.26}$$

值得指出的是，$\boldsymbol{K}_\text{I}$ 的选择仅取决于静态误差。总的来说，EB 方法的主要缺点是初始设计过程较复杂，需要经验。但是，由于计算量很小，EB 方法的实现非常简单。总之，它非常适合像 BESS 这样的多输入/多输出系统。

与 EB 控制器相比，传统的 PI 控制器应该仔细设计。dq 坐标系下使用 PI 方法的系统控制图如图 7.3 所示。在执行器中，控制有两个不利因素，一个是 d 轴和 q 轴之间 BESS 电流的耦合特性，这将导致控制器设计的困难；另一个是 BESS 电流控制会受到电网电压的扰动作用，这将使系统的瞬态性能恶化。为了解决这些问题，采用经典的电流前馈解耦 PI 控制策略。

在图 7.3 中，e 是当前的跟踪误差。在 PI 控制器之后，将 $d-q$ 帧中的 BESS 电流控制去耦，并向前馈送电网电压 u_g 以抑制干扰。v 是 PI 控制器输出和前馈去耦部分的总和。考虑到 VSC 等效于比例放大器，为了简化设计，将 v 除以放大率 $u_\text{dc}/2$ 以获得占空比 s，这将使等效 PWM 放大率 $k_\text{PWM}=1$。u_t 成为 VSC 的输出电压。

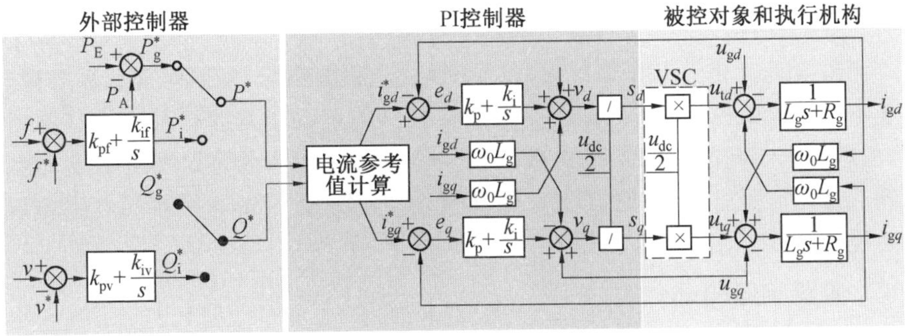

图 7.3　使用 PI 方法的系统控制图

本节采用经典 PI 参数调整方法。关键的思路是 PI 控制器应该取消不利极点 R_g/L_g。特别是，如果阻尼比 ξ 选择为 0.707，则 PI 参数可以通过下式获得。

$$k_\text{p} = \frac{L_\text{g}}{3T_\text{s}},\quad k_\text{i} = \frac{R_\text{g}}{3T_\text{s}} \tag{7.27}$$

闭环传递函数是典型的二阶系统，关键技术指标可以很容易地推导出来。

具体而言，超调量为 4.3%，相位裕度为 65.5°，上升时间为 7.08T_s，剪切频率为 0.303/T_s。总的来说，该系统具有良好的跟踪性能和稳定性。

7.2.3 蓄电池储能系统的仿真验证与结果分析

为了验证 EB 方法的性能，使用软件 Matlab(MathWorks，Natick，MA，USA)实施详细的案例模拟研究。在该验证中，采用常规 PI 方法进行比较。PI 系数由经典参数调整方法精心设计。在模拟中，采用 fixed-step 和 ode3 算法。总模拟时间为 20 s。在 1 s 之前，变换器不工作，这段时间足以使锁相环(PLL)稳定。在1 s，变换器开始工作。表 7.1 列出了主要模拟参数。

表 7.1 主要模拟参数

参数名称	参数值
采样/切换频率	10 kHz/10 kHz
蓄电池标称/完全充电电压	800 V/931.2 V
C, R_b	1 000 μF, 0.16 Ω
L_g, R_g	1 mH, 1.1 mΩ
P_E	300 kW
$\boldsymbol{K}_I$	0.2
k_p, k_i	3.333, 3.667
k_{pf}, k_{if1} ①	0.3, 0.4
k_{pv}, k_{iv1} ①	0.002, 0.001

注：①能量单位是 kW 或 kvar。

测试 MG 考虑了几种情况，包括阶跃响应、斜坡响应、并网模式和孤岛模式。由于不可避免的模型不匹配，必须测试参数不确定系统的鲁棒性。在这项研究中，考虑两个不同的 L_g 和 R_g 参数案例。这主要是因为获得这两个时变参数的准确值是相对困难的，有时候工程师甚至会主动改变连接电抗器的电感值以调整系统性能。

1. 阶跃响应测试

阶跃响应测试情况下，参考功率起初为零，并且分别在时间点 8 s 和 14 s 变为−20 kW 和 40 kW。考虑两种不同的参数情况：案例 A1 是模型匹配情况，L_g=1 mH，R_g=1.1 mΩ；案例 A2 是模型失配情况，L_g=4 mH，R_g=0.2 Ω。

图 7.4(a)和(b)所示为案例 A1 中 PI 和 EB 方法控制器的阶跃响应。可以看出，它们都可以跟踪阶跃参考而没有稳定误差。但是，一些细节值得进一步考虑。首先，在 1 s 时，当变换器开始工作时，它相当于控制器干扰。此时，PI 方法

会产生较大的超调，需要一个持续时间达 2.5 s 的长恢复过程，该时间定义为调整时间。相反，EB 方法的过冲较小，恢复过程所用时间小于 0.05 s。因此，EB 方法具有比 PI 方法更好的抗干扰性能。其次，两种方法都以非常快的速度（小于 0.02 s）跟踪步进参考，并且几乎不存在过冲。然而，PI 方法仍然需要一些时间来消除稳定误差（这可以在 14 s 时看到），而 EB 方法完全避免了这个过程。最后，可以在放大的图中观察到，EB 方法具有更平滑的稳定性能，这也表明通过 EB 方法可以实现相对小的低频谐波和纹波峰值。值得注意的是，EB 方法的主要谐波频率高于 PI 方法，而一些额外的滤波器装置可以容易地吸收高频谐波。

图 7.4(c)和(d)所示为案例 A2 中 PI 和 EB 方法控制器的阶跃响应。可以观察到 EB 方法在瞬态和稳态下均保持了优异的性能。相反，PI 方法具有更差的恢复过程，过冲增加到 −36 kW，调整时间延长到近 4 s，且在 14 s，PI 方法呈现较慢的跟踪过程。

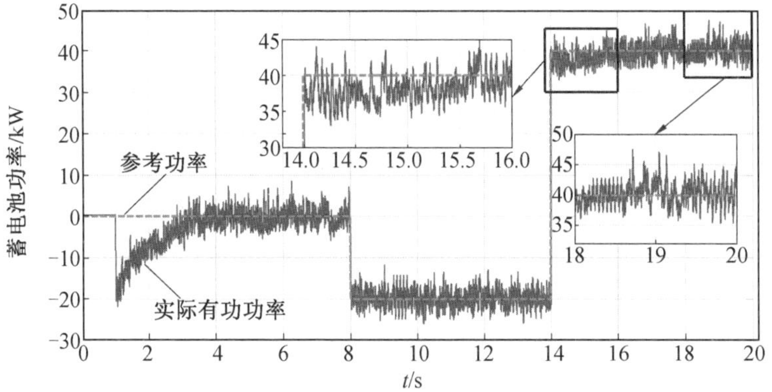

(a) PI方法(案例A1)

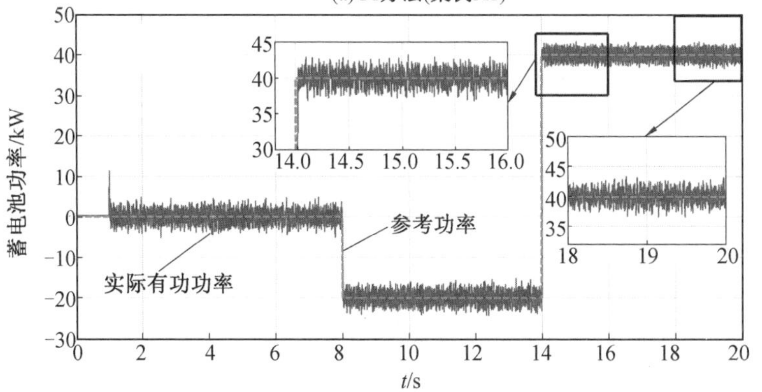

(b) EB方法(案例A1)

图 7.4　控制器的阶跃响应

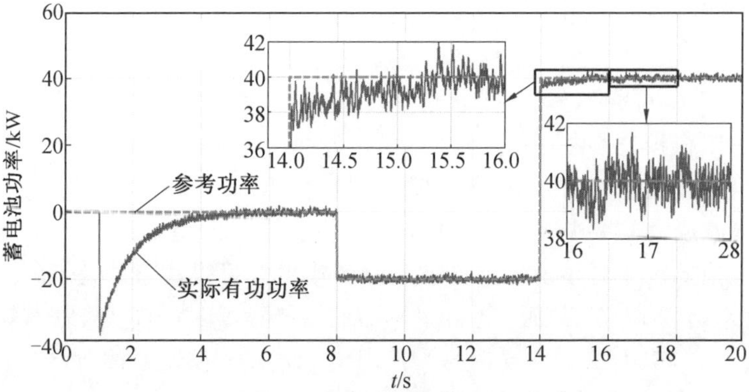

(c) PI方法(案例A2)

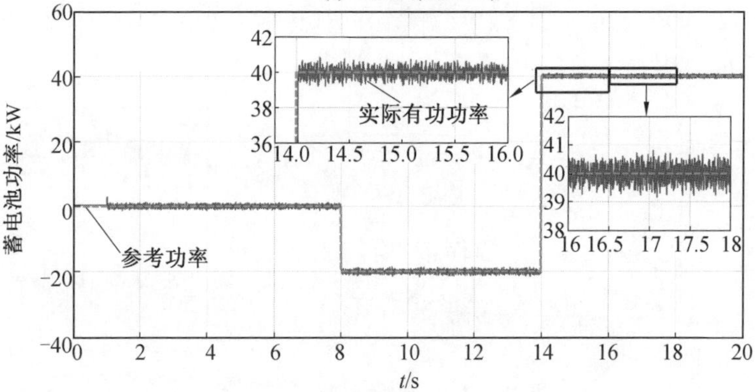

(d) EB方法(案例A2)

续图 7.4

图 7.5(a)所示为当 L_g 变化且 R_g 固定为 1.1 mΩ 时的功率超调(1 s)。图 7.5(b)所示为当 R_g 变化且 L_g 固定为 1 mH 时的调整时间。可以发现,PI 方法的性能受参数变化的显著影响,而 EB 方法对参数不确定性具有优越的鲁棒性。

2. 斜坡响应测试

斜坡响应测试方案还可用于测试变换器的控制性能。变换器从 1 s 开始,参考值逐渐增加,斜率为 10 kW/s。案例 B1 是 L_g=1 mH 且 R_g=1.1 mΩ 的情况,案例 B2 是 L_g=4 mH 且 R_g=0.2 Ω 的条件。图 7.6 比较了这两种情况下 PI 和 EB 方法的斜率响应性能。可以看出,与 PI 方法相比,EB 方法具有明显更好的跟踪能力。另外,当参数变化时,EB 方法可以保持其令人满意的性能。相反,PI 方法的性能在过冲和调整时间方面都有显著变化。

3. 并网模式测试

图 7.7 给出了 MG 在并网模式测试中一些主要部分的功率。在这种情况

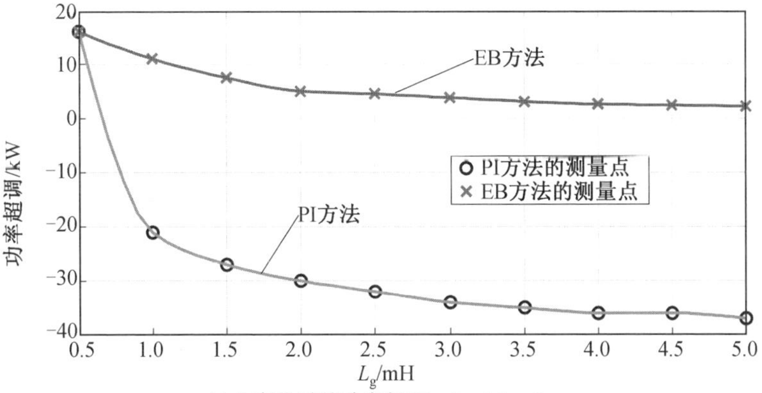

(a) L_g变化时的功率超调，R_g=1.1 mΩ

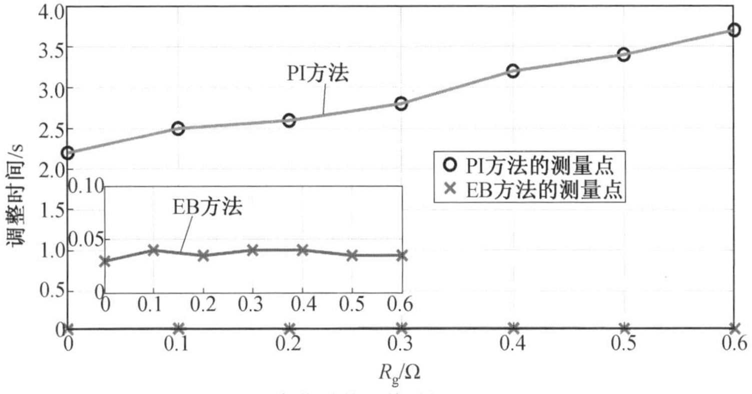

(b) R_g变化时的调整时间，L_g=1 mH

图 7.5　参数变化时不同方法的曲线(步骤响应)

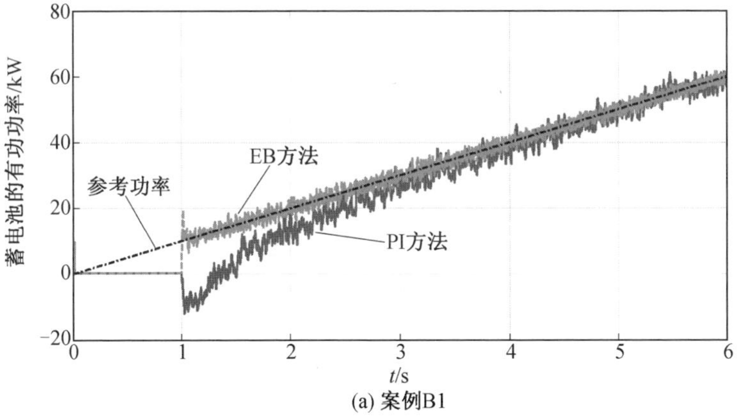

(a) 案例B1

图 7.6　控制器的斜坡响应

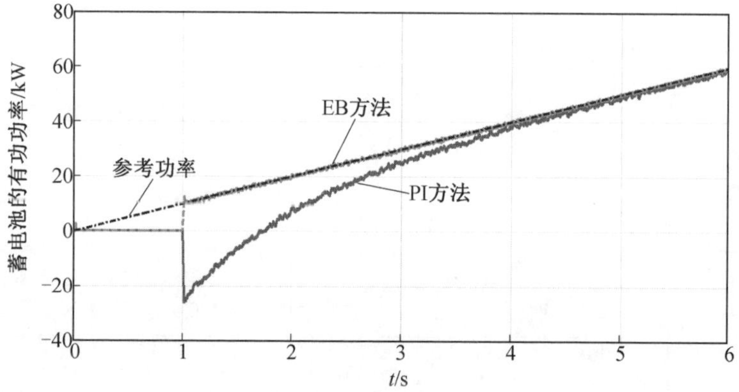

(b) 案例B2

续图 7.6

下,已经确定 P_B 的充电方向是正的,如图 7.1 所示。因此,P_B 的波动与风力发电功率的波动方向相同。负载包括线性和非线性部分:线性部分是 350 kW 的电阻器,非线性部分是电容器滤波二极管整流器电路,在 DC 侧配有 4 Ω 电阻器。案例 C1 是模型匹配情况,这意味着 $L_g=1$ mH 且 $R_g=1.1$ mΩ,案例 C2 是 $L_g=4$ mH 和 $R_g=0.2$ Ω 的模型失配情况。

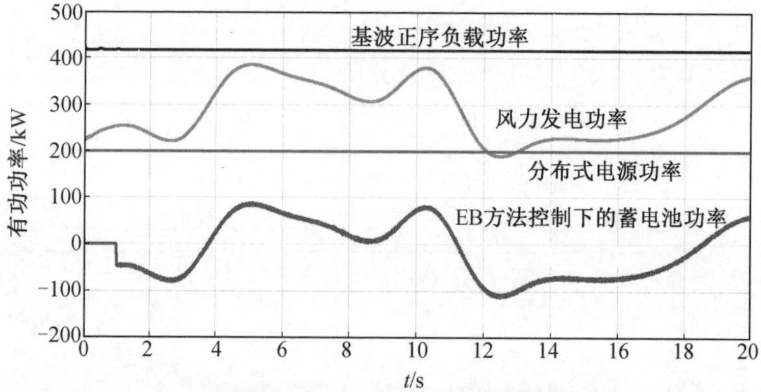

图 7.7　MG 在并网模式测试中一些主要部分的功率

图 7.8(a)和(b)比较了在案例 C1 中 EB 和 PI 方法的电源平滑性能。当变换器在 1 s 开始工作时,PI 方法有一个干扰恢复过程,调整时间约为 2.7 s,而 EB 方法进入稳态非常快,几乎没有功率超调。此外,当 PI 方法处于稳定状态时,表现出明显的轻微低频波动,而 EB 方法提供了更平滑的性能。

图 7.8(c)和(d)比较了案例 C2 中两种方法的平滑性能。EB 方法保持了良好的性能,而 PI 方法的性能不令人满意。可以注意到,EB 方法的平滑功率比 PI 方法更平坦。此外,PI 方法在1 s时刻的过冲增加到接近 36 kW,调整时间超过 4 s。

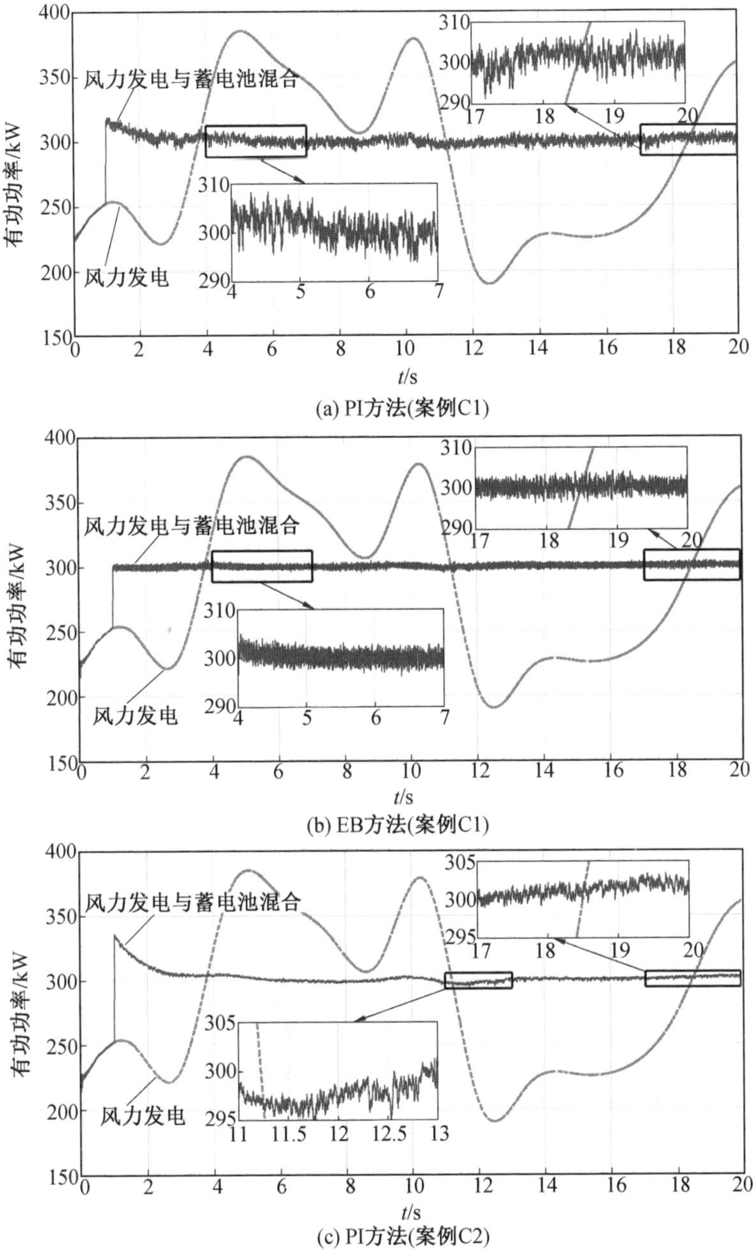

(a) PI方法(案例C1)

(b) EB方法(案例C1)

(c) PI方法(案例C2)

图 7.8　电源平滑性能

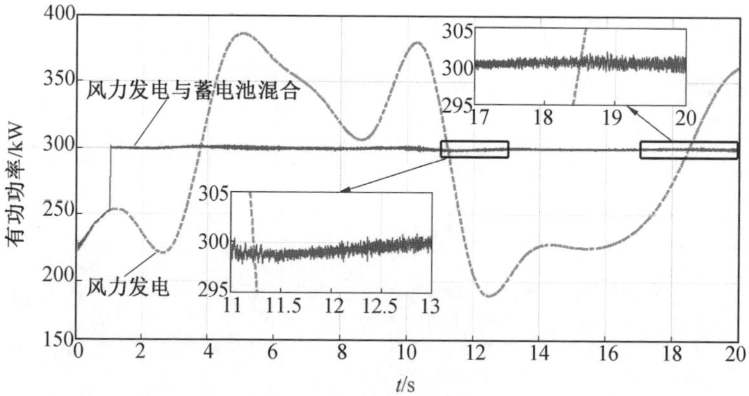

(d) EB方法(案例C2)

续图 7.8

图 7.9(a)和(b)分别给出了当 L_g 和 R_g 变化时的功率超调和调整时间。可以发现 EB 方法对参数不确定性具有更好的鲁棒性，并且参数极大地影响 PI 方法的性能。

图 7.10 给出了在案例 C1 和 C2 中 12～20 s 期间采用 PI 和 EB 方法平滑风电功率波动后输出功率的傅里叶分析结果中低频分量的峰值功率。可以看出，PI 方法的平滑功率具有比 EB 方法更多的低频纹波，这主要是因为 PI 方法的跟踪能力不足，尤其是当风力发生剧烈变化时。在案例 C1 中，PI 方法的平滑功率的总纹波均方根(RMS)值为 2.5 kW，而 EB 方法减小到 1.05 kW。在案例 C2 中，PI 方法的平滑功率的总纹波 RMS 值为 1.6 kW，而 EB 方法仅为 0.6 kW。此外，可发现与 PI 方法相比，EB 方法具有更小的峰值纹波值。

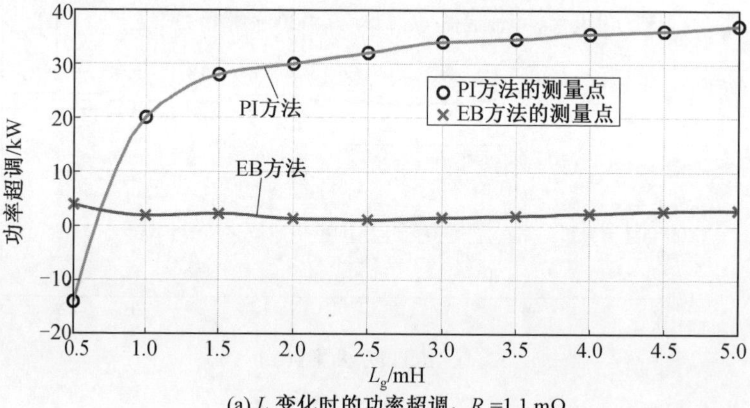

(a) L_g变化时的功率超调，R_g=1.1 mΩ

图 7.9　参数变化时不同方法的曲线(平滑功率)

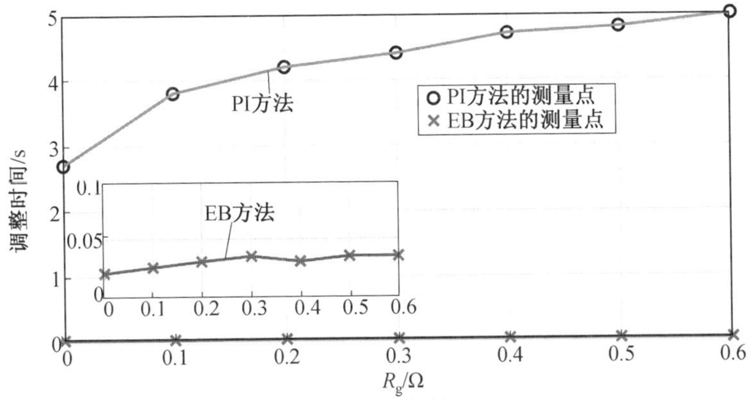

(b) R_g变化时的调整时间，L_g=1 mH

续图 7.9

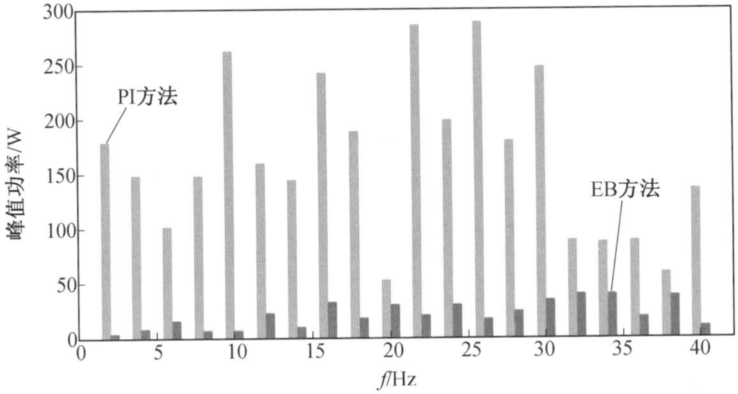

(a) 案例C1

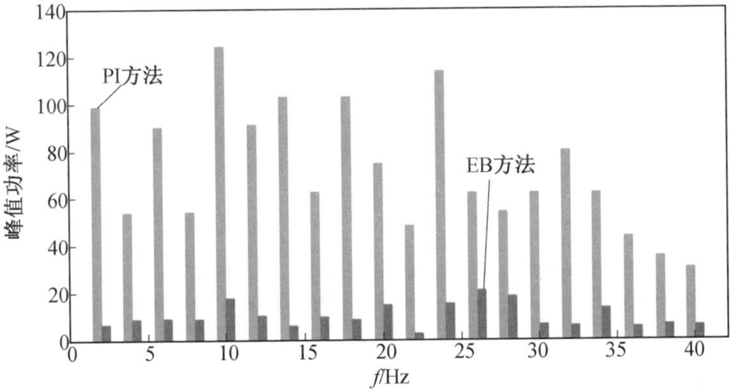

(b) 案例C2

图 7.10　低频分量的峰值功率比较

图 7.11 给出了案例 C1 中的功率跟踪性能。可以看出,PI 和 EB 方法都可以很好地遵循参考值。然而,EB 方法具有更强的跟踪能力和更小的纹波。特别是当参考值突然变化时,PI 方法存在一些跟踪误差,如放大图所示,而 EB 方法避免了这个问题。此外,PI 方法需要干扰恢复过程,而 EB 方法跟踪非常快。因此,EB 方法的抗干扰和跟踪能力优于 PI 方法。

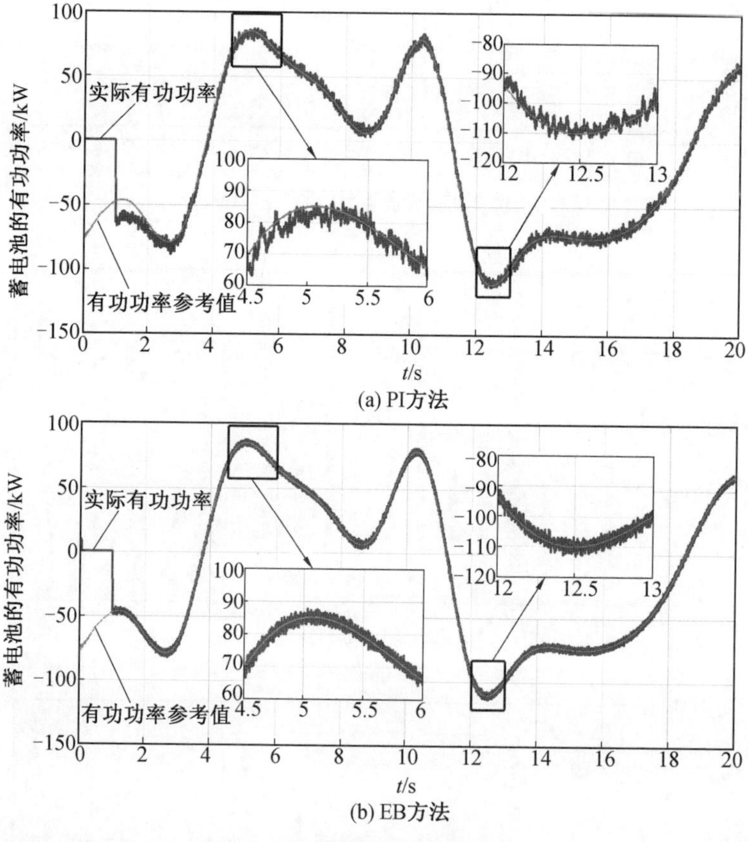

图 7.11 功率跟踪性能(案例 C1)

4. 孤岛模式测试

BESS 用于调节孤岛模式下的频率和电压。BESS 的有功功率和无功功率参考值分别由额外的 $f-p$ 和 $v-q$ 的 PI 控制器生成。在这种情况下,假设风力发电在 $P_W=300$ kW 处是恒定的,初始负荷是 $P_L=500$ kW。在 5 s 时,MG 进入孤岛模式;在 10 s 时,$\Delta P_L=40$ kW 电阻连接到 MG,并在 15 s 时断开。图 7.12 提供了孤岛模式测试中 MG 的一些主要部分的功率。

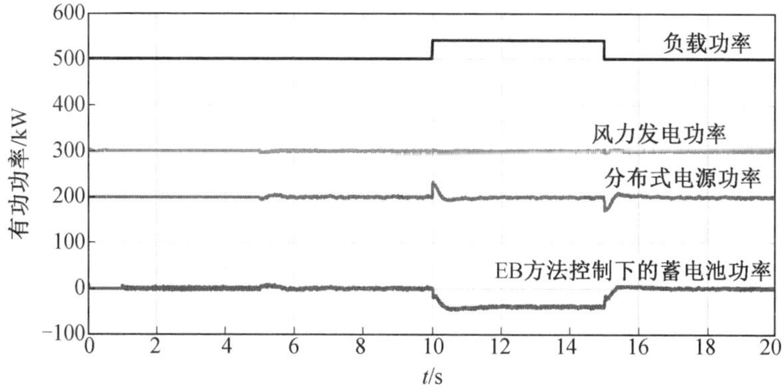

图 7.12　MG 的一些主要部分的功率(孤岛模式)

图 7.13(a)比较了 PI 和 EB 方法的频率调节性能,图 7.13(b)比较了二者的电压调节性能。PI 和 EB 方法的性能非常相似,因为控制性能主要取决于外部 $f-p$和 $v-q$ 的 PI 控制器,它们的外部 PI 控制器是相同的。通过比较可以发现,与 PI 方法相比,EB 方法具有更好的瞬态性能和更小的纹波。

5. 敏感性分析

为了分析系统参数对控制性能的影响,对设计的控制器进行灵敏度测试,考虑并网模式和孤岛模式。为了评估系统对参数变化的灵敏度水平,将灵敏度分析因子(SAF)定义为

$$\text{SAF}=\frac{\Delta A/A}{\Delta F/F} \tag{7.28}$$

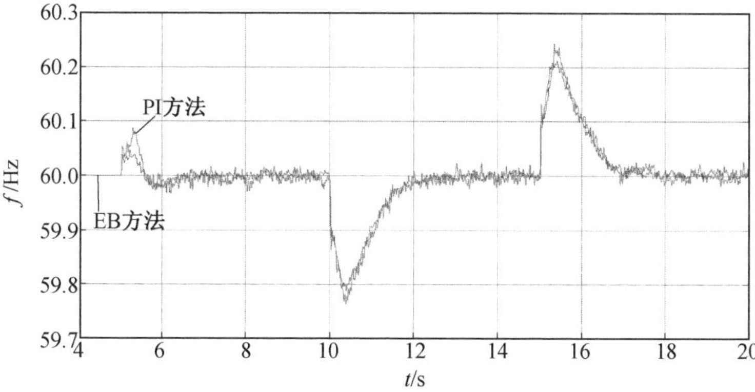

(a) 频率调节

图 7.13　孤岛模式下的性能

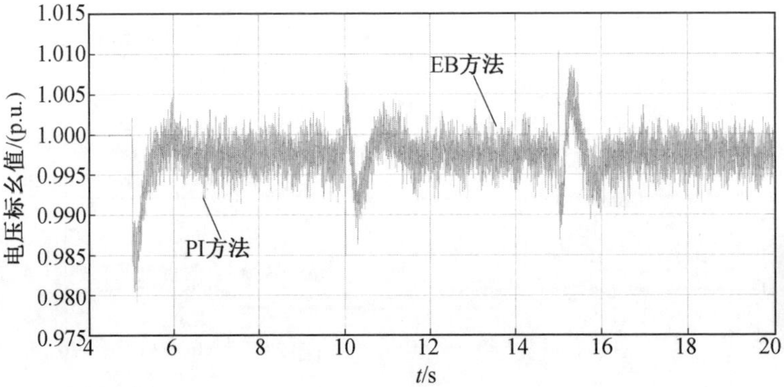

(b) 电压调节

图 7.13 孤岛模式下的性能

式中 $\Delta A/A$——评估指数的变化率；

$\Delta F/F$——不确定性的变化率。

当 SAF>0 时，意味着评价指标和不确定因素在同一方向上变化；当 SAF<0 时，它们反向变化。|SAF|越大，评估指标 A 对不确定性 F 越敏感。F 的变化程度不重要，重点关注在参数变化时 SAF 的表现。

在并网模式下，选择平滑功率的峰值纹波系数(PRF)作为评估指标，因为它不仅可以指示平滑度，还可以指示纹波水平。将 PRF 定义为

$$\mathrm{PRF}=\frac{P_{\mathrm{p-p}}}{P_{\mathrm{dc}}} \tag{7.29}$$

式中 $P_{\mathrm{p-p}}$——平滑功率的峰-峰值；

P_{dc}——平滑功率的平均值。

PRF 越小，功率越平滑，波纹越小。实际条件应确定 PRF 的容许水平。在本研究中，选择 PRF 的容差范围为 8%，这对应于 24 kW 的最大纹波峰-峰值功率。下面将更改几个关键系统参数并测试 EB 方法的 SAF 性能，测试结果见表 7.2。

从表 7.2 中可以发现 PRF 对 R_{b}，C，R_{g}，ΔP_{W} 和 P_{L} 的变化不敏感。对蓄电池额定电压 E_{n} 适度敏感，因为控制性能与 DC 电压有关。然而，当 E_{n} 增加 10%并达到 880 V(对于实际系统而言是非常高的值)时，PRF 仍然非常低。最敏感的因素是并网模式下的 L_{g}。图 7.14 比较了 L_{g} 变化时 PI 和 EB 方法的稳态 PRF 性能。值得注意的是，PI 方法的干扰恢复过程被排除在测试范围之外。为了满足 PRF <8%的要求，应该选择 L_{g}>0.33 mH 作为 EB 控制器参数，L_{g}>0.71 mH作为 PI 控制器参数。

表 7.2　并网模式下 EB 方法的 SAF 性能

参数	变化率/%	P_{dc}/kW	P_{p-p}/kW	PRF/%	SAF
No	0	300.0	10.689	3.563	—
E_n	10	300.0	11.250	3.750	0.524 8
R_b	100	299.2	11.035	3.689	0.035 0
C	10	300.0	10.591	3.530	−0.092 6
L_g	−50	300.0	19.493	6.498	−1.647 3
R_g	100	300.0	11.215	3.738	0.049 0
ΔP_W[①]	100	300.1	12.800	4.265	0.197 0
P_L	100	300.0	10.565	3.520	−0.012 0

注:①ΔP_W 表示风力发电的波动。

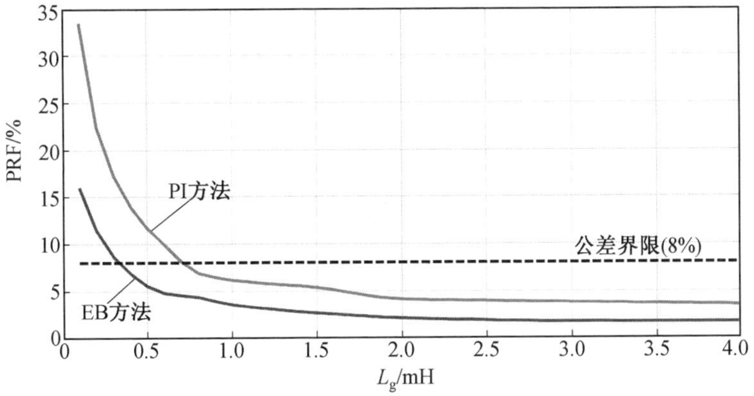

图 7.14　L_g 变化时 PI 和 EB 方法的稳态 PRF 性能

在孤岛模式下,选择模式转换期间(5 s 时)的频率超调值 Δf 作为评估指标。Δf 定义为峰值频率和固定频率之间的差值。在本节中,公差范围确定为±0.5 Hz。孤岛模式 EB 方法的 SAF 性能见表 7.3。可以发现,最敏感的参数是初始负载功率 P_L 和风力发电功率 P_W。图 7.15 显示了这两个参数变化时的频率超调。为了确保公差范围内的过冲,可以将 PI 方法的负载功率从−14.54%更改为 18.68%。而对 EB 方法,负载变化区域可以从−15.82%到 20.6%。对于 PI 方法,风力发电功率可以从−33.2%变为 25.27%。而对于 EB 方法,它可以在−37.3%到 29%之间变化。EB 方法的允许变化区域大于 PI 方法的允许变化区域。

表 7.3　孤岛模式下 EB 方法的 SAF 性能

参数	变化率/%	Δf/Hz	SAF
No	0	0.0461	—
E_n	10	0.036 7	−2.039 0
R_b	100	0.038 8	−0.158 0
C	10	0.041 4	−1.019 5
L_g	100	0.038 4	−0.167 0
R_g	100	0.040 4	−0.123 6
P_W	10	0.193 9	32.060 0
P_L	−10	0.315 2	−58.370 0

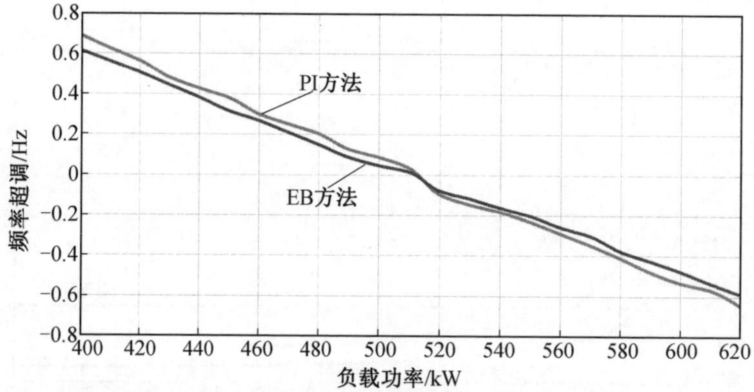

(a) 负载功率变化时

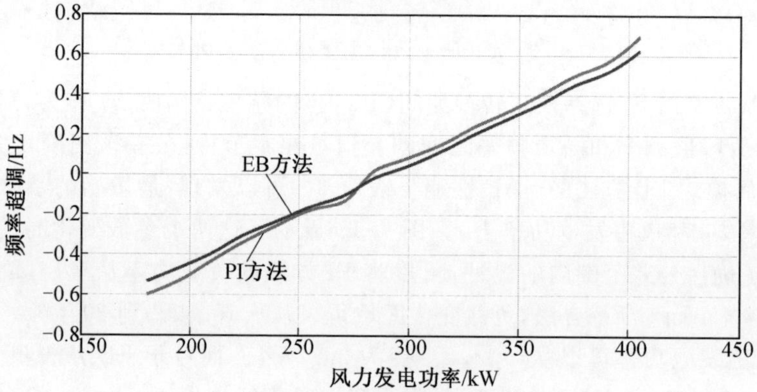

(b) 风力发电功率变化时

图 7.15　PI 和 EB 方法的频率超调(5 s 时)

在本节中，EB方法应用于BESS，以克服PI方法的固有缺点并提高控制性能。本节提出了基于IDA策略的详细逐步设计方法，首先构建了BESS的PCH模型，然后解决了控制变量的平衡点，计算并获得未确定的矩阵，最后结合积分作用以增强EB方法的稳定性。

案例仿真结果表明，EB方法在稳态和瞬态状态下均优于PI方法。具体而言，EB方法与传统PI方法相比具有三个优点。首先，EB方法具有比PI方法更好的跟踪能力：EB方法具有优异的稳态性能和平滑功率的较小纹波。其次，EB方法具有比PI方法更好的抗干扰能力：在模拟中，PI方法具有缓慢的干扰恢复过程，具有显著的过冲。相反，EB方法只有轻微的过冲，几乎避免了干扰恢复过程。最后，EB方法对参数不确定性具有优越的鲁棒性。PI方法的性能基本上受参数影响，而EB方法保持了令人满意的性能。

虽然EB方法的性能优于PI方法，但EB方法的主要缺点是设计复杂度较高，这限制了EB方法在电源变换器中的应用。但是，EB方法的实现很简单。本节中提出的EB方法的逐步设计过程对于想要研究EB方法的人是有用的。本节建议的BESS的EB方法不依赖于MG配置，所提出的方法可以容易地应用于其他MG配置。

7.3 超导磁储能系统能量成型控制

7.3.1 基于ESP方法的SMES的电流回路控制

化石能源危机加速了可再生能源发电（RPG）的发展。微电网是未来智能电网的重要组成部分，可以灵活地将可再生能源发电集成到电力系统。典型的可再生能源发电如风能和光伏发电具有较高的间歇性和波动性，这会降低电力系统的稳定性。因此，能量存储系统（ESS）在微电网中必不可少，以维持输出功率、电压和频率。由于使用年限和功率密度方面的显著优势，超导磁储能系统在微电网应用中是一种有良好前景的储能系统。到目前为止，SMES已经在微电网中用于功率平滑、负载跟随、功率振荡阻尼、功率因数校正、动态电压改善等方面。在本节中，SMES应用于微电网，用于并网模式下的功率平滑输出以及孤岛模式下的频率与电压的调节。

功率调节系统（PCS）用于在超导线圈和AC电网之间传递能量。PCS的电源开关可以是半受控型器件晶闸管或完全受控器件，如IGBT。PCS拓扑分为两种类型:电压源变换器(VSC)和电流源变换器(CSC)。在本节中,由于相关技术成熟,应用广泛,SMES 采用 IGBT 作为开关的基于 VSC 的拓扑结构。

图 7.16 描述了本节中使用的 SMES 拓扑。超导线圈首先通过双向 DC-DC 变换器连接到 DC 电容器,然后通过 VSC 连接到 AC MG。这种拓扑结构为基于 VSC 的 SMES。VSC 可以独立控制有功功率和无功功率的传输。

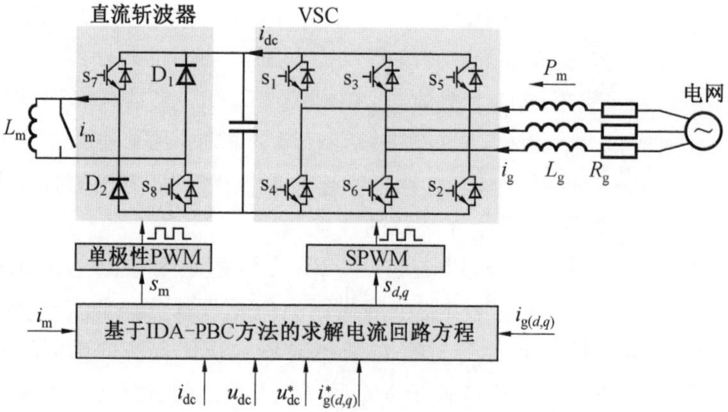

图 7.16　SMES 拓扑

(IDA-PBC:基于互联与阻尼分配的无源控制)

在图 7.16 中,s 代表 IGBT,D 代表功率二极管。假设流入 SMES 的方向对于 SMES 电流 i_g 和功率 P_m 都是正的。超导线圈通过双向 DC-DC 斩波器充电和放电,以保持稳定的 DC 电容电压。当 DC 电压被控制为恒定时,从 SMES 释放的能量是系统损耗和注入电网的能量之和。

在本节中,针对 SMES 的电流回路中使用的基于能量成型的控制方法(ESP 方法)被提议用于 DC-DC 变换器和 VSC 变换器以提高鲁棒性。如图 7.16 所示,ESP 方法直接计算变换器的占空比以控制 SMES。综合考虑 SMES 的鲁棒性的 ESP 方法的详细设计过程包括以下 4 个步骤。

1. 建立数学模型

ESP 方法的设计需要基于 VSC 的 SMES 的数学模型。为了便于分析和控制,VSC 模型以两相同步旋转 dq 坐标系表示。有

$$\begin{cases} L_g \dfrac{di_{gd}}{dt} = -R_g i_{gd} + \omega_0 L_g i_{gq} - s_d u_{dc} + u_{gd} \\ L_g \dfrac{di_{gq}}{dt} = -R_g i_{gq} - \omega_0 L_g i_{gd} - s_q u_{dc} + u_{gq} \\ C \dfrac{du_{dc}}{dt} = i_{dc} - s_m i_m \\ L_m \dfrac{di_m}{dt} = s_m u_{dc} \end{cases} \tag{7.30}$$

式(7.30)给出了图 7.16 中描绘的 SMES 的数学模型。s_d 和 s_q 用于 VSC 控制，s_m 用于 DC－DC 斩波器控制。为简化分析，s_m 定义为

$$s_m = s_7 + s_8 - 1 \tag{7.31}$$

同时，在 ESP 方法中，系统的 PCH 模型应建立为以下标准形式：

$$\begin{cases} \dot{\boldsymbol{x}} = [\boldsymbol{J}(\boldsymbol{x}) - \boldsymbol{R}(\boldsymbol{x})]\nabla \boldsymbol{H}(\boldsymbol{x}) + \boldsymbol{g}(\boldsymbol{x}) u(\boldsymbol{x}) \\ \boldsymbol{y}(\boldsymbol{x}) = \boldsymbol{g}^{\mathrm{T}}(\boldsymbol{x}) \nabla \boldsymbol{H}(\boldsymbol{x}) \end{cases} \tag{7.32}$$

式中，$\boldsymbol{R}(\boldsymbol{x})$描述了耗散系统的阻尼特性，应该满足$\boldsymbol{R}(\boldsymbol{x}) = \boldsymbol{R}^{\mathrm{T}}(\boldsymbol{x}) > 0$；$\boldsymbol{J}(\boldsymbol{x})$和$\boldsymbol{g}(\boldsymbol{x})$可以描述物理系统的互连特性；$\boldsymbol{H}(\boldsymbol{x})$是对应于系统的存储能量的能量函数。

由式(7.30)～(7.32)，基于 VSC 的 SMES 的 PCH 模型为

$$\begin{cases} \boldsymbol{x} = [L_g i_{gd} \quad L_g i_{gq} \quad C u_{dc} \quad L_m i_m]^{\mathrm{T}} \\ u = [s_d \quad s_q \quad u_{gd} \quad u_{gq} \quad i_{dc} \quad 0]^{\mathrm{T}} \\ \boldsymbol{H} = \dfrac{1}{2} L_g i_{gd}^2 + \dfrac{1}{2} L_g i_{gq}^2 + \dfrac{1}{2} C u_{dc}^2 + \dfrac{1}{2} L_m i_m^2 \\ \boldsymbol{y} = \nabla \boldsymbol{H} = [i_{gd}, i_{gq}, u_{dc}, i_m]^{\mathrm{T}} \end{cases} \tag{7.33}$$

$$\boldsymbol{J} = \begin{bmatrix} 0 & \omega_0 L_g & 0 & 0 \\ -\omega_0 L_g & 0 & 0 & 0 \\ 0 & 0 & 0 & -s_m \\ 0 & 0 & s_m & 0 \end{bmatrix}, \quad \boldsymbol{R} = \begin{bmatrix} R_g & 0 & 0 & 0 \\ 0 & R_g & 0 & 0 \\ 0 & 0 & 0 & 0 \\ 0 & 0 & 0 & 0 \end{bmatrix},$$

$$\boldsymbol{g} = \begin{bmatrix} -u_{dc} & 0 & 1 & 0 & 0 & 0 \\ 0 & -u_{dc} & 0 & 1 & 0 & 0 \\ 0 & 0 & 0 & 0 & 1 & 0 \\ 0 & 0 & 0 & 0 & 0 & 0 \end{bmatrix} \tag{7.34}$$

2. 平衡点的确定

本节采用 IDA 策略，因为它易于实施且控制性能令人满意。闭环 SMES 控制系统的结构应在以下 PCH 方程中配置。

$$\dot{\boldsymbol{x}}=[\boldsymbol{J}_{\mathrm{d}}(\boldsymbol{x})-\boldsymbol{R}_{\mathrm{d}}(\boldsymbol{x})]\nabla \boldsymbol{H}_{\mathrm{d}}(\boldsymbol{x})$$
$$\begin{cases}\boldsymbol{J}_{\mathrm{d}}(\boldsymbol{x})=\boldsymbol{J}(\boldsymbol{x})+\boldsymbol{J}_{\mathrm{a}}(\boldsymbol{x})=-\boldsymbol{J}_{\mathrm{d}}^{\mathrm{T}}(\boldsymbol{x})\\ \boldsymbol{R}_{\mathrm{d}}(\boldsymbol{x})=\boldsymbol{R}(\boldsymbol{x})+\boldsymbol{R}_{\mathrm{a}}(\boldsymbol{x})=\boldsymbol{R}_{\mathrm{d}}^{\mathrm{T}}(\boldsymbol{x})>0\\ \boldsymbol{H}_{\mathrm{d}}(\boldsymbol{x})=\boldsymbol{H}(\boldsymbol{x})+\boldsymbol{H}_{\mathrm{a}}(\boldsymbol{x})\end{cases} \tag{7.35}$$

具有下标 d 的矩阵是反馈控制系统中的期望参数，具有下标 a 的矩阵表示等待确定的函数，其对应于由反馈调节引入的部分。例如，$\boldsymbol{H}_{\mathrm{a}}(\boldsymbol{x})$描述了由控制引入的能量。基于 IDA 策略，预期的 Hamilton 能量函数 $\boldsymbol{H}_{\mathrm{d}}(\boldsymbol{x})$应该使闭环控制系统的配置结构适应平衡点 $\boldsymbol{x}^*$ 处的最小值。此外，闭环控制系统的平衡位置可以通过以下方式获得：

$$\dot{\boldsymbol{x}}|_{x=x^*}=0\Rightarrow\frac{\partial \boldsymbol{H}_{\mathrm{d}}(\boldsymbol{x}^*)}{\partial \boldsymbol{x}}=0 \tag{7.36}$$

基于 dq 坐标系中的瞬时功率方程，可以获得 VSC 的当前参考：

$$\begin{cases}i_{gd}^*=\dfrac{\frac{2}{3}(u_{gd}P^*+u_{gq}Q^*)}{u_{gd}^2+u_{gq}^2}\\ i_{gq}^*=\dfrac{\frac{2}{3}(u_{gq}P^*-u_{gd}Q^*)}{u_{gd}^2+u_{gq}^2}\end{cases} \tag{7.37}$$

应在参考电压 u_{dc}^* 下稳定控制直流电压，以保持 VSC 的正常工作。u_{dc}^* 应足够高，以确保 VSC 的跟踪能力符合要求。同时，选择 u_{dc}^* 时还应考虑 IGBT 的耐压能力。

3. 能量成型和稳定性配置分析

在闭环控制系统中，期望的哈密顿能量函数应该满足式(7.36)以确保平衡点的收敛：

$$\boldsymbol{H}_{\mathrm{d}}=\frac{1}{2}L_{\mathrm{g}}(i_{gd}-i_{gd}^*)^2+\frac{1}{2}L_{\mathrm{g}}(i_{gq}-i_{gq}^*)^2+\frac{1}{2}C(u_{\mathrm{dc}}-u_{\mathrm{dc}}^*)^2+\frac{1}{2}L_{\mathrm{m}}(i_{\mathrm{m}}-i_{\mathrm{m}}^*)^2$$
$$\begin{cases}\nabla\boldsymbol{H}_{\mathrm{d}}=[i_{gd}-i_{gd}^*\quad i_{gq}-i_{gq}^*\quad u_{\mathrm{dc}}-u_{\mathrm{dc}}^*\quad i_{\mathrm{m}}-i_{\mathrm{m}}^*]^{\mathrm{T}}\\ \nabla\boldsymbol{H}_{\mathrm{a}}=[-i_{gd}^*\quad -i_{gq}^*\quad -u_{\mathrm{dc}}^*\quad -i_{\mathrm{m}}^*]^{\mathrm{T}}\end{cases} \tag{7.38}$$

能量成型是通过控制注入的能量 $\boldsymbol{H}_{\mathrm{a}}$ 使闭环系统达到预期能量 $\boldsymbol{H}_{\mathrm{d}}$ 的过程。通过式(7.32)和式(7.35)，可以得到

$$(\boldsymbol{J}_{\mathrm{d}}-\boldsymbol{R}_{\mathrm{d}})(-\nabla\boldsymbol{H}_{\mathrm{a}})=(\boldsymbol{J}_{\mathrm{a}}-\boldsymbol{R}_{\mathrm{a}})\nabla\boldsymbol{H}-\boldsymbol{g}\boldsymbol{u} \tag{7.39}$$

式(7.39)是 ESP 方法实现中最重要的约束。通过选择合适的不定矩阵 $\boldsymbol{J}_{\mathrm{a}}$ 和 $\boldsymbol{R}_{\mathrm{a}}$，可以通过求解式(7.39)来实现闭环控制系统中的 PCS 的预期占空比 s。基于式(7.39)进行控制，闭环系统的能量最终将收敛到 $\boldsymbol{H}_{\mathrm{d}}$ 的期望值。系统在平

衡点处将保持稳定，并实现能量整形。

为了便于设计并降低 *ESP* 方法的控制器的复杂性，这里将不定矩阵确定为

$$\boldsymbol{J}_{\mathrm{a}}=\begin{bmatrix}0&0&0&0\\0&0&0&0\\0&0&0&0\\0&0&0&0\end{bmatrix},\quad \boldsymbol{R}_{\mathrm{a}}-\begin{bmatrix}r&0&0&0\\0&r&0&0\\0&0&r_1&0\\0&0&0&r_2\end{bmatrix} \tag{7.40}$$

通过将式(7.34)、式(7.35)、式(7.38)和式(7.40)代入式(7.39)，可以消除中间变量 i_{m}^*，得到

$$\begin{cases}s_d=\dfrac{-R_{\mathrm{g}}i_{\mathrm{g}d}^*+r(i_{\mathrm{g}d}-i_{\mathrm{g}d}^*)+\omega_0 L_{\mathrm{g}}i_{\mathrm{g}q}^*+u_{\mathrm{g}d}}{u_{\mathrm{dc}}}\\[2ex] s_q=\dfrac{-R_{\mathrm{g}}i_{\mathrm{g}q}^*+r(i_{\mathrm{g}q}-i_{\mathrm{g}q}^*)-\omega_0 L_{\mathrm{g}}i_{\mathrm{g}d}^*+u_{\mathrm{g}q}}{u_{\mathrm{dc}}}\\[2ex] s_{\mathrm{m}}=-\dfrac{r_2 i_{\mathrm{m}}+\sqrt{r_2^2 i_{\mathrm{m}}^2+4r_2 u_{\mathrm{dc}}^*(r_1 u_{\mathrm{dc}}-r_1 u_{\mathrm{dc}}^*+i_{\mathrm{dc}})}}{2u_{\mathrm{dc}}^*}\end{cases} \tag{7.41}$$

稳定性是控制器设计的基本考虑因素。李雅普诺夫第二定理方便于分析验证非线性系统的稳定性，如基于 ESP 的 SMES。可以选择 $\boldsymbol{H}_{\mathrm{d}}$ 作为李雅普诺夫函数，因为它描述了具有非负特性的闭环控制系统的能量特征，并且仅在平衡位置实现零值。这种选择可以大大降低稳定性评估的复杂性，这对于 ESP 方法来说是一个显著的优势。基于李雅普诺夫准则，控制器的稳定性可以通过 $\boldsymbol{H}_{\mathrm{d}}$ 的导数来判断：

$$\frac{\mathrm{d}\boldsymbol{H}_{\mathrm{d}}}{\mathrm{d}t}=[\nabla\boldsymbol{H}_{\mathrm{d}}]^{\mathrm{T}}\dot{\boldsymbol{x}}=[\nabla\boldsymbol{H}_{\mathrm{d}}]^{\mathrm{T}}(\boldsymbol{J}_{\mathrm{d}}-\boldsymbol{R}_{\mathrm{d}})\nabla\boldsymbol{H}_{\mathrm{d}}=-[\nabla\boldsymbol{H}_{\mathrm{d}}]^{\mathrm{T}}\boldsymbol{R}_{\mathrm{d}}\nabla\boldsymbol{H}_{\mathrm{d}}\leqslant 0 \tag{7.42}$$

式(7.42)的推导过程采用两个数学条件。首先，$\boldsymbol{J}_{\mathrm{d}}$ 具有反对称特征。因此，可以得到数学描述 $[\nabla\boldsymbol{H}_{\mathrm{d}}]^{\mathrm{T}}\boldsymbol{J}_{\mathrm{d}}\nabla\boldsymbol{H}_{\mathrm{d}}\equiv 0$。其次，$\boldsymbol{R}_{\mathrm{d}}$ 具有非负和对称特性。根据式(7.42)，$\boldsymbol{H}_{\mathrm{d}}$ 的导数是非正的，并且在平衡位置处得到零值。因此，均衡位置获得渐近稳定性。此外，可以很容易地得出结论，如果满足 $\|\boldsymbol{x}\|\to\infty$，$\boldsymbol{H}_{\mathrm{d}}\to\infty$，系统能够在平衡位置附近获得大规模的渐近稳定性，这是 ESP 方法的另一个突出优点。

4. 积分器的设计

基于系统的 PCH 模型，能量成型方法可以配置系统的结构与能量。不过，如果仅采用能量成型方法，参数变化及外部噪声可能会使系统产生静态误差。为了解决该问题，能量成型控制可以与积分控制相结合来提高系统在模型失配和外部噪声下的表现。对 SMES 变换器进行控制的有效输入是开关管的占空

比，而占空比 s_m 原来位于互连矩阵 $\boldsymbol{J}$ 中，在复合控制新的 PCH 模型中应将 s_m 的位置移到输入向量 $\boldsymbol{u}$ 中，即

$$\begin{cases}\dot{\boldsymbol{x}}_n=(\boldsymbol{J}_n-\boldsymbol{R}_n)\nabla\boldsymbol{H}_n+\boldsymbol{g}_1\boldsymbol{u}_1+\boldsymbol{g}_2\boldsymbol{u}_2\\ \boldsymbol{y}_1=\boldsymbol{g}_1^T\ \nabla\boldsymbol{H}_n\\ \boldsymbol{y}_2=\boldsymbol{g}_2^T\ \nabla\boldsymbol{H}_n\end{cases} \tag{7.43}$$

$$\boldsymbol{J}_n=\begin{bmatrix}0 & \omega_0 L_g & 0\\ -\omega_0 L_g & 0 & 0\\ 0 & 0 & 0\end{bmatrix},\quad \boldsymbol{R}_n=\begin{bmatrix}R_g & 0 & 0\\ 0 & R_g & 0\\ 0 & 0 & 0\end{bmatrix},\quad \boldsymbol{g}_1=\begin{bmatrix}0 & 0 & 1 & 0 & 0\\ 0 & 0 & 0 & 1 & 0\\ 0 & 0 & 0 & 0 & 1\end{bmatrix},$$
$$\boldsymbol{g}_2=\begin{bmatrix}-u_{dc} & 0 & 0\\ 0 & -u_{dc} & 0\\ 0 & 0 & -i_m\end{bmatrix},\quad \boldsymbol{J}_{an}=\begin{bmatrix}0 & 0 & 0\\ 0 & 0 & 0\\ 0 & 0 & 0\end{bmatrix},\quad \boldsymbol{R}_{an}=\begin{bmatrix}r & 0 & 0\\ 0 & r & 0\\ 0 & 0 & r_1\end{bmatrix} \tag{7.44}$$

$$\begin{cases}\boldsymbol{x}_n=[L_g i_{gd}, L_g i_{gq}, Cu_{dc}]^T\\ \boldsymbol{u}_1=[0,0,u_{gd},u_{gq},i_{dc}]^T\\ \boldsymbol{u}_2=[s_d,s_q,s_m]^T\\ \nabla\boldsymbol{H}_n=[i_{gd},i_{gq},u_{dc}]^T\\ \nabla\boldsymbol{H}_{dn}=[i_{gd}-i_{gd}^*,i_{gq}-i_{gq}^*,u_{dc}-u_{dc}^*]^T\\ \boldsymbol{y}_1=[0,0,i_{gd},i_{gq},u_{dc}]^T\\ \boldsymbol{y}_2=[-i_{gd}u_{dc},-i_{gq}u_{dc},-i_m u_{dc}]^T\end{cases} \tag{7.45}$$

其中，下标 n 表示新的。值得注意的是，在新的 PCH 模型中忽略状态变量 L_{mim}。原因是预期的受控变量是 i_{gd}、i_{gq} 和 u_{dc}。i_m 只是模型中的中间变量，可以在整数组合中省略。

在式(7.45)中可以注意到，$\nabla\boldsymbol{H}_{dn}$ 表示控制变量的实际值和期望值之间的差异。定义 $\boldsymbol{y}_{2d}=\boldsymbol{g}_2^T\ \nabla\boldsymbol{H}_{dn}$，可以引入一个新的部分：

$$\begin{cases}\boldsymbol{Z}=-\boldsymbol{K}_I\int\boldsymbol{y}_{2d}\,dt=-\boldsymbol{K}_I\int\boldsymbol{g}_2^T\ \nabla\boldsymbol{H}_{dn}\,dt\\ \boldsymbol{K}_I=\begin{bmatrix}K_{Idq} & 0 & 0\\ 0 & K_{Idq} & 0\\ 0 & 0 & K_{Idc}\end{bmatrix}\end{cases} \tag{7.46}$$

式中　$\boldsymbol{K}_I$——积分系数矩阵；

　　$\boldsymbol{Z}$——插入的积分器阵列。

当满足 $\dot{\boldsymbol{Z}}=-\boldsymbol{K}_I\boldsymbol{g}_2^T\ \nabla\boldsymbol{H}_{dn}\rightarrow 0$ 时，即使在不确定的情况下也会消除静态误差。

模型中引入的新零件定义为

$$\begin{cases} \boldsymbol{H}_{\mathrm{dnZ}}=\dfrac{\boldsymbol{Z}^{\mathrm{T}}\boldsymbol{K}_{\mathrm{I}}^{-1}\boldsymbol{Z}}{2} \\ \boldsymbol{H}_{\mathrm{T}}(\boldsymbol{x},\boldsymbol{Z})=\boldsymbol{H}_{\mathrm{dn}}(\boldsymbol{x})+\boldsymbol{H}_{\mathrm{dnZ}}(\boldsymbol{Z}) \end{cases} \tag{7.47}$$

具有积分器扩展的基于 ESP 的 SMES 的 PCH 模型可以构建为

$$\begin{bmatrix} \dot{\boldsymbol{x}}_n \\ \dot{\boldsymbol{Z}} \end{bmatrix}=\begin{bmatrix} \boldsymbol{J}_{\mathrm{dn}}-\boldsymbol{R}_{\mathrm{dn}} & \boldsymbol{K}_{\mathrm{I}}\boldsymbol{g}_2 \\ -\boldsymbol{K}_{\mathrm{I}}\boldsymbol{g}_2^{\mathrm{T}} & 0 \end{bmatrix}\begin{bmatrix} \dfrac{\partial \boldsymbol{H}_{\mathrm{T}}(\boldsymbol{x},\boldsymbol{Z})}{\partial \boldsymbol{x}} \\ \dfrac{\partial \boldsymbol{H}_{\mathrm{T}}(\boldsymbol{x},\boldsymbol{Z})}{\partial \boldsymbol{Z}} \end{bmatrix}$$

$$\begin{cases} \dfrac{\partial \boldsymbol{H}_{\mathrm{T}}(\boldsymbol{x},\boldsymbol{Z})}{\partial \boldsymbol{x}}=\nabla \boldsymbol{H}_{\mathrm{dn}} \\ \dfrac{\partial \boldsymbol{H}_{\mathrm{T}}(\boldsymbol{x},\boldsymbol{Z})}{\partial \boldsymbol{Z}}=\boldsymbol{K}_{\mathrm{I}}^{-1}\boldsymbol{Z} \end{cases} \tag{7.48}$$

基于 IDA 策略的积分稳定性定理，PCH 系统中基于 IDA 策略的积分器扩展不会改变控制系统的任何稳定性特征。此外，可以通过以下方式消除稳定性误差：

$$\begin{bmatrix} s_{d\mathrm{n}} \\ s_{q\mathrm{n}} \\ s_{\mathrm{mn}} \end{bmatrix}=\begin{bmatrix} s_d \\ s_q \\ s_{\mathrm{m}} \end{bmatrix}+\boldsymbol{Z}=\begin{bmatrix} s_d \\ s_q \\ s_{\mathrm{m}} \end{bmatrix}-\boldsymbol{K}_{\mathrm{I}}\int \boldsymbol{g}_2^{\mathrm{T}}\ \nabla \boldsymbol{H}_{\mathrm{dn}}\mathrm{d}t \tag{7.49}$$

通过将相关变量代入式(7.49)，可以最终获得

$$\begin{cases} s_d=\dfrac{-R_{\mathrm{g}}i_{\mathrm{g}d}^{*}+r(i_{\mathrm{g}d}-i_{\mathrm{g}d}^{*})+\omega_0 L_{\mathrm{g}}i_{\mathrm{g}q}^{*}+u_{\mathrm{g}d}}{u_{\mathrm{dc}}}+K_{\mathrm{Idq}}\int u_{\mathrm{dc}}(i_{\mathrm{g}d}-i_{\mathrm{g}d}^{*})\mathrm{d}t \\ s_q=\dfrac{-R_{\mathrm{g}}i_{\mathrm{g}q}^{*}+r(i_{\mathrm{g}q}-i_{\mathrm{g}q}^{*})-\omega_0 L_{\mathrm{g}}i_{\mathrm{g}d}^{*}+u_{\mathrm{g}q}}{u_{\mathrm{dc}}}+K_{\mathrm{Idq}}\int u_{\mathrm{dc}}(i_{\mathrm{g}q}-i_{\mathrm{g}q}^{*})\mathrm{d}t \\ s_{\mathrm{m}}=-\dfrac{r_2 i_{\mathrm{m}}+\sqrt{r_2^2 i_{\mathrm{m}}^2+4r_2 u_{\mathrm{dc}}^{*}(r_1 u_{\mathrm{dc}}-r_1 u_{\mathrm{dc}}^{*}+i_{\mathrm{dc}})}}{2u_{\mathrm{dc}}^{*}}+K_{\mathrm{Idc}}\int i_{\mathrm{m}}(u_{\mathrm{dc}}-u_{\mathrm{dc}}^{*})\mathrm{d}t \end{cases} \tag{7.50}$$

$\boldsymbol{K}_{\mathrm{I}}$ 的确定只需要考虑稳态误差的大小。式(7.50)是 ESP 方法需要的控制定律。变换器的占空比可以通过相关变量的采样值直接计算。s_d 和 s_q 用于控制 VSC，s_{m} 用于调节 DC 斩波器。由式(7.50)可以得出结论，ESP 方法实现较为简单。

7.3.2　测试微网系统与 SMES 在电网中的应用

在本节中，采用由风力发电机组(WG)、柴油发电机、负载和 SMES 组成的

AC MG 作为示例。用于测试的示例 MG 系统的结构和参数如图 7.17 所示。额定线电压 RMS 为 380 V，额定频率为 60 Hz。在模拟中采用恒速风力发电机(WTG)，预期输出功率为 300 kW。柴油发电机的容量为 200 kV·A。模拟中考虑了 500 kW 电阻负载。超导线圈的电感值为 1.5 H，初始线圈电流为 1 000 A。图 7.18 中还提供了 MG 中的主要功率流的正方向。P_m 具有可逆的功率流特性，并且确定电能是向前传递的。

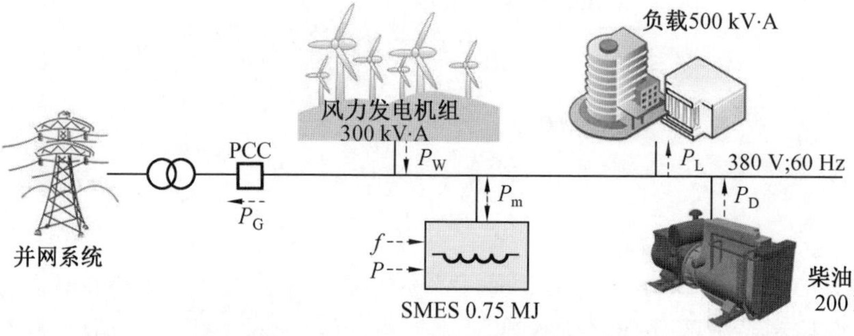

图 7.17　示例 MG 系统的结构和参数

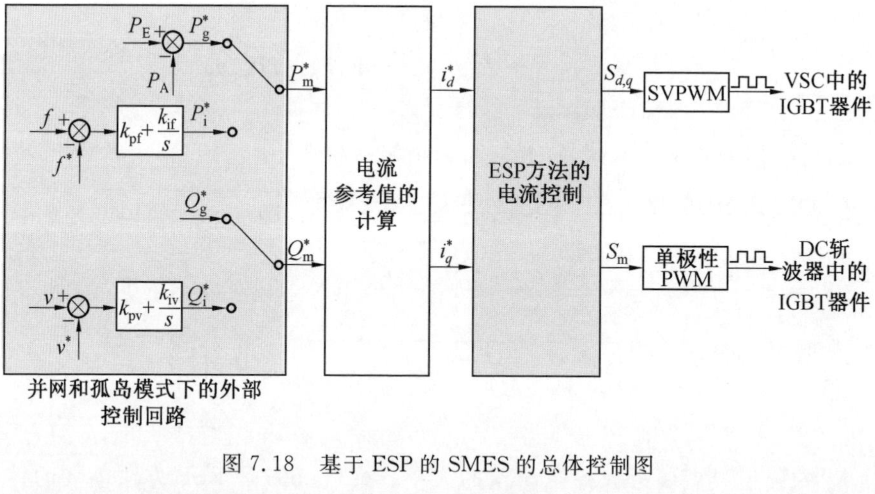

图 7.18　基于 ESP 的 SMES 的总体控制图

图 7.18 所示为基于 ESP 的 SMES 的总体控制图。在并网模式下，SMES 有功功率参考值由 $P_g^*=P_E-P_A$ 计算，而无功功率参考值恒定。SMES 可以稳定 WG 的功率波动，并在公共耦合点(PCC)实现稳定的功率流。风功平抑后的期望功率可由风电功率经过一阶低通滤波器滤波后得到。在孤岛模式下，附加频率有功功率($f-p$)PI 调节器产生 SMES 的参考有功功率。另一个外部电压无功功率($v-q$)PI 调节器计算 SMES 的参考无功功率。设计的 ESP 方法的电流控

制策略可以确保 SMES 功率跟踪其参考功率变化。同时，ESP 方法可以将 DC 电压稳定在给定值，以保证 PCS 的正常运行。值得注意的是，在本节中采用功率跟踪控制而没有额外的功率反馈。虽然这种额外的反馈可以提高功率调节的精度，但是很难有足够的稳定性调整多环 PI 控制器的参数。ESP 方法系统的结构与传统 PI 方法系统的结构完全不同。在 PI 方法系统中，VSC 利用一个 PI 控制器进行功率控制，直流斩波器需要另一个 PI 控制器来维持直流电压。相反，ESP 方法将 SMES 变换器视为一个整体，并将 VSC 和 DC－DC 斩波器的控制集成在一起。因此，可以预期 ESP 方法将取得更好的控制性能。最后，SVPWM 技术用于 VSC 控制，以提高直流电压利用率。单极 PWM 方法用于直流斩波器以减少谐波。

为了显示所提出的 ESP 方法的优点，本节将 ESP 方法的性能与示例 SMES 中的传统 PI 方法的性能进行比较。在该部分中，简要地提供了用于比较的传统 PI 控制器系统的设计。VSC 的 PI 电流控制器应用于调节 SMES 的输出功率，对 SMES 的整体性能有很大影响，因此本节采用了 VSC 控制领域常用的经典电流前馈解耦 PI 控制。VSC 的 PI 控制器的结构如图 7.19 所示，电网电压被前馈以抑制控制回路中的干扰，前馈解耦操作消除了 d 轴和 q 轴之间的控制耦合。

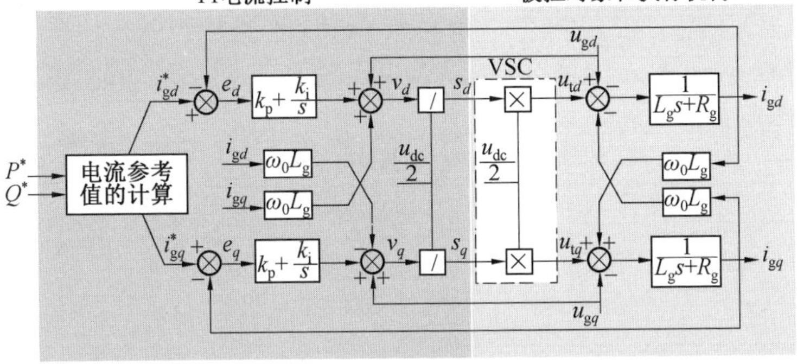

图 7.19 VSC 的 PI 控制器的结构

PI 电流环的简化控制框图如图 7.20 所示。

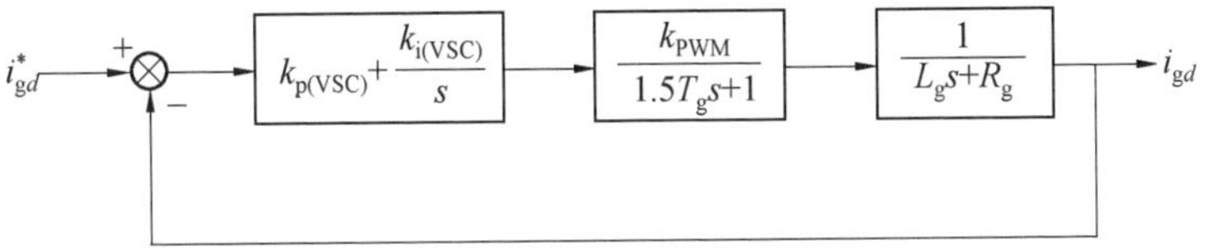

图 7.20 PI 电流环的简化控制框图

在图 7.20 中，PWM 和采样延迟的功能组合成一个惯性链路，时间常数为 $1.5T_s$。PI 电流控制器可以直接消除不良极点 $-R_g/L_g$，以确保系统的跟踪能力。通过这种设计方法，控制系统的闭环传递函数是典型的二阶振荡链路。基于二阶振荡系统的优化设计方法，将阻尼系数确定为 $\zeta_{VSC}=0.707$，以获得令人满意的整体性能。因此，PI 电流控制器的实现方程为

$$k_{p(VSC)}=\frac{L_g}{3T_s},\quad k_{i(VSC)}=\frac{R_g}{3T_s} \tag{7.51}$$

当系统参数如 L_g 和 R_g 变化时，PI 控制器的性能可能恶化，因为不利极点的位置改变并且 PI 控制器不能消除它。同时，DC－DC 斩波器的 PI 控制器用于控制 DC 电压。直流电压回路的闭环传递函数为

$$\begin{cases}\Phi(s)=\dfrac{u_{dc}}{u_{dc}^*}=\dfrac{\omega_n^2(1+T_{i(dc)}s)}{s^2+2\xi_{dc}\omega_n s+\omega_n^2}\\ \omega_n=\sqrt{\dfrac{k_{p(dc)}}{T_{i(dc)}C}}\\ \xi_{dc}=0.5\sqrt{\dfrac{T_{i(dc)}k_{p(dc)}}{C}}\end{cases} \tag{7.52}$$

如式(7.52)所示，闭环系统也是二阶振荡链路。在式(7.52)中，ω_n 是固有振荡频率；$T_{i(dc)}$ 是 PI 电压控制器中的积分时间常数；ζ_{dc} 是系统的阻尼比。考虑到直流电压控制的特性和要求，$T_{i(dc)}$ 选择为 16 ms，ζ_d 确定为 2。

附加的 $f-p$ 和 $v-q$ 的 PI 控制器由经典的 Ziegler-Nichols 参数调整方法设计。主要模拟参数见表 7.4。

表 7.4　主要模拟参数

参数类型	参数值
采样/切换频率	10 kHz / 10 kHz
直流电压基准	750 V
C	32 000 μF
L_g，R_g	1 mH，1.1 mΩ
L_m	1.5 H
P_E	500 kW
$k_{p(vsc)}$，$k_{i(vsc)}$	3.333，3.667
$k_{p(dc)}$，$k_{i(dc)}$	32，2 000
k_{pf}，k_{if}①	139.5，3 799
k_{pv}，k_{iv}①	4，2
K_{Idq}，K_{Idc}	3，0.35
r，r_1，r_2	1 500，3 000，3 000

注：①能量单位是 W 或 var。

应注意的是，考虑长期运行 SOC 是能源管理研究中的一个重要因素。然而，本节关注的是中小企业短期经营的控制问题。假设中小企业系统的能源管理设计合理。因此，中小企业的社会责任问题在本节中可以忽略。

7.3.3　超导磁储能系统仿真实验与分析

在模拟中，采用恒定步长和 ode 3 算法。图 7.21 给出了示例 MG 系统中各主要元件的功率。整个模拟期持续 16 s。在 0.5 s 的时间点，SMES 的 PCS 变换器投入运行。在 5 s 的时间点，MG 从并网模式转换到孤岛模式。随后，带有 $\Delta P_L=40$ kW 的负载在 8 s 的时间点切换到 MG，并在 12 s 的时间点断开。

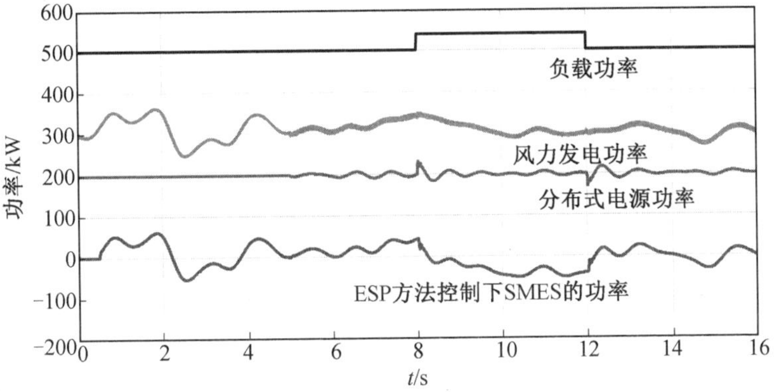

图 7.21　示例 MG 系统中各主要元件的功率

1. 并网模式下的模拟

在并网模式下，SMES 用于稳定 WG 功率波动，如图 7.22 所示。理想情况下，可以实现 PCC 的恒定功率流。在此模拟中，MG 在 5 s 之前处于并网模式。图 7.22(a)给出了在 $L_g=1$ mH 和 $R_g=1.1$ mΩ 的情况下，PI 和 ESP 方法的稳定电网功率的性能比较。图 7.22(b)提供了这两种跟踪参考功率性能的比较。可以看出，PI 和 ESP 的方法都可以稳定 PCC 功率流并很好地跟踪参考功率。然而，它们之间的一些明显差异仍然值得关注。首先，当 SMES 的 PCS 投入运行时，PI 方法具有可见的 7 kW 过冲和大约 2 s 的调节周期，如图 7.22(a)所示。可以在图 7.22(b)中注意到，在 2 s 之前，PI 方法的 SMES 功率与功率参考值相比具有明显的差异，并且需要调整周期来消除误差。产生这个问题的主要原因是 PCS 的启动是对控制系统的干扰，并且传统的 PI 方法具有相对差的干扰抑制性能。相反，ESP 方法实际上避免了这种干扰调节过程，如图 7.22 所示。

因此，与 PI 方法相比，ESP 方法具有更强的抗干扰能力。其次，PI 方法的稳态性能不如 ESP 方法那样令人满意。从图 7.22(b)中的放大图可以看出,ESP 方法提供较小的跟踪误差。因此,PI 方法在稳定电网功率性能方面不如 ESP 方法。最后,ESP 方法具有比 PI 方法更小的纹波,如图 7.22 所示。

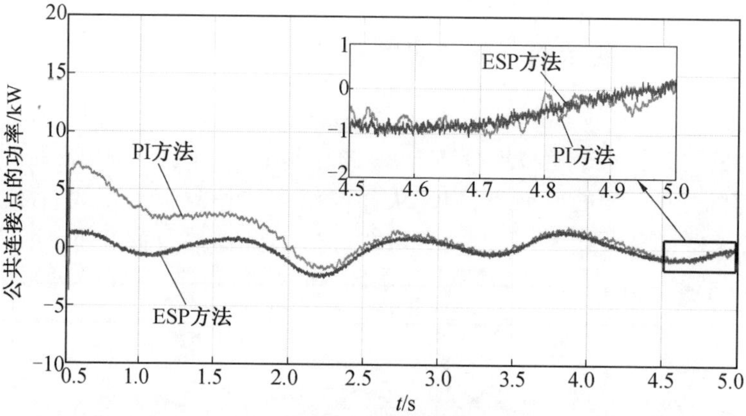

(a) 稳定电网功率的性能

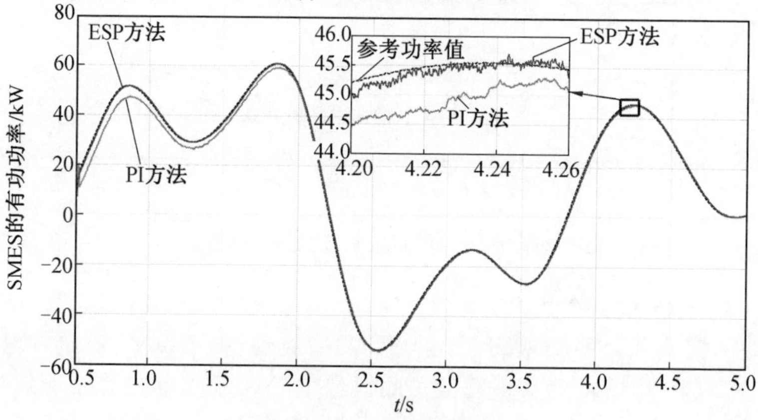

(b) 跟踪参考功率的性能

图 7.22　并网模式下的性能($L_g=1$ mH,$R_g=1.1$ mΩ)

图 7.23 提供了两种方法的直流电压调节性能。可以发现,与 PI 方法相比,ESP 方法具有更优越的动态性能。更具体地说,PI 方法具有 50V 过冲和接近 0.06 s的调整周期。相反,ESP 方法在很短的时间内变得稳定,没有任何过冲。

鲁棒性是 SMES 控制系统设计的关键考虑因素,因为模型不匹配在实际系统中是不可避免的。在本节中,考虑了对参数 L_g 和 R_g 的变化的鲁棒性。选择这两个参数的原因主要在于两个方面。一方面,这两个参数的实际值通常是未知的,并随服务时间而变化。然而,这种参数变化往往在很小的范围内。另一方

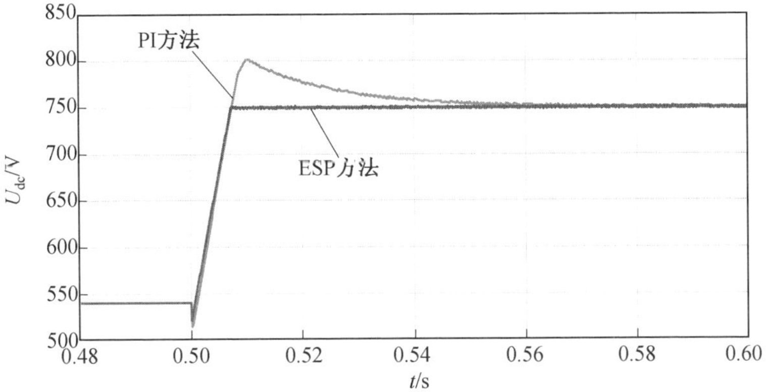

图 7.23　两种方法的直流电压调节性能

面，可以修改这两个参数以提高性能。这两个参数的变化范围可能是较大的。因此，本节中考虑的参数不确定性处于相当大的区域。如果控制器在这种情况下能够保持可靠的性能和稳定性，将极大地方便系统的设计和改造。

图 7.24 给出了在 $L_g=3$ mH，$R_g=0.1$ Ω 的条件下，PI 和 ESP 方法在并网模式下的性能。图 7.25 给出了在 $L_g=4$ mH，$R_g=0.2$ Ω 的条件下，PI 和 ESP 方法在并网模式下的性能。显而易见的是，在两种条件下，这两种方法的性能是完全不同的。ESP 方法在稳定电网功率和跟踪参考功率方面保持了良好的性能。相反，PI 方法呈现出较差的调节性能。

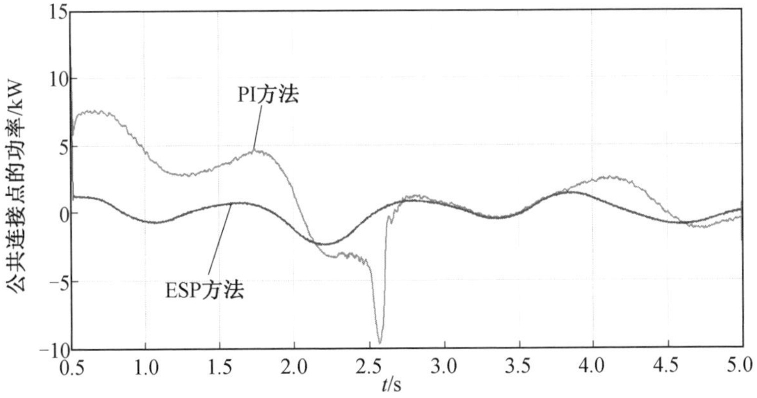

(a) 稳定电网功率的性能

图 7.24　PI 方法和 ESP 方法在并网模式下的性能（$L_g=3$ mH，$R_g=0.1$ Ω）

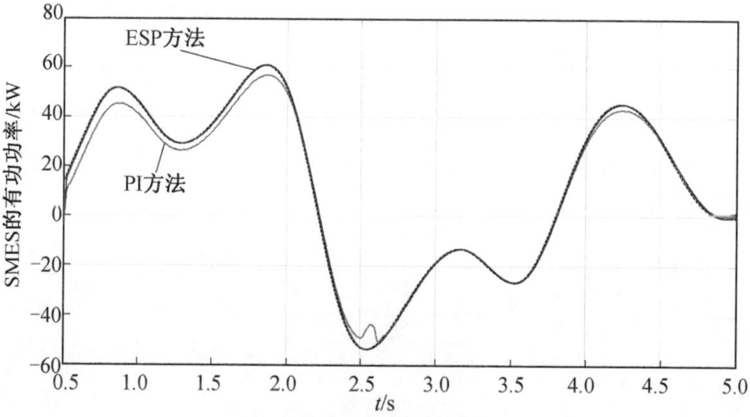

(b) 跟踪参考功率的性能

续图 7.24

在大多数时间内存在明显的跟踪参考功率误差。结果，PI 方法的稳定 PCC 功率具有比 ESP 方法更大的波动。以下内容可以解释这种性能差异。由于连接阻抗的增大，PCS 变换器的跟踪能力相应降低。

连接阻抗增大后，PCS 的功率跟踪显著增加了难度，并且需要对控制器具有出色的跟踪能力。另一方面，PI 控制器参数是基于 $L_g=1$ mH 和 $R_g=1.1$ mΩ 的情况设计得到的。当 L_g 和 R_g 变化后，PI 方法参数不合适，控制器的跟踪能力较差。相反，ESP 方法保持了出色的跟踪性能，并且对参数不确定性具有更好的鲁棒性。另外，可以发现 PI 方法的性能在 2.5 s 附近特别差。大约在这个时间，SMES 的有功功率强烈偏离参考功率，这可以在图 7.24(b) 和图 7.25(b) 中看

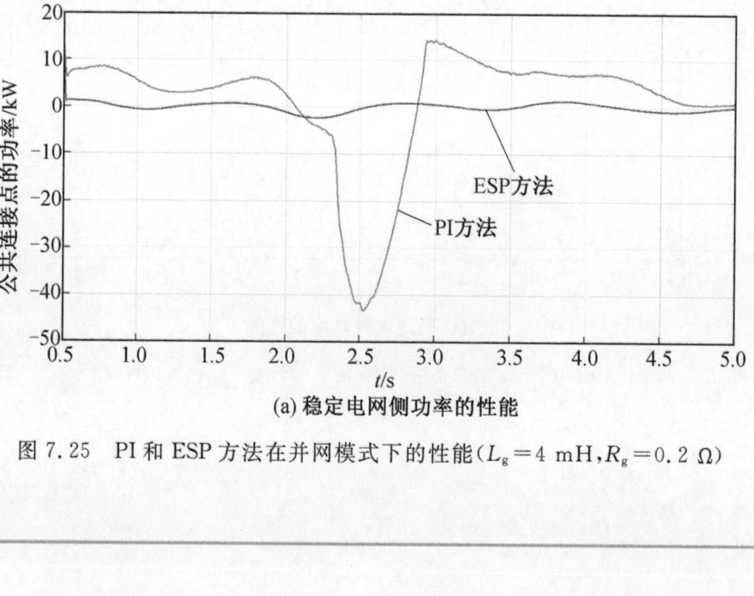

(a) 稳定电网侧功率的性能

图 7.25　PI 和 ESP 方法在并网模式下的性能($L_g=4$ mH, $R_g=0.2$ Ω)

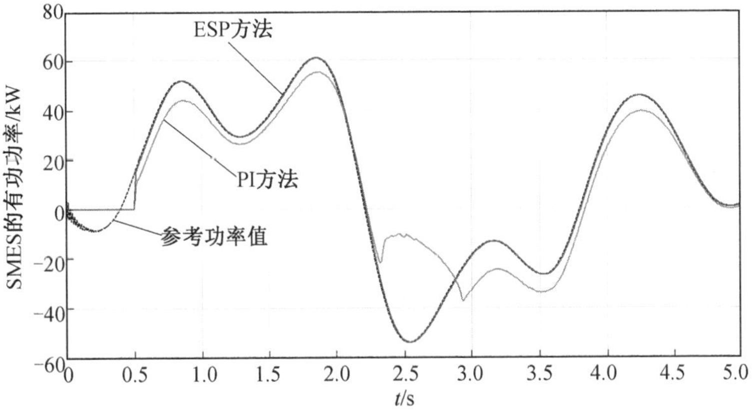

(b) 跟踪参考功率的性能

续图 7.25

到。因此，平滑的 PCC 功率获得大的峰值误差，如图 7.24(a)和图 7.25(a)所示。这个问题的原因可能是参考功率的绝对值很高并且在此期间非常陡峭地增加。由于跟踪能力不足，PI 方法在这种情况下遇到严重问题。

2. 孤岛模式下的模拟

在 5 s 的时间点，MG 切换到孤岛模式。SMES 参与了 MG 电压的频率和幅度调节。图 7.26 给出了 $L_g=1$ mH，$R_g=1.1$ mΩ 时两种方法的性能。

由于外部 $f-p$ 和 $v-q$ 的 PI 控制器相同，PI 和 ESP 方法的调节性能相似。

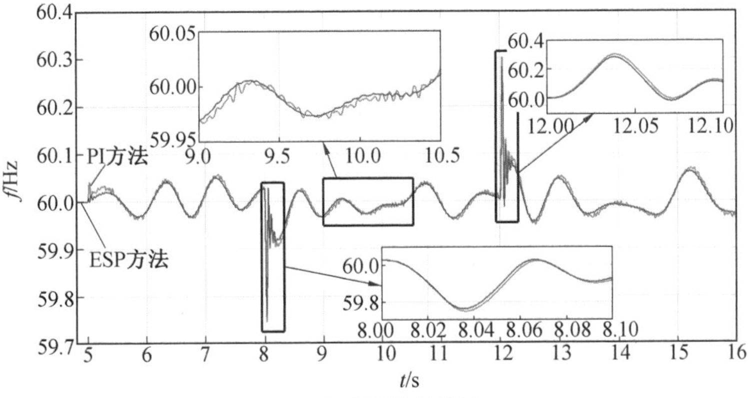

(a) 频率控制性能

图 7.26　孤岛模式下两种方法的性能($L_g=1$ mH，$R_g=1.1$ mΩ)

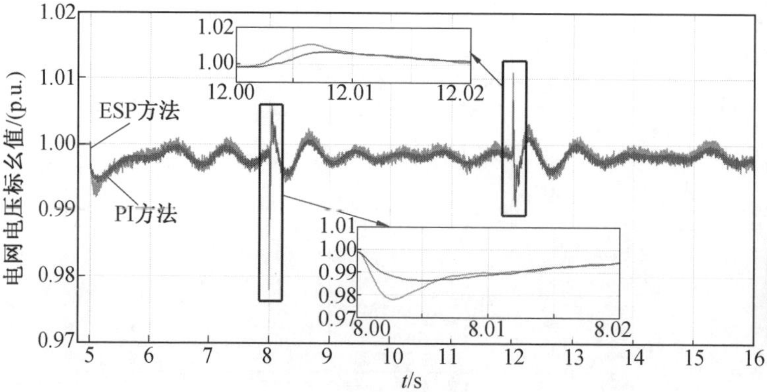

(b) 幅度控制性能

续图 7.26

在此参数情况下,PI 和 ESP 方法都能很好地跟踪参考值。然而,这两种方法之间仍然存在一些性能差异。一方面,与 PI 方法相比,ESP 方法具有更好的动态性能。在模式转换和负载变化期间,ESP 方法在频率和幅度调节方面都有较小的超调量。另一方面,ESP 方法具有较小的频率和电压纹波。

图 7.27 给出了 $L_g=3$ mH 和 $R_g=0.1\ \Omega$ 情况下两种方法的性能比较。可以发现,PI 和 ESP 方法的性能有着明显的区别。在图 7.27(a)中,可以注意到,ESP 方法在孤岛模式期间提供了更小的频率过冲。同时,可以看出,ESP 方法的频率纹波比 PI 方法低得多,ESP 方法电压过冲和纹波也比 PI 方法要小得多。这些差异的主要原因是,在前面提到的这种参数情况下,PI 方法的跟踪能力很差。

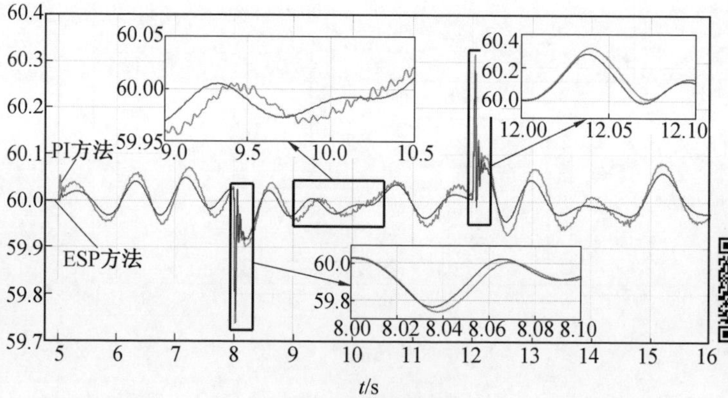

(a) 频率控制性能

图 7.27　孤岛模式下两种方法的性能($L_g=3$ mH,$R_g=0.1\ \Omega$)

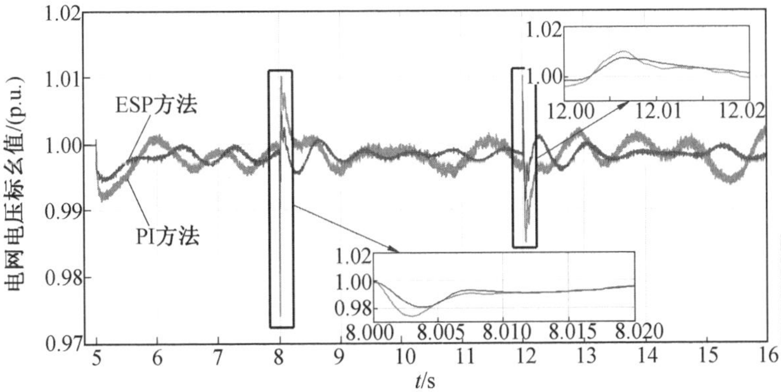

(b) 幅度控制性能

续图 7.27

图 7.28 给出了在 $L_g=4$ mH 和 $R_g=0.2\ \Omega$ 的情况下两种方法的频率控制性能。可以看出 PI 方法变得不稳定，而 ESP 方法在该情况下保持不错的性能。跟踪能力差可以解释 PI 方法的稳定性问题。当参考功率大且快速变化时，由于在该情况下跟踪能力不足，PI 方法的频率调节变得不稳定。结果表明，在参数不确定的情况下，ESP 方法具有比 PI 方法更大的稳定区域。

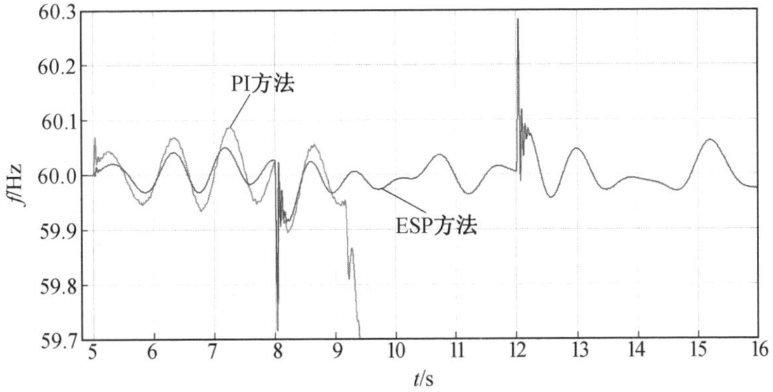

图 7.28　孤岛模式下两种方法的频率控制性能($L_g=4$ mH，$R_g=0.2\ \Omega$)

图 7.29 给出了孤岛模式下 PI 和 ESP 方法的电网电压谐波。结果表明，ESP 方法在电网电压中的典型谐波小于 PI 方法。

3. 超导线圈电流谐波分析

SMES 中的涡流损耗是一个重要因素，它极大地影响了系统的效率。同时，涡流损耗与超导线圈中直流电流的谐波有显著关系，尤其是低次谐波(二次与三

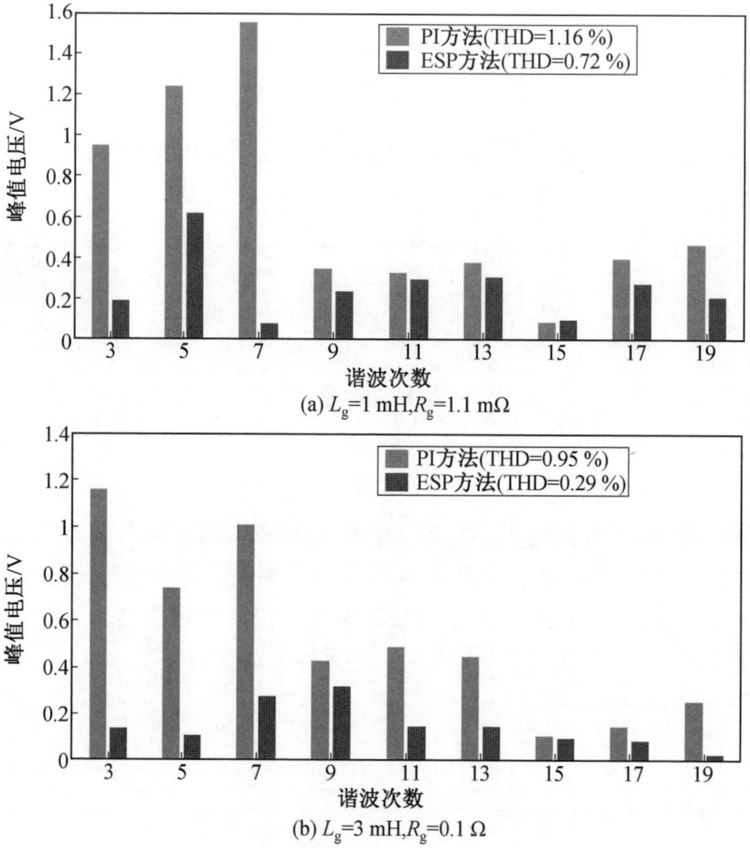

图 7.29　孤岛模式下两种方法的电网电压谐波
（THD:总谐波畸变率）

次)。在本部分中,提供了 PI 和 ESP 方法的直流电流谐波的比较以估计涡流损耗条件。

在图 7.30(a)中可以容易地发现,ESP 方法的直流电流比 PI 方法的直流电流大得多。图 7.30(b)为低阶谐波分析。ESP 方法显著降低了直流电流的谐波。因此,可以预计 ESP 方法将实现涡流损耗降低和系统效率提高。

4. 仿真分析与结果讨论

本部分提供了基于仿真结果的一些讨论。首先,为了很好地解释 PI 和 ESP 方法的仿真结果的差异,电流控制回路的频率响应由软件中的控制设计工具箱进行测试。输入测试电流的幅度为 10 A,其频率变化范围为 10～200 Hz。

图 7.31 和图 7.32 给出了在两种不同参数情况下 PI 和 ESP 方法的频率响

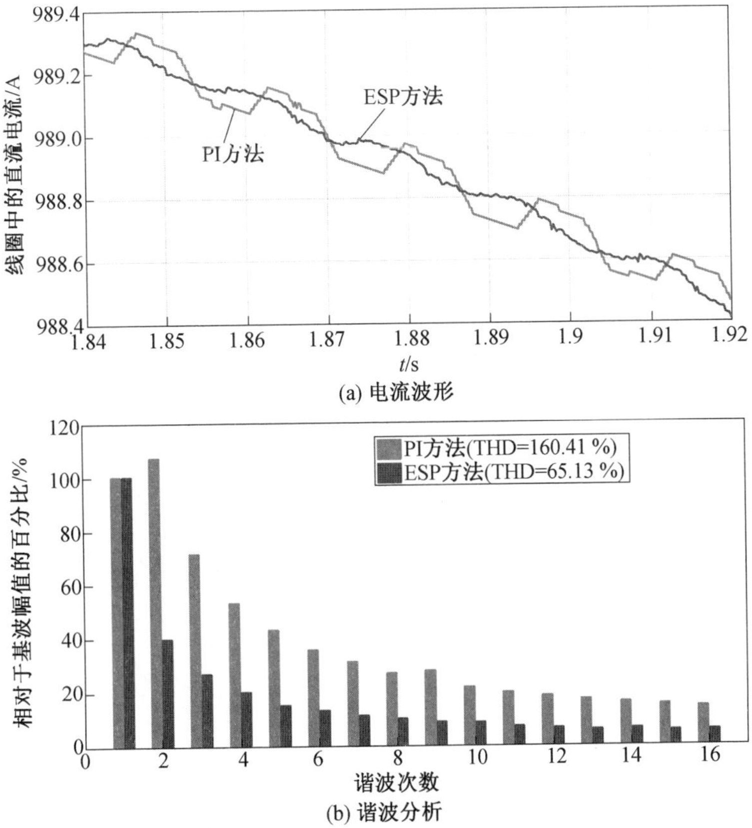

图 7.30　超导线圈中的直流电流(L_g=1 mH,R_g=1.1 mΩ)

应。在预期的参数下,PI 和 ESP 方法都提供了令人满意的频率响应,这证明了本节中控制器设计的正确性。幅度增益范围在±1 dB 范围内,相移在±10°范围内。PI 和 ESP 方法都可以在这种情况下实现良好的跟踪性能。当参数改变时,ESP 方法的幅度增益仍然在±1 dB 的范围内,但其最大相移增加到−35°,导致变换器的输出阻抗的增大,这仍然是可接受的。相反,在这种情况下,PI 方法的幅度和相位特性都严重恶化。从频率响应分析可以得出结论,ESP 方法在参数变化时仍能保持良好的跟踪能力,而参数对 PI 方法的跟踪能力有显著影响。这个结论也可以很好地解释以前的模拟结果。

其次,为了验证用于设计 ESP 控制器的模型,本部分提供了简短的灵敏度分析。引入式(7.53)中定义的灵敏度分析因子 SAF 来评估控制器对系统参数的灵敏度。

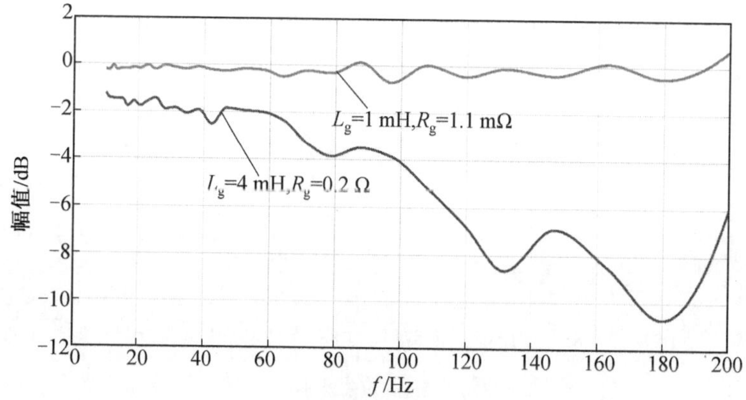

(a) 幅值-频率特性

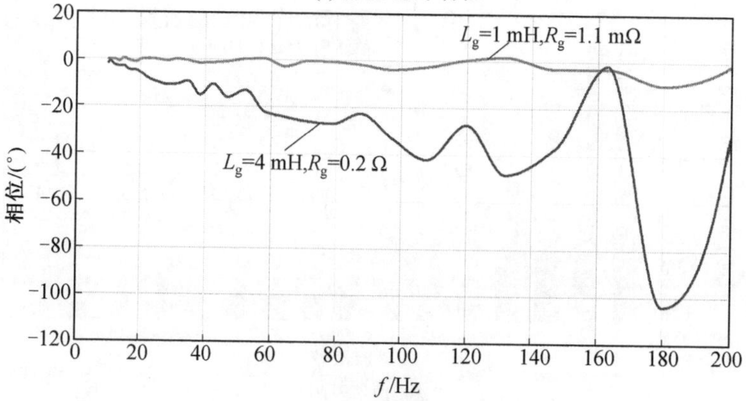

(b) 相频特性

图 7.31 PI 方法的频率响应

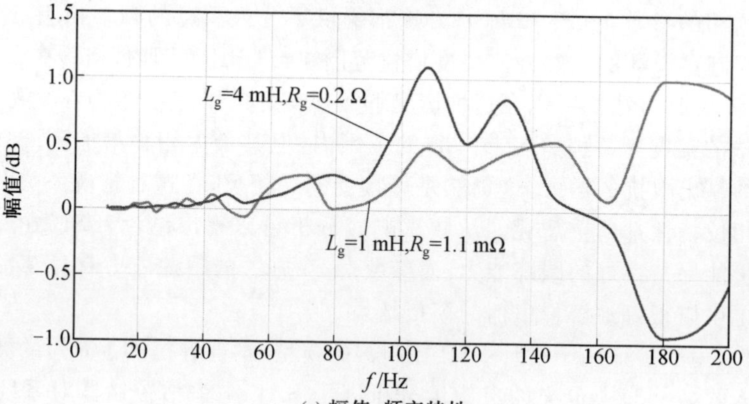

(a) 幅值-频率特性

图 7.32 ESP 方法的频率响应

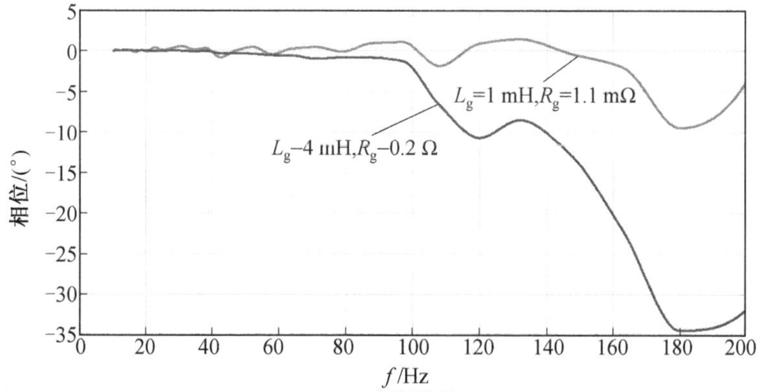

(b) 相频特性

续图 7.32

SAF 的正/负迹象表明，评估指标在相同/相反方向上随着系统参数的不确定性而变化。在并网模式下，SMES 用于平滑 WG 功率。因此，采用 PCC 功率的峰一峰值功率 P_{p-p}作为评估指标。

P_{p-p}的大小可以评估平滑功率的稳定程度和纹波水平。表 7.5 提供了并网模式下 ESP 方法的 SAF 性能。考虑到电力系统中的某些参数容易发生变化，灵敏度分析中的参数变化不仅要考虑 SMES 的结构参数，还要考虑电网的相关参数。可以发现，SAF 性能对大多数参数变化不敏感，证明了基于 ESP 控制器所采用的模型和设计的有效性。SAF 性能对电网电压和 WG 功率波动有点敏感，但是，P_{p-p}仍然足够小以保证良好的性能。

表 7.5　并网模式下 ESP 方法的 SAF 性能

参数	变化率/%	P_{p-p}/kW	SAF
No	0	4.163	—
L_m	10	4.248	0.204
i_m	10	4.188	0.060
C	10	4.185	0.052
u_{dc}^*	10	4.108	−0.133
L_g	100	3.953	−0.050
R_g	100	4.246	0.020
ΔP_W①	50	5.988	0.876
P_L	50	4.107	−0.027
u_g	5	4.45	1.379
f	0.5	4.156	−0.336

注：①ΔP_W 表示 WG 功率的波动。

在孤岛模式下，当负载变化时(在 8 s 的时间点)频率过冲($\Delta f=f-60$)被用作灵敏度分析中的评估指标。从表 7.6 中可以看出，大多数参数对控制器的瞬态性能几乎没有影响。

表 7.6　孤岛模式下 ESP 方法的 SAF 性能

参数	变化率/%	Δf/Hz	SAF
No	0	−0.272 0	—
L_m	10	−0.272 6	0.022
i_m	10	−0.271 3	−0.026
C	10	−0.274 0	0.073
u_{dc}^*	10	−0.272 2	0.007
L_g	100	−0.270 3	−0.006
R_g	100	−0.273 5	0.006
ΔP_W	50	−0.277 0	0.035
ΔP_L[①]	50	−0.349 0	0.566

负载变化 ΔP_L 在一定程度上影响系统的瞬态性能。如果 Δf 的公差极限确定为±0.5 Hz，则允许的负载变化区域约为±140 kW，这是通过模拟试验获得的。

7.3.4　超导磁储能系统控制实验结果与结论

为了进一步验证所提出的控制方法的有效性，实现了基于硬件 OP5600 在环仿真(HILS)设备(OPAL−RT 技术)的实时仿真。用于测试所提出的控制方法的 HILS 系统如图 7.33 所示。

如图 7.33 所示，HILS 系统可以通过软件 RT−LAB 的编程来模拟复杂的 MG 和 SMES 的变换器。数字信号处理器(DSP)TMS320F28335 通过对来自 OP5600 的模拟信号进行采样来实现所提出的控制方法，并为 SMES 的变换器生成 PWM 命令。考虑到实现的复杂性和实际的硬件约束，在实时仿真中仅实现了并网模式测试。实验中的所有参数与先前模拟中的参数相同，以便于比较。然而，与图 7.21 相比，WG 功率每 16 s 周期性地延长。

图 7.34(a)给出了 PI 和 ESP 方法的直流电压性能。ESP 方法的直流电压具有更好的瞬态性能，没有任何超调。图 7.34(b)给出了在预期参数下两种方法 WG 功率平滑性能。在这种情况下，PI 和 ESP 方法的性能都令人满意。可以注

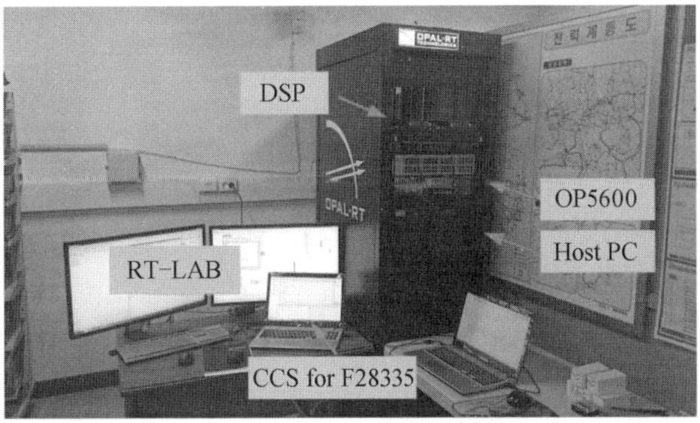

图 7.33　用于测试所提出的控制方法的 HILS 系统

意到，ESP 方法的开关纹波主要在高频区域，其容易被附加的 LC 或 LCL 滤波器吸收。图 7.34(c)和图 7.34(d)给出了参数变化情况下两种方法的性能比较。

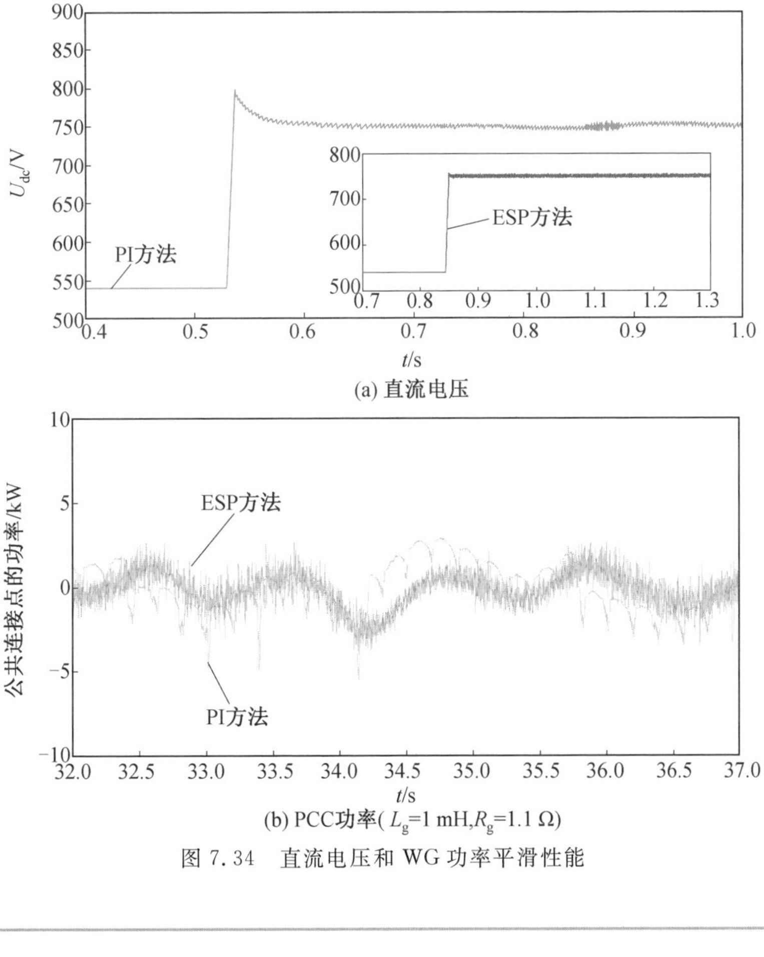

(a) 直流电压

(b) PCC功率(L_g=1 mH, R_g=1.1 Ω)

图 7.34　直流电压和 WG 功率平滑性能

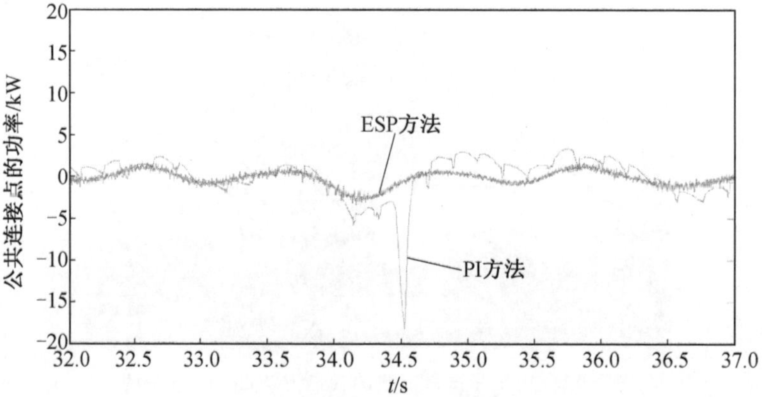

(c) PCC功率(L_g=3 mH,R_g=0.1 Ω)

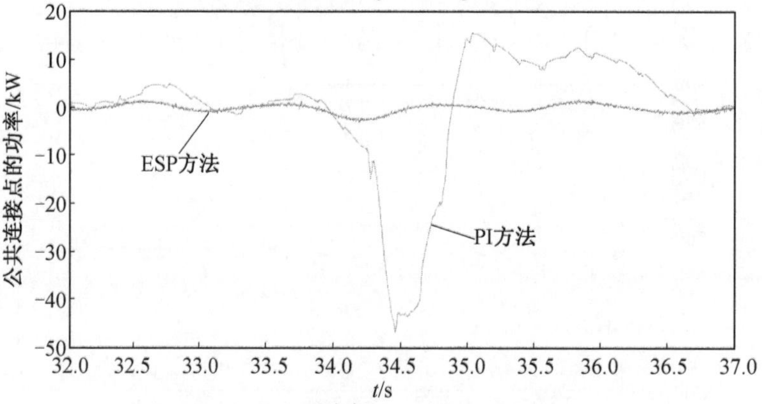

(d) PCC功率(L_g=4 mH,R_g=0.2 Ω)

续图 7.34

图 7.35(a)和 7.35(b)给出了两种方法的 SMES 功率跟踪性能。实验结果与之前的模拟结果非常相似。当参数改变时,PI 方法的功率平滑和功率跟踪性能都很差。相比之下,在参数变化的情况下,ESP 方法的性能仍然令人满意。

本章提出了基于 ESP 的控制策略,其可以将 VSC 和 DC 斩波器规则集成在一起,用于 SMES 的鲁棒性改进,并提出了基于 ESP 的逐步设计策略,该策略包括四个步骤:建立数学模型,平衡点的确定,能量成型和稳定性配置分析、积分器的设计。基于 ESP 的控制器在编程中很容易实现。

ESP 和 PI 方法的比较表明了所提出的 ESP 方法控制的优点。改变 PCS 变换器的连接阻抗参数以测试控制器的稳健性。在模拟中,PI 和 ESP 方法都可以在预期的参数情况下很好地跟随参考功率。然而,ESP 方法避免了干扰抑制过程,并在并网模式下实现了更平坦的 PCC 功率流。此外,与孤岛模式下的 PI 方

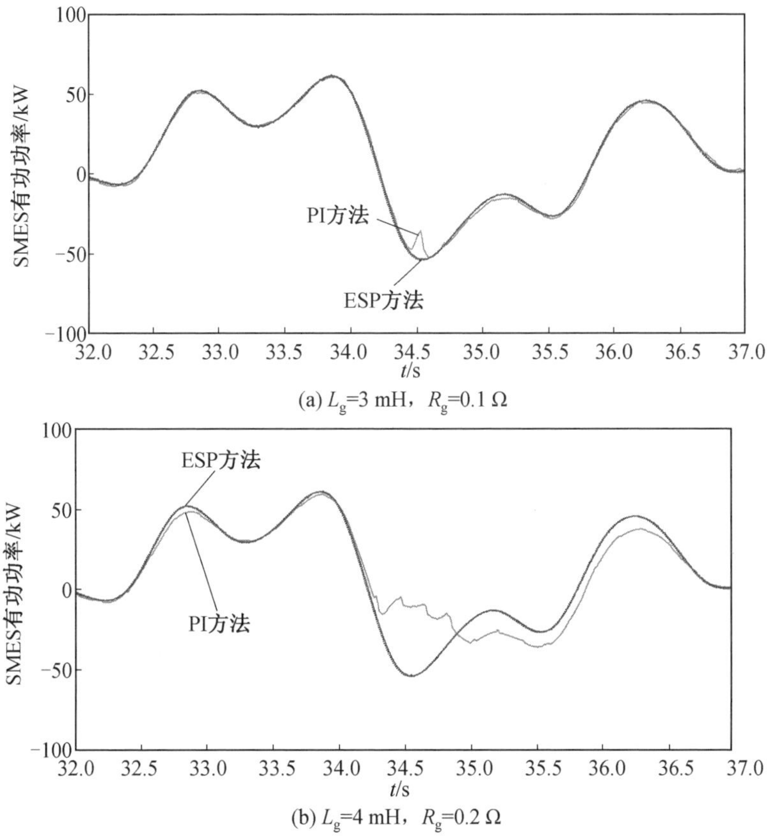

图 7.35　SMES 功率跟踪性能

法相比，ESP 方法提供了更小的过冲和纹波。当系统参数改变时，ESP 方法可以实现比 PI 方法更优越的性能。ESP 方法在并网模式下实现了更平坦的 PCC 功率流，并且在孤岛模式下实现了更低的过冲。特别是，当参考功率高同时急剧变化时，由于跟踪能力不足，由 PI 控制器控制的 SMES 功率将偏离参考。当参数变化时，该问题还导致 PI 方法存在弱稳定性区域。由仿真结果可以得出结论，与传统 PI 方法相比，ESP 方法对参数变化具有优越的鲁棒性。此外，与 PI 方法相比，ESP 方法显著降低了直流电流的谐波，与 PI 方法相比可以减少涡流损耗。

与传统的基于 PI 的 SMES 相比，基于 ESP 的 SMES 可以提供更好的整体性能。一方面，即使变换器参数发生变化，基于 ESP 的 SMES 良好的鲁棒性也能保持令人满意的性能，这在某些情况下可以避免重新设计过程。另一方面，基于 ESP 的 SMES 可以提供更好的动态特性，并可能有助于改善电力系统的瞬态性能。

第8章

能量成型控制在微电网中的应用

微电网作为分布式发电技术的有效载体，是智能电网的关键组成部分。本章鉴于微电网的复杂性，通过研究系统中各分布式发电单元惯性特性，还原下垂控制的非线性特征，建立包括底层设备和初级下垂控制的微电网二阶 Kuramoto 模型。在此模型的基础上，提出微电网系统暂态能量函数由微电网二阶 Kuramoto 模型中“振子系统”和“弹簧系统”加权和形式表征。此外，利用所构造的微电网系统暂态能量函数推导满足全局渐近稳定判据的微电网系统能量成型的控制策略。对控制机制下的孤岛模式、并网模式和并离网切换模式进行测试，测试结果表明，能量成型控制策略能够有效确保微电网并网模式下与外网协调运行、孤岛模式下保持自身供需能量平衡、运行模式变化时无缝平滑切换的目标。

8.1　分布式微源与微电网概述

8.1.1　分布式微源

集中发电、远距离输电和大电网互联的电力系统是目前电能生产、输送和分配的主要方式，正在为全世界 90%以上的电力负荷供电，但它也存在一些弊端，主要有：①不能灵活跟踪负荷的变化。如夏季空调负荷的激增会导致电力供应短时不足，而为这种短时的峰荷建造发输电设施是得不偿失的，因为其利用率极低。随着负荷峰谷差的不断增大，电网的负荷率正逐年下降，发输电设施的利用率都有下降的趋势。②大型互联电力系统中，局部事故极易扩散，导致大面积的停电；而电力系统越庞大，事故(如雷击)发生的概率越高。

目前，大电网与分布式发电(distributed generation，DG)相结合被世界上许多能源、电力专家公认为是能够节省投资、降低能耗、提高电力系统可靠性和灵活性的主要方式。由于发电和用电设备距离较近，与传统集中式发电相比，分布式发电具有建设速度快、运行控制灵活和清洁高效等优点。大力发展分布式发电能够有效减轻远距离输电的负担，同时解决偏远地区的供电难题，在很大程度上提高电网的经济性和可靠性。

分布式发电具有投资少、占地小、建设周期短、节能、环保等特点，对于高峰期电力负荷比集中供电更经济、有效，故分布式发电可作为我国集中供电的有益补充。分布式发电可作为备用电源为高峰负荷提供电力，提高供电可靠性；可为边远地区用户、商业区和居民供电；可作为本地电源节省输变电的建设成本和投资、改善能源结构、促进电力能源可持续发展。

分布式微源是指分布式发电中的微电源，即功率小于 100 kW 的小型机组，包括小型柴油发电机组、燃料电池(fuel cell)、微型燃气轮机(micro-turbines)、风力发电机组及太阳能光伏发电系统等。下面简要介绍上述 5 种分布式微源。

1. 小型柴油发电机组

柴油发电机组是一种以柴油为主要燃料的发电设备，一般由柴油机带动同步发电机发电，将化学能转换为电能，用来为固定或者移动的装置提供几千瓦到几兆瓦的电功率。目前，柴油发电机组广泛应用于舰船、移动电站及应急用电等供电场合。随着柴油发电机组的需求逐年增长，市场对其功能、技术指标要求也愈加严苛。

2. 燃料电池

燃料电池是一种在恒定的温度下，直接将存储在燃料和氧化剂中的化学能高效、环境友好地转化为电能的装置。燃料电池的阴极和阳极由电解质隔开，发电时从外部储罐经处理器将燃料和氧化剂（空气）分别供给阳极和阴极，发生电化学反应，通过电解质传送带电离子，产生电位差，引起电子在外电路中流动，从而发出低压直流电。燃料电池可按电解质分为许多类，其中磷酸燃料电池（PAFC）最接近商业化，新一代的熔融碳酸盐燃料电池（MCFC）和固体氧化物燃料电池（SOFC）则被认为最值得推荐用于电力系统发电。燃料电池的类型与特征见表 8.1。

表 8.1　燃料电池的类型与特征

类型	电解质	工作温度	燃料	氧化剂	技术状态	可能的应用领域
碱性	KOH	50～200 ℃	纯氢	纯氧	高度发展、高效	航天，特殊地面应用
质子交换膜	全氟磺酸膜	室温至 100 ℃	氢气；重整氢	空气	高度发展，需降低成本	电动汽车，潜艇推动，移动动力源
磷酸	H_3PO_4	100～200 ℃	重整氢	空气	高度发展，成本高，余热利用价值低	特殊需求，区域供电
熔融碳酸盐	$(LiK)CO_3$	650～700 ℃	净化煤气；天然气；重整氢	空气	正在进行现场实验，需延长寿命	区域供电
固体氧化物	氧化钇稳定的氧化锆	900～1 000 ℃	净化煤气	空气	需开发廉价制备技术	区域供电，联合循环发电

燃料电池的优点在于：①效率高。燃料电池的能量转化效率可达 80%～95%，实行联合循环后的电厂综合效率可达 60%～80%，而传统大型火电厂的效

率不超过 43%,平均为 33%左右。②适应负荷变化的能力极强,当负荷变化在 25%~100%范围内时,燃料电池效率不受影响,而且跟踪负荷变化的速度很快。这两点都是传统电厂无法比拟的,也使得燃料电池不仅适合大规模发电,还适合小规模分布式发电。③清洁无污染。燃料电池发电时的排放物对环境的影响可以忽略不计;且由于没有转动部分,没有噪声污染。④占地少、建设快、检修维护容易及燃料适应性强等。其安装、维护的方便性源于其模块化的组装方式,而能用于燃料电池的燃料非常广泛,如煤、石油、天然气和甲醇等。正是由于具有传统发电方式无法比拟的优点,燃料电池被认为将成为与火电、水电、核电并驾齐驱的第 4 种发电方式,其用于分布式发电的前景亦十分广阔。

3. 微型燃气轮机

微型燃气轮机具有体积小、质量轻的特点,且在建造和运行成本上具有显著优势。微型燃气轮机排放的有害气体含量极低,对环境污染小。微型燃气轮机单独用于发电,效率达 30%,可与大型火电厂媲美;若实行热电联产,效率可提高到 75%。微型燃气轮机的运行维护简单,当出现故障时,由于其质量轻,安装快,可以马上整机替换,然后把故障机组整体运往维修中心进行维修。基于上述优点,微型燃气轮机已成为目前最成熟、最具有商业竞争力的分布式微电源。

4. 风力发电机组

近年来,受能源危机和环境保护等因素的影响,世界上许多国家和地区都在大力推动风力发电的研究和建设。随着风力发电技术的不断进步,促进了其成本的降低,而传统化石能源的价格呈总体上升趋势,再加上环境保护的要求,风力发电将成为本世纪重要的能源利用形式之一。早期风力发电大多采用恒频恒速发电机组,其发电机转速保持不变,运行范围较窄,因此逐渐被变速恒频机组取代。变速恒频机组可以根据风速变化情况实时调节风力机的转速,使发电机始终运行在最佳转速下捕获最大风能,具有较高的风能利用效率。在变速恒频风力发电中,目前应用广泛或具有较好发展前景的主要是双馈感应发电机风力机组和永磁直驱发电机(dirct-driven permanent magnet generator,D-PMSG)风力机组。DFIG 风力机组是目前风力发电的主流机型,其结构如图 8.1 所示。

风力发电机组从能量转换角度分成两部分:风力机和发电机。风速作用在风力机的叶片上产生转矩,该转矩驱动轮毂转动,通过齿轮箱高速轴、刹车盘和联轴器再与异步发电机转子相连,从而发电运行。它最有希望的应用前景是用于无电网的地区,为偏远的农村、牧区和海岛居民提供生活和生产所需的电力。风力发电技术在新能源领域已经比较成熟,经济指标逐渐接近清洁煤发电。

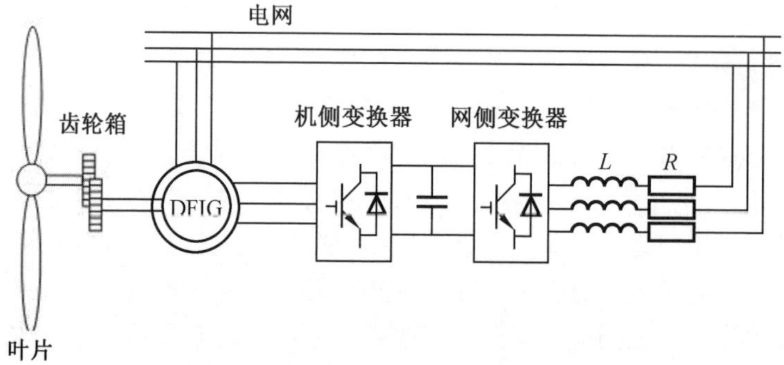

图 8.1　双馈感应发电机风力机组结构图

5. 太阳能光伏发电系统

太阳能是资源最丰富的可再生能源，具有独特的优势和巨大的开发利用潜力，充分利用太阳能有利于保持人与自然的和谐及能源与环境的协调发展。太阳能光伏发电安全可靠，没有噪声和污染，而且不受地域限制，也不需要消耗燃料，可无人值守，还可以方便地与建筑物集成。预计到 21 世纪中叶，太阳能光伏发电的成本将会下降到同常规能源发电相当。届时，太阳能光伏发电将成为人类电力的重要来源之一。

太阳光具有分散性，而且随处可得，所以太阳能光伏发电系统特别适合作为微电网中的分布式微源使用。太阳能光伏发电系统是利用太阳能电池将太阳辐射能直接转换成电能的发电系统，如图 8.2 所示。

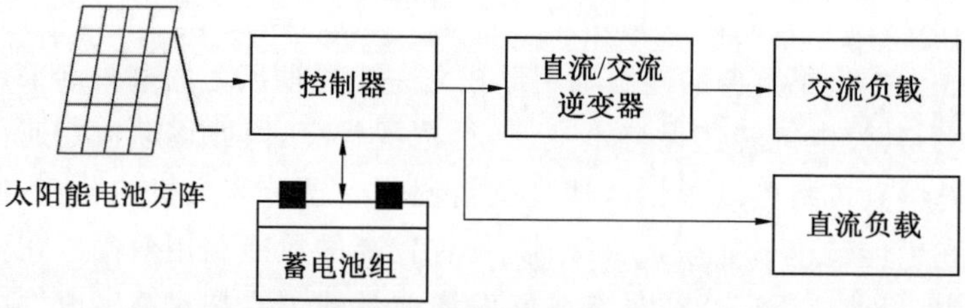

图 8.2　太阳能光伏发电系统

8.1.2　分布式微源电力电子接口单元

电力电子技术通过使用电力电子器件，可实现对电能的灵活变换和控制。随着电力电子器件和变流控制技术的发展，电力电子技术日益广泛地应用于电力系统，推进智能电网建设。在配电网中，新能源发电和储能的大量接入以及用户对供电的多元化需求，促使配电网逐步电力电子化，给智能配电网的运行控制和管理维护带来了一系列新的机遇和挑战。

分布式微源很多都需要通过电力电子设备接入电网。根据电力电子设备的类型，分布式微源可以分为以下三类。

第一类是不需要电力电子设备的分布式微源或储能装置，例如小水电和柴油发电机等。

第二类是提供直流电的分布式微源或储能装置，例如太阳能光伏发电系统、燃料电池和蓄电池等。这类分布式微源和储能装置首先需要经过直流一直流(DC—DC)变换得到逆变所需的直流电压，同时实现能量管理或者最大功率跟踪等功能，然后通过直流一交流(DC—AC)的逆变环节接入微电网，逆变器的控制需要与 DC—DC 变换控制相配合，维持稳定的直流电压。

第三类是提供非工频交流电的分布式微源或储能装置，例如微型燃气轮机、永磁同步风力发电机及飞轮储能系统等。这类分布式微源和储能装置需要首先经过交流一直流(AC—DC)的整流环节，将非工频的交流电转化成直流电，然后再经过类似的 DC—DC 和 DC—AC 变换环节接入微电网。

由上述分析可知，电力电子技术对分布式微源接入电网至关重要，尤其是其中的逆变环节，是很多分布式微源接入电网的最终接口，其控制方法对分布式微源的稳定运行有重要的影响，是微电网运行控制的重要基础。

欧盟在 2005 年提出的分布式微源接口逆变器的控制方法包括恒功率(PQ)控制和电压源型逆变器(voltage source inverter，VSI)控制。其中 PQ 控制的基本思想是在微电网与大电网并网运行时逆变器能够按照设定稳定地输出一定的有功功率和无功功率。VSI 控制使逆变器以电压源形式运行，早期 VSI 控制指恒压恒频的 V/f 控制，以逆变器的输出电压幅值和频率为控制目标，能够在孤岛模式下调节微电网的频率和电压。

近年来，VSI 控制逐步由单台独立调节发展为多台同时参与调节，逆变器的控制方法也由 V/f 控制发展为下垂(Droop)控制。Droop 控制使逆变器的输出模拟高压电力系统中同步发电机的频率和端电压与所输出的有功功率和无功功率之间的下垂特性。执行 Droop 控制的多个分布式微源通过测量计算自身发出的有功和无功功率，根据下垂特性曲线得到逆变器输出的频率和电压参考值，然后各自反向微调其输出电压的频率和幅值，使电网保持有功功率的平衡，同时无功功率实现合理的分布。多台执行 Droop 控制的逆变器可以在无通信连接的情况下同时对电网的频率和电压进行调节，分布式微源之间不需要交互信息，实现控制的成本较低。

逆变器是很多分布式微源接入微电网的最终接口，其控制方法对分布式微源的接入和微电网的运行控制至关重要，下面将展开介绍 PQ 控制、V/f 控制和 Droop 控制三种常用的逆变器控制方法。分布式微源和储能装置通常采用的逆变器接口主电路如图 8.3 所示。

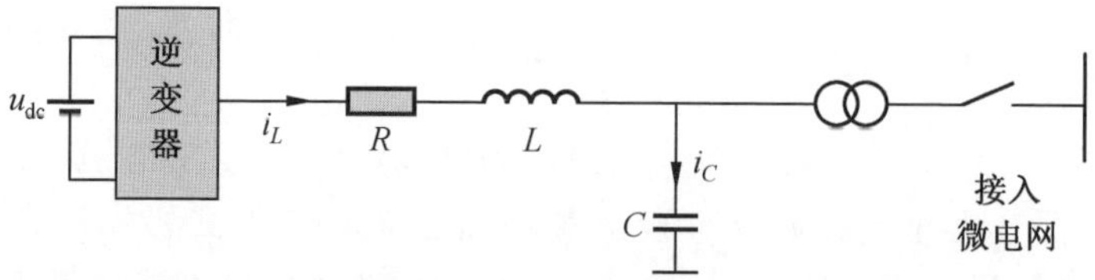

图 8.3　逆变器接口主电路

图 8.3 中将直流电源或者整流以后的非工频交流电源等效成直流电压源 u_{dc}，线路电阻为 R，逆变器输出经 LC 滤波和隔离变压器接入微电网，i_L 和 i_C 分别是流过电感和电容支路的电流，将线路电感和滤波器电感等效为电感 L，u 为经滤波后的逆变器输出电压。微电网中逆变器的控制方法可以根据分布式微源或者储能装置的供电特性以及微电网的控制策略灵活选择。

1. PQ 控制

PQ 控制以逆变器输出的有功功率和无功功率为控制目标，常用于微电网并网运行时分布式微源接口逆变器的控制。假设并网连接的逆变器输出三相基波电压为 u，受电网电压钳制，U_m 为电压幅值，对 u 进行 Park 变换：

$$\begin{bmatrix} u_d \\ u_q \end{bmatrix} = T_{abc\to dq}\begin{bmatrix} u_a \\ u_b \\ u_c \end{bmatrix} = \begin{bmatrix} U_m \\ 0 \end{bmatrix} \tag{8.1}$$

三相静止 abc 坐标系下的三相电压是耦合的，而在同步旋转 dq 坐标系下，d 轴分量和 q 轴分量可以实现解耦。当逆变器输出电压由电网电压决定时，u_d 等于常数 U_m，$u_q=0$。此时，对逆变器输出功率的控制问题可以转化为对电流的控制，有功功率输出由 i_d 决定，无功功率输出由 i_q 决定，从而实现逆变器输出有功和无功功率的解耦控制。逆变器 PQ 控制的参考电流可以通过下式确定：

$$i_{d\text{ref}} = P_{\text{ref}}/u_d \tag{8.2}$$

$$i_{q\text{ref}} = -Q_{\text{ref}}/u_d \tag{8.3}$$

式中　P_{ref}，Q_{ref}——输出的有功功率和无功功率的参考值。

在有些应用场合，逆变器保持恒定的有功功率输出，而输出的无功功率需要不断变化以调节微电网的局部电压幅值。此时可以采用恒定有功电压控制，简称 PV 控制。PV 控制的实现方法与 PQ 控制类似，逆变器输出的有功功率通过 P_{ref}设置，并最终由 i_d 决定。输出的无功功率仍由 i_q 决定，但是无功功率不再通

过 Q_{ref} 设置，而是通过电压幅值参考值 V'_{ref} 与实际值之间的误差信号驱动 PI（比例积分）控制器给出。

2. V/f 控制

V/f 控制常用于由单个逆变型分布式微源调节孤岛模式运行微电网的频率和电压的情况。此时逆变器以电压源形式运行，所以需要分布式微源具有较大的输出功率调节范围和较快的动态响应速度。V/f 控制以逆变器输出的电压频率和幅值为控制目标。与 PQ 控制不同，V/f 控制输出电压的幅值和相位是可控的，其输出电压不再跟随电网电压。逆变器输出电压幅值的大小由 u_{dref} 和 u_{qref} 决定，而 u_{dref} 和 u_{qref} 可以通过 abc 坐标系下的三相电压参考值设置。此外，PQ 控制中 Park 变换的参考频率 ω_s 直接从电网电压中通过 PLL 提取，而在 V/f 控制中，ω_s 在 PLL 基础上由频率控制环节给出，我国工频电压的频率参考值为 50 Hz。

3. Droop 控制

高压电力系统中同步发电机的频率和端电压与所输出的有功功率和无功功率之间存在下垂特性，Droop 控制的思想是通过控制使逆变器的输出模拟下垂特性。微电网属于低压电网，线路的电阻值大于电抗值，但可以通过参数设计使逆变器的输出阻抗呈感性，保证下垂特性成立。

下垂特性如图 8.4 所示，其中下标 N 表示额定的运行点，下标 min 和 max 分别代表变量的最小值和最大值，图 8.4 也可以用以下式子描述：

$$f=f_N-k_p(P-P_N) \tag{8.4}$$

$$V=V_N-k_Q Q \tag{8.5}$$

式中 P,Q——逆变器发出的有功功率和无功功率；

f,V——逆变器的频率和电压；

f_N,V_N——逆变器的频率和电压的额定值；

P_N——逆变器在额定频率下输出的功率；

k_P,k_Q——下垂系数，可通过下式求得。

$$k_P=(f_N-f_{min})/P_{max}-P_N \tag{8.6}$$

$$k_Q=(V_N-V_{min})/Q_{max} \tag{8.7}$$

以有功功率为例，当微电网中有多个分布式微源参与调节频率时，频率偏移导致有功负荷在不同分布式微源之间分配，则

$$\Delta P=\sum \Delta P_i \tag{8.8}$$

$$\Delta f_i=k_i\Delta P_i=\Delta f \tag{8.9}$$

式中 k_i——第 i 个分布式微源的有功功率 Droop 控制系数；

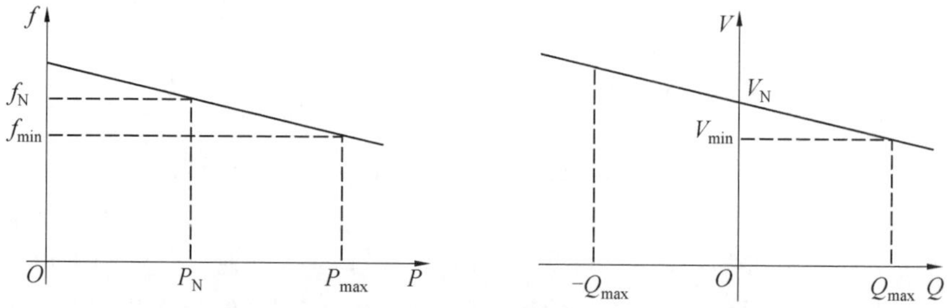

图 8.4　下垂特性

Δf——微电网的频率偏移，各个分布式微源的频率偏移 Δf_i 与 Δf 相同；

ΔP_i——第 i 个分布式微源发出的有功功率偏移，由 k_i 和 Δf 共同决定。

无功功率的情况与有功功率类似，所以微电网中有功负荷和无功负荷在执行 Droop 控制的分布式微源之间分配，具体的分配比例由各分布式微源的下垂系数决定，下垂系数的选择要综合考虑各分布式微源的供电能力。Droop 控制的实现方法与 V/f 控制类似，其原理框图如图 8.5 所示。当逆变器执行负荷控制时，首先计算其输出的有功和无功功率与额定运行点之间的偏差 ΔP_i 和 ΔQ_i，并通过下垂特性得出系统当前的频率和电压偏差 Δf_i 和 ΔV_i，然后结合额定值得到电压和频率的参考值，最后通过与 V/f 控制类似的方式按照参考值控制逆变器输出电压，即实现了逆变器的 Droop 控制。

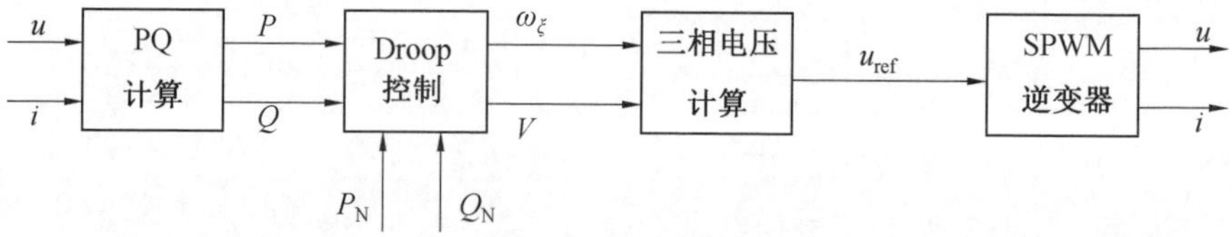

图 8.5　Droop 控制原理框图

8.1.3　微电网运行方式

1. 微电网的定义

微电网是由分布式微源、储能设备、用电负荷、配电设施、监控和保护装置等组成的小型发配用电系统。总体来看，微电网不同于传统孤立电网系统，其中采用了大量的电力电子器件进行控制，也采用了大量清洁高效的可再生能源。简单地说，微电网在配电网侧相当于一个可控单元，在用户侧相当于可定制的电源，正常情况下以并网模式运行，当电网发生故障时转入孤岛模式运行。传统意义上的电力系统包含七大领域，即发电、输电、变电、配电、用电、调度、通信；而微电网包含六大领域，即发电、储能、配电、用电、调度、通信。微电网作为集电能收集、电能传输、电能存储和电能分配于一体的新型电力交换系统，可以成为大电网的有力补充和支撑，有益于提高现有电网运行的可靠性和经济性。图 8.6 所示为微电网典型结构。

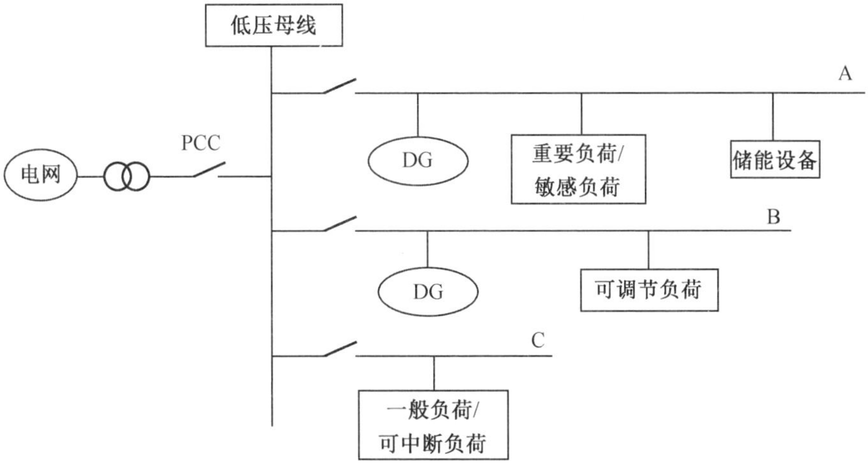

图 8.6　微电网典型结构

微电网的发展具备以下 4 个基本特征。

(1)微型。这一特征主要体现为电压等级低，电压等级一般在 35 kV 及以下；系统规模小，系统容量不大于 20 MW，通常为兆瓦级及以下。

(2)清洁。微电网电源以可再生能源为主，或以天然气多联供等能源综合利用为目标的发电形式；并网型微电网可再生能源装机容量与最大负荷的比值在 50%以上，或能源综合利用效率在 70%以上。

(3)自治。微电网内部基本实现电力供需自平衡。并网型微电网与外部电网的年交换电量一般不超过年用电量的 50%，独立运行时能保障重要负荷在一段时间内连续供电；独立型微电网应具有黑启动的能力。

(4)友好。微电网可减少大规模分布式微源接入对电网造成的冲击，并网型微电网与外部电网的交换功率和时段具有可控性，通过对电源、负荷和储能系统的协同控制，实现与电网之间的功率交换。

微电网的应用具备以下 4 个优点。

(1)就近消纳，提高能源效率。微电网内部的电能来自于天然气、光能及风能等分布式能源。在西北等风力、阳光资源充足的地方，修建大型风电场、光伏电站，用户(工业园区、商业区、学校、医院甚至大型的地产项目)在接入小型的风机、光伏发电、储能及燃气轮机等电源设备时，就能使电能就近消纳，省去了在电网中传输的损耗，提高了能源的使用效率。

(2)单点连接，减少对大电网冲击。微电网与电网系统之间的电能交流，通过微电网与电网系统的公共连接点连接，避免了多个分布式微源与电网系统直接连接。微电网主要用于区域内部的供电，不向外输送或输送很小的功率，对电网系统的影响可以忽略不计。

(3)提高供电可靠性，解决电能需求。微电网采用先进的控制方式以及大量电力电子装置，将分布式微源、储能装置、可控负荷连接在一起，使得它对于电网系统成为一个可控负荷，并且可以施行并网和孤岛两种运行模式，充分维护了微电网和大电网的安全稳定运行。

2. 微电网的两种运行模式

微电网主要由各种分布式微源(光伏发电、风力发电等)、储能装置(蓄电池或超级电容等)、其他能源(燃料发电机等)、本地负荷及监控、保护装置构成。它可以工作在孤岛模式下，依靠系统自身能量输出满足本地负载功率需求；也可以工作在并网模式下，将系统富余能量传输至公共电网或从公共电网吸收能量，维持系统能量平衡。两种运行模式可以任意切换，运行方式灵活多样。微电网相对于外部大电网表现为单一的受控单元，并可同时满足用户对电能质量和供电安全等方面的要求。微电网内部的电源主要由电力电子器件负责能量的转换，并提供必要的控制。

(1)并网模式。

并网模式就是微电网与公用大电网相连，微电网断路器闭合，与主网配电系统进行电能交换。微电网并网模式运行时可通过控制装置转换到孤岛模式运行。

微电网并网模式运行时，通过公共连接点与大电网相连。微电网中的分布式微源接口逆变器一般采用 PQ 控制按照设定值输出一定的有功功率和无功功率。此时，微电网的频率由大电网负责调节，电压也由大电网提供支持。但是微电网需要具有局部的无功电压控制能力，根据无功功率就地平衡的原则，各分布式微源 PQ 控制无功功率参考值的设置应该能够尽量减少微电网中各分布式微源之间及微电网和大电网之间的无功功率交换。

(2)孤岛模式。

孤岛模式是指在电网故障或计划需要时，微电网与主网配电系统断开，由 DG、储能装置和负荷构成的运行方式。储能变流器 PCS 工作于孤岛模式下，为微电网负荷继续供电。

微电网孤岛模式运行时，与大电网的连接断开，需要由微电网中的分布式微源负责调节微电网的频率和电压。此时微电网中的某一个或多个分布式微源将由并网模式运行时的 PQ 控制转为 VSI 控制。由一个逆变型分布式微源执行 V/f 控制调节微电网频率和电压的情况构成主从结构(master-slave structure)的微电网；由多个逆变型分布式微源执行 Droop 控制共同调节微电网频率和电压的情况构成对等结构(peer to peer structure)的微电网。主从结构微电网的稳定性完全取决于执行 V/f 控制的主逆变型分布式微源能否正常运行，对其依赖度高，所以可靠性较差。对等结构的微电网可通过多个逆变型分布式微源的协调配合提高供电的可靠性，某一个执行 Droop 控制的逆变型分布式微源加入或者退出对微电网的稳定运行不会造成较大的影响。

微电网中分布式微源的特性决定了它们通常不能和电网直接相连，需要电力电子设备的支持，为维持微电网的稳定运行，需要对分布式微源和相应的电力电子设备进行有效的控制。在不同的运行方式下，微电网中逆变器的控制方法有很大区别，在运行方式发生变化的同时，采用的控制方法也需要及时地自动调整。

3. 微电网的控制策略

微电网有并网和孤岛两种运行模式，不同运行模式下采用的控制策略有很大区别。近年来，在对等结构微电网的基础上，人们又提出了结构更复杂的微电网分层控制结构。在分层控制结构(hierarchical structure)的微电网中，微电网中心控制器(microgrid central controller，MGCC)、微电源控制器(microsource controller，MC)和负荷控制器(load controller，LC)之间需要建立快速可靠的通信连接，一个微电网中只有一个 MGCC 而 MC 和 LC 的数量可以根据分布式微源和负荷情况灵活设置。这种控制结构也被称为多代理(multi-agent)控制。MGCC 作为总控制代理与各下级控制代理之间交换信息，根据风、光等新能源发电情况和负荷需求调节微电网的运行状态，控制整个微电网的运行。MC 作为微电源代理负责监控和管理分布式微源的具体运行，并根据 MGCC 的指令调节分布式微源的运行控制方式或者运行点。LC 作为负荷代理监测用户信息并向用户反馈电网的实时情况，指导用户制订经济的用电计划。此外，微电网孤岛模式运行时如果分布式微源和储能装置的供电能力不足以完全承担并网模式运行时的全部负荷，则必须对微电网中的可控负荷进行管理，与分布式微源配合共同保证微电网在孤岛模式下的稳定运行。微电网控制策略研究的主要目标是在分布式微源接入控制的基础上，将微电网中的分布式微源、储能装置和负荷等发、用电设备协调组织起来自动运行。下面对微电网主要的 3 种组成结构控制策略做简要介绍。

(1)主从结构。

主从结构微电网中通常选择一个分布式微源作为主电源,而将其他分布式微源作为从电源。主电源负责监控微电网中各种电气量的变化,并根据实际运行情况进行调节。此外,主电源还负责储能装置和负荷的管理,以及微电网与大电网之间的联系与协调。从电源只需按照主电源的控制设定输出相应的有功功率和无功功率,不需要直接参与微电网的运行调节。主从结构微电网中主电源和从电源之间需要建立快速可靠的通信连接,以便主电源能够调节从电源的运行点来配合实现对微电网运行的控制。

主从结构微电网并网运行时,其频率和电压都由大电网提供支持,微电网内部的分布式微源只需输出一定的有功功率和无功功率维持微电网内部近似的功率平衡,所以主电源可以采用 PQ 或 PV 控制,从电源一般采取 PQ 控制。由主电源负责设置自身和从电源的 PQ 控制运行点,并根据风、光等可再生能源情况和负荷需求实时调整。

微电网孤岛模式运行时,由主电源负责调节微电网的频率和电压,通常采用 V/f 控制,从电源仍然可以采用 PQ 控制或调整为 PV 控制。主从结构微电网要求主电源具有较大的可调容量范围和快速的调节能力,而在孤岛模式运行时能够维持输出的频率和电压稳定。当主电源调节能力不足时,从电源需要对储能装置和可控负荷进行快速控制并对主电源提供支持。

主从结构微电网的可靠性较差,一旦主电源出现故障,整个微电网将无法继续运行。而且主从结构微电网的规模一般较小,从电源因故障或其他原因退出运行会对微电网产生较大的影响。除此之外,主从结构微电网的运行还依赖于快速可靠的通信连接,因此通信系统的可靠性对主从结构微电网的可靠性有重大影响。

(2)对等结构。

对等结构微电网中各分布式微源的地位是平等的,不存在从属关系。孤岛模式运行时对等结构微电网中的多个分布式微源共同完成对微电网频率和电压的调节,各分布式微源之间不需要建立通信连接。

对等结构微电网并网运行时,不需要由微电网中的分布式微源调节频率和电压,各分布式微源可以采取 PQ 或 PV 控制。此时,微电网中的逆变型分布式微源也可以采取 Droop 控制,将 Droop 控制的额定运行点设置为有功功率和无功功率输出的参考值就可实现类似 PQ 控制的功能,按设定的参考值稳定地输出有功功率和无功功率。由于各分布式微源之间没有建立通信连接,只能根据各自的情况决定自身的运行点。对于大电网来说，对等结构微电网可控性较差，不能很好地接受控制指令与大电网协调配合。

对等结构微电网孤岛模式运行时，参与调节微电网频率和电压的逆变型分布式微源采取 Droop 控制，其余分布式微源继续采用 PQ 或 PV 控制。采取 Droop 控制的逆变型分布式微源只需要通过测量自身输出的电气量就可以独立地参与微电网频率和电压的调节，而不用知道其他分布式微源的运行情况，也无须通信过程。分布式微源之间依靠下垂系数的设置实现自动的协调配合，下垂系数决定了各分布式微源承担负荷的比例，需要综合考虑各分布式微源的供电能力和微电网允许的最大频率和电压偏差统一确定。

对等结构微电网中，当个别分布式微源出现故障退出运行时，对微电网的整体运行情况不会造成大的影响，其原本承担的负荷会在其他分布式微源之间分配，继续维持微电网的稳定运行，所以对等结构微电网的可靠性较高。

(3)分层结构。

主从结构和对等结构微电网各有优缺点，分别适用于不同规模和不同应用场合的微电网。分层结构微电网是在对等结构微电网基础上发展起来的，结合了对等结构微电网和主从结构微电网的优点。分层结构微电网中，由 MGCC 负责对微电网进行统一的协调控制，并负责微电网与大电网之间的通信与协调配合。MC 和 LC 都从属于 MGCC，多个 MC 和 LC 分别控制微电网中的微电源和可控负荷。MGCC 与 MC、LC 之间需要建立快速可靠的通信连接。分层微电网结构组成如图 8.7 所示。

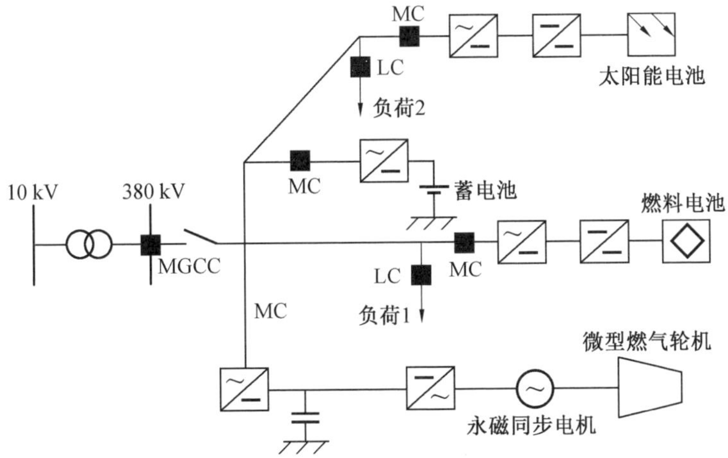

图 8.7　分层微电网结构组成

并网运行时，与对等结构微电网类似，分层结构微电网中的各分布式微源也可以采用 PQ 或 PV 控制，或者采用将额定运行点设置为有功功率和无功功率输出参考值的 Droop 控制。此时，MGCC 根据大电网的需要以及本地负荷需求情况和分布式微源的发电能力决定每个分布式微源的有功功率和无功功率运行点，并且决定各个负荷的运行状态。然后 MGCC 将设定的运行点和负荷运行状态传递给相应的 MC 和 LC，MC 控制分布式微源按照设定值输出所需的有功功率和无功功率，LC 按照要求调整可控负荷。MC 和 LC 只需要分别和 MGCC 保持通信联系，由 MGCC 负责控制整个微电网的优化运行，并在需要的时候调整 MC 和 LC 的运行设置。

当微电网孤岛模式运行时，与大电网的连接断开。此时，需要由一个或几个分布式微源维持微电网的频率和电压，这些分布式微源逆变器可以采用 Droop 控制，其余分布式微源逆变器仍然采用 PQ 或 PV 控制。Droop 控制使逆变器的输出模拟高压电力系统中同步发电机的频率和端电压，以及所输出的有功功率和无功功率之间的下垂特性。与对等结构微电网一样，单纯的控制会导致分层结构微电网中产生稳定的频率偏差造成电能质量下降，所以在一些对电能质量需求较高的场合或微电网需要重新并网时需要对分层结构微电网的频率进行二次调节，实现无差调节。

与对等结构微电网一样，分层结构微电网中个别电源出现故障退出运行时，对微电网的整体运行情况也不会造成大的影响。但是分层结构微电网对快速通信连接的依赖程度最高，通信系统的可靠性对分层结构微电网的可靠性有十分重大的影响。

8.2 微电网孤岛模式下分布式微源的能量成型控制

8.2.1 微电网系统暂态能量函数概述

为了构造一个合理的微电网系统暂态能量函数，本节对基于 Kuramoto 弹簧振子模型的微电网系统的暂态能量函数进行研究。

微电网系统 Kuramoto 弹簧振子模型考虑微电网系统作为一个典型的非线性相位耦合系统，其动力学特性可以用一组非线性的微分方程表示：

$$\frac{\mathrm{d}x}{\mathrm{d}t}=f(x_1,x_2,\cdots,x_n;t) \tag{8.10}$$

式中　x_i——微电网系统的状态变量；

n——微电网系统状态变量的个数；

t——时间，s。

依据状态向量的表示方法，式(8.10)可改写成

$$\dot{\boldsymbol{X}}=f(x,t) \tag{8.11}$$

式中，$\boldsymbol{X}=[x_1,x_2,\cdots,x_n]^{\mathrm{T}}$。则有

$$f(x,t)=\begin{bmatrix} f_1(x_1,x_2,\cdots,x_n;t) \\ f_2(x_1,x_2,\cdots,x_n;t) \\ f_3(x_1,x_2,\cdots x_n;t) \end{bmatrix} \tag{8.12}$$

微电网在暂态稳定性分析过程中，通常被看作一个非线性耦合系统，因此其状态方程可以表示为

$$\dot{\boldsymbol{X}}=f(\boldsymbol{X}),\quad f(x_0)=0 \tag{8.13}$$

根据李雅普诺夫稳定性判据可知，一个 n 阶非线性耦合系统可以被划分为李雅普诺夫意义下稳定、渐近稳定、大范围稳定和不稳定，其中，微电网系统的研究方向主要讨论其渐近稳定性问题。

假设微电网系统在 t_0 时刻达到平衡点 X_0，当 $t>t_0$，系统遭受大的扰动，扰动后的系统的动态特性可以表示为 $X=(t,x_0,t_0)(t\geqslant t_0)$。因此，对微电网系统的李雅普诺夫稳定和李雅普诺夫渐近稳定解释如下。

李雅普诺夫稳定：对于任意给定的 $r>0$，都有实数 $\delta(r,t_0)$，使得只要受扰后，如果有 $X=(t,x_0,t_0)(t\geqslant t_0)\leqslant r$，则原点 X_0 被称为稳定平衡点。

李雅普诺夫渐近稳定：如果系统在点 X_0 处稳定，且存在任意小的实数 $\varepsilon>0$，当 $\| X_0 \| \leqslant\varepsilon$，且 $t\to+\infty$ 时，满足条件 $\lim \| X(t,x_0,t) \| =0$，微电网系统在 X_0 处是渐近稳定的。

假设微电网系统在平衡点 X_0 处是渐近稳定的，如果系统中存在域 Ω，有且只有当 $\| X_0 \| \leqslant\Omega$ 时，条件 $\lim \| X(t,x_0,t) \| =0$ 在 $t\to+\infty$ 时满足，则域 Ω 可以被视为微电网系统的吸引域。

李雅普诺夫第二方法也就是所谓的直接法可以直接对一个微电网系统暂态稳定性做出判定，而避免了求解系统的动态特性方程。该方法主要通过能量的观点来重新审视微电网系统的稳定性问题。如果微电网系统遭受扰动时，它内部的能量会逐渐衰减，最终趋于稳态，则在该条件下，微电网系统是渐近稳定的。如果微电网系统内部的能量不断积累和增大，则整个微电网系统是不稳定的。

所以，基于能量观点构造的微电网系统李雅普诺夫函数也成为微电网系统的暂态能量函数。其满足如下的条件：

(1)暂态能量函数 $V(X)$ 对于所有的 X 都存在一阶偏导数；

(2)暂态能量函数 $V(X)$ 为正定函数，即当 $X\neq 0$ 时，$V(X)>0$，当 $X=0$ 时，$V(X)=0$；

(3)暂态能量函数 $\dot{V}(X)$ 为负定函数，即当 $X\neq 0$ 时，$\dot{V}(X)<0$，当 $X=0$ 时，$\dot{V}(X)=0$。

在传统的电力系统中，李雅普诺夫第二方法是最基本的暂态稳定性的判定方法，微电网作为一个小型的电力系统，可通过借鉴传统电力系统的暂态稳定性分析方法来了解自身动态特性。

8.2.2 微电网系统能量函数的构造前提

在孤岛模式微电网稳定性研究中，李雅普诺夫方法起着关键作用。然而，构造合适的暂态能量函数对于孤岛模式微电网系统来说是非常困难的。为了获取微电网系统与传统电力系统一致的二阶 Kuramoto 模型，从而寻求微电网系统的暂态能量函数的构造方法，首先对微电网系统中各单元的惯性特性进行研究、分析和分类，基于分析结果，提出逆变器单元类似于发电机转子的二阶 Kuramoto 模型。该模型不仅有利于微电网系统中发电机型 DG 和逆变器型 DG 的协调控制和统一分析，而且为微电网系统暂态能量构造方法的研究提供了便利。

1. 微电网系统各单元惯性特性研究

微电网系统中各单元的惯性特性表现为该单元能否响应系统频率的变化。由于物理结构的差异，各单元在响应微电网系统频率变化时展现出不同的灵敏度，例如同步电机，其自身具有较大的转动惯量和阻尼特性，这决定了它可以自主参与系统调频。在微电网系统中，变速风电系统、单轴结构微型燃气轮机、飞轮储能系统等单元，虽然含有类似于同步电机的大质量旋转系统，但由于其通过电力电子变换器与微电网母线相连，各单元应对微电网系统频率变化的灵敏度低，导致其不能响应系统频率的变化。因此，此类单元应归为无惯性发电单元。微电网中其他单元则可按自身是否具有惯性进行划分，具体见表 8.2。

表 8.2　微电网系统单元划分

	DG 单元	负荷单元	馈线单元	储能单元
有惯性	小型柴油发电机，双轴结构微型燃气轮机	电机型负荷单元	—	—
无惯性	变速风力发电，光伏发电，单轴结构的微型燃气轮机	频率型负荷单元，恒功率型负荷单元，恒导纳型负荷单元	内部馈线，PCC 开关	飞轮储能，蓄电池储能，超级电容，燃料电池

若将微电网系统的动态特性描述为 Kuramoto 相位耦合振子运动，首先需了解振子在单位圆上的受力情况，如图 8.8 所示。其次需要确定微电网系统中分布式单元、馈线单元、负荷单元等多类形式、特性不同的单元应归属 Kuramoto 相位耦合振子中的无惯性振子（一阶振子）还是有惯性振子（二阶振子）。然后采用 Kron 化简方法确定微电网中有效的振子数目，并计算化简后网络拓扑结构的振子间耦合系数矩阵，微电网 Kuramoto 建模流程如图 8.9 所示。

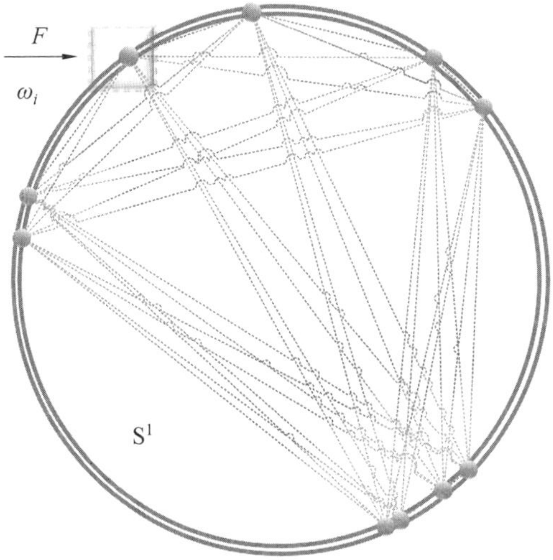

图 8.8　Kuramoto 模型相位耦合振子

（1）有惯性单元动态方程。

微电网系统中，自身含有同步电机，且同步电机转子的旋转惯量能够响应系统频率变化而使其表现出惯性特征的单元，属有惯性单元。其中包含电机型发

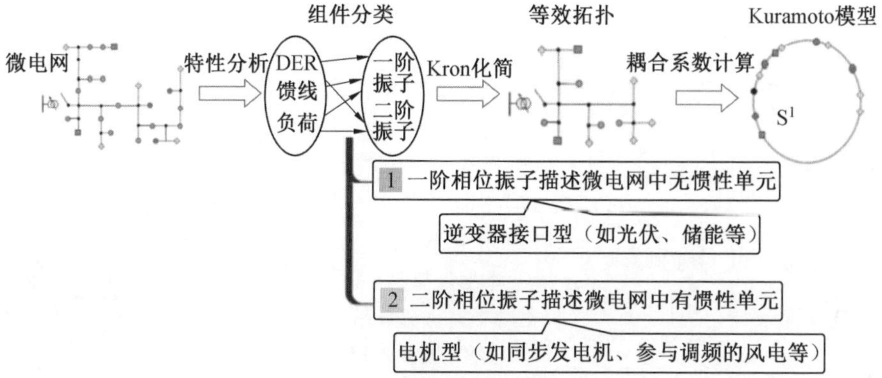

图 8.9　微电网 Kuramoto 建模流程

电单元(如小型柴油发电机、双轴结构微型燃气轮机)和电机型负荷单元。有惯性单元 Kuramoto 模型结构如图 8.10 所示。

其中,电机型 DG 单元和电机型负荷单元的 Kuramoto 相位耦合振子动态方程为

$$M_i\ddot{\theta}_i + D_i\dot{\theta}_i = P_{\mathrm{ML},i} - p_i - \sum_{j=1}^{N} E_iE_j \mid Y_{ij} \mid \sin(\theta_i - \theta_j + \varphi_{ij}) \tag{8.14}$$

式中,$\sum_{j=1}^{N} E_iE_j \mid Y_{ij} \mid \sin(\theta_i - \theta_j + \varphi_{ij})$作为 i 单元实际交互功率,将追随功率指令值 $P_{\mathrm{ML},i} - p_i$。当 $P_{\mathrm{ML},i} = P_{\mathrm{M},i}$ 为正,式(8.14)表示电机型 DG 单元,且输出功率可调,p_i 不为 0。当式(8.14)表示电机型负荷单元时,由于其消耗功率,$P_{\mathrm{ML},i} = P_{\mathrm{L},i}$ 为负,且消耗功率大小不可调,p_i 为 0。

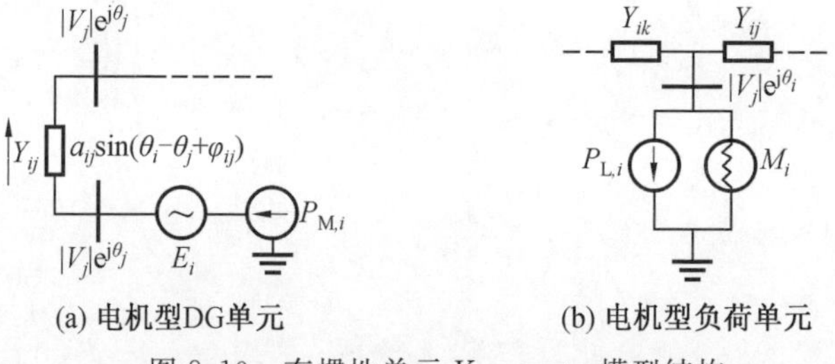

图 8.10　有惯性单元 Kuramoto 模型结构

(2)无惯性单元动态方程。

微电网系统中,自身不能响应系统频率变化,无法参与系统调频的低惯性和零惯性单元,在控制器作用下建立自身暂态特性与系统频率变化关系后,仍被视为无惯性单元。其中包含变速风电、光伏等 DG 单元,以及除电动机外的负荷单元。

无惯性单元 Kuramoto 相位模型结构如图 8.11 所示。

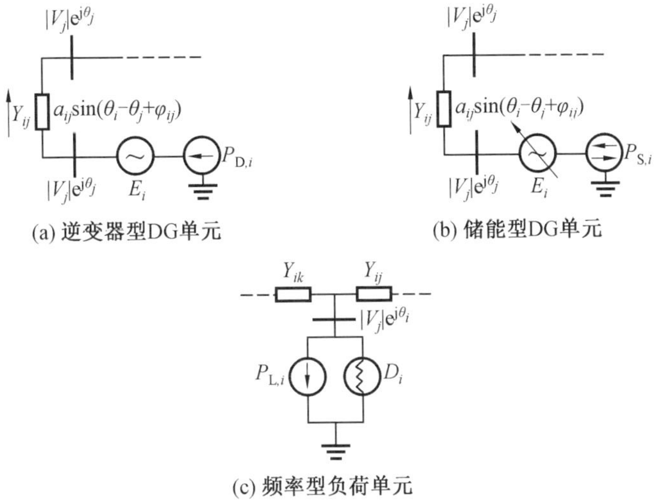

图 8.11　无惯性单元 Kuramoto 相位模型结构

无惯性单元 Kuramoto 相位耦合振子动态方程为

$$D_i\dot{\theta}_i = P_{\mathrm{DSL},i} - p_i - \sum_{j=1}^{N} E_i E_j \mid Y_{ij} \mid \sin(\theta_i - \theta_j + \varphi_{ij}) \tag{8.15}$$

式(8.15)与式(8.14)的差别主要在于是否存在 M_i。等号右侧 $P_{\mathrm{DSL},i} - p_i$ 仍为 i 单元组件的功率指令值，$\sum_{j=1}^{N} E_i E_j \mid Y_{ij} \mid \sin(\theta_i - \theta_j + \varphi_{ij})$ 将追随指令值输出。当式(8.15) 表示光伏和风电等逆变器型 DG 单元时，因其发出功率，$P_{\mathrm{DSL},i} = P_{\mathrm{D},i}$ 为正；由于所发功率可调范围受自然因素影响较大，故暂且近似认为 p_i 为 0。当式(8.15) 表示单轴结构微型燃气轮机等逆变器型单元时，由于其发出功率，则 $P_{\mathrm{DSL},i} = P_{\mathrm{D},i}$ 为正，发出功率大小可调，p_i 不为 0。当式(8.15) 表示储能型 DG 单元时，由于其既可发出功率又可消耗功率，所以 $P_{\mathrm{DSL},i} = P_{\mathrm{S},i}$ 可正可负，且发出和消耗功率可调，p_i 不为 0。当式(8.15) 表示频率型负荷单元时，由于其消耗功率 $P_{\mathrm{DSL},i} = P_{\mathrm{L},i}$ 为负，且消耗功率不可调，p_i 为 0。

除上述无惯性单元外，微电网中还包括几种特殊的无惯性单元，如 PCC 开关、恒功率型负荷单元、恒电纳型负荷单元。PCC 开关在 Kuramoto 建模中采用有别于其他发电或负荷单元的双态模型进行表征来描述微电网具有并网、孤岛两种运行模式的鲜明特点。恒功率型负荷单元具有不响应系统频率变化的特点，所以此类 Kuramoto 模型等式左侧为零。恒电纳型负荷单元可以等效为网络馈线，通过电力网络中 Kron 化简消去该节点。对于这三种特殊的无惯性单元

Kuramoto 模型设计见表 8.3。

表 8.3 特殊无惯性单元 Kuramoto 模型

PCC 开关 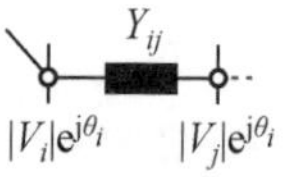	微电网并网模式： $0 = P_i - \sum_{i=1}^{N} E_i E_j \mid Y_{ij} \mid \sin(\theta_i - \theta_j + \varphi_{ij})$ 恒功率型 DG 单元
	微电网孤岛模式： $0 = \sum_{j=1}^{N} E_i E_j \mid Y_{ij} \mid \sin(\theta_i - \theta_j + \varphi_{ij})$ 馈线单元
恒功率型负荷单元 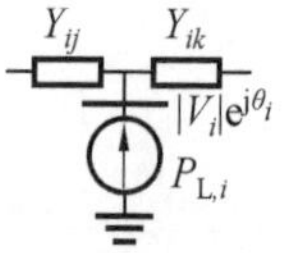	$0 = -P_{L,i} - \sum_{j=1}^{N} E_i E_j \mid Y_{ij} \mid \sin(\theta_i - \theta_j + \varphi_{ij})$
恒电纳型负荷单元	Kron 化简

2. 逆变器型 DG 单元的二阶 Kuramoto 模型

通过对微电网各类 DG 单元惯性特性的研究发现，在考虑某些惯性元件的情况下，下垂控制器还可以建立类似发电机转子的二阶 Kuramoto 模型。这有利于微电网中发电机型 DG 单元和逆变器型 DG 单元的协调控制和统一分析，而且发电机型 DG 单元和逆变器型 DG 单元协调一致的二阶 Kuramoto 模型也为微电网系统的暂态能量的构造提供了便利。通过对微电网单元惯性特性的分析，可以看出逆变器型单元与微电网之间的弱耦合导致了逆变器对系统频率变化的无响应性。而传统的 Droop 控制通过采用逆变器的有功功率输出频率来模拟电力系统中同步发电机的惯性行为，保证了逆变器之间的功率共享和系统的频率稳定性。采用一阶 Kuramoto 模型对并联逆变器的线性频率下垂控制律进行研究，该方法放宽了传统 Droop 控制的一些假设，对研究逆变器的同步问题具有重要的意义，其控制框图如图 8.12 所示。

然而，为了保证时间尺度划分，通常设计带宽为 2～10 Hz 的外功率控制回路的低频模式，以提高下垂控制器的稳定性和电能质量。与传统控制中信号的观点不同，二阶 Kuramoto 模型描述带有下垂控制器的逆变器型单元，不再着眼于输入输出误差处理，而是从能量的观点出发，寻求频域稳定性的贡献。其 Droop 控制框图如图 8.13 所示。

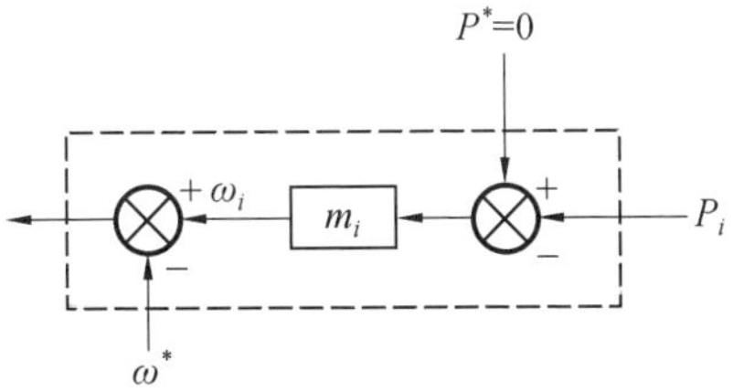

图 8.12　Droop 控制建立一阶 Kuramoto 模型

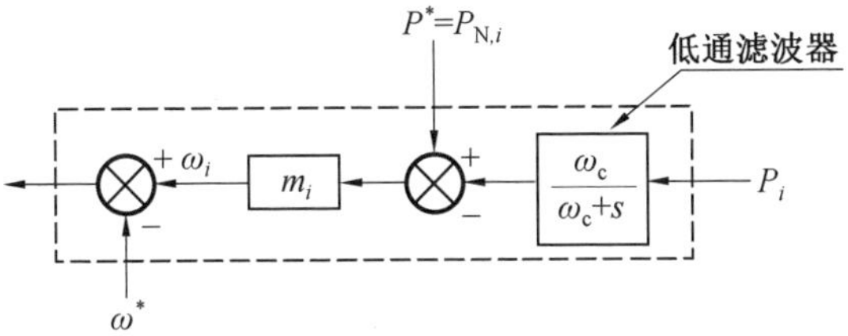

图 8.13　Droop 控制建立二阶 Kuramoto 模型

其控制公式及推导过程如下。

$$\Delta\omega = m_i\left(P_{N,i} - \frac{\omega_c}{\omega_c + s}p_i\right) = w_i - w^* \tag{8.16}$$

式中　m_i—— 下垂系数；

$\Delta\omega$——DG 实际角速度与额定角速度间的差；

s—— 微分因子；

ω_i——DG 实际角速度；

ω_c—— 产生低频模式的低通滤波器的截止频率，Hz。

式(8.16) 可改写成

$$\omega_i = \omega^* + m_i P_{N,i} - \frac{m_i}{\tau s + 1}p_i \tag{8.17}$$

$$m_i = \frac{\omega_{max} - \omega_{min}}{P_{max}} \tag{8.18}$$

式中　τ—— 时间常数，$\tau = 1/\omega_c$；

ω^*—— 微电网系统的额定频率，rad/s；

p_i——DG_i 瞬时有功功率，kW；

$P_{N,i}$——DG_i 额定有功功率，kW；

P_{max}——DG_i 输出有功功率最大值，kW；

ω_{max}—— 微电网系统最大频率限额，rad/s；

ω_{min}—— 微电网系统最小频率限额，rad/s。

简化式(8.17)可得

$$\frac{\tau}{m_i}\frac{\mathrm{d}(\omega_i-\omega^*)}{\mathrm{d}t}+\frac{1}{m_i}(\omega_i-\omega^*)=P_{\mathrm{N},i}-p_i \tag{8.19}$$

令 $\dot{\theta}_i=\omega_i-\omega^*$，$M_i=\frac{\tau}{m_i}=\frac{1}{m_i\omega_c}$，$D_i=\frac{1}{m_i}$，并将它们代入式(8.19)，则有式(8.20)成立：

$$M_i\ddot{\theta}_i+D_i\dot{\theta}_i=P_{\mathrm{N},i}-p_i \tag{8.20}$$

考虑由DG单元和负荷组成的n个节点的微电网，节点i和j间的线路阻抗被视为纯感性，用电抗 X_{ij} 表示，则节点 i 的瞬时注入功率为

$$p_i=\sum_{j=1}^{l}\frac{E_iE_j}{X_{ij}}\sin(\theta_j-\theta_i)+\Delta\hat{p}_i \tag{8.21}$$

因此，采用下垂控制器的逆变器型 DG 单元的二阶 Kuramoto 模型可为

$$M_i\ddot{\theta}_i+D_i\dot{\theta}_i=P_{\mathrm{N},i}-\sum_{j=1}^{l}E_iE_j\mid Y_{ij}\mid\sin(\theta_i-\theta_j)-\Delta\hat{p}_i \tag{8.22}$$

式中 E_i——DG_i 的电压幅值，V；

E_j——DG_j 的电压幅值，V；

$\Delta\hat{p}_i$——DG_i 的扰动功率，kW。

值得注意的是 $\Delta\hat{p}_i$ 源于微电网系统中电力电子器件在导通关断过程中产生的功率扰动，难以消除 $\Delta\hat{p}_i$ 虽然会对微电网系统的电能质量产生影响，但对微电网系统稳定性分析影响不大，因此在8.2.3小节微电网二级非线性调频控制策略设计过程中将不考虑 $\Delta\hat{p}_i$ 的作用。

8.2.3 微电网二级非线性调频控制策略研究

1. 微电网二级非线性调频控制策略设计

根据 Filatrella 的研究，发电机发出功率与电动机消耗功率能量守恒原理是传统多机(同步电机)电力系统与 Kuramoto 模型之间的桥梁。依据发电机和电机能量守恒原理建立的同步电机 Kuramoto 模型与本节所讨论的微电网系统惯性单元 Kuramoto 模型形式基本一致。此外，在对逆变器型单元二阶 Kuramoto 模型建模的过程中发现，基于频率下垂控制器的惯性环节和在实际系统中的运行条件，微电网系统也可以建立与传统多机电力系统一致的二阶 Kuramoto 模型。因此，二阶 Kuramoto 模型的能量守恒同样可以模拟微电网系统能量守恒的

过程。基于微电网系统的 Kuramoto 建模，利用微电网系统 Kuramoto 模型中“振子系统”动能和“弹簧系统”势能相互转化，但加权和守恒的原则，构造微电网系统暂态能量函数，并利用微电网系统暂态能量函数在满足李雅普诺夫稳定性判据的情况下推导全局渐近稳定的非线性二级调频控制策略，其表现形式为

$$D_i\dot{\theta}_i = P_{\mathrm{N},i} - \sum_{j=1}^{l} E_iE_j \mid Y_{ij} \mid \sin(\theta_i(t) - \theta_j(t)) - M_i\ddot{\theta}_i - u_i(\dot{\theta}_i(t)),\quad i \in L \tag{8.23}$$

式中　l—— 带有调频控制器的微电网单元集合；

L—— 微电网单元集合；

$M_i\ddot{\theta}_i$—— 低频模式产生的或发电机单元的惯性响应；

$u_i(\dot{\theta}_i(t))$—— 为实现系统全局渐近稳定而设计的调节增益。

如式(8.23) 所示，由于基于下垂控制的逆变器型 DG 单元的二阶 Kuramoto 模型考虑了初级下垂控制器中的非线性因素，因此所提出的非线性二级调频控制器具有较强的鲁棒性。其推导过程如下。

步骤 1　降低微电网系统的阶数。

令 $\dot{\theta}_i(t) = x_i(t)$ 代入式(8.23)，则有如下关系：

$$\begin{aligned} D_i x_i(t) = {} & P_{\mathrm{N},i} - u_i(x_i(t)) - M_i\dot{x}_i(t) - \\ & \sum_{j=1}^{l} E_iE_j \mid Y_{ij} \mid \sin\left(\int_0^t x_i(s)\mathrm{d}s - \int_0^t x_j(s)\mathrm{d}s\right),\quad i \in L \end{aligned} \tag{8.24}$$

步骤 2　构建微电网系统的暂态能量函数。

根据 8.2 节所提出的方法，构建微电网系统的暂态能量函数：

$$V(x,t) = \sum_{i=1}^{l} c_iV_i(x_i,t) = \sum_{i=1}^{l} c_iV_i^{(1)}(t) + \sum_{i=1}^{l} c_iV_i^{(2)}(t) \tag{8.25}$$

根据对 Kuramoto 模型频率同步性与微电网暂态稳定性的研究，考虑利用 Kuramoto 模型中振子的动能和弹簧的弹性势能来构造微电网系统的暂态能量函数，则有振子系统的动能为

$$V_i^{(1)} = \frac{1}{2}\dot{\theta}_i^{\mathrm{T}}M\dot{\theta}_i \tag{8.26}$$

弹簧系统的弹性势能为

$$V_i^{(2)} = \sum_{j=1}^{l} a_{ij}\left[1 - \cos\left(\int_0^t \theta_i(s)\mathrm{d}s - \int_0^t \theta_j(s)\mathrm{d}s\right)\right] \tag{8.27}$$

依据式(8.26) 和式(8.27) 可获得平衡点为$(\dot{\theta}_i,\theta_i) = (0,\theta^*)$ 的微电网系统

暂态能量函数：

$$V_i(x_i,t)=V_i^{(1)}+V_i^{(2)}=\sum_{j=1}^{l}a_{ij}\left[1-\cos\left(\int_0^t x_i(s)\mathrm{d}s-\int_0^t x_j(s)\mathrm{d}s\right)\right]+\frac{1}{2}M_i x_i^2 \tag{8.28}$$

不难发现当 $x_i\neq 0$ 时 $V_i(x_i,t)>0$，当 $x_i=0$ 时 $V_i(x_i,t)=0$。因此，暂态能量函数 $V(x,t)$ 满足李雅普诺夫正定的稳定性判据。

根据硕士论文《孤岛微网分层调频控制策略研究》中的引理1可知，$W(Q)\geqslant 0$，如果

$$\sum_{(s,r)\in E(C_Q)}F_{rs}(x_r,x_s)\leqslant 0 \tag{8.29}$$

并且

$$\frac{\mathrm{d}}{\mathrm{d}t}V(x(t),t)=\sum_{i=1}^{l}c_i\frac{\mathrm{d}}{\mathrm{d}t}V_i(x_i,t)\leqslant\sum_{i,j=1}^{l}c_i a_{ij}F_{ij}(x_i(t),x_j(t)) \tag{8.30}$$

则微电网系统是全局稳定的。

步骤3　推导孤岛模式微电网系统全局渐近稳定的调频控制器。

沿着加权有向图的每个有向循环 C，对于所有的 $i,j\in L$，如果每个 $F_{ij}(x_i,x_j)$ 都存在函数 T_i 和 T_j 使得

$$F_{ij}(x_i,x_j)\leqslant T_i(x_i)-T_j(x_j) \tag{8.31}$$

则有下式成立：

$$\sum_{(s,r)\in E(C_Q)}F_{rs}(x_r,x_s)\leqslant 0 \tag{8.32}$$

因此，若想微电网系统实现平衡点 $(\dot{\theta}_i,\theta_i)=(0,\theta_i)$ 处全局渐近稳定，在所设计控制器 $u_i(x_i)$ 的作用下，微电网系统暂态能量函数的导数必须满足：当 $x_i=0$ 时，$V_i(x_i)=0$；当 $x_i\neq 0$ 时，$\dot{V}_i(x_i)<0$。对暂态能量函数式(8.28)求导来获得平衡点为 $(\dot{\theta}_i,\theta_i)=(0,\theta_i)$ 的全局渐近稳定的非线性二阶调频控制器，则有如下结果：

$$\begin{aligned}\dot{V}_i(x_i(t),t)=&M_i x_i(t)\dot{x}_i(t)+\sum_{j=1}^{l}a_{ij}\sin\Big(\int_0^t x_i(s)\mathrm{d}s-\\&\int_0^t x_j(s)\mathrm{d}s+\varphi_{ij}\Big)[x_i(t)-x_j(t)]\\=&x_i(t)\Big[-D_i x_i(t)-u_i(x_i(t))-\\&\sum_{j=1}^{l}a_{ij}\sin\Big(\int_0^t x_i(s)\mathrm{d}s-\int_0^t x_j(s)\mathrm{d}s+\varphi_{ij}\Big)+P_{\mathrm{N},i}\Big]+\end{aligned}$$

$$\sum_{j=1}^{l} a_{ij}\sin\left(\int_0^t x_i(s)\mathrm{d}s-\int_0^t x_j(s)\mathrm{d}s\right)[x_i(t)-x_j(t)]$$

$$\leqslant -D_i x_i^2(t)+u_i(x_i(t))x_i(t)-\sum_{j=1}^{l} a_{ij}\sin\left(\int_0^t x_i(s)\mathrm{d}s-\int_0^t x_j(s)\mathrm{d}s+\varphi_{ij}\right)x_i(t)+P_{\mathrm{N},i}x_i(t)+\sum_{j=1}^{l} a_{ij}\ |x_i(t)-x_j(t)|$$

$$\leqslant -D_i x_i^2(t)+u_i(x_i(t))x_i(t)-\sum_{j=1}^{l} a_{ij}\sin\left(\int_0^t x_i(s)\mathrm{d}s-\int_0^t x_j(s)\mathrm{d}s+\varphi_{ij}\right)x_i(t)+P_{\mathrm{N},i}x_i(t)+\sum_{j=1}^{l} a_{ij}(|x_i(t)|+|x_j(t)|)$$

$$\leqslant \sum_{j=1}^{n} a_{ij}F_{ij}(x_i(t),x_j(t)) \tag{8.33}$$

式中，$F_{ij}(x_i(t),x_j(t))=(|x_j(t)|-|x_i(t)|)$，因此

$$\begin{aligned}\dot{V}_i(x_i(t),t)\leqslant & -D_i x_i^2(t)+u_i(x_i(t))x_i(t)-\\ & \sum_{j=1}^{l} a_{ij}\sin\left(\int_0^t x_i(s)-x_j(s)\mathrm{d}s+\varphi_{ij}\right)+\\ & 2\sum_{j=1}^{l} a_{ij}\ |x_i(t)|+P_{\mathrm{N},i}x_i(t)+\\ & \sum_{j=1}^{l} a_{ij}(|x_j(t)-x_i(t)|)\\ \leqslant & \sum_{j=1}^{l} a_{ij}F_{ij}(x_i(t),x_j(t))\end{aligned} \tag{8.34}$$

如果加权有向图(G,A)是强连接，则基于李雅普诺夫稳定性分析方法，得到了一种全局稳定的非线性调频控制策略：

$$u_i(\dot{\theta}_i)=-2\sum_{j=1}^{n} a_{ij}\operatorname{sgn}\dot{\theta}_i-\left[P_{\mathrm{N},i}-\sum_{j=1}^{n} a_{ij}\sin(\theta_{ij}+\varphi_{ij})\right] \tag{8.35}$$

由于$V(x,t)=\sum_{i=1}^{l} c_i V_i(x_i,t)$且图$(G,A)$是强连接的，这暗示了对于所有的$i\in L$，$c_i>0$都成立。因此，最大紧不变集$M=\{x^*\}$。根据LaSalle不变集原理，$\dot{\theta}$是全局渐近稳定的，则整个孤岛微电网系统存在全局渐近稳定的平衡点$(0,\theta^*)$。

2. 分布式非线性分层调频控制策略通信机制的设计

非线性分层调频控制策略能够保证微电网系统功率共享的前提条件是保证$\Delta\omega$的一致性。如果一致的$\Delta\omega$恰好等于初级控制产生的频率偏差，微电网系统

可以在维持标称频率运行的同时，实现各个 DG 单元间的有功功率共享，满足这样条件的 $\Delta\omega$ 被称为最优解。基于智能体系统一致性理论，通过设计非线性分层调频控制策略的通信机制，来寻求微电网系统 $\Delta\omega$ 的最优解，从而实现非线性分层调频控制策略的分布式控制。

(1) 基于智能体系统一致性理论的通信机制。

一致性理论最初是多智能体研究领域的一个重要的方面。一致性是指在有限时间内，多智能体系统里所有智能体的某一状态量根据分布式控制协议进行变化，最终能趋于相等。目前，学者们已对多智能体系统的一致性问题做出较多研究。作为一致性问题研究的开端，不仅研究了智能体朝向的一致性问题，而且提出了平面智能体一阶离散模型。针对具有一阶积分器模型和有向信息流及固定 / 切换拓扑的智能体系统，提出一致性协议，并分析了收敛性。

基于智能体系统一致性理论，对分布式系统的稀疏通信拓扑进行设计，针对统一微电网系统，列举出所有可能的稀疏通信拓扑图，如图 8.14 所示。

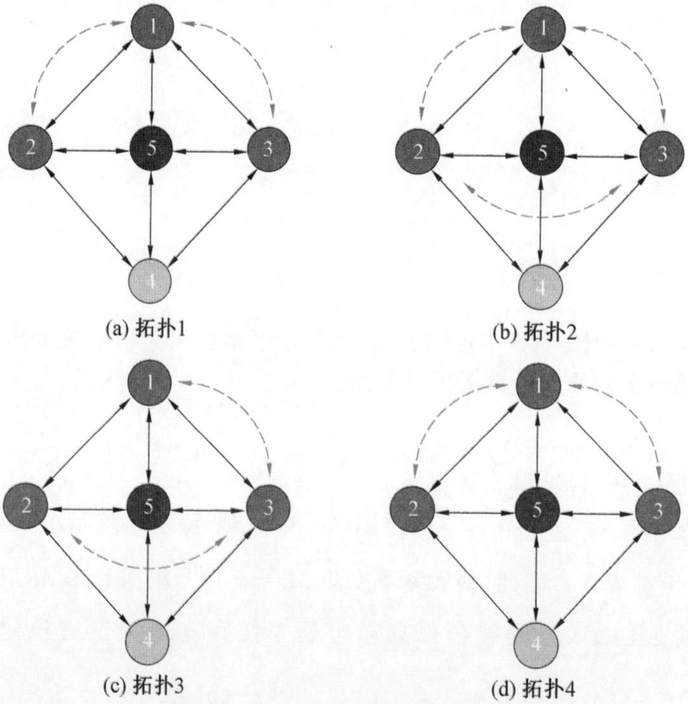

图 8.14　微电网系统稀疏通信拓扑

图 8.14 中虚线为通信拓扑，实线为微电网中各 DG 单元间的电力网络连接拓扑。节点 1～3 为逆变器型分布式同步发电机单元，节点 4 为恒功率负荷单元，

节点 5 为同步发电机单元。

本节以图论为基础，将微电网系统中 DG 单元之间的通信层用加权图 $G(v, \varepsilon, \boldsymbol{D})$ 描述，其中 v 为微电网系统中需要信息交互的DG单元的数量，ε 为通信链路的集合，$\boldsymbol{D}$ 是加权图G 的 $n\times n$ 加权邻接矩阵，元素 $d_{ij}=d_{ji}\geqslant 0$。由于$(i,j)\in\varepsilon$，如果节点 i 直接传送信息到节点 j，这种情况下，$d_{ji}>0$。稀疏通信网络存在一定的通信延时，该通信延时严重时将会影响分布式非线性分层调频控制策略的控制效果，因此综合考虑决定采用图 8.14(b) 所示的通信拓扑，对于每个节点 $i\in\{1,\cdots,n\}$，希望状态变量 x_i 按照如下协议变化：

$$x_i(t)=\sum_{j\in N_i(t)} d_{ij}(t)(x_j(t)-x_i(t)) \tag{8.36}$$

式中　$N_i(t)$—— 与 i 相邻节点的变化域；

$d_{ij}(t)$—— 变化的加权图 G 在时刻 t 邻接矩阵中的相应元素。

该协议用矩阵表示为

$$\dot{\boldsymbol{X}}=-\boldsymbol{L}\boldsymbol{X} \tag{8.37}$$

式中　$\boldsymbol{L}$—— 微电网系统中通信网络图的拉普拉斯矩阵。

通过处理邻域信息使得整个系统最终趋于一致的充分必要条件为

$$\lim_{t\to\infty}(x_j(t)-x_i(t))=0 \tag{8.38}$$

将连续时间分布平均或“一致性”这一思想应用到所提出的二级非线性分布式调频控制策略中，通过设计基于稀疏拓扑的通信机制，来设计适应于微电网系统的分布式非线性分层调频控制策略。

(2) 非线性分层调频控制策略通信机制的设计。

非线性分层调频控制策略只要保证 $\Delta\omega$ 的一致性，就可以在减小频率偏差的同时，保证微电网系统的功率共享特性。然而，在分散的情况下 $\Delta\omega$ 难以保证与这一时刻系统的频率偏差相等。因此，所提出的非线性分层调频控制策略无法完全消除系统频率偏差。考虑基于一致性理论的通信机制，微电网系统中的 DG 单元可以通过信息的交互，来获取最优 $\Delta\omega$，使得 $\Delta\omega$ 的最优解恰好与这一时刻系统的频率偏差相等，如图 8.15 所示。为了简化分析，图 8.15 中模拟了两个微电网 DG 单元的在分布式非线性分层调频控制器作用下的动态特性，这一结果可以扩展到多个 DG 单元。

回顾前文，基于李雅普诺夫稳定性分析方法提出的一个全局渐近稳定的非线性分散二级调频控制器如式(8.35) 所示。该控制器具有不需要引入锁相环，仅采用初级下垂控制产生的本地频率信息即可做出判断，并自适应地更改有功功率指令值等优点。为了实现非线性分散二级调频控制器的分布式控制，对式

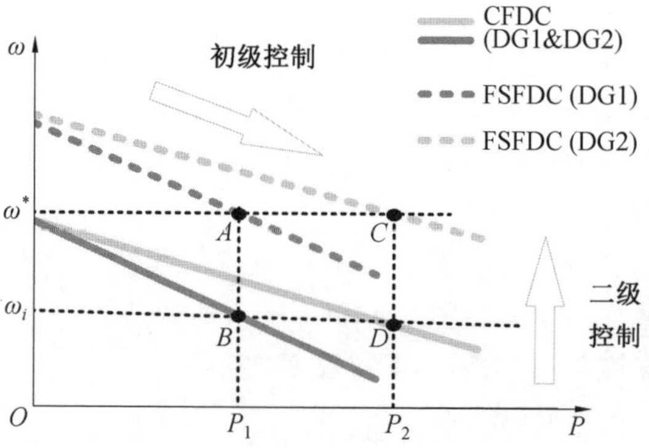

图 8.15　分布式一致滑模(distributed consistency sliding mode,DCSM)作用前后频率-有功功率下垂特性曲线

(8.35)做出如下改写,基于微电网系统中DG单元的频率与有功功率之间的关系可表示为

$$D_i\dot{\theta}_i = P_{\mathrm{N},i} - \sum_{j=1}^{n} a_{ij}\sin(\theta_{ij} + \varphi_{ij}) \tag{8.39}$$

分散的非线性二级调频控制器式(8.35)可改写成

$$u_i(\omega_i) = -K_i\sum_{j=1}^{l} a_{ij}\,\mathrm{sgn}(\omega_i - \omega^*) - D_i(\omega_i - \omega^*) \tag{8.40}$$

考虑一个具有如式(8.40)所示非线性分散控制器的微电网系统,给出结论如下。

① 微电网系统中所有DG单元频率都可以在不漂移的情况下收敛到平稳值。

② 微电网系统中所有DG单元在功率共享的情况下不可能完全消除系统频率偏差。

基于上述结论,考虑基于智能体系统一致性理论的通信机制,实现非线性分层调频控制策略式(8.40)的分布式控制,即通过微电网系统中的DG单元间的信息交互,来获取最优且一致的$\Delta\omega$,使得$\Delta\omega$的最优解恰好与这一时刻系统的频率偏差相等,从而保证微电网系统频率稳定且功率共享的情况下,消除系统的频率偏差。

定义 8.1

$$\dot{u}_{\mathrm{eq}i}(t) = -\sum_{j\in N_i(t)} k_i[u_{\mathrm{eq}i}(t) - u_{\mathrm{eq}j}(t)] \tag{8.41}$$

式中　$N_i(t)$—— 节点 i 的邻居节点的变化域。

当 $t \to \infty$，如果 $u_{eqi}(t) \to u_{eqj}(t)$，则整个系统的 u_{eq} 将趋于一致。令 $u_{eq}=\Delta\omega$，则整个系统的 $\Delta\omega$ 将趋于一致。

基于这一想法，考虑微电网系统在各个运行点处实现频率无差控制，提出基于智能体系统一致性理论通信机制的分布式非线性二次调频控制策略：

$$\begin{cases} s_i(\dot{\theta}_i)=[\omega_i(t)-\omega^*]+\sum\limits_{j\in N(t)}[u_{eqi}(t)-u_{eqj}(t)] \\ u_{eqi}(\dot{\theta}_i)=D_i s_i(\dot{\theta}_i) \\ \dot{u}_i(\dot{\theta}_i)=-u_{eqi}-k_i\sum\limits_{i=1}^{l}\operatorname{sgn} s_i \end{cases} \tag{8.42}$$

式中　$\dot{\theta}$—— 第 i 个 DG 单元的频率偏差，$\dot{\theta}_i=\omega_i-\omega^*$。

考虑稳定状态下的分布式非线性二级调频控制策略，由于 $\omega_i=\omega^*$，因此 $\omega_i-\omega^*=0$。然而，为了确保微电网系统中所有 DG 单元的下垂特性曲线都平移相同的 $\Delta\omega$（$\Delta\omega=|\omega^*-\omega_{i0}|$），从而保证 DG 单元间的功率共享特性，根据定义 8.1，在分布式非线性二级调频控制策略通信机制的设计过程中，必须确保对所有需要通信的 DG 单元 i 和 j，都有 $u_{eqi}\to u_{eqj}$，从而获得最优且一致的 $\Delta\omega$，实现消除微电网系统频率偏差的控制目标。

(3) 线性分层调频（distributed averaging proportional integral, DAPI）控制策略的设计。

目前已有相关研究对 DAPI 控制结构进行了设计，其框图如图8.16 所示，其中主要包括频率调节和电压调节两大模块，本节主要对其设计的频率调节控制策略进行验证。

相关研究提出 DAPI 频率控制器可设为

$$\omega_i=\omega^*-m_i P_i+\Omega_i \tag{8.43}$$

$$k_i\frac{\mathrm{d}\Omega_i}{\mathrm{d}t}=-(\omega_i-\omega^*)-\sum_{j=1}^{n}a_{ij}(\Omega_i-\Omega_j) \tag{8.44}$$

式中　ω_i—— 逆变器频率；

ω^*—— 期望电网频率；

P_i—— 测量得到的有功输入功率；

m_i—— 下垂系数；

a_{ij}—— 两个 DG 单元之间的邻接矩阵 $\mathbf{A}$ 的元素；

Ω_i—— 辅助控制变量；

k_i—— 正增益。

式(8.43) 是带有附加二级控制输入 Ω_i 的标准下垂控制器。在设计过程中

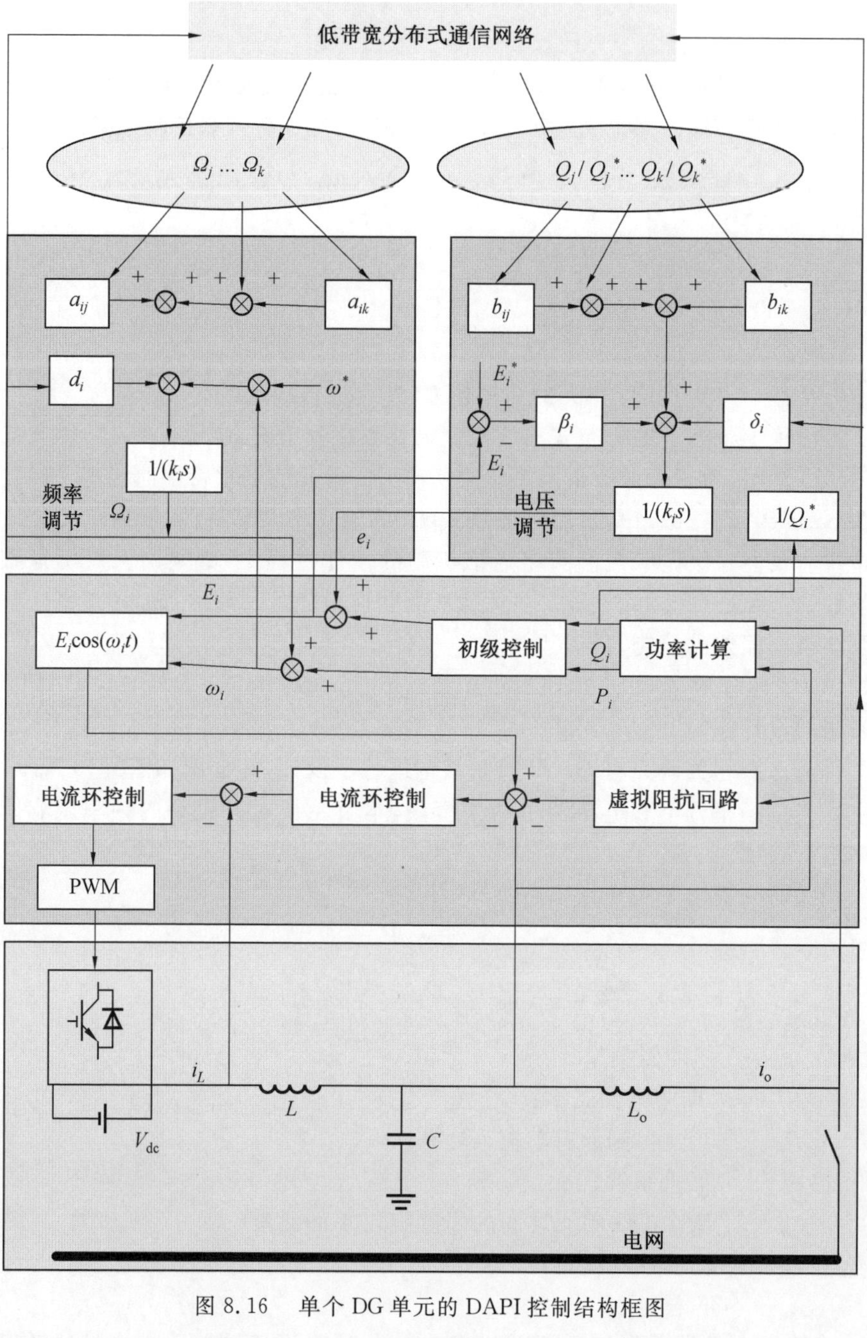

图 8.16　单个 DG 单元的 DAPI 控制结构框图

为了便于对控制器进行正确设计，针对式(8.44)需要考虑以下两种情况。

① 当 $\mathbf{A}=\mathbf{0}$ 时，各个DG个单元之间没有通信，Ω_i 是增益为 $1/k_i$ 时局部频率误差($\omega_i-\omega^*$)的积分，在稳态下式(8.44)左侧式子导数为零。因此对于每个DG单元而言，$\omega_i=\omega^*$，也就是说，网络频率会被调整。然而，初始条件和控制器增益不同，变量 Ω_i 可以收敛到不同的值，并将它们各自的下垂曲线移动不同量值，这种不必要的自由度导致了较差的有功功率共享。

② 当 $\mathbf{A}\neq\mathbf{0}$ 时，应当包含扩散平均项 $a_{ij}(\Omega_i-\Omega_j)$，同样，在稳态下式(8.44)左侧式子导数为零，因此对于每个 DG 单元而言，$\omega_i=\omega^*$，不同的是，此时所有逆变器还需满足 $\Omega_i=\Omega_j$，也就是说，各个 DG 单元必须就下垂特性调整程度的高低达成一致，只有这样才可以确保所有下垂曲线移动了相同的量，确保实现有功功率共享。需要注意的是，这一性质不依赖于控制器增益 k_i 和 a_{ij}，这两个量只能决定控制器的瞬态行为。

在对本节给出的式(8.43)和式(8.44)进行控制器设计和验证时，还需注意的是，DAPI 控制要求相邻 DG 单元交换信息，共同执行二级控制。为了确保所有单元之间的电力共享，必须连接各个 DG 单元之间的通信网络，也就是说，任何两个节点之间的通信图中必须有一条路径。当在这里考虑具有双向通信的连续时间控制器时，假设可以放宽到具有延迟的不对称、异步和离散的时间通信。

8.2.4 分布式非线性分层调频控制策略仿真分析

为了说明基于智能体系统一致性理论通信机制的分布式非线性分层调频控制策略的控制效果，基于仿真软件，针对不同情况下的系统运行状态，对分布式非线性分层调频控制器的控制特性进行仿真分析，并将本节所提出的分布式非线性分层调频控制策略，即 DCSM 非线性分层控制策略与传统频率下垂控制(conventional frequency droop control，CFDC)和目前较为先进的 DAPI 控制进行对比。图 8.17 所示为仿真过程中分布式微电网分层控制器系统细节模型。

如图 8.17 所示，为了保证有效验证调频控制器在微电网系统不同运行情况下的控制特性，在不同的调频控制器的作用下，无功功率环一致采用电压 DAPI 控制。

1. 离网扰动情况下控制器特性分析

仿真模拟微电网系统在 3 s 离网时，分布式非线性分层调频控制器在应对离网扰动时的控制特性。图 8.18 所示为离网扰动影响下的微电网系统频率特性曲线。图 8.18(a)和(b)分别为非线性二级调频控制器作用前后的微电网系统频率特性曲线。

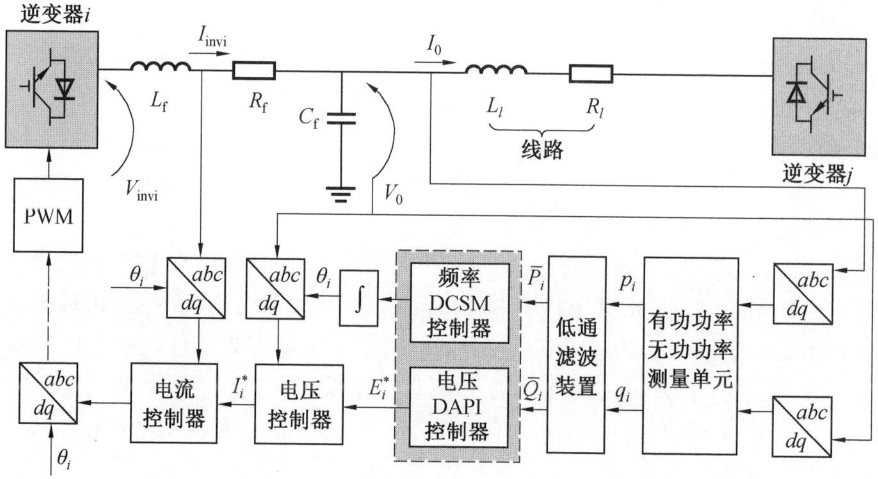

图 8.17　分布式微电网分层控制系统细节模型

在非线性二级调频控制器作用前，逆变器型 DG 单元的有功功率环仅配备初级频率 Droop 控制。在频率下垂控制器的作用下，孤岛模式微电网系统频率可快速稳定，并维持在允许的范围内运行；此外，各个 DG 单元可以按照器其额定功率的比例分配其应发有功功率，即有功功率共享。在非线性二级调频控制器作用后，通过时间尺度的划分，在保证初级 Droop 控制作用时系统频率稳定和有功功率共享的同时，重新对系统频率进行调整，消除微电网系统的频率偏差。

从图 8.18(a)中可以看出，在离网瞬间的大扰动影响下，微电网系统频率经历 0.546 s 的上升时间，在 $t=3.546$ s 时，出现了暂态频率最大值 $f=50.16$ Hz，并在 $t=5$ s 时趋于稳定，稳定时的频率大约为 50.07 Hz。由于微电网在并网时系统内部有功功率与外部的大电网基本维持平衡且有功功率的输送量不大，因此离网瞬间暂态频率的超调量满足(50±0.5)Hz(220 V/380 V 电压等级的低压电网)的国标要求。然而，当并网时，在有功功率输送量很大的情况下，微电网系统的频率难以保证达标，这将给系统的安全运行带来很大的挑战。此外，在离网瞬间，由于微电网系统内需求功率的多样化，DG 单元很难保证在这一时刻维持额定功率运行。因此，离网后，微电网系统的稳态频率偏差也不可避免。如图 8.18(a)所示，微电网系统在离网后其稳态频率偏差大约为 0.07 Hz，这将增加微电网系统损耗，严重影响微电网系统中发电设备的寿命。因此，非线性二级调频控制策略的设计是非常必要的。

从图 8.18(b)中可以看出，在非线性二级调频控制器的作用下，微电网系统频率经历 0.118 s 的上升时间，在 $t=3.118$ s 时出现了暂态频率最大值 $f=$

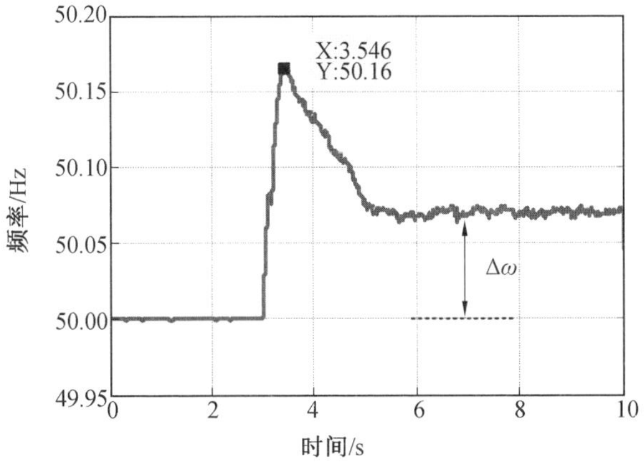

(a) CFDC控制作用下

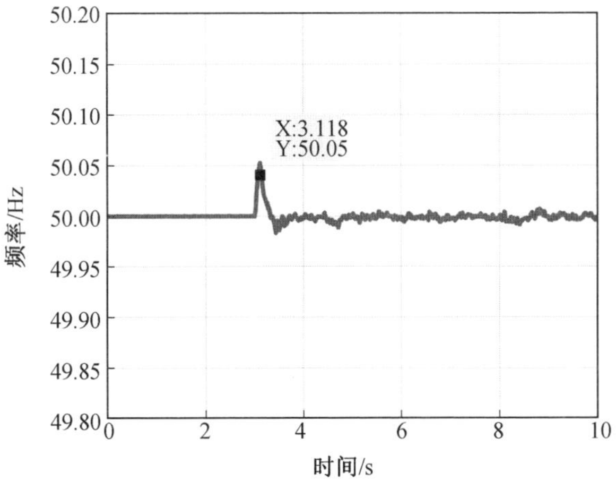

(b) DCSM控制作用下

图 8.18　离网扰动影响下的微电网系统频率特性曲线

50.05 Hz，并在 $t=3.5$ s 时趋于稳定，稳定时的频率为 50 Hz。不难发现，微电网系统频率在非线性分层调频控制器控制器的作用下，上升时间加快 0.428 s，暂态频率的最大值减小 0.11 Hz。更重要的是，微电网系统频率的调节时间明显减小，并且在离网后，不论微电网系统内的需求功率如何变化，孤岛模式微电网系统仍可以维持 50 Hz 的额定功率运行。

2. 负荷变动情况下控制器特性分析

仿真模拟在 2 s 和 7 s 时，分布式非线性分层调频控制器在微电网系统负荷变化情况下的控制特性。图 8.19 所示为微电网系统在负荷变化时的频率特性曲线。其中，图 8.19(a)和(b)分别为非线性二级调频控制器作用前后，微电网系统频率;图 8.19(c)和(d)分别为控制器作用前后,微电网系统中各 DG 单元有功功率。

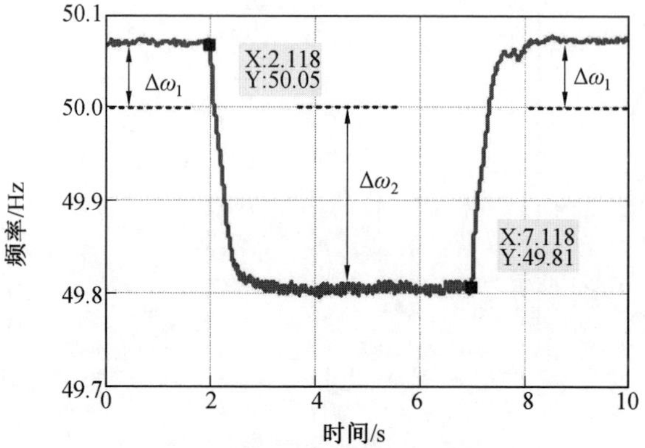

(a) CFDC作用下的微电网系统频率

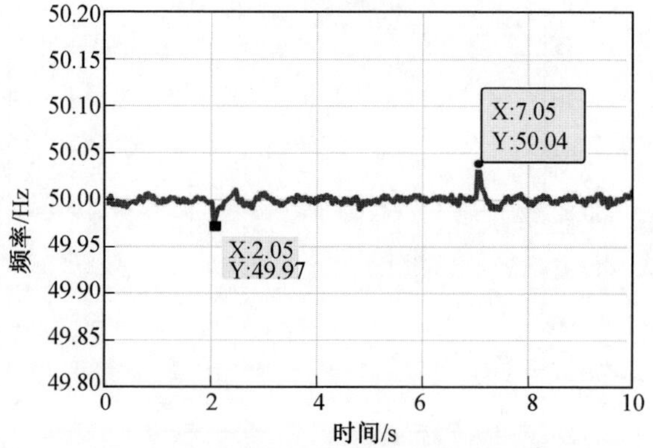

(b) DCSM控制作用下的微电网系统频率

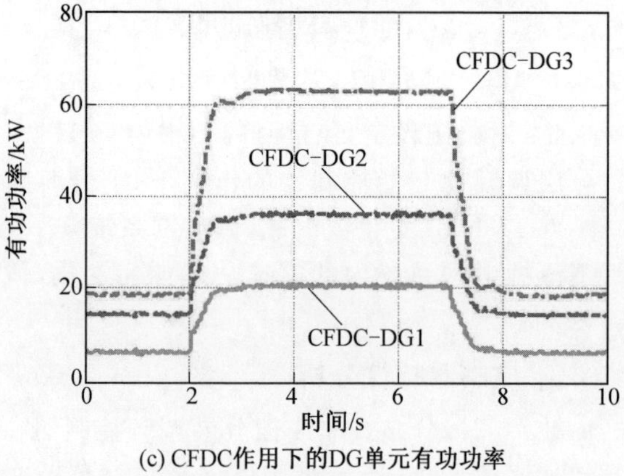

(c) CFDC作用下的DG单元有功功率

图 8.19　微电网系统在负荷变化时的频率特性曲线

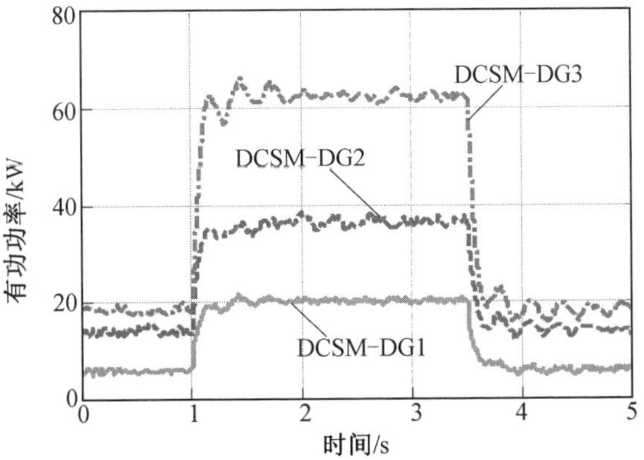

(d) DCSM控制作用下的DG有功功率

续图 8.19

从图 8.19(a)中可以看出，根据前文所述，在离网瞬间，由于微电网系统内需求功率的多样化，DG 单元很难保证在这一时刻维持额定功率运行，此时微电网系统存在 $\Delta\omega_1$($\Delta\omega_1$=0.07 Hz×2π)的频率偏差。当 t=2 s 时，孤岛模式微电网系统的需求功率增大 30%(此时，微电网系统的总负荷功率为 240 kW+80 kW)，此时，微电网系统的频率立刻出现跌落，经过 1 s 的下降时间，微电网系统频率跌落至 49.81 Hz 稳定。当 t=7 s 时，微电网系统甩除在 2 s 时增加的需求功率(此时，微电网系统的总负荷功率恢复至 240 kW)，微电网系统的频率立刻出现回升，经过 1 s 的上升时间，系统频率恢复至 50.07 Hz 并维持稳定。虽然整个过程中微电网系统的频率可以维持在(50±0.5)Hz 的频率变化范围之内，但是在负荷变化情况下系统频率波动范围较大，并且很难保证在任意需求功率情况下都维持全局稳定。

从图 8.19(b)中可以看出，根据前文所述，在离网瞬间，在本节所提出的非线性分层调频控制器的作用下微电网系统内需求功率的多样性并未对系统频率产生影响。当 t=2 s 时，孤岛模式微电网系统的需求功率增大 30%(此时，微电网系统的总负荷功率为 240 kW+80 kW)，经过 0.05 s 的下降时间，在 t=2.05 s 时，微电网系统的频率出现暂态最小值 f=49.97 Hz，经过 0.5 s 的调节时间，系统频率恢复至 50 Hz 运行。当 t=7 s 时，微电网系统甩除在 2 s 时增加的需求功率(此时，微电网系统的总负荷功率恢复至 240 kW)，系统频率经过 0.05 s 的上升时间，在 t=7.05 s 时出现暂态最大值 f=50.04 Hz，并经过 0.5 s 的调节时间，系统频率恢复至 50 Hz 运行。在整个过程中，负荷变化仅对微电网系统的暂态频率产生影响，微电网系统的稳态频率维持 50 Hz 额定频率运行，本节所提出的分布式非线性分层调频控制器完全消除了微电网系统的频率偏差。

图 8.19(c)和 8.19(d)所示分别为非线性二级调频控制器作用前和作用后的有功功率分配，可以发现 8.19(d)中基本保留了初级 Droop 控制的功率共享的特性，但由于微电网阻性线路的影响，微电网系统有功功率与电压控制之间存在耦合，使得原 Droop 控制功率共享特性并非精确的 1∶2∶3，如图 8.19(c)所示。

3. DCSM 调频控制器与 DAPI 调频控制器对比分析

DAPI 调频控制器在目前线性 PI 类分层调频控制器中较为先进。它利用比例控制(Droop 控制)作为初级调频控制器实现各 DG 单元间的有功功率共享，利用积分控制作为二级调频控制器实现系统频率的无差控制。频率 DAPI 控制器和电压 DAPI 控制器之间的协调可以较为有效地解决电压和有功功率之间的耦合问题，从而保证功率共享的精确性。

图 8.20 所示为 DAPI 和 DCSM 调频控制器作用下的微电网系统频率和 DG 单元有功功率。其中图 8.20(a)所示为 DAPI 和 DCSM 调频控制器在应对离网扰动时($t=3$ s)控制特性对比。此时，保证底层参数相同的情况下，DCSM 和 DAPI 调频控制器均达到控制效果最优。通过对比发现，DCSM 和 DAPI 调频控制器均能在离网扰动后恢复频率为 50 Hz 额定频率运行。然而，在应对离网扰动时，DCSM 调频控制器相较于 DAPI 调频控制器表现出较小的暂态频率最大值和较短的调节时间。相较于 DAPI 调频控制器，DCSM 调频控制器的暂态频率最大值减小 37.5%，调节时间缩短了 0.5 s。

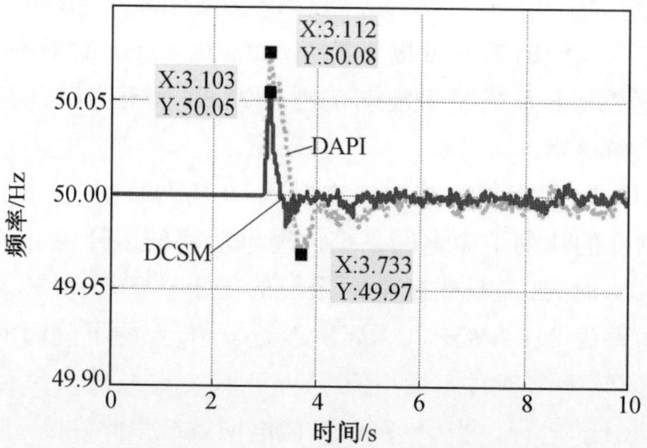

(a) DAPI和DCSM调频控制器作用下的微电网系统频率

图 8.20 DAPI 和 DCSM 调频控制器作用下的微电网系统频率和 DG 单元有功功率的特性曲线

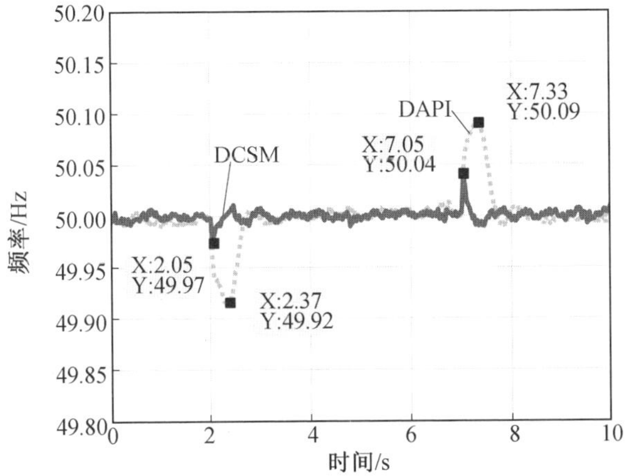

(b) 负荷变化时DAPI和DCSM调频控制器作用下的微电网系统频率

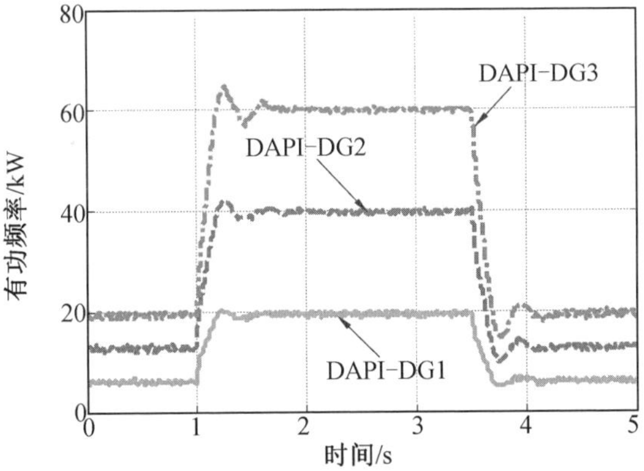

(c) DAPI调频控制器作用下的DG单元有功功率

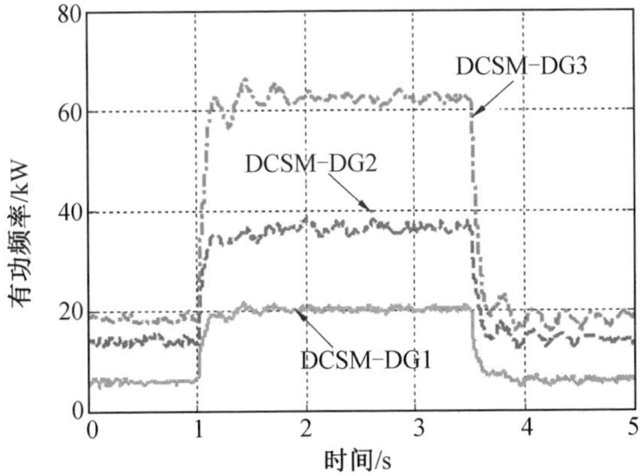

(d) DCSM调频控制器作用下的DG单元功率

续图 8.20

图 8.20(b)所示为负荷变化时微电网系统在 DAPI 和 DCSM 调频控制器作用下的频率。此时，保证底层参数相同的情况下，DCSM 调频控制器和 DAPI 调频控制器均达到控制效果最优。通过对比发现，当 $t=2$ s 时，孤岛模式微电网系统的需求功率增加 30%并在 $t=7$ s 时甩除。DCSM 和 DAPI 调频控制器均能在负荷变化后，恢复系统频率至 50 Hz。然而，相较于 DAPI 调频控制器，DCSM 调频控制器的暂态频率最大值减小 62.5%，调节时间缩短了 0.2 s。

图 8.20(c)和(d)分别所示为 DAPI 和 DCSM 调频控制器作用下微电网系统中 DG 单元有功功率，可以发现 8.20(c)和(d)中基本保留了初级 Droop 控制的功率共享的特性，但由于频率 DAPI 控制器和电压 DAPI 控制器之间的协调可以较为有效地解决电压和有功功率之间的耦合问题，如图 8.20(c)所示，当微电网系统的无功功率环采用电压 DAPI 控制器时，有功功率环采用频率 DAPI 控制器可以更加精确地实现微电网系统的功率共享目标。

8.3 基于能量成型的微电网并离网切换控制

8.3.1 经典的微电网运行模式平滑切换控制

微电网是由分布式电源、储能装置、能量转换装置、负荷及控制保护系统等单元组成的小型供电系统，既能够并网运行，又可在公用电网故障时转入孤岛模式运行，继续为微电网内部重要负荷供电，逐渐成为国内外学者的研究热点。由于微电网运行模式切换使系统潮流发生变化，对公用电网、负荷及微电源均会产生影响。对于微电网而言，由于其容量的限制，潮流分配的突然变化易造成系统电压和频率不稳定，严重时引起负荷断电，微电源解列，导致整个微电网崩溃。根据《电能质量　电力系统频率偏差》(GB/T 15945—2008)规定，电网频率偏差允许值为±0.2 Hz，当系统容量小时，可以放宽到±0.5 Hz。因此，研究微电网运行模式平滑切换对微电网安全稳定运行具有重要意义。

目前，国内外能够实现微电网并网/孤网双模式切换的技术分为以下几种。

(1)以柴油发电机或燃气轮机等常规电源作为主网单元实现。

以常规电源作为主网单元，对化石燃料资源的依赖程度大，容易造成环境污染，而且孤岛模式运行时为保持微电网的稳定运行，风电和光伏等间歇性新能源所占的比例不能太大或必须停运，影响了微电网节能环保的作用。

(2)以储能单元作为主网单元实现。

目前小容量的单相储能双模式换流器技术较成熟，某些微电网采用三个单相储能换流器组成三相系统的主网单元，通过三个单相换流器模式切换的协调配合实现微电网的双模式切换。虽然储能换流器运行灵活，响应快，但三个换流器的并网/孤岛双模式切换过程中的同步配合成为系统切换的一个制约因素，目前采用该技术的微电网规模只能做到数十千瓦。

(3)依靠运行模式控制器和储能主网单元实现。

运行模式控制器根据实时的电网状态确定微电网的运行模式，向储能主网单元下达模式切换指令，储能主网单元根据模式切换指令完成 P/Q 和 V/f 的双模式切换。采用该技术实现微电网并网/孤岛双模式切换，对控制系统提出了较高的要求，要求控制算法能够保证切换过程中电压、电流不发生波形畸变和较大的功率冲击。

根据现有的研究，由于微电网在孤岛模式运行时各微电源之间发挥的作用不同，微电网的协调控制结构主要分为主从控制结构、对等控制结构和分层控制结构。当前应用示范工程的微电网多采用主从控制结构。储能部分在微电网并离网运行中起到了非常重要的作用。在并网运行时，储能逆变器采取 PQ 控制，可以通过软件锁相维持微电网电压和频率的稳定；当微电网遇到故障孤岛模式运行时，储能逆变器的控制模式也切换到 V/f 控制，并由控制器内部生成微电网交流电压幅值、频率和相角的参考值。如果不采取平滑的切换措施，在大电网故障发生时，直接改变储能逆变器的控制方式，会出现较大的冲击。

并网模式运行时，储能逆变器的 PQ 控制实质上属于单电流环控制，电流参考值由功率参考值直接确定；而孤岛模式运行时，储能逆变器的 V/f 控制实质上是在 PQ 控制的单电流环外侧增加一个电压控制环，从而在幅值上保证能够生成稳定的微电网交流电压。但是在并离网切换的过程中，储能逆变器输出的电流和电压发生了非常剧烈的暂态过程，输出电压瞬间增大，输出电流更是增加了数倍。经过短暂的过渡状态后，储能逆变器输出电压和电流恢复稳定，说明从 PQ 控制模式进入了 V/f 控制模式稳定运行，但瞬时的过电压和过电流明显不符合电能质量标准。从储能逆变器控制结构的角度分析，造成瞬时过电压与过电流的主要原因如下。

(1)微电网运行时，PQ 控制状态下由功率参考值计算得到电流参考输入值，当转变为 V/f 控制时，新增的电压外环在运行状态改变瞬间会输出饱和，导致提供给电流内环的电流参考输入值过高。

(2)大电网断开瞬间，大电网相角无法通过三相软件锁相环获取，而储能逆变器控制器内部生成的新相角是人为设定的，无法保证相位的连续性。

除此之外，采用 Droop 控制的微电网逆变器在微电网运行模式切换时无须改变其控制策略，有利于实现微电网运行模式的平滑切换。孤岛模式切换至并网模式，必须考虑采取一定的预同步控制措施，保证微电网电压与电网电压的同步。同时可以采用并网预同步控制策略，以实现微电网逆变器输出电压对电网电压的相位追踪与同步，保证微电网逆变器由孤岛模式运行到并网模式运行的平滑切换。并网预同步控制单元首先通过三相软件锁相环（SPLL）技术获得电网电压相位、角频率、幅值，此处所得电网电压相位、角频率和幅值信息还可以在系统其他功能算法中获得应用。在上述电网电压锁相的基础上，微电网逆变器输出电压对电网电压的同步追踪过程如图 8.21 所示，图中 θ_g 和 w_g 为电网电压的相位和角频率，θ 和 w 为微电网逆变器输出电压的相位和角频率，$\Delta\theta$ 为两者之间的相位差，dq 坐标系以电网电压角频率 w_g 旋转。同步追踪过程就是通过调整微电网逆变器输出电压的角频率，使微电网逆变器输出电压和电网电压之间的相位差 $\Delta\theta$ 不断趋于零。当两者完全实现同步时，则 $\Delta\theta$ 等于零，此时微电网逆变器输出电压在 q 轴上的投影为零，因此可以通过控制 $v_q=0$ 来实现两者的同步。

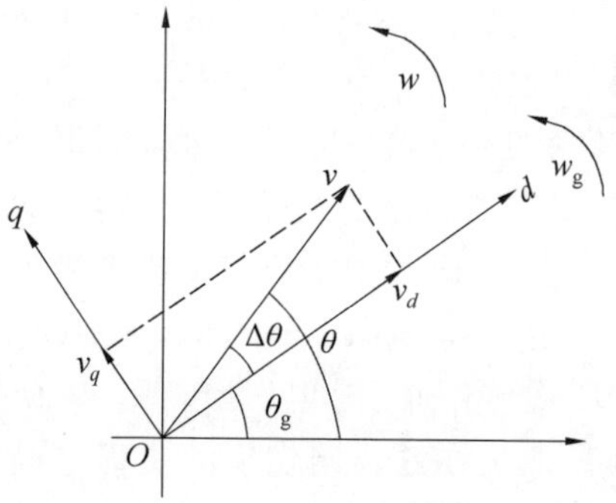

图 8.21　微电网逆变器输出电压对电网电压的同步追踪过程

v_q 可以通过对微电网逆变器三相输出电压按照式(8.45)做同步坐标变换得到，其中 v_{oa}，v_{ob}，v_{oc} 为微电网逆变器的 abc 三相输出电压，θ_g 为上述三相电网电压锁相环的输出相位。

$$\begin{bmatrix} v_d \\ v_q \end{bmatrix}=\frac{2}{3}\begin{bmatrix} \cos\theta_g & \cos\left(\theta_g-\frac{2\pi}{3}\right) & \cos\left(\theta_g+\frac{2\pi}{3}\right) \\ -\sin\theta_g & -\sin\left(\theta_g-\frac{2\pi}{3}\right) & -\sin\left(\theta_g+\frac{2\pi}{3}\right) \end{bmatrix}\begin{bmatrix} v_{oa} \\ v_{ob} \\ v_{oc} \end{bmatrix} \tag{8.45}$$

将上述同步坐标变换得到的 q 轴分量 v_q 与零参考进行 PI 调节，PI 调节器的输出 w_{sync} 即为同步补偿角频率，将此同步补偿角频率与 Droop 控制生成的角频率叠加，作为微电网逆变器输出电压的参考角频率。

$$w = w_0 + w_{\text{sync}} - m(P - P_0) \tag{8.46}$$

此外，为防止预同步过程中微电网逆变器输出电压频率发生剧烈波动，影响电能质量，应对 PI 调节器的输出进行限幅。

微电网需要由并网模式切换至孤岛运行有两种情况，一种是出于运行或检修需要的主动切换，另一种是由电网故障引起的被动切换。在并网模式下，基于 Droop 控制的微电网逆变器工作于电压源并网模式，其输出电压的频率和幅值与电网一致，当微电网由并网模式切换到孤岛模式运行时，微电网逆变器继续按照下垂特性工作，其输出电压的频率和幅值只会发生微小的变动，相位上亦不会发生突变，从而实现了微电网由并网模式到孤岛模式的平滑切换。

8.3.2　基于能量成型的微电网运行模式平滑切换控制

微电网动态运行实质是多能源形式能量的转化、传输、消耗的过程，如果以能量观点研究微电网运行模式平衡切换控制问题，将更符合微电网系统运行的本质规律。

采用能量成型控制的微电网运行模式平衡切换控制方案，其优势在于：

(1)能量成型控制适合应对多变量、多扰动、强耦合特性，可保证系统大信号稳定运行；

(2)能量成型控制中的无功力特性将简化非线性项的处理，相比于其他非线性控制方法具有更为明显的快速收敛性和鲁棒性；

(3)在微电网不同运行模式下，能量成型控制仅是平衡点计算值有差异，无须改变控制结构，为平滑切换提供了必要保障；

(4)能量成型控制中的期望能量 Hamilton 函数可作为李雅普诺夫函数，回避了非线性控制稳定性分析中构造李雅普诺夫函数的困难，更易对微电网系统进行稳定性分析。

基于能量成型的微电网运行模式平衡切换关键技术包括两个方面。

(1)并网→离网：该控制方案中微电网并/离网平滑切换的关键技术为微电网 DG 单元在微电网并网、孤岛模式皆采用能量成型控制策略。在并/离网状态下由于核心控制算法保持不变，微电网模式切换时不需改变 DG 单元的控制结构，将有利于实现微电网系统的并/离网无缝切换功能，特别是非计划性孤岛模式时的平滑切换功能。

(2)离网→并网：微电网系统由孤岛模式转入并网模式的切换属于电网同期并列操作，需要与外网完成电压、频率、相位同步，才能有效抑制并网时的冲击电流，实现平滑切换。微电网系统的 Kuramoto 建模中，微电网 PCC 开关节点需要作为一个特殊的相位振子来确保离/并网平滑切换功能的实现。微电网离/并网平滑切换的关键技术为设计微电网 PCC 开关节点相位振子双态模型，见表 8.4。

表 8.4 微电网 PCC 开关节点相位振子双态模型

<table>
<tr><td rowspan="2">微电网 PCC 开关节点
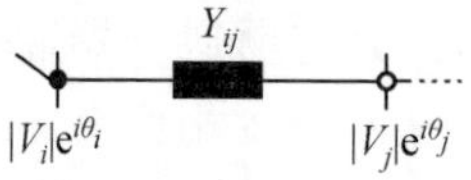
</td><td>微电网并网模式：
$$M_i\ddot{\theta}_i + D_i\dot{\theta}_i = P_i - \sum_{j=1}^{n} E_iE_j \mid Y_{ij} \mid \sin(\theta_i - \theta_j)$$
DG 单元特性</td></tr>
<tr><td>微电网孤岛模式：
$$0 = \sum_{j=1}^{n} E_iE_j \mid Y_{ij} \mid \sin(\theta_i - \theta_j)$$
馈线单元特性</td></tr>
</table>

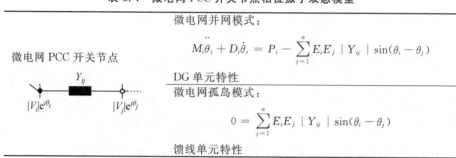

若微电网由孤岛模式转入并网模式，先要将开关节点相位振子的数学模型由馈线单元特性转换成 DG 单元特性。先检测外网电压的相位、频率、幅值，为开关节点 DG 单元特性的相位振子模型赋值，更新微电网网络耦合关系，再进行该节点的能量成型控制。可见，在微电网系统的 Kuramoto 模型中，微电网不论并网还是孤岛模式控制器结构不变，仅是在期望平衡点设定计算时，变量具体期望值发生变化，通过分布式能量成型控制策略可以实现各相位振子与开关节点相位振子的频率同步。这为微电网的准同期并网提供了充分的可行性保障。

基于能量成型的微电网运行模式平衡切换控制的同步性和稳定性分析方案如下。

微电网系统 Kuramoto 模型的建立不但为能量成型控制策略设计提供了便利途径，还为微电网系统运行特性分析引入了新的理论工具。

(1)鉴于 Kuramoto 模型中相位振子的平均同步误差与耦合系统 Laplace 矩阵的特征向量绝对值线性正相关，所以计算微电网各相位振子处于期望平衡点时的 Kuramoto 模型 Laplace 矩阵的特征向量，可验证微电网各节点的同步性程度。Laplace 矩阵特征向量分析法可帮助微电网孤岛模式运行时预先判断是否孤岛内发电功率不满足负荷需求。若同步性分析后判定存在同步误差偏大的节点，说明需要移除该不可控负荷节点，再使用新的耦合关系，重新计算微电网同步时各节点的期望平衡点；若判定各节点同步误差均满足要求，说明微电网存在同步解，可以进行能量成型控制策略无差调频的实施。

(2)稳定性分析环节主要采用李雅普诺夫直接法，Hamilton 能量函数理论将作为李雅普诺夫函数构造的理论基础。为分析能量成型控制稳定的吸引域，将结合李雅普诺夫稳定性理论和 LaSalle 不变集定理。对于微电网系统中存在参数不确定性、恒定干扰及系统暂态变化等情况，拟采用的理论工具还有哈密顿一雅克比不等式及 L_2 干扰抑制性能准则的非线性鲁棒控制理论。

8.3.3　微电网仿真算例分析

基于 Droop 控制的单台逆变器并网仿真模型如图 8.22 所示，逆变器通过低压 1 km 线路与 5 kW 纯阻性负载相连，在并网前并网预同步模块作用下，进行逆变器的并离网仿真验证，并网前并网预同步模块作用调节逆变器输出，并网后切除并网预同步模块。控制断路器在 0.3 s 时刻进行合闸操作，0.7 s 时断开以模拟逆变器并离网的效果。

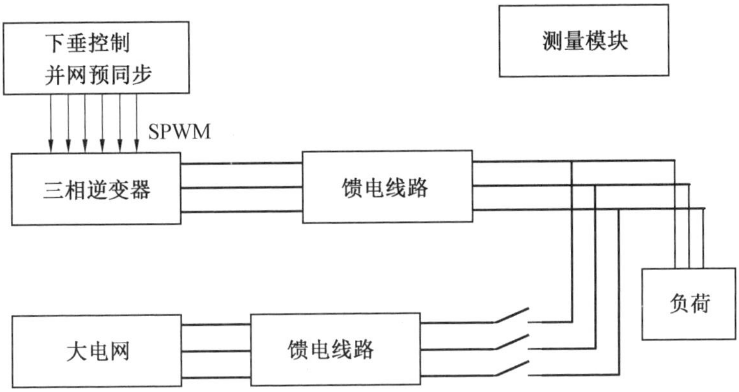

图 8.22　单台逆变器并网仿真模型

如图 8.23 所示，从系统的频率变化来看，由于加入了相位预同步模块，逆变器的输出频率在 50 Hz 左右振荡，0.3 s 并网时频率有上升，峰值约为 50.21 Hz，在 0.7 s 处离网，系统频率下降到 49.1 Hz，随后稳定在 49.8 Hz。

并网前的预同步如下。图 8.24 和图 8.25 分别所示为 0.016 s 和 0.288 s 处逆变器输出电压与电网电压的相位差。从图中可以清晰地看出，在并网前，起初逆变器输出电压和电网电压的相位差为 414 μs，经过相位预同步模块的作用，在 0.288 s 处，两者的相位差减少为 248 μs，明显缩小了相位差，证明了相位预同步控制的有效性。由于仿真时间较短，所以两者相位仍存在一定差距，通常可以增加并网预同步模块作用的时间来减小两者的相位差。

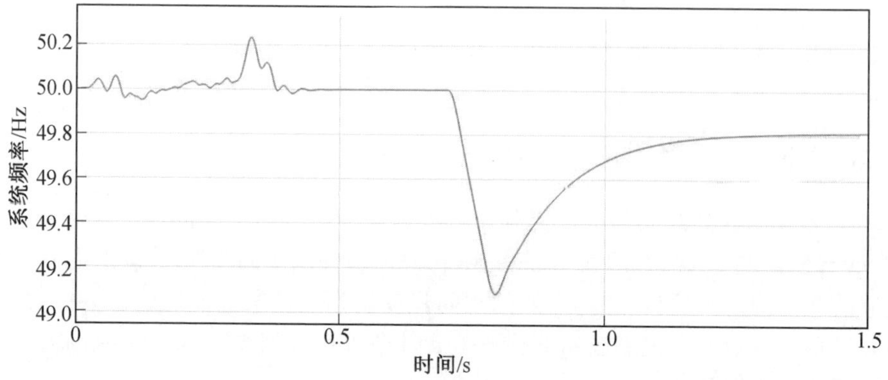

图 8.23 单台逆变器并网时的系统频率)

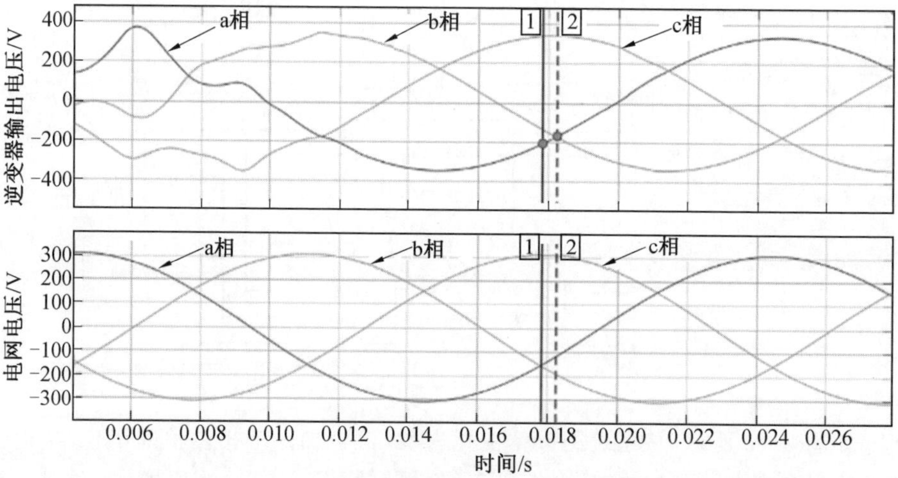

图 8.24 0.016 s 处逆变器输出电压与电网电压的相位差

并离网仿真如下。图 8.26 所示为逆变器和电网输出的三相电流。在并网时刻，即 0.3 s 处，电流出现冲击，峰值约为 55 A，时间极短，随后电流稳定。在 0.7 s 处逆变器离网，过程迅速，电流畸变比较小。

图 8.27 所示为并离网阶段逆变器输出的功率变化，起初由于电压的幅值预同步，逆变器输出功率的振荡。在 0.3 s 并网处，有功功率和无功功率均出现短暂的冲击，但在逆变器设计的最大功率范围内。随后逆变器输出功率稳定，0.7 s 处逆变器离网，此过程功率响应迅速，无明显振荡。

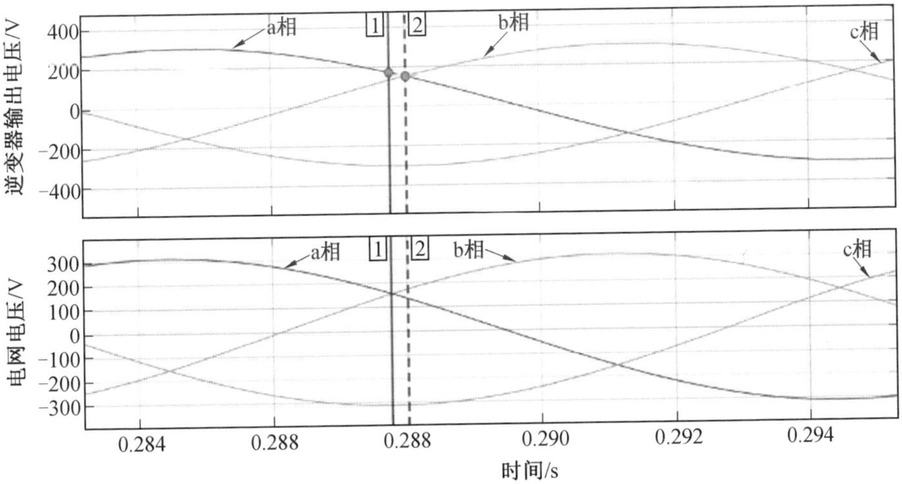

图 8.25　0.288 s 处逆变器输出电压与电网电压的相位差

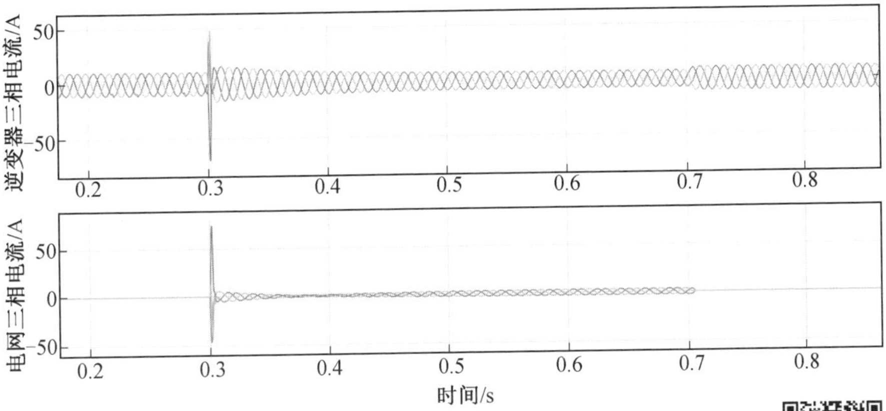

图 8.26　逆变器和电网输出的三相电流

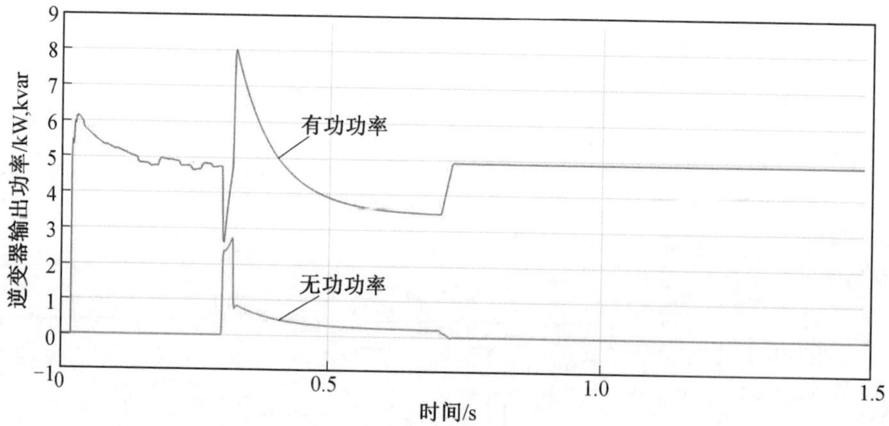

图 8.27　并离网阶段逆变器输出功率的变化

参考文献

[1] ORTEGA R, VAN DER SCHAFT A, MASCHKE B, et al. Interconnection and damping assignment passivity-based control of port-controlled Hamiltonian systems[J]. Automatica, 2002, 38(4): 585-596.

[2] ORTEGA R, GARCIA-CANSECO E. Interconnection and damping assignment passivity-based control: a survey[J]. European Journal of Control, 2004, 10(5): 432-450.

[3] JELTSEMA D, ORTEGA R, SCHERPEN J M A. An energy-balancing perspective of interconnection and damping assignment control of nonlinear systems[J]. Automatica, 2004, 40(9): 1643-1646.

[4] ORTEGA R, VAN DER SCHAFT A, CASTANOS F, et al. Control by interconnection and standard passivity-based control of port-Hamiltonian systems[J]. IEEE Transactions on Automatic Control, 2008, 53(11): 2527-2542.

[5] NUNO E, BASANEZ L, ORTEGA R. Passivity-based control for bilateral teleoperation: a tutorial[J]. Automatica, 2011, 47(3): 485-495.

[6] SAKAI S. Structured singular values of robotic manipulators and quantitative analysis of passivity based control[C]//Proceedings of the 45th IEEE Conference on Decision and Control. IEEE, 2006: 2961-2966.

[7] MULERO-MARTINEZ J I. Canonical transformations used to derive robot control laws from a port-controlled Hamiltonian system perspective[J]. Automatica, 2008, 44(9): 2435-2440.

[8] WOOLSEY C A. Hamiltonian attitude dynamics for a spacecraft with a point mass oscillator [C]. In Proceedings of the 15th International

Symposium on Mathematical Theory of Networks and Systems. 2002: 2099-2104.

[9] LARSEN M B, BLANKE M. Passivity-based control of rigid electrodynamic tether [J]. Journal of Guidance, Control, and Dynamics, 2011, 34(1): 118-127.

[10] ASTOLFI A, CHHABRA D, ORTEGA R. Asymptotic stabilization of selected equilibria of the underactuated Kirchhoff's equations [C]. Proceedings of the 2001 American Control Conference. IEEE, 2001, 6: 4862-4867.

[11] LEONARD N E. Stability of a bottom-heavy underwater vehicle[J]. Automatica, 1997, 33(3): 331-346.

[12] ASTOLFI A, ORTRGA R. Energy-based stabilization of angular velocity of rigid body in failure configuration[J]. Journal of Guidance, Control, and Dynamics, 2002, 25(1): 184-187.

[13] RIOS-BOLIVAR M, ACOSTA V, MORILLO A. Output feedback regulation of a brushed dc motor: An ida-pbc approach[C]//2006 9th International Conference on Control, Automation, Robotics and Vision. IEEE, 2006: 1-6.

[14] GONZALEZ H, DUARTE-MERMOUD M A, PELISSIER I, et al. A novel induction motor control scheme using IDA-PBC [J]. Journal of Control Theory and Applications, 2008, 6(1): 59-68.

[15] DE LEON-MORALES J, ESPINOSA-PEREZ G, MACIAS-CARDOSO I. Observer-based control of a synchronous generator: a Hamiltonian approach [J]. International Journal of Electrical Power & Energy Systems, 2002, 24(8): 655-663.

[16] YU H S, WANG H L, ZHAO K Y. Energy-shaping control of PM synchronous motor based on Hamiltonian system theory [C]//2005 International Conference on Electrical Machines and Systems. IEEE, 2005, 2: 1549-1553.

[17] 于海生. 交流电机的能量成型与非线性控制研究[D]. 济南：山东大学，2006.

[18] RODRIGUEZ H, ORTEGA R, ESCOBAR G, et al. A robustly stable output feedback saturated controller for the boost DC-to-DC converter [J]. Systems & Control Letters, 2000, 40(1): 1-8.

[19] GAVIRIA C, FOSSAS E, GRINO R. Robust controller for a full-bridge rectifier using the IDA approach and GSSA modeling [J]. IEEE Transactions on Circuits and Systems Ⅰ: Regular Papers, 2005, 52(3): 609-616.

[20] TANG Y L, YU H S, ZOU Z W. Hamiltonian modeling and energy-shaping control of three-phase ac/dc voltage-source converters[C]//2008 IEEE International Conference on Automation and Logistics. IEEE, 2008: 591-595.

[21] CHENG D Z, XI Z R, LU Q, et al. Geometric structure of generalized controlled Hamiltonian systems and its application[J]. Science in China Series E: Technological Sciences, 2000, 43(4): 365-379.

[22] WANG Y Z, CHENG D Z, HONG Y G. Stabilization of synchronous generators with the Hamiltonian function approach [J]. International Journal of Systems Science, 2001, 32(8): 971-978.

[23] WANG Y Z, CHENG D Z, LI C W, et al. Dissipative Hamiltonian realization and energy-based L_2-disturbance attenuation control of multimachine power systems [J]. IEEE Transactions on Automatic Control, 2003, 48(8): 1428-1433.

[24] ZENG Y, YU F R, WANG Y Z. Study on generator Hamiltonian control model based on dynamic theory[C]//2008 International Conference on Electrical Machines and Systems. IEEE, 2008: 3957-3961.

[25] LI S, WANG Y. Robust adaptive control of synchronous generators with SMES unit via Hamiltonian function method[J]. International Journal of Systems Science, 2007, 38(3): 187-196.

[26] FERNANDEZ R D, MANTZ R J, BATTAIOTTO P E. Wind farm control for stabilisation of electrical networks based on passivity[J]. International Journal of Control, 2010, 83(1): 105-114.

[27] DE BATTISTA H, MANTZ R J, CHRISTIANSEN C F. Energy-based approach to the output feedback control of wind energy systems[J]. International Journal of Control, 2003, 76(3): 299-308.

[28] MONROY A, ALAREZ-ICAZA L, ESPINOSA-PEREZ G. Passivity-based control for variable speed constant frequency operation of a DFIG wind turbine [J]. International Journal of control, 2008, 81 (9):

1399-1407.

[29] BATLLE C, DORIA-CEREZO A. Energy-based modelling and simulation of the interconnection of a back-to-back converter and a doubly-fed induction machine [C]//2006 American Control Conference. IEEE, 2006: 6.

[30] 张振环，刘会金，李琼林，等. 基于欧拉一拉格朗日模型的单相有源电力滤波器无源性控制新方法[J]. 中国电机工程学报，2008，28(9)：37-44.

[31] 王玉振. 广义 Hamilton 控制系统理论——实现、控制与应用[M]. 北京：科学出版社，2007.

[32] 李继彬，赵晓华，刘正荣. 广义哈密顿控制系统理论及其应用[M]. 北京：科学出版社，2007.

[33] 王久和. 无源控制理论及其应用[M]. 北京：电子工业出版社，2010.

[34] 王久和. 先进非线性控制理论及其应用[M]. 北京：科学出版社，2011.

[35] 朱礼营，王玉振. 切换耗散 Hamilton 系统的稳定性研究[J]. 中国科学 E 辑:信息科学，2006，36(6)：617-630.

[36] 刘玉常，王玉振. 基于能量控制暨广义哈密顿控制系统研究新进展[J]. 山东大学学报(工学版)，2009，39(3)：47-55.

[37] WANG Y Z, LI C W, CHENG D Z. Generalized Hamiltonian realization of time-invariant nonlinear systems [J]. Automatica, 2003, 39 (8): 1437-1443.

[38]朱礼营，王玉振. 混杂切换 Hamilton 系统的 H_∞ 控制[J]. 控制与决策，2007，22(8)：956-960.

[39] 费吉庆. 无源化方法探讨及其在非线性系统中的应用[D]. 南京：东南大学，2006.

[40]卢伟国，周雒维，罗全明，等. 电压模式 Buck 变换器无源反馈混沌控制[J]. 电工技术学报，2007，22(11)：98-102.

[41] 刘薛茹，王冬岭. 具有哈密顿结构的空间分数阶偏微分方程的辛约化算法[J]. 纯粹数学与应用数学，2020，36(4)：397-413.

[42] 杨洋. 有限温度卡什米尔效应相关研究[D]. 上海：上海师范大学，2012.

[43]宋蕙慧. 双馈风力发电系统能量成型控制策略研究[D]. 哈尔滨：哈尔滨工业大学，2012.

[44]张萌. 基于互联与阻尼配置的无源控制方法在 RLC 电路中的应用[J]. 宝鸡文理学院学报(自然科学版)，2015，35(2)：10-16.

[45] 李观荣. 几类偏微分方程弱有限元方法研究[D]. 湘潭：湘潭大学，2019.
[46]张琪. 基于能量成型控制的双馈风电系统低电压穿越技术研究[D]. 哈尔滨：哈尔滨工业大学，2016.
[47] 吴水军，沐润志，张瑀明，等. 双馈风电机组参与系统频率调整过程中的功率坑现象研究[J]. 电力科学与工程，2021，37(11)：1-11.
[48] 焦平洋，刘芳，宋蕙慧，等. 双馈风电机组参与微网调频的分段控制研究[J]. 电测与仪表，2016，53(12)：69-74.
[49] 张新闻，同向前，焦海波，等. 并网滤波电抗器温度场测试能量回馈电源研究[J]. 电力电容器与无功补偿，2019，40(5)：105-109.
[50] 山炳强. 电动机驱动系统的能量控制与 L_2 增益扰动抑制研究[D]. 青岛：青岛大学，2016.
[51] 程勇，林辉. 开关磁阻电机伺服系统的 L_2 增益鲁棒控制方法[J]. 电力自动化设备，2013，33(5)：94-96.
[52] 王天擎. 基于高阶滑模的感应电机控制系统鲁棒性提升策略研究[D]. 哈尔滨：哈尔滨工业大学，2021.
[53] 吉晓帆，张代润，周驭涛，等. 基于 PCHD 模型的 LCL 型 APF 自适应模糊无源控制策略[J]. 电气传动，2021，51(23)：53-59.
[54] 王伯超. 基于 IDA 分析法的公路隧道衬砌地震易损性研究[D]. 西安：西安科技大学，2019.
[55] 王涛，诸自强，年珩. 非理想电网下双馈风力发电系统运行技术综述[J]. 电工技术学报，2020，35(3)：455-471.
[56] 吴振奎，杨澜. 双馈风力发电整体仿真控制系统的研究[J]. 电力电子技术，2017，51(9)：106-109.
[57] ORTEGA R，JELTSEMA D，SCHERPEN J M A. Power shaping：a new paradigm for stabilization of nonlinear RLC circuits [J]. IEEE Transactions on Automatic Control，2003，48(10)：1762-1767.
[58] LIU L，LI H M，SHENG S Q，et al. Research for transient-voltage stability based on doubly-fed wind power generation system[C]. Applied Mechanics and Materials. Trans Tech Publications Ltd，2015，738：1251-1255.
[59] JUNG J H，LIM S，NAM K. A feedback linearizing control scheme for a PWM converter-inverter having a very small DC-link capacitor[J]. IEEE Transactions on Industry Applications，1999，35(5)：1124-1131.

[60] GU B, NAM K. A DC-link capacitor minimization method through direct capacitor current control [J]. IEEE Transactions on Industry Applications, 2006, 42(2): 573-581.

[61] LIUTANAKUL P, PIERFEDERICI S, MEIBODY-TABAR F. Nonlinear control techniques of a controllable rectifier/inverter-motor drive system with a small DC-link capacitor[J]. Energy Conversion and Management, 2008, 49(12): 3541-3549.

[62] 王锋，姜建国. 风力发电机用双 PWM 变换器的功率平衡联合控制策略研究[J]. 中国电机工程学报，2006,26(22)：134-139.

[63]王承熙，张源. 风力发电[M]. 北京：中国电力出版社，2003.

[64] 孙宪国，刘宗歧. 基于主动式撬棒的双馈风电机组 LVRT 性能优化分析[J]. 现代电力，2012，29(1)：77-81.

[65] SWAIN S, RAY P K. Fault analysis in a grid integrated DFIG based wind energy system with NA CB_P circuit for ridethrough capability and power quality improvement[J]. International Journal of Emerging Electric Power Systems, 2016, 17(6): 619-630.

[66] JOHN J J, FRANCIS M, JIN-WOO J. Enhanced crowbarless FRT strategy for DFIG based wind turbines under three-phase voltage dip[J]. Electric Power Systems Research, 2017, 142: 215-226.

[67] PANNELL G, ZAHAWI B, ATKINSON D J, et al. Evaluation of the performance of a DC-link brake chopper as a DFIG low-voltage fault-ride-through device[J]. IEEE Transactions on Energy Conversion, 2013, 28(3): 535-542.

[68] OKEDU K E, MUYEEN S M, TAKAHASHI R, et al. Wind farms fault ride through using DFIG with new protection scheme [J]. IEEE Transactions on Sustainable Energy, 2012, 3(2): 242-254.

[69] ZHOU X, TANG Y, SHI J. Enhancing LVRT capability of DFIG-based wind turbine systems with SMES series in the rotor side[J]. International Journal of Rotating Machinery, 2017, 2017: 1-8.

[70] IBRAHIM A O, NGUYEN T H, LEE D, et al. A fault ride-through technique of DFIG wind turbine systems using dynamic voltage restorers [J]. IEEE Transactions on Energy Conversion, 2011, 26(3): 871-882.

[71] QIAO W, VENAYAGAMOORTHY G K, HARLEY R G. Real-time im-

plementation of a STATCOM on a wind farm equipped with doubly fed induction generators[J]. IEEE Transactions on Industry Applications, 2009, 45(1): 98-107.

[72] VAN T L, HO V C. Enhanced fault ride-through capability of DFIG wind turbine systems considering grid-side converter as STATCOM[M]. New York: Springer International Publishing, 2016.

[73] LIANG J, HOWARD D F, RESTREPO J A, et al. Feedforward transient compensation control for DFIG wind turbines during both balanced and unbalanced grid disturbances [J]. IEEE Transactions on Industry Applications, 2013, 49(3): 1452-1463.

[74] XIAO S, YANG G, ZHOU H, et al. An LVRT control strategy based on flux linkage tracking for DFIG-based WECS[J]. IEEE Transactions on Industrial Electronics, 2012, 60(7): 2820-2832.

[75] HU S, LIN X, KANG Y, et al. An improved low-voltage ride-through control strategy of doubly fed induction generator during grid faults[J]. IEEE Transactions on Power Electronics, 2011, 26(12): 3653-3665.

[76] SOARES O, GONCALVES H, MARTINS A, et al. Nonlinear control of the doubly-fed induction generator in wind power systems[J]. Renewable Energy, 2010, 35(8): 1662-1670.

[77] RAHIMI M, PARNIANI M. Transient performance improvement of wind turbines with doubly fed induction generators using nonlinear control strategy[J]. IEEE Transactions on Energy Conversion, 2010, 25(2): 514-525.

[78] RATHI M R, MOHAN N. A novel robust low voltage and fault ride through for wind turbine application operating in weak grids[C]//31st Annual Conference of IEEE Industrial Electronics Society. IEEE, 2005: 2481-2486.

[79] VILLANUEVA I, PONCE P, MOLINA A. Interval type 2 fuzzy logic controller for rotor voltage of a doubly-fed induction generator and pitch angle of wind turbine blades[J]. IFAC-PapersOnLine, 2015, 48(3): 2195-2202.

[80] HOSSAIN M J, SAHA T K, MITHULANANTHAN N, et al. Control strategies for augmenting LVRT capability of DFIGs in interconnected

power systems[J]. IEEE Transactions on Industrial Electronics, 2012, 60(6): 2510-2522.
[81] 柏晓明. 切换系统的最优控制和稳定性[D]. 武汉：华中科技大学，2007.
[82] 黄树清. 切换控制的能量函数方法[D]. 长沙：中南大学，2010.
[83] 王霞. 切换系统直接自适应控制方法的研究[D]. 沈阳：东北大学，2015.
[84] ORTEGA R, SPONG M W. Adaptive motion control of rigid robots: a tutorial[J]. Automatica, 1989, 25(6): 877-888.
[85] 高乐. 基于切换系统理论的双馈风电系统低电压穿越策略研究[D]. 哈尔滨：哈尔滨工业大学，2018.
[86] MORREN J, DE HAAN S W H. Short-circuit current of wind turbines with doubly fed induction generator[J]. IEEE Transactions on Energy conversion, 2007, 22(1): 174-180.
[87] 毛杰里. 能源新机遇[M]. 周子平，译. 北京：石油工业出版社，2014.
[88] 王建，李兴源，邱晓燕. 含有分布式发电装置的电力系统研究综述[J]. 电力系统自动化，2005，29(24)：90-97.
[89] 王成山，李鹏. 分布式发电、微网与智能配电网的发展与挑战[J]. 电力系统自动化，2010，34(2)：10-14.
[90] ANWAR A. Fault aware soft restart of an islanded microgrid using an inverter coupled energy storage system[D]. Columbia: University of South Carolina, 2013.
[91] 覃盛琼，程朗，何占启，等. 风力发电系统研究与应用前景综述[J]. 机械设计，2021，38(8)：1-8.
[92] VIJAYAN R J, CH S, ROY R. Dynamic modeling of microgrid for grid connected and intentional islanding operation[C]//2012 International Conference on Advances in Power Conversion and Energy Technologies (APCET). IEEE, 2012: 1-6.
[93] JIA H J, MU Y F, YAN Q. A statistical model to determine the capacity of battery—supercapacitor hybrid energy storage system in autonomous microgrid[J]. International Journal of Electrical Power & Energy Systems, 2014, 54: 516-524.
[94] 周林，黄勇，郭珂，等. 微电网储能技术研究综述[J]. 电力系统保护与控制，2011，39(7)：147-152.
[95] 张雪莉，刘其辉，李建宁，等. 储能技术的发展及其在电力系统中的应用[J].

电气应用，2012，31(12)：50-57.

[96] DANNEHL J，WESSELS C，FUCHS F W. Limitations of voltage-oriented PI current control of grid-connected PWM rectifiers with LCL filters[J]. IEEE Transactions on Industrial Electronics，2008，56(2)：380-388.

[97] 王成山. 微电网分析与仿真理论[M]. 北京：科学出版社，2013.

[98] COLMENAR-SANTOS A，REINO-RIO C，BORGE-DIEZ D，et al. Distributed generation：a review of factors that can contribute most to achieve a scenario of DG units embedded in the new distribution networks [J]. Renewable and Sustainable Energy Reviews，2016，59：1130-1148.

[99] CALDOGNETTO T，TENTI P. Microgrids operation based on master-slave cooperative control[J]. IEEE Journal of Emerging and Selected Topics in Power Electronics，2014，2(4)：1081-1088.

[100] RAJESH K S，DASH S S，RAJAGOPAL R，et al. A review on control of AC microgrid[J]. Renewable and Sustainable Energy Reviews，2017，71：814-819.

[101] UNAMUNO E，BARRENA J A. Hybrid AC/DC microgrids—Part Ⅱ：review and classification of control strategies[J]. Renewable and Sustainable Energy Reviews，2015，52：1123-1134.

[102] KATIRAEI F，IRAVANI R，HATAIARGYRIOU N，et al. Microgrids management[J]. IEEE Power and Energy Magazine，2008，6(3)：54-65.

[103] GUERRERO J M，CHANDORKAR M，LEE T L，et al. Advanced control architectures for intelligent microgrids—Part Ⅰ：decentralized and hierarchical control[J]. IEEE Transactions on Industrial Electronics，2012，60(4)：1254-1262.

[104] MOHAMED Y A-R I，EL-SDANY E F. Adaptive decentralized droop controller to preserve power sharing stability of paralleled inverters in distributed generation microgrids[J]. IEEE Transactions on Power Electronics，2008，23(6)：2806-2816.

[105] GUERRERO J M，HANG L，UCEDA J. Control of distributed uninterruptible power supply systems[J]. IEEE Transactions on Industrial Electronics，2008，55(8)：2845-2859.

[106] OLIVARES D E，MEHRIZI-SANI A，ETEMADI A H，et al. Trends in

microgrid control[J]. IEEE Transactions on Smart Grid, 2014, 5(4): 1905-1919.

[107] SHAFIEE Q, GUERRERO J M, VASQUEZ J C. Distributed secondary control for islanded microgrids—a novel approach[J]. IEEE Transactions on Power Electronics, 2014,29(2): 1018-1031.

[108] SHAFIEE Q, STEFANOVIC C, DRAGICEVIC T, et al. Robust networked control scheme for distributed secondary control of islanded microgrids[J]. IEEE Transactions on Industrial Electronics, 2013, 61(10): 5363-5374.

[109] SIMPSON-PORCO J W, SHAFIEE Q, DÖRFLER F, et al. Secondary frequency and voltage control of islanded microgrids via distributed averaging[J]. IEEE Transactions on Industrial Electronics, 2015, 62(11): 7025-7038.

[110] SIMPSON-PORCO J W, DORFLER F, BULLO F. Synchronization and power sharing for droop-controlled inverters in islanded microgrids[J]. Automatica, 2013, 49(9): 2603-2611.

名词索引

H

J

K

L

M

N

O

P